Lehrbuch der Nomographie
auf abbildungsgeometrischer Grundlage

von

H. Schwerdt
Studienrat am Falk-Realgymnasium
in Berlin

Mit 137 Textabbildungen und
151 angewandten Aufgaben
mit Lösungen

Berlin
Verlag von Julius Springer
1924

ISBN-13:978-3-642-90392-2   e-ISBN-13:978-3-642-92249-7
DOI: 10.1007/978-3-642-92249-7

Alle Rechte, insbesondere das der Übersetzung
in fremde Sprachen, vorbehalten.
Copyright 1924 by Julius Springer in Berlin.
Softcover reprint of the hardcover 1st edition 1924

Vorwort.

Der vorliegende, auf abbildungsgeometrischer Grundlage gegebene Leitfaden der Nomographie unterscheidet sich von anderen Bearbeitungen dieses Stoffes in Darstellung und Anlage. Zwar hat das Lehrbuch in erster Linie die Aufgabe, den Leser in die Praxis nomographischer Fragen einzuführen und mit den wichtigsten Hilfsmitteln der Nomographie vertraut zu machen, es soll aber darüber hinaus zeigen, welche Zusammenhänge diesen Zweig der angewandten Mathematik mit Nachbargebieten verbinden; auf diese Weise wird der Versuch unternommen, auch dem Kenner der Nomographie Anregungen zu geben. Es ist nicht das wesentliche Ziel der Darstellung, die verschiedensten Tafeltypen erschöpfend zu skizzieren, da dies weder in theoretischer noch in praktischer Hinsicht einen Gewinn bedeuten kann; anstatt den Leser vor eine Fülle einzelner Darstellungsmittel zu stellen, erscheint es methodisch erfolgreicher, die Leitgedanken zu entwickeln, unter denen sich neue Tafelformen herleiten lassen, und die Methoden an den wichtigsten Beispielen in extenso darzulegen, ein Weg, den auch andere Autoren bisweilen beschritten haben. Als neuer und besonders glücklicher Gesichtspunkt hat sich in dieser Richtung das Prinzip der Abbildung erwiesen, das im ersten Abschnitt aufgestellt und dann konsequent durchgeführt wird. Die wesentlichen Vorzüge dieser Betrachtungsweise zeigen sich darin, daß es gelingt, verschiedene Typen kritisch in Vergleich zu ziehen, sie schmiegsam zu gestalten und damit ihre Eigenart völlig auszunützen; dazu kommt, daß nun die zur Zeit wichtigsten Darstellungsformen, die Netztafeln und die Fluchtlinientafeln, unter einheitlichem Gesichtspunkt erscheinen, und daß sich auf diesem Wege als neues Darstellungsmittel die Gleitkurventafel ergibt. Ein nicht zu unterschätzender Vorteil dürfte ferner in der besonderen Anschaulichkeit liegen, die allen Entwicklungen auf abbildungsgeometrischer Grundlage in hohem Maße innewohnt, auch da, wo zur Erfassung eines Ergebnisses rechnerische Schritte notwendig sind. Der Konstrukteur muß schon beim Entwurf einer Rechentafel in der Lage sein, ein Ergebnis zu überschauen, das er nachher durch Abbildung im einzelnen günstig gestalten kann.

Unter den verschiedenen Punkttransformationen nehmen die projektiven Abbildungen eine bevorzugte Stellung ein, da sie die Theorie der Fluchtlinientafeln beherrschen und für die Praxis wertvolle Erleichterungen gewähren; zugleich lassen sich auf Grundlage der projektiven Verzerrungen die dualen Abbildungen zwanglos und anschaulich einführen.

Dem Charakter eines Lehrbuches entsprechend baut sich die Gliederung nach methodischen Gesichtspunkten auf. Um auch für das erste Studium rasch Anregung zu vermitteln und den späteren Erörterungen eine hinreichend breite Unterlage zu schaffen, sind im Abschnitt I die Grundlagen der Darstellung in einfachster Form entwickelt worden. Die bei jeder Konstruktion wiederkehrenden Überlegungen, die sich z. B. auf Wahl der Zeicheneinheiten, Genauigkeitsbetrachtungen, Anordnung oder Struktur der Teilungen, Ausgleichung innerhalb einer Darstellung beziehen, sind nicht immer von Fall zu Fall wiederholt, sondern an geeigneten Stellen in Zusammenfassung gegeben worden. Dies gilt vor allem für die mit den Funktionsleitern zusammenhängenden Fragen. Eine gründliche Kenntnis der besonderen Merkmale und typischen Eigenschaften der einzelnen Leitergattungen ist für weitergehende Studien unerläßlich; die Untersuchung der gebräuchlichen Funktionsskalen ist demzufolge einem eigenen Abschnitt zugewiesen.

Ein neuer Weg wurde auf dem Gebiete der Genauigkeitsbetrachtungen beschritten. Diese Fragen, die in der Nomographie vielfach nur beiläufig erörtert worden sind, bedürfen sorgfältiger Beachtung. In der Literatur finden sich graphische Verfahren, deren Genauigkeit nicht immer der erforderlichen Schärfe entspricht, andere, die in ihren Ergebnissen über die sachlich gerechtfertigte Genauigkeit hinausgehen. Eine gewisse Unsicherheit, die hinsichtlich der Wertigkeit zeichnerischer Rechenhilfsmittel zu bestehen scheint, dürfte die Zurückhaltung erklären, mit der bisweilen die graphischen Methoden aufgenommen werden. Demgegenüber soll durch wiederholte Untersuchungen der Genauigkeitsfragen gezeigt werden, daß und in welcher Weise die graphisch ermittelten Ergebnisse praktisch definiert sind. Vielleicht tragen diese Untersuchungen mit dazu bei, der Nomographie weitere Beachtung zu gewinnen. — Es soll nicht verkannt werden, daß die in Zahlenbeispielen durchweg zugrunde gelegte Schwelle $s = 0.5$ mm hohe Anforderungen an die Geschicklichkeit des Zeichners und die Beschaffenheit des Materials stellt. Der Wert 0,5 mm wurde gewählt, um Anschluß an frühere Arbeiten von Vogler und Nitz zu nehmen; die Herleitung allgemeiner Beziehungen gibt die Möglichkeit, jeweils eine größere Schwelle in Rechnung zu setzen. Die Ausgleichung innerhalb graphischer Darstellungen wurde nach der Methode der kleinsten Quadratsumme auf Netz- und Leitertafeln übertragen.

Bei der Auswahl von Beispielen erwachsen gewisse Schwierigkeiten. Manche Autoren haben sich entweder auf ein besonderes, einzelnes Fachgebiet beschränkt oder überhaupt darauf verzichtet, Anwendungen auszuführen. Von der Diskussion eines Tafeltypes bis zum Entwurf eines brauchbaren Nomogrammes ist aber oft ein weiter Weg, und häufig besteht gerade ein wesentlicher Anteil der Entwurfsarbeit darin, die praktisch vorliegenden Daten auszuwerten. Deshalb sind die Beispiele, selbst auf die Gefahr hin, daß jede Auswahl schließlich persönlich gefärbt ist, zumeist Anwendungsgebieten entlehnt; wenn es sich auch stets um einfachste sachliche Beziehungen handelt, so ist doch der technische oder physikalische Zusammenhang kurz skizziert, soweit dies für die Konstruktion einer Tafel geboten erscheint und im Rahmen dieses Buches möglich ist. Ein großer Teil von Beispielen hat in der Aufgabensammlung Platz gefunden; die Lösungen wollen nur als Hinweise angesehen werden, auch da, wo sie ausführlicher gehalten werden mußten. Es liegt in der Natur der Sache, daß die Lösungsangaben vorwiegend rechnerischen Charakter tragen, denn der Leser gewinnt so am leichtesten eine Kontrolle für die Richtigkeit seines Entwurfes. Eine Bevorzugung der rechnerischen Entwurfsweise vor der konstruktiven soll damit nicht zum Ausdruck gebracht werden. — Die nomographische Darstellung rein mathematischer Gegenstände wird in systematischer Bearbeitung diesem Buche folgen.

An Vorkenntnissen wird die Bekanntschaft mit den Anfangsgründen der analytischen Geometrie und einfachen Differentiationen vorausgesetzt. Als Bezugssystem erscheint grundsätzlich ein rechtwinkliges kartesisches Koordinatensystem; die Linienkoordinaten lehnen sich — im Gegensatz zu einigen anderen Darstellungen — ebenfalls an ein rechtwinkliges System an, sie werden an gegebener Stelle eingeführt. Die Schreibung in Determinanten erfordert im wesentlichen nur die Kenntnis der ersten Rechenregeln; die Beziehungen zwischen adjungierten Systemen werden besonders abgeleitet und nur für Systeme 3. Grades in einfachster Form ausgesprochen.

Der ursprüngliche Plan, eine ausführliche Literaturübersicht zusammenzustellen, ließ sich im Raume dieses Buches nicht verwirklichen. Es werden daher nur einige Schriften zitiert; eigene Arbeiten des Verfassers sind i. a. nicht namentlich angeführt worden. Auch die in § 9 zusammengestellten geschichtlichen Angaben sollen nur als Hinweise gelten und das Interesse auf die mittelalterlichen Arbeiten lenken. Wie weit eine Vollständigkeit auf diesem Gebiete erreicht werden kann, läßt sich zur Zeit nur schwer überschauen; wenigstens soll einer vielfach einseitigen Auffassung entgegengetreten werden. Luckey dürfte das Verdienst zukommen, auf mittelalterliche „Nomographie" aufmerksam gemacht zu haben.

Die Anlage des Buches und seine Gestaltung als Lehrbuch erforderte die Einführung einer einheitlichen Bezeichnungsweise, die zur schnellen Orientierung auf S. 262 zusammengestellt ist; in den Fachausdrücken werden Fremdwörter nach Möglichkeit vermieden. Das ausführliche Sachverzeichnis dürfte die Benutzung des Buches erleichtern.

Es sei gestattet, dem Verlage für das freundliche Entgegenkommen und die Ausstattung des Buches an dieser Stelle den Dank auszusprechen.

Berlin-Schöneberg, Ostern 1924.

H. Schwerdt.

Inhaltsverzeichnis.

Seite

Formulierung der Aufgabe. 1

I. Grundlagen der Darstellung.

§ 1. Die Zeicheneinheit 2
§ 2. Kurvendarstellung im rechtwinkligen Netz 5
§ 3. Kurvendarstellung im Polarnetz 12
§ 4. Die Funktionsleiter. 14
§ 5. Das Funktionsnetz 18
§ 6. Wahl der Veränderlichen 21
§ 7. Netztafeln 26
§ 8. Leitertafeln 35
§ 9. Geschichtliches 38
§ 10. Aufgaben 42

II. Funktionsleitern.

§ 11. Allgemeine Sätze 44
§ 12. Potenzleitern 49
§ 13. Projektive Leitern 57
§ 14. Die projektive Funktion als Näherungsfunktion 62
§ 15. Logarithmische Leitern 66
§ 16. Krummlinige Leitern 69
§ 17. Aufgaben 74

III. Abbildung einer Ebene auf eine andere.
(Punkttransformationen.)

§ 18. Allgemeine Sätze 75
§ 19. Ausgleichung von Beobachtungen 81
§ 20. Einige Hilfssätze über adjungierte Systeme 87
§ 21. Die projektive Abbildung 90
§ 22. Konstruktive Verzerrungen an Kegelschnitten. (Darstellung über $\frac{y}{x}$ als Ordinate.) 97
§ 23. Aufgaben 103

IV. Netztafeln.

§ 24. Die Ablesegenauigkeit in geometrisch verzerrten Netzen . . . 103
§ 25. Strahlentafeln 107
§ 26. Doppel-Strahlentafeln 117
§ 27. Mechanische Einrichtungen. Zeigerinstrumente 122
§ 28. Die quadratische Gleichung 128

	Seite
§ 29. Allgemeine geradlinige Netztafeln. (Reduzible Funktionen.)	134
§ 30. Beispiele für die Typenbildung	140
§ 31. Dreieckskoordinaten	143
§ 32. Netztafeln für mehr als drei Veränderliche	147
§ 33. Aufgaben	156

V. Fluchtlinientafeln.

§ 34. Typen geradliniger Tafeln	158
§ 35. Projektive Verzerrungen von Fluchtlinientafeln	171
§ 36. Tafeln mit zwei geradlinigen Trägern	175
§ 37. Tafeln mit einem geradlinigen Träger	186
§ 38. Mehrteilige Tafeln mit Zapfenlinie	188
§ 39. Gleitkurventafeln	199
§ 40. Fluchtlinientafeln mit Paarleitern	207
§ 41. Erweiterung der Methode der fluchtrechten Punkte	209
§ 42. Aufgaben	216

VI. Duale Abbildung einer Ebene.

§ 43. Die spezielle Dualität	219
§ 44. Pol und Polare	222
§ 45. Die allgemeine Dualität	226
§ 46. Anwendung auf vorhandene Typen	230
§ 47. Darstellung empirischer Funktionen in Leitertafeln	233
§ 48. Aufgaben	240

VII. Rechentafeln mit besonderen Schlüsseln.

§ 49. Geradlinige Ablesevorrichtungen	241
§ 50. Der Kreis als Ablesekurve	245
§ 51. Das Fürlesche System	249
Schlußwort	251

Anhang.

I. Lalannesche Tafel	253
II. Zeicheneinheit E für reg α	254
III. Zeicheneinheit E für log α	255
IV. Multiplikation von Determinanten	255
V. Hinweise für die Lösungen der Aufgaben	256
VI. Literatur	260
Bezeichnungen	262
Sachverzeichnis	263

Berichtigung.

Auf S. 101 ist hinter Zeile 4 zu ergänzen: Bisweilen bietet sich die Glättungsaufgabe im Anschluß an zwei feste Punkte dar.

Γίγνεσθε δόκιμοι τραπεζίται.

Formulierung der Aufgabe.

Den Werkzeugen des Ingenieurs haben sich in den letzten Jahrzehnten die graphischen Methoden als neue Hilfsmittel beigesellt, deren Vorteile auch auf anderen wissenschaftlichen Gebieten in steigendem Maße anerkannt werden. Wenn auch das Verfahren, Gegenstände der Rechnung durch die Zeichnung darzustellen, schon in der Mathematik der Alten Anwendung gefunden hat und die ersten Ansätze heutiger Methoden vielfach im Mittelalter liegen, so ist dieser Zweig der angewandten Mathematik als selbständiges Gebiet erst im letzten Jahrhundert, und zwar vorwiegend an Hand technischer Probleme, ausgebildet und verfeinert worden. Dieser erhebliche Anteil der Ingenieurwissenschaft ist leicht verständlich, da eine vorwiegend in kritischer Richtung eingestellte Mathematik an Fragen, die auf Anschaulichkeit beruhen und die Anschaulichkeit zum Ziele haben, kein nennenswertes Interesse nahm. Erst in jüngster Zeit ist die zeichnerische Behandlung infinitesimaler Probleme eine Aufgabe der eigentlichen mathematischen Forschung geworden.

Das unter dem Namen der graphischen Methoden zusammenzufassende Gebiet verdankt seine Entwicklung im wesentlichen den durch das Ökonomieprinzip gegebenen Forderungen, und zwar handelt es sich um zwei Aufgabengruppen, die auf zeichnerischem Wege Erledigung finden: die Zeichnung dient der Darstellung und der Rechnung.

Man hat sich zunächst damit begnügt, die Konstante oder allgemeiner einen Zustand darzustellen. Die Versinnlichung der Größen durch Strecken, deren sich schon die Größenlehre Euklids bedient, hat in der Auerbachschen Darstellung physikalischer Dimensionen eine schöne Erweiterung erfahren und erreicht in den Zeichnungen gerichteter Strecken, durch welche die Vektoren eine Darstellung finden, einen besonderen Grad der Allgemeinheit. Die eigentliche Aufgabe der graphischen Methoden liegt aber heute in der Darstellung von Zustandsänderungen. Der Zusammenhang zwischen veränderlichen Größen soll anschaulich vermittelt werden, so daß aus dem geometrischen Bilde möglichst viele Eigenschaften der Funktion abgelesen werden können.

Die zweite und größere Aufgabengruppe erfordert die zeichnerische Ermittlung von Zahlenwerten, besonders in solchen Fällen, in denen die numerische Rechnung umständlich oder mit Schwierigkeiten verknüpft ist. So handelt es sich etwa darum, Näherungswerte für die Wurzeln numerischer Gleichungen zu konstruieren. Auch die große Anzahl der geometrischen Näherungskonstruktionen läßt sich in diesem Zusammenhang erwähnen.

Den Aufgaben, welche die Bestimmung einer Einzellösung zum Ziele haben, stehen wiederum jene gegenüber, in denen die zeichnerische oder mechanische Ermittlung einer Zahlenfolge vorgenommen werden soll. Häufig wiederkehrende Rechnungen innerhalb einer Funktion werden in einer Rechentafel erledigt, aus der zu gegebenen Argumentwerten der Funktionswert sofort abgelesen werden kann. Der Schwerpunkt der graphischen Methoden liegt gerade auf diesem Gebiete, das man als Nomographie bezeichnet. Die Darstellung und die zeichnerische Bestimmung von Einzellösungen sollen im folgenden keine Behandlung erfahren; wir werden die graphischen Methoden in dem Umfange erörtern, als sie auf die Ermittlung einer Folge von Funktionswerten führen.

I. Grundlagen der Darstellung.
§ 1. Die Zeicheneinheit.

Zahlengrößen lassen sich durch Strecken darstellen. Bezeichnet man eine beliebige, dann aber beizubehaltende Strecke als 1, so haben Strecken der doppelten, dreifachen, ..., n-fachen Länge als Bilder der Zahlen 2, 3, ... n zu gelten. Die zuerst gewählte Strecke heißt Zeicheneinheit. Unter Zugrundelegung eines Richtungssinnes können die Bilder der Zahlen auf einer Geraden von einem festen Punkte 0 aus abgetragen werden; in bekannter Weise gelangt man zu einer zeichnerischen Darstellung aller reellen Zahlen auf einer Zahlengeraden. Es hat sich als vorteilhaft erwiesen, nicht allein die Strecke, sondern auch den freien (von 0 verschiedenen) Endpunkt der Strecke n als Bild der Zahl n anzusehen. Man nennt die Punktreihe, die

§ 1. Die Zeicheneinheit.

einer Zahlenfolge entspricht, eine **Teilung**, die Gerade, auf der die Punkte liegen, ihren **Träger**. Beide Auffassungen über den Sinn der Abbildung bestehen nebeneinander, jedoch überwiegt die letztere; sie wird später eine wesentliche Erweiterung erfahren.

In den Anwendungen handelt es sich zumeist um die Darstellung benannter Zahlen; dabei bedarf die Zeicheneinheit einer besonderen Erklärung. Aus der graphischen Statik ist bekannt, in welcher Weise Kräfte durch Strecken wiedergegeben werden. Wird etwa eine Kraft von 5 kg* durch eine Strecke der Länge 15 cm dargestellt, so gehört der Kraft 1 kg* die Bildstrecke 3 cm zu: die Zeicheneinheit der Kraft beträgt in diesem Falle 3 cm. Wir schreiben dafür bisweilen in abgekürzter Form $E(1 \text{ kg}^*) = 3$ cm. Entsprechend werden andere Größen in Strecken abgebildet. Will man z. B. die Lichtstärken einer 16-kerzigen Glühlampe und einer 60-kerzigen Gasflamme zeichnerisch vergleichen, so stellt man die eine Lichtstärke etwa durch eine Strecke 32 mm, die andere durch eine Strecke 120 mm dar; die Zeicheneinheit beträgt $E(1 \text{ HK}) = 2$ mm. Ordnet man wiederum die Bildstrecken auf einer Geraden an, so kann auch hier die Auffassung Platz greifen, der (von O verschiedene) Endpunkt der Strecke sei das Bild der zugehörigen Lichtstärke. Wir denken zahlreiche Strecken dieser Art auf der Geraden abgetragen; dann gewinnen wir eine nach Kerzenzahlen bezifferte Teilung für die Lichtstärke. Da die gezeichneten Strecken zumeist eine andere Maßzahl haben als den Größen, die sie darstellen, zukommt, ist eine strenge Unterscheidung in der Ausdrucksweise erforderlich. Wir nennen die Änderung einer dargestellten Größe stets einen **Schritt**, die zugehörige Bildstrecke bezeichnen wir als **Teilungsintervall** (Teilungsstrecke).

Die Wahl der Zeicheneinheit ist für die Brauchbarkeit einer Darstellung wesentlich. Wenn z. B. auf einem Zeichenblatt der größten Ausmessung 23 cm Druckangaben von $1800 \frac{\text{kg}^*}{\text{cm}^2}$ bis $10\,000 \frac{\text{kg}^*}{\text{cm}^2}$ durch Strecken dargestellt werden sollen, so kann der Druck $10\,000 \frac{\text{kg}^*}{\text{cm}^2}$ höchstens durch die Strecke 23 cm wiedergegeben werden; wir vereinfachen die Zeichnung dadurch, daß wir dem größten Druck die Strecke 20 cm zuordnen; als Bild der Druckeinheit $1 \frac{\text{kg}^*}{\text{cm}^2}$ ergibt sich dann die Strecke $\frac{20 \text{ cm}}{10\,000}$ = 0,02 mm. Diese unbequeme Angabe vermeiden wir, indem wir uns auf eine größere Druckeinheit beziehen, z. B.: $E\left(100\ \dfrac{\text{kg}^*}{\text{cm}^2}\right) = 2$ mm[1]).

Stellen wir im letzten Beispiel eine Druckteilung her, so kommt nur der Bereich $1800\ldots 10\,000\ \left(\dfrac{\text{kg}^*}{\text{cm}^2}\right)$ in Betracht, dem die **Teilungslänge** 200 mm − 36 mm = 164 mm zugehört.

Es sei allgemein für eine veränderliche Größe α der Bereich $\alpha = \alpha_1 \ldots \alpha_2$ vorgelegt, die verfügbare Teilungslänge betrage A mm; dann ergibt sich für die Zeicheneinheit eine obere Grenze

$$E(\alpha) = \frac{A}{|\alpha_1 - \alpha_2|}\ \text{mm}\ . \tag{1}$$

Dieser Wert ist im einzelnen Falle derart zu glätten, daß die Teilung in Anlehnung an ein (vorgedrucktes) Millimeternetz hergestellt werden kann.

Graphischen Darstellungen liegen zumeist empirisch ermittelte Zahlenwerte, Messungen oder Beobachtungen zugrunde; sobald eine Teilung eine rechnerische Auswertung erfahren soll, muß die Ablesegenauigkeit der erreichten Beobachtungsschärfe entsprechen.

Es ist üblich, Zahlenangaben derart vorzunehmen, daß der Fehler kleiner ist als eine halbe Einheit der letzten Dezimale. An Stelle der kontinuierlichen Folge der Zahlen tritt auf diese Weise eine Reihe diskreter Werte. Wird beispielsweise das spezifische Gewicht eines Holzes zu 0,84 angegeben, so unterscheidet man nur die Werte, die um 0,01 voneinander abweichen, 0,83, 0,84, 0,85 . . .; die Angabe 0,840 gehört dagegen der um 0,001 fortschreitenden Reihe 0,839, 0,840, 0,841 . . . an. Dem Schritt ϑ, in dem die Zahlen α einander folgen, muß in der Zeichnung eine Strecke entsprechen, die mit hinreichender Sicherheit erkannt werden kann. Es ist nicht erforderlich, die Unterteilung bis zu der Dezimale auszuführen, deren Ablesung gewünscht wird, da innerhalb eines Teilungsintervalls Zwischenwerte bis zu Zehnteln eingeschätzt werden können. Die Erfahrung hat gezeigt, daß die Fehlergrenze der Schätzung, die von der Beschaffenheit der Zeichnung, der Übung und Sehweite des Benutzers u. a. U. abhängt, bei Intervallen von 1 bis 2 mm unterhalb der **Schwelle** $s = 0{,}05$ mm bleibt; wir sehen daher $2s = 0{,}1$ mm als das kleinste zulässige Interpolationsintervall an und erhalten demnach eine untere Grenze für die Zeicheneinheit

$$E'(\alpha) = \frac{2\cdot s}{\vartheta}\ \text{mm}\ . \tag{2}$$

---

[1]) Die sorgfältige Bezeichnung der Zeicheneinheit ist notwendig. Die vielfach in Zeitschriften übliche Schreibung $100\ \dfrac{\text{kg}^*}{\text{cm}^2} = 2$ cm, 1 HK = l mm, 1 km = 3 mm oder dergl. sollte unbedingt vermieden werden.

§ 2. Kurvendarstellung im rechtwinkligen Netz.

Solange $E' \leqq E$ ist, bereitet die Darstellung keine Schwierigkeiten. Im Falle $E' > E$ können nur einzelne, aufeinanderfolgende Teilbereiche auf verschiedenen Trägern dargestellt werden. Man bezeichnet das Verfahren als Brechung der Teilung.

Beispiel: Im sichtbaren Bereich $(0,4\,\mu \ldots 0,7\,\mu)$ sollen die Spektrallinien einzelner Elemente in der Schrittgröße ϑ (Genauigkeit) $0,0001\,\mu$ dargestellt werden. Wählen wir $2s = 0,2$ mm, so ergibt sich $E'(0,1\,\mu) = 0,1 \cdot \dfrac{0,2 \text{ mm}}{0,0001} = 200$ mm. Bei dieser Zeicheneinheit gehört dem vorgelegten Bereich die Teilungslänge 600 mm zu; wir zerlegen daher die Teilung in zwei oder drei Abschnitte handlicher Länge.

Die Anordnung gebrochener Teilungen läßt mannigfache Spielarten zu· sie sind von Werkmeister übersichtlich zusammengestellt worden.

§ 2. Kurvendarstellung im rechtwinkligen Netz.

Der funktionale Zusammenhang $\beta = f(\alpha)$ läßt sich in einfachster Weise durch ein Kurvenbild wiedergeben, wenn man α und β als Koordinaten eines Punktes ansieht und der Darstellung ein rechtwinkliges, kartesisches Koordinatensystem (Millimeterpapier) zugrunde legt. Während in der analytischen Geometrie die Aufgabe im wesentlichen darin besteht, den Verlauf einer Kurve allgemein zu diskutieren, handelt es sich in der Nomographie darum, Besonderheiten praktisch zu berücksichtigen, die durch die Abmessungen des Zeichenblattes, die Bereiche der Veränderlichen, ihre Genauigkeit und den Zweck der Darstellung gegeben sind.

Um etwa ein Bild der Funktion $\beta = \tfrac{1}{2}\alpha^2$ zu gewinnen, berechnet man eine Anzahl zusammengehöriger Werte (α, β); der Punkt mit den Koordinaten (α, β) heißt Bildpunkt des zugehörigen Wertepaares. Liegen diese Punkte hinreichend dicht, so läßt sich mit gewisser Genauigkeit ein verbindender Kurvenzug einzeichnen. Die Abb. 1 zeigt den Verlauf der Funktion $\beta = \tfrac{1}{2}\alpha^2$ im Bereich $\alpha = -2\ldots+4$ mit den Zeicheneinheiten $E(\alpha) = 10$ mm, $E(\beta) = 10$ mm. Die Parabel gestattet nun, zu jedem Wert α den zugehörigen Wert β zu finden, und umgekehrt bei gegebenem β die vorgelegte Funktion nach α aufzulösen. Der Bereich von β ist dabei durch den für α gewählten völlig bestimmt.

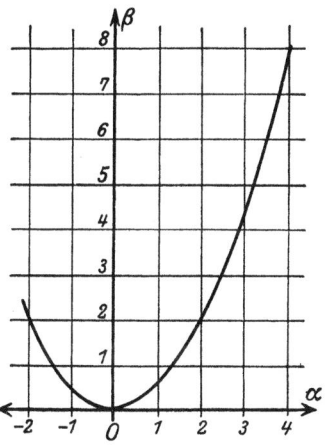

Abb. 1. Bild der Funktion $\beta = \tfrac{1}{2}\alpha^2$. Maßstab $^2/_3$.

Die Genauigkeit, mit der beide Aufgaben erledigt werden können, ist durch die Art der Darstellung bedingt.

Wird für α der Bereich 0 ... 10 vorgeschrieben, wobei sich für β die Grenzen 0 und 50 ergeben, so ist es naheliegend, die beiden Veränderlichen in verschiedenen Zeicheneinheiten dar-

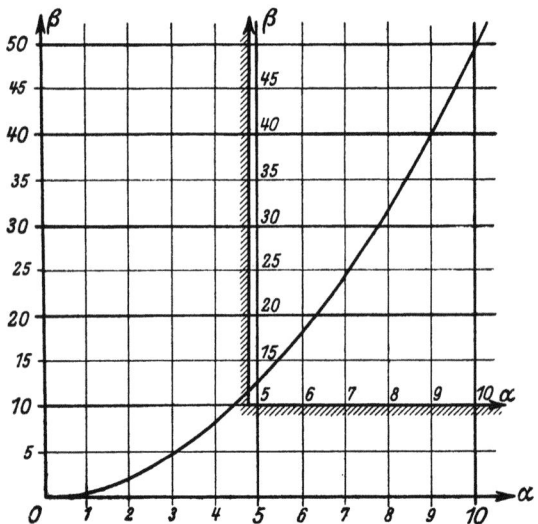

Abb. 2. Unterdrückung des 0-Punktes. Maßstab $^3/_5$.

zustellen. Das Format des Zeichenblattes kann auf diese Weise vorteilhafter ausgenützt werden. In Abb. 2 ist $E(\alpha) = 10$ mm, $E(\beta) = 2$ mm gewählt.

Anstatt für alle Teilungen die Zeicheneinheiten selbst anzugeben, die auf die metrischen Einheiten des Zeichenblattes zurückgehen, im allgemeinen auf 1 mm, werden wir bisweilen die Maßstabsverhältnisse auf irgendeine, dann aber bestimmte Einheit der Zeichnung beziehen. Die wesentlichen Eigenschaften einer Darstellung hängen häufig allein von diesen Verhältnissen ab, und wir gewinnen den Vorteil, daß wir uns in allgemeinen Untersuchungen von der absoluten Größe der Zeichnung unabhängig machen. Im Beispiel der Abb. 2 ist der auf $E(\alpha)$ bezogene Maßstab der β-Teilung $\lambda = \frac{1}{5}$, der Maßstab der α-Teilung in bezug auf $E(\beta)$ gleich 5. Diese Ausdrucksweise soll auch dann Platz greifen, wenn es sich um die Darstellung benannter Größen handelt.

Unter dem Maßstab λ einer Teilung (α) verstehen wir das Verhältnis ihrer Zeicheneinheit $E(\alpha)$ zu einer gegebenen Einheitsstrecke e.

$$\lambda = \frac{E(\alpha)}{e} \quad . \tag{3}$$

§ 2. Kurvendarstellung im rechtwinkligen Netz. 7

Der Maßstab λ ist eine unbenannte Zahl, während die Zeicheneinheit die Dimension einer Strecke hat.

Falls in Abb. 2 die Darstellung des Bereiches $\alpha = 5..10$ verlangt wird, hat nur der durch Schraffierung hervorgehobene Teil des Zeichenblattes Bedeutung. In diesem Falle wird man die α-Teilung nur in dem vorgeschriebenen Intervall $5 \ldots 10$ beziffern und auch die β-Teilung sogleich mit dem Werte 10 ansetzen. Man nennt dieses Verfahren Unterdrückung des O-Punktes; es gestattet, die Zeichnung in größeren Zeicheneinheiten zu entwerfen. Der Änderungsbereich von α möge sich von α_1 bis α_2 erstrecken, der Bereich der Abhängigen β von β_1 bis β_2; durch die Abmessungen des Blattes sind die Teilungslängen A mm bzw. B mm bestimmt; dann ergeben sich die Zeicheneinheiten

$$E(\alpha) = \frac{A \text{ mm}}{|\alpha_1 - \alpha_2|} \quad \text{und} \quad E(\beta) = \frac{B \text{ mm}}{|\beta_1 - \beta_2|},$$

und der Maßstab der β-Teilung in bezug auf $E(\alpha)$ beträgt:

$$\lambda = \frac{B}{A} \cdot \left| \frac{\alpha_1 - \alpha_2}{\beta_1 - \beta_2} \right|.$$

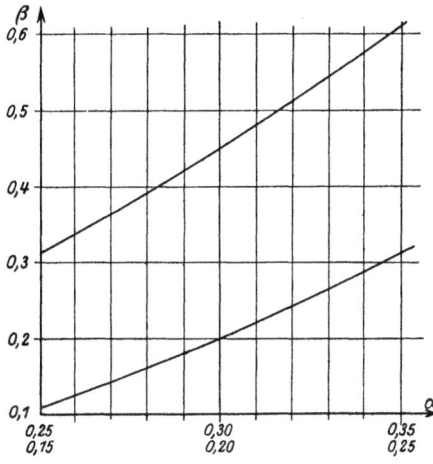

Abb. 3. Überlagerung.

Stellen wir bei Ermittlung der Zeicheneinheiten die vorgeschriebene Ablesegenauigkeit in den Vordergrund, so ist u. U. die Brechung der Teilungen sinngemäß anzuwenden; die Darstellung läßt sich nur abschnittsweise in Teilzeichnungen durchführen, die nach Art der Abb. 3 überlagert werden können. Die untere α-Teilung bezieht sich auf den unteren, die obere auf den oberen Parabelbogen.

Durch die für α vorgeschriebene Genauigkeit ist auf Grund des Zusammenhanges $f(\alpha)$ die Genauigkeit bestimmt, mit der β berechnet werden kann. Wir werden daher fordern, daß die Ablesegenauigkeit auf der β-Teilung dementsprechend weder unnötig groß noch zu klein sei. Gehört α einer praktisch gegebenen, also diskreten Zahlenfolge an, so haben alle Änderungen von α, die unterhalb einer gewissen Grenze bleiben, als unmerklich zu gelten, sie können daher auch keine merkliche Änderung des Zahlenwertes β bewirken[1]). Wir bezeichnen die Grenzen unmerklicher Änderungen mit $\varDelta\alpha$ und $\varDelta\beta$, dann gilt in erster Näherung $\varDelta\beta = f'(\alpha) \cdot \varDelta\alpha$.

Im Beispiel der Abb. 2 liege der Darstellung der Wert $\varDelta\alpha = 0{,}05$ zugrunde; aus $f'(\alpha) = \alpha$ folgt $\varDelta\beta = 0{,}05 \cdot \alpha$, d. h. für $\alpha = 1$ ergibt sich $\varDelta\beta = 0{,}05$, für $\alpha = 5$ der Wert $\varDelta\beta = 0{,}25$ usw. Die β-Teilung ermöglicht in ihrem ganzen Verlauf die Ablesung gemäß $\varDelta\beta = 0{,}25$; die Genauigkeit der Rechnung wird daher übertroffen an den Stellen $\alpha > 5$, die Darstellung erreicht aber für kleinere Werte α die zu fordernde Genauigkeit nicht.

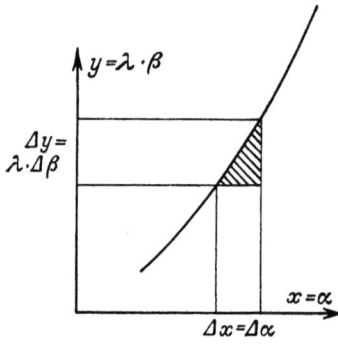

Abb. 4. Zeicheneinheit einer abhängigen Größe.

Es ist naheliegend, für die Bereiche zu geringer Genauigkeit eine größere Zeicheneinheit zu wählen und in anderen Bereichen auf die zwecklose Ablesegenauigkeit zu verzichten.

Um den günstigsten Maßstab für die Darstellung der Funktion $\beta = f(\alpha)$ zu finden, legen wir der Zeichnung ein rechtwinkliges, kartesisches Koordinatensystem (xy) zugrunde (Abb. 4). Die Zeicheneinheit $E(\beta)$ beziehen wir auf die Einheit $E(\alpha)$, $E(\beta) = \lambda \cdot E(\alpha)$; dann tragen die Achsen die Teilungen $x = \alpha$ und $y = \lambda \cdot \beta$, so daß die Gleichung die Kurve $y = \lambda \cdot f(x)$ lautet. Der Änderung $\varDelta\alpha$, die noch als unmerklich gelten kann, gehört in der Zeichnung die Strecke $\varDelta x$ zu, die aus Gründen der Ökonomie in der Größenordnung der Schwelle liegt. Die Änderung $\varDelta\beta = f'(\alpha) \cdot \varDelta\alpha$, die praktisch nicht merklich ist, wird durch die Strecke $\varDelta y = \lambda \cdot \varDelta\beta$ dargestellt. Wir fordern, daß $|\varDelta y|$ ebenfalls in der Größenordnung der Schwelle liege: bei Konstanz von $\varDelta x$ soll die Strecke $|\varDelta y|$ innerhalb gewisser Grenzen bleiben, etwa zwischen $\frac{2}{3}\varDelta x$ und $\frac{3}{2}\varDelta x$, allgemein zwischen $\varepsilon_1 \cdot \varDelta x$ und $\varepsilon_2 \cdot \varDelta x$. Aus $\varDelta\beta = f'(\alpha) \cdot \varDelta\alpha$ folgt $\varDelta y = \lambda \cdot f'(\alpha) \cdot \varDelta x$.

---

[1]) Gegen diese Forderung, eine abhängige Größe nur in der zulässigen Genauigkeit zu ermitteln, wird vielfach verstoßen, besonders in den „angewandten" Aufgaben mancher Schulbücher. So werden mit Näherungswerten von π und zweistelligen spez. Gewichten bisweilen Körpergewichte auf 5 Stellen, bei der Größenordnung eines Zentners also auf Gramm „berechnet".

§ 2. Kurvendarstellung im rechtwinkligen Netz.

Wir setzen zunächst $|\Delta y| = |\Delta x|$ und erhalten für die Umgebung der Stelle α_0, die in den wichtigsten Teil der Darstellung verlegt wird, den Maßstab

$$\boxed{\lambda = \frac{1}{|f'(\alpha_0)|}}. \tag{4}$$

Die Grenzen des Bereiches, in dem λ den günstigsten Maßstab bedeutet, sind die Stellen α_1 und α_2, in denen $|\Delta y| = \left|\dfrac{f'(\alpha)}{f'(\alpha_0)}\right| \Delta x$ einem der Werte $\varepsilon \cdot \Delta x$ gleich wird:

$$f'(\alpha_1) = \varepsilon_1 \cdot f'(\alpha_0), \qquad f'(\alpha_2) = \varepsilon_2 \cdot f'(\alpha_0). \tag{5}$$

Aus (4) und (5) folgt

$$\lambda = \frac{\varepsilon_1}{|f'(\alpha_1)|} = \frac{\varepsilon_2}{|f'(\alpha_2)|}. \tag{6}$$

Wenn der gefundene Bereich $\alpha_1 \ldots \alpha_2$ enger ist als der vorgeschriebene Bereich der Unabhängigen, so können wir eine Teilung der Darstellung vornehmen und die Aufgabe in Einzelzeichnungen erledigen, die auf demselben Zeichenblatt vereinigt werden.

Die Funktion $\beta = f(\alpha)$ sei monoton und $f'(\alpha)$ möge in dem darzustellenden Bereich nicht verschwinden. Wir beginnen in einer der Grenzen α_1 und finden nach Wahl von ε_1 den Maßstab

$$\lambda_1 = \frac{\varepsilon_1}{f'(\alpha_1)},$$

der bis zur Stelle α_2 zu verwenden ist:

$$f'(\alpha_2) = \frac{\varepsilon_2}{\varepsilon_1} \cdot f'(\alpha_1).$$

Von dieser Stelle α_2 an wiederholen wir die Überlegung und bestimmen den Maßstab λ_2 für den anschließenden Abschnitt wieder mit Hilfe der Zahl ε_1:

$$\lambda_2 = \frac{\varepsilon_1}{f'(\alpha_2)} = \frac{\varepsilon_1}{\varepsilon_2} \cdot \lambda_1.$$

Der Abschnitt reicht bis zur Stelle α_3:

$$f'(\alpha_3) = \frac{\varepsilon_2}{\varepsilon_1} f'(\alpha_2) = \left(\frac{\varepsilon_2}{\varepsilon_1}\right)^2 \cdot f'(\alpha_1).$$

Allgemein erhalten wir:

$$\lambda_n = \left(\frac{\varepsilon_1}{\varepsilon_2}\right)^{n-1} \lambda_1,$$

$$f'(\alpha_{n+1}) = \left(\frac{\varepsilon_2}{\varepsilon_1}\right)^n \cdot f'(\alpha_1).$$

Die Zwischenwerte und Maßstäbe werden geglättet.

Beispiel: In Abb. 5 ist die Funktion $\beta = \frac{1}{2}\alpha^2$ im Bereich $\alpha = 2 \ldots 15$ unter Benutzung der Werte $\varepsilon_1 = \frac{2}{3}$ und $\varepsilon_2 = \frac{3}{2}$ dargestellt. Der Rechnungsgang ist in der folgenden Übersicht wiedergegeben.

Wert	Berechnet	Geglättet
$\alpha_1 = 2$		2
$\lambda_1 =$	$\dfrac{2}{3} \cdot \dfrac{1}{2} = \dfrac{1}{3}$	0,4
$\alpha_2 =$	$\dfrac{9}{4} \cdot 2 = \dfrac{9}{2}$	4
$\lambda_2 =$	$\dfrac{4}{9} \cdot \dfrac{1}{3} = \dfrac{4}{27}$	0,15
$\alpha_3 =$	$\left(\dfrac{9}{4}\right)^2 \cdot 2 = \dfrac{81}{8}$	10
$\lambda_3 =$	$\left(\dfrac{4}{9}\right)^2 \cdot \dfrac{1}{3} = \dfrac{16}{243}$	0,08
$\alpha_4 =$	$\left(\dfrac{9}{4}\right)^3 \cdot 2 = \dfrac{729}{32}$	20

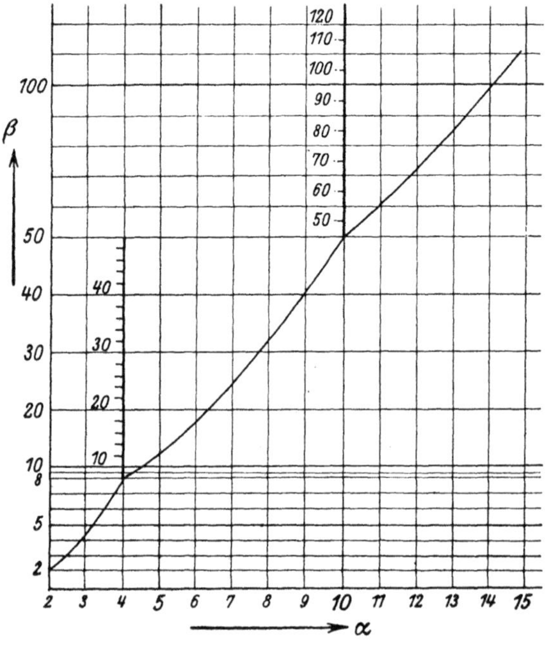

Abb. 5. Wahl der günstigsten Zeicheneinheit. Maßstab $^1/_2$.

§ 2. Kurvendarstellung im rechtwinkligen Netz.

Die Darstellung liefert die Funktion β in allen Abschnitten mit der notwendigen Genauigkeit; die Teilungslängen stimmen auf beiden Achsen annähernd überein, das Zeichenblatt ist also ungefähr quadratisch. Es ergibt sich daher die günstigste Genauigkeitsverteilung, wenn die einzelnen Kurvenstücke unter etwa 45° gegen die x-Achse ansteigen. Die in den Anwendungen auftretenden Funktionen lassen sich unter Ausschluß der Stellen $f'(\alpha) = 0$ stets in monotone Abschnitte der behandelten Art zerlegen.

Bisweilen ist eine Abschätzung des günstigsten Maßstabes λ auf anderem Wege rasch durchführbar. Wir bestimmen den Mittelwert

$$\mathfrak{M}(\lambda) = \frac{1}{\alpha_2 - \alpha_1} \cdot \int_{\alpha_1}^{\alpha_2} \lambda\, d\alpha = \frac{1}{\alpha_2 - \alpha_1} \cdot \int_{\alpha_1}^{\alpha_2} \frac{d\alpha}{f'(\alpha)}$$

im darzustellenden Bereich $\alpha_1 \ldots \alpha_2$. Im Beispiel der Funktion $\beta = \frac{1}{2}\alpha^2$ folgt aus $f'(\alpha) = \alpha$, $\int_{\alpha_1}^{\alpha_2} \frac{d\alpha}{\alpha} = \ln \frac{\alpha_2}{\alpha_1}$ der Mittelwert $\mathfrak{M}(\lambda) = \frac{1}{\alpha_2 - \alpha_1} \ln \frac{\alpha_2}{\alpha_1}$; wir erhalten in guter Übereinstimmung mit den oben angegebenen Werten:

$\alpha = 2 \ldots 4,\quad \mathfrak{M}(\lambda) = \frac{1}{2} \ln 2 \;\; = 0{,}35,$
$\alpha = 4 \ldots 10,\quad \mathfrak{M}(\lambda) = \frac{1}{6} \ln 2{,}5 = 0{,}15,$
$\alpha = 10 \ldots 20,\quad \mathfrak{M}(\lambda) = \frac{1}{10} \ln 2 \;\; = 0{,}07.$

Es ist möglich, die verschiedenen Darstellungen derselben Funktion in Beziehung zueinander zu setzen, etwa die in Abb. 2 und 5 gegebenen. Man hat sich die Vorstellung gebildet, die Zeichenebene der Abb. 2 habe in den einzelnen Parallelstreifen (2 ... 8, 8 ... 50) eine **Verzerrung** erfahren. Der Streifen 2 ... 8 erscheint in Abb. 5 gedehnt, die anderen Streifen werden gedrängt. Diese Vorstellung kann überhaupt auf Teilungen derselben Veränderlichen übertragen werden; so entsteht Abb. 2 aus Abb. 1 durch Verzerrung in Richtung der Ordinaten. Die Zuordnung der Fig. 2 und 5 läßt sich derart kennzeichnen, daß die eine als **Bild** der anderen angesehen wird. Im vorliegenden Falle wirkt sich die Abbildung der einen Zeichenebene auf die andere in gleichmäßigen Verzerrungen aus, die Zuordnung ist einfachster Art. Bei Übergang zu allgemeinen Abbildungen werden die Vorteile der hier angebahnten Anschauung deutlich hervortreten, und wir werden die Begründung nomographischer Tafeln stets auf diese Vorstellung zurückführen.

§ 3. Kurvendarstellung im Polarnetz.

Stellt eine der Veränderlichen in der Funktion $F(\alpha, \beta) = 0$ einen Winkel oder eine auf Winkel zurückführbare Größe dar (z. B. die Zeit, Ausschläge von Meßinstrumenten u. dgl.), so ist häufig die Wiedergabe des Zusammenhanges in einem Polarkoordinatensystem (r, φ) angezeigt. Polarpapiere sind im Handel zu beziehen und vielfach den speziellen Zwecken angepaßt.

So bedient man sich in der Beleuchtungstechnik bei der Aufzeichnung von Lichtverteilungskurven besonders vorbereiteter Blätter. Ferner ist in der Meteorologie die Anzahl der verwendeten Polarpapiere sehr groß, bei denen die Winkelteilung auf die Himmelsrichtungen, Zeitstunden, Monate, geogr. Breite und anderes Argumente zurückgeführt wird. Alle diese Darstellungen haben den Vorzug besonderer Anschaulichkeit.

Die Zeicheneinheit derjenigen Größe (β), die der Länge r des Fahrstrahles zugeordnet wird, kann unter den gleichen Gesichtspunkten gewählt werden, die für ein rechtwinkliges Netz entwickelt worden sind; die Darstellung der anderen Variablen, (α), durch einen Winkel bedarf aber einer kurzen Erörterung. In vielen Fällen der Praxis, in denen α selbst einen Winkel bedeutet, wird α unmittelbar durch φ dargestellt: $\varphi = \alpha$; eine Maßstabsangabe erübrigt sich. Bisweilen ist jedoch eine größere Zeicheneinheit zu wählen. Erfolgt die Änderung von α etwa nur im Bereich $0° \ldots 90°$, so können die Winkel ohne weiteres in vierfacher Vergrößerung gezeichnet werden: $\varphi = 4 \cdot \alpha$. Der Verhältniswert, im Beispiel die Zahl 4, tritt als reine Maßstabsgröße auf. (Abb. 6 und 7.) Die Vorstellung, Abb. 6, werde einer Verzerrung unterworfen, vermittelt im vorliegenden Falle den Übergang von Abb. 6 zu Abb. 7 mit besonderer Anschaulichkeit: wir denken die Ebene Abb. 6 um 0 fächerartig entfaltet; die einzelnen Punkte der Ebene wandern dabei auf den Kreisen $\beta = $ const. Die in Abb. 6 eingezeichnete Gerade g geht in die Kurve g' der Abb. 7 über.

Bei Änderung der Zeicheneinheit $E(\beta)$ erfährt das Zeichenblatt von 0 aus eine allseitige Dehnung in Richtung der Radien; jeder Punkt durchwandert dabei den Fahrstrahl, auf dem er vor der Verzerrung liegt.

Wenn wir auch in diesem Falle die Zuordnung der beiden Figuren als Abbildung ansprechen wollen, ist es zweckmäßig, den eingangs gegebenen Begriff: „Bild einer Zahl" zu erweitern. Nachdem ursprünglich die Strecke als Bild einer Zahl eingeführt war, kam weiterhin dem (freien) Endpunkte der Strecke die wesentliche Bedeutung des Bildes zu. Ebenso wollen wir an dieser Stelle nicht den Winkel φ, sondern seinen (freien)

§ 3. Kurvendarstellung im Polarnetz. 13

Schenkel als Bild der Zahl α ansehen. Dementsprechend hat als Bild der Zahl β der Kreis mit dem Radius $r = \beta \cdot E(\beta)$ mm zu gelten. Zahlen werden durch Linien abgebildet; die Teilungen dienen im einzelnen Falle nur dazu, die Bezifferung der Glieder in Linienscharen zeichnerisch aufzunehmen. Unter demselben Gesichtspunkt lesen wir auch die Darstellungen Abb. 1, 2 und 5. Bild der Zahl α ist die Parallele zur Ordinatenachse, die auf der Abszissenteilung durch den mit α beziffer-

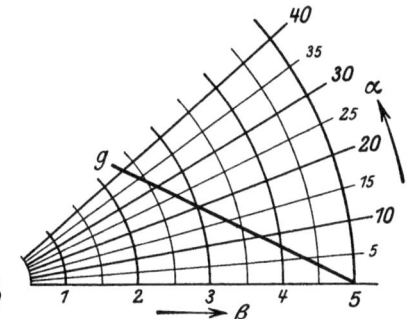

Abb. 6. Polarnetz.

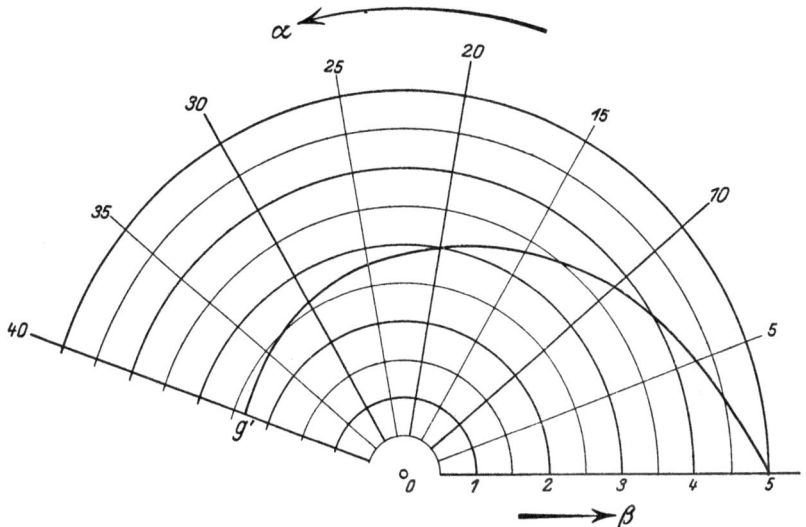

Abb. 7. Verzerrung eines Polarnetzes.

ten Punkt hindurchgeht. Das Entsprechende gilt für β. Die Linienschar, die eine Zahlenfolge α darstellt, werden wir stets symbolisch als Kurven (α) bezeichnen[1]).

---

[1]) Ein besonderes Symbol erweist sich als notwendig. Die in der Flächentheorie übliche Art, die Linien $u = $ const als v-Linien zu bezeichnen, versagt in der Nomographie, da in den Anwendungen zumeist mehr als zwei Scharen auftreten.

Wird allgemein der Maßstab λ für die Winkel zugrunde gelegt, so wird der Winkel $\alpha = \dfrac{360°}{\lambda}$ durch den Vollwinkel abgebildet. Das Bild des Winkels α gelangt also, wenn α den Wert $\dfrac{360°}{\lambda}$ überschreitet, mit Bildern zur Deckung, die früheren Werten α zugehören. Auf Grund von Vorstellungen, die der Funktionentheorie entlehnt sind, denken wir die Bildebene mit mehreren Belegungen bedeckt. (Vgl. hierzu Abb. 3.) Durch geeignete Bezifferung lassen sich auch im Polarnetz die einzelnen Belegungen kennzeichnen. — Die Zeicheneinheit für eine Größe α, die nicht unmittelbar einen Winkel bedeutet, kann in praxi einfach durch $E(\alpha) = n°$ gegeben werden; drückt man $E(\alpha)$ im Bogenmaß aus, so hat die Zeicheneinheit die Dimension einer Zahl.

Es ist für ein Polarnetz wesentlich, daß die Ablesegenauigkeit des Wertes α vom Radius r, also von β abhängt. Auf Grund der Beziehung $\varphi = \lambda \cdot \alpha$ ist der Winkel 1 das Bild der Zahl $\dfrac{1}{\lambda}$; die Schwelle s auf dem Kreisbogen mit dem Radius r gehört dem Winkel $\dfrac{s}{r}$ zu; also ergibt sich in der oben gewählten Bezeichnungsweise (S. 8) (8) $\varDelta \alpha = \dfrac{s}{\lambda \cdot r}$.

§ 4. Die Funktionsleiter.

Betonen wir in erster Linie das Ziel, eine Rechenzeichnung zu entwerfen, so können wir unter Verzicht auf die sinnfällige Anschaulichkeit, die einem Kurvenbilde innewohnt, ein wertvolleres Hilfsmittel gewinnen. — Es werde im Beispiele $\beta = \tfrac{1}{2}\alpha^2$ der Wert $\beta = 30$, der zu $\alpha = 7{,}75$ gehört, wiederholt gebraucht; wir können dann die jedesmalige Ablesung an der β-Teilung vermeiden und auf der α-Teilung selbst bei 7,75 den Wert $\beta = 30$ festlegen (Abb. 8). Wird die entsprechende Konstruktion für andere Werte β durchgeführt, so ergeben sich auf dem Träger zwei Teilungen: jeder Punkt des Trägers ist als Bild eines Wertepaares (α, β) anzusehen. Man nennt diese Art der Darstellung eine Doppelskala oder Doppelleiter[1]). Die Kurve und das Millimeternetz, die beide zur Herstellung der Doppelleiter geführt haben, werden nun unterdrückt, und wir erhalten die in Abb. 8b gesondert gezeichnete Darstellung. Die vorliegende Konstruktion kann an jedes empirische Kurvenbild angeschlossen werden; um zu vermeiden, daß die Koordinatenlinien die Kurve unter sehr spitzen Winkeln schneiden, ziehen wir zweckmäßig die Ergebnisse des § 2 heran.

---

[1]) Die sehr glückliche, von Luckey befürwortete Bezeichnung hat allgemeine Aufnahme gefunden.

§ 4. Die Funktionsleiter. 15

Während die Zahlenwerte β in gleichen Schritten folgen, sind die Abstände der zugehörigen Bildpunkte untereinander verschieden, sie nehmen im vorliegenden Beispiele mit wachsendem β ab. Eine spätere Untersuchung (S. 48) wird zeigen, daß innerhalb kleiner Zeichenintervalle die Interpolation mit hinreichender Genauigkeit wie auf einer regelmäßigen Teilung erfolgen kann.

Wir haben durch die in Pfeilrichtung ausgeführte Konstruktion die Werte β auf der regelmäßigen α-Teilung festgelegt; fixieren wir umgekehrt die Werte α auf der regelmäßigen β-Teilung, so ergibt sich die in Abb. 8c gesondert gezeichnete Doppelleiter derselben Funktion.

Der wesentliche Vorzug der Darstellung Abb. 8b beruht darin, daß die Zeicheneinheit $E(\beta)$ keiner Untersuchung bedarf. Wenn der Bereich $\alpha_1 \ldots \alpha_2$ des Argumentes auf einem Zeichenblatt vorgeschriebener Abmessung darstellbar ist,

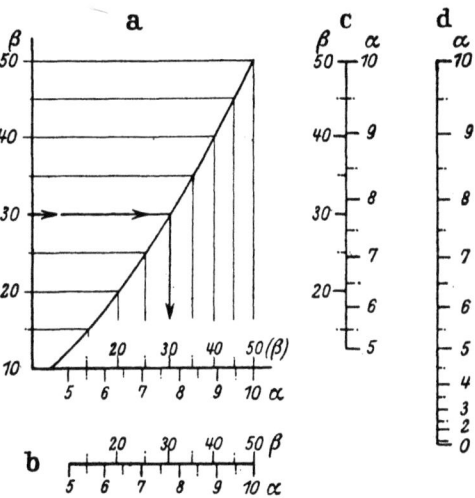

Abb. 8. Doppelleiter und Funktionsleiter einer gegebenen Kurve.

so ist damit zugleich auch der Bereich der Abhängigen den Größenverhältnissen des Blattes angepaßt. Es läßt sich ferner leicht zeigen, daß die Ablesegenauigkeit der Funktion an allen Stellen einer Doppelleiter völlig der Rechengenauigkeit entspricht. In manchen Fällen erscheint es zweckmäßig, die in Abb. 8a angedeutete Konstruktion dahin abzuändern, daß die Werte α und β an der Kurve selbst fixiert werden, die dann Träger der entstandenen Leiter ist (z. B. Abb. 16).

Eine bedeutsame Erweiterung gewinnen wir, wenn wir in einer Doppelleiter die regelmäßige Teilung unterdrücken (Abb. 8d); die übrigbleibende Darstellung heißt **Funktionsleiter** (Funktionsteilung), ihr Aufbau wird durch die Funktion $\beta = \frac{1}{2}\alpha^2$

bedingt, zahlenmäßig findet jedoch nur das Argument α einen Ausdruck; es ist sogar nicht ohne weiteres möglich, dieser Darstellung den Wert β zu entnehmen. Trotzdem beruht das Wesen der Nomographie gerade auf der planmäßigen Verwendung von Funktionsleitern, wie die §§ 5 und 6 vorbereitend darlegen werden.

Auch auf Leitern läßt sich die Vorstellung der Verzerrung übertragen. In Abb. 8b hat die regelmäßige β-Teilung eine Verzerrung derart erfahren, daß die Zeichenintervalle gedrängt werden; in Abb. 8c (bzw. 8d) erscheinen die α-Intervalle von $\alpha = 0 \ldots 5$ gedrängt, von $\alpha = 5$ ab gedehnt.

Anstatt die Doppelleiter und Funktionsteilung konstruktiv an ein Kurvenbild anzulehnen, können wir die Ordinaten unmittelbar auf dem Träger einzeichnen und die (freien) Endpunkte nach α beziffern. Die Zeicheneinheit $E(\beta)$, in der die Abb. 8a entworfen ist, heißt auch Zeicheneinheit der Funktionsleiter. Wir gelangen damit zu einer neuen Erklärung der Funktionsteilung: **eine Leiter der Funktion $f(\alpha)$ wird in der Zeicheneinheit l mm hergestellt, indem auf einem Träger die Strecken $l \cdot f(\alpha)$ mm gezeichnet und die Endpunkte nach dem Argument α selbst beziffert werden.**

Als Beispiel möge die Funktion $\log \alpha$ dienen, die in der Nomographie ausgedehnte Anwendung findet (Abb. 9). Wir entwerfen eine logarithmische Leiter von α in der Zeicheneinheit 100 mm, indem wir die Strecken $z = 100 \cdot \log \alpha$ mm zeichnen. Da $\log 1 = 0$, ist das Bild der Zahl $\alpha = 1$ also der 0-Punkt des Trägers; aus $\log 10 = 1$ folgt, daß der Punkt $\alpha = 10$

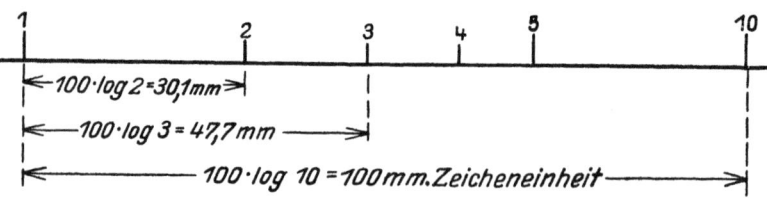

Abb. 9. Aufbau der logarithmischen Leiter. Maßstab $1/1$.

in $100 \cdot 1 = 100$ mm Entfernung vom 0-Punkt liegt. Dementsprechend ergibt sich das Bild der Zahl $\alpha = 2$, indem die Strecke $z = 100 \cdot 0{,}301$ mm $= 30{,}1$ aufgetragen wird. (Abb. 9.) Der Aufbau der Leiter $\log \alpha$ ist vom Rechenstab her bekannt; die Zeicheneinheiten betragen dort 250 mm, 125 mm und 83,3 mm.

Es sei besonders darauf hingewiesen, daß die Angabe der Zeicheneinheit einer Leiter sich stets auf die gezeichneten Funktionswerte, nicht auf die Schritte des angeschriebenen Argumentes erstreckt. Wir wollen daher bei allen Zahlenwerten, die sich auf Leitern beziehen, auch in der Ausdrucksweise sorgfältig zwischen

§ 4. Die Funktionsleiter.

den (gezeichneten) Teilungslängen und den (dargestellten) Werten α unterscheiden, indem wir im ersten Falle von **metrischen**, im anderen von **numerischen** Angaben sprechen.

Die regelmäßigen Teilungen können wir in diesem Zusammenhange als spezielle Funktionsleitern ansehen. Um sie unter anderen Skalen besonders hervorzuheben, werden wir sie bisweilen mit reg α, reg β bezeichnen.

Nimmt man die Zeichnung einer Funktionsleiter in Anlehnung an ein Millimeternetz vor, so läßt sich bei einfachem Wert l eine durch l bestimmte Anzahl von Millimeterstrecken für das Auge zu einer Einheit zusammenfassen. In anderen Fällen gewinnt man die gesuchte Teilung durch Projektion aus einer leichter herstellbaren Leiter nach dem bekannten Reduktionsverfahren. So würde z. B. die Leiter $173 \cdot \log \alpha$ mm aus der vorhandenen Teilung $200 \cdot \log \alpha$ mm entstehen, wenn die beiden Träger parallel im Abstande $n(200-173) = 27 \cdot n$ mm angeordnet werden und das Projektionszentrum C von der gesuchten Teilung den Abstand $173\,n$ mm, von der erzeugenden den Abstand $200\,n$ mm hat. Falls die Leiter über eine große Teilungslänge zu erstrecken ist, wählt man zweckmäßig unter Verschiebung der erzeugenden Skala abschnittsweise neue Projektionszentren. Ebenso bekannt ist die Verwendung des Reduktionszirkels, der in den üblichen Ausführungen die Einstellung der Verhältniswerte $\frac{3}{4} \ldots 10$ ermöglicht. — Bei ungünstiger Lage des Punktes C gehen wir von zwei leicht herstellbaren, parallelen Teilungen $z_1 = l_1 \cdot f(\alpha)$ mm, $z_2 = l_2 \cdot f(\alpha)$ mm aus, $l_1 < l < l_2$, (Abb. 10); beträgt der Abstand der beiden erzeugenden Teilungen d mm, so ergeben sich die Abstände der gesuchten Leiter von ihnen:

$$c_2 = d\,\frac{l-l_2}{l_1-l_2}\text{ mm}$$

und

$$c_1 = -d\,\frac{l-l_1}{l_1-l_2}\text{ mm}.$$

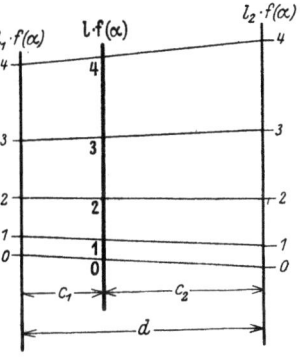

Abb. 10. Reduktion der Zeicheneinheit.

Sobald es sich um Funktionen $f(\alpha)$ handelt, die in hinreichend kleinen Schritten der Unabhängigen tabellarisch festliegen, führt die unmittelbare Einzeichnung nach der Tabelle am schnellsten zum Ziele. Andernfalls gewinnt man aus wenigen Wertepaaren ein Kurvenbild, das gemäß Abb. 8a gestattet, die Unterteilung weitgehend zu verdichten. Dieses Verfahren läßt sich als Verallgemeinerung der graphischen regula falsi auffassen.

Der besondere Vorteil der skalaren Darstellung besteht in der ihr anhaftenden Ökonomie; der Inhalt zahlreicher Kurvenblätter kann auf **einem** Zeichenblatt mit Doppelleitern vereinigt werden. Gerade im Hinblick auf die praktischen Bedürfnisse der einfachen Herstellung und Vervielfältigung einer Tafel ist die Doppelleiter dem Kurvenbilde zumeist überlegen. Bedeutsamer ist die Ökonomie in mathematischer Hinsicht. Die Kurve gibt eine Darstellung der einfachen Mannigfaltigkeit $\beta = f(\alpha)$ im zweidimensionalen Gebiet. Indem wir bei der skalaren Darstellung die einfache Mannigfaltigkeit auf einen linearen Träger (Gerade oder Kurve) abbilden, ist uns der Übergang zu Funktionen zwischen mehr als zwei Veränderlichen erleichtert.

§ 5. Das Funktionsnetz.

Auf die Verzerrung einer Teilung werden wir noch in einem anderen Zusammenhang geführt. Wir denken das Zeichenblatt (Abb. 11) in seinen einzelnen Teilen beweglich; es ist dann möglich, die vorgelegte Kurve l, die ein Bild der Funktion $\beta = \tfrac{1}{2}\alpha^2$ ist, in die Gerade l' überzuführen. Dies kann etwa in der Art geschehen, daß der Punkt P, ($\alpha = 8$, $\beta = 32$), parallel zur α-Achse bewegt wird, bis er in die Lage P' gelangt; seine Bahn ist durch einen Pfeil kenntlich gemacht. Die durch $\beta = 32$ bestimmte Koordinatenlinie hat sich bei der Verzerrung nicht geändert, damit aber die Ablesung des Wertes $\alpha = 8$ auch in der Endlage P' erfolgen könne, müssen wir uns vorstellen, die durch $\alpha = 8$ bestimmte Koordinatenlinie g sei bei der Bewegung mitgeführt worden und in die Endlage g' gelangt. (Der Wert $\alpha = 8$ ist am oberen Rande der

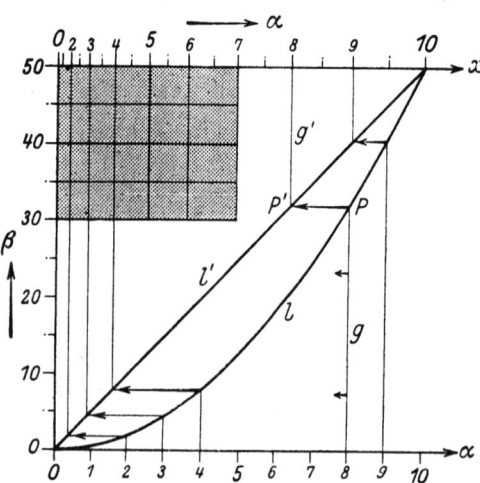

Abb. 11. Streckung einer Kurve. Verzerrung des Koordinatennetzes.

Abbildung vermerkt.) Die entsprechende Konstruktion nehmen wir für andere Punkte vor, wie dies in Abb. 11 für $\alpha = 2, 3, 4$ und 9 angedeutet ist. Das Zeichenblatt erfährt auf diese Weise eine ungleichmäßige Verzerrung in α-Richtung; die regelmäßige α-Teilung geht in eine Funktionsteilung über, die mit der in

§ 5. Das Funktionsnetz. 19

Abb. 8d dargestellten übereinstimmt. Dieses Verfahren, das sich auf jede vorgelegte Kurve anwenden läßt, bezeichnet man kurz als **Streckung einer Kurve**.

Die vorliegende Verzerrung kann als ein erstes Beispiel für den Nutzen von Funktionsleitern dienen. Nehmen wir etwa am Punkte P' die Ablesung der zusammengehörigen Werte (α, β) vor, so ist es völlig belanglos, zu wissen, wie groß die gezeichnete Entfernung zwischen den Punkten 0 und 8 der oberen Leiter ist, es kommt vielmehr allein darauf an, den Zahlenwert des Argumentes α zu ermitteln.

Wir können die Streckung einer Kurve auch derart vornehmen, daß unter Erhaltung der α-Teilung die Verzerrung sich in β-Richtung aus-

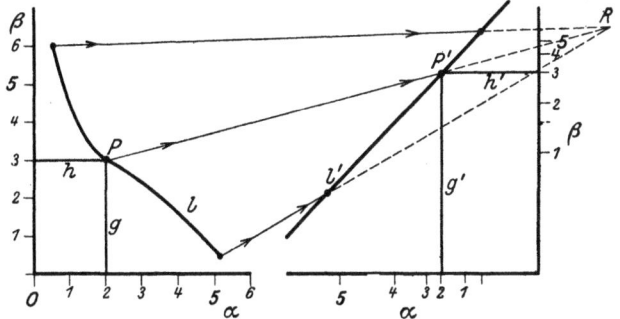

Abb. 12. Streckung einer Kurve. (Allgemeinerer Fall.)

wirkt; die Kurvenpunkte werden dann in vertikaler Richtung bewegt. Schließlich kann eine Änderung des Zeichenblattes in beiden Richtungen vorgenommen werden. Unsere Vorstellung, das Zeichenblatt erfahre mit seinen Koordinatenlinien und seinem gesamten zeichnerischen Inhalt eine Verzerrung, hat den Vorzug, jeder noch so allgemeinen Streckung ein anschauliches Gepräge zu verleihen: wir können jeden Kurvenpunkt nach jedem beliebigen Punkt einer vorgelegten Geraden verschieben, wenn wir nur die beiden Koordinatenlinien jeweils mitführen. Damit die Verzerrungen aber sinnvoll seien, werden wir für die Bahnen gewisse Gesetzmäßigkeiten vorschreiben. Wir werden diesen Gegenstand in Abschnitt III eingehend behandeln. Im Beispiele der Abb. 12 gehen die Bahnen durch einen festen Punkt R hindurch.

Besonderheiten treten auf, wenn die darzustellende Funktion im vorgelegten Bereich mehrdeutig ist oder Maxima und Minima aufweist. Abb. 13 gibt ein Beispiel zweiter Art. Je zwei Punkte P_1 und P_2 liegen auf derselben Linie β-const; nehmen wir die Streckung unter Erhaltung der Linien (β) vor, so müssen in P' zwei verschiedene Vertikallinien zusammenfallen (z. B. $\alpha = 1$ und $\alpha = 9$). Die unter der Figur angegebene Funktionsteilung von α ist daher doppelt belegt, und in der Bezifferung kommt deutlich zum Ausdruck, daß zu jedem gegebenen Wert β zwei Werte α gehören, mit Ausnahme des Falles $\alpha = 5$, $\beta = 5$. Erfolgt die Streckung

2*

unter Erhaltung der Linien (α), so müssen wir uns vorstellen, daß sowohl der Punkt P_1 als auch der Punkt P_2 die Linie $\beta = 3$ mitführt; die verzerrte β-Teilung enthält jeden Wert β zweimal mit Ausnahme des Wertes $\beta = 5$. — Bei mehrdeutigen Funktionen lassen sich die Verhältnisse auf die soeben besprochenen leicht zurückführen.

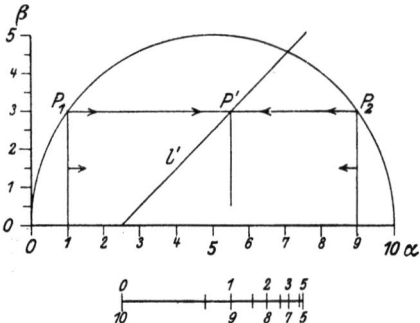

Abb. 13. Streckung einer Kurve. Doppeldeutigkeit der verzerrten α-Leiter.

Das Wesentliche bei der Streckung einer Kurve liegt darin, daß das gesamte Koordinatenblatt eine Verzerrung erfährt: an Stelle des regelmäßigen Millimeternetzes entsteht ein **Funktionsnetz**. Wir können nun unmittelbar von der Herstellung eines Funktionsnetzes ausgehen; als Beispiel diene die Funktion $\beta = \frac{1}{2}\alpha^2$.

In einem rechtwinkligen, kartesischen Koordinatensystem (x, y) stellen wir auf der x-Achse die Funktionsleiter $x = \alpha^2$ in beliebiger Zeicheneinheit her und nehmen zugleich die Einzeichnung der zugehörigen Koordinatenlinien (α) vor. Der Aufbau des Netzes ist dann derart, daß die zur x-Achse senkrechten Koordinatenlinien (α) mit wachsender Abszisse immer größer werdende Abstände aufweisen, während die zur y-Achse senkrechten Linien (β) in stets gleichen Abständen folgen; das Gefüge ist im oberen linken Teile der Abb. 11 angedeutet.

Wenn wir jetzt in das entstandene Netz die Wertepaare (α, β) als Punkte einzeichnen, so kommt die numerische Zuordnung der Werte α und β zwar in den angeschriebenen Bezifferungen der Achsen zum Ausdruck, der geometrische Verlauf der Bildkurve wird aber durch die Beziehung zwischen den Koordinaten x und y bedingt; ersetzen wir α und β in der Funktion durch die Koordinaten, $x = \alpha^2$, $y = \lambda \cdot \beta$, so ergibt sich die Gleichung der Bildkurve: $y = \dfrac{\lambda}{2} x$. (In Abb. 11 ist $\lambda = 2$.)

Ein Funktionsnetz, das in der Nomographie von fundamentaler Bedeutung ist, wird durch die logarithmischen Achsenteilungen definiert. Abb. 14 stellt einen Ausschnitt aus dem sog. doppeltlogarithmischen Papier dar, dessen Achsen die Funktionsleitern $x = \log \alpha \cdot 100$ mm und $y = \log \beta \cdot 100$ mm tragen. Wollen wir die Funktion $\beta = \frac{1}{2}\alpha^2$ in diesem Netz darstellen, so ergibt sich nach Logarithmierung $\log \beta = 2 \cdot \log \alpha - \log 2$, wir erhalten also als Bild die Gerade $y = 2 \cdot x - 30{,}1$.

Im allgemeinen Falle können wir eine der beiden Achsenteilungen beliebig vorschreiben, etwa $x = x(\alpha)$. Wenn das Bild der Funktion $F(\alpha, \beta) = 0$ eine Gerade werden soll, so ergibt sich eine Gleichung $y = a \cdot x(\alpha) + b$; aus dieser Gleichung und $F = 0$ läßt sich α eliminieren, und wir erhalten somit die zugehörige Teilung der y-Achse: $y = y(\beta)$.

Die Funktionen $x = x(\alpha)$ und $y = y(\beta)$ geben an, in welcher Weise ein regelmäßiges Netz (α, β) in das Funktionsnetz (x, y) abgebildet wird, sie heißen **Verzerrungsgleichungen**.

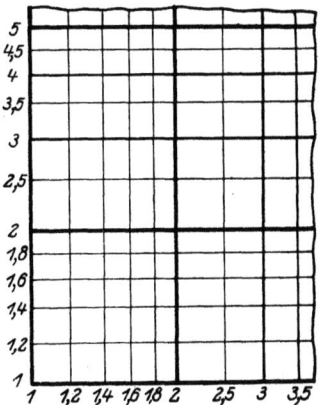

Abb. 14. Doppelt-logarithmisches Funktionsnetz. Maßstab $^2/_3$.

Die vorliegenden Abbildungen scheinen sehr allgemeiner Art zu sein, wenigstens erkennen wir schon jetzt, daß sie weder konform zu sein brauchen, noch zu jenen gehören müssen, die aus der Perspektive bekannt sind. Wir werden in den folgenden Abschnitten jedoch erheblich allgemeinere Verzerrungen benutzen; die erörterten weisen die Besonderheit auf, daß parallele Koordinatenlinien bei der Verzerrung parallel bleiben, eine Einschränkung, auf die wir später verzichten werden.

Bei der Abbildung eines regelmäßigen Netzes erweist es sich bisweilen als vorteilhaft, eine Kurve l in einen Kreis überzuführen. So ist es naheliegend, die Ellipse $\dfrac{\alpha^2}{a^2} + \dfrac{\beta^2}{b^2} = 1$ durch Wahl der Achsenteilungen $x = \alpha \cdot b$, $y = \beta \cdot a$ in den Kreis $x^2 + y^2 = (a b)^2$ zu verwandeln, besonders dann, wenn sich die gegebenen Werte a und b leicht darstellbaren metrischen Zeicheneinheiten anschmiegen.

§ 6. Wahl der Veränderlichen.

Die bisher erörterten Darstellungsweisen, die wir anschaulich als Verzerrungen gedeutet haben, lassen sich formal unter einem anderen Gesichtspunkt betrachten, der für die Ausdrucksweise und den raschen Ansatz einer Umformung bisweilen eine Erleichterung bedeutet.

In der Dynamik des starren Körpers stellt man die Abhängigkeit des Trägheitsmomentes J in bezug auf eine durch den Punkt 0 gehende Gerade dar, indem man auf jeder durch 0 gehenden Richtung den Wert $\dfrac{1}{\sqrt{J}}$ abträgt; die Endpunkte dieser Strecken erfüllen dann eine Fläche, die als Trägheitsellipsoid bekannt ist. Die Gedankenkonstruktion bedient sich überhaupt nicht der Größe J, sondern allein des Wertes $\dfrac{1}{\sqrt{J}}$. Die Überlegung beruht also darauf, daß für den funktionalen Zusammenhang die abhängige Variable geeignet gewählt wird.

Weitere Beispiele lassen sich leicht anführen. Die elektrische Leitfähigkeit eines kreisrunden Drahtes wird durch die Beziehung $v = \dfrac{\pi}{4} \cdot \dfrac{l}{c} \cdot d^2$ angegeben. Stellen wir für Drähte bestimmten Materials ($c = $ const) und derselben Länge ($l = $ const) die Leitfähigkeit v in Abhängigkeit vom Durchmesser d dar, so ergibt sich als Bildkurve eine Parabel. Wir können als unabhängige Veränderliche aber auch den Querschnitt $q = \dfrac{\pi}{4} d^2$ wählen, dann führt die Funktion $v = \left(\dfrac{l}{c}\right) \cdot q$ im regelmäßigen Netz (q, v) auf eine Gerade. Diese in der technischen Literatur häufig hervortretende, rein formale Auffassung der zugrunde liegenden Abbildung erscheint besonders in den Fällen berechtigt, in denen für ein und dieselbe Veränderliche mehrere Maßsysteme bestehen. So bieten sich im letzten Beispiel die beiden Möglichkeiten, die Abmessungen des Drahtes durch Querschnitt und Durchmesser anzugeben, zwanglos dar. — Bekannte Beziehungen aus der Physik seien nur kurz erwähnt. Man weiß, welche Vereinfachungen sich bei Benutzung der absoluten Temperatur T an Stelle der gemessenen Celsiustemperatur in allen rechnerischen Entwicklungen ergeben; auch die Einführung der Gasmenge 1 Mol stellt eine besondere Wahl der veränderlichen Größe dar. — Die Hohlspiegelgleichung $\dfrac{1}{a} + \dfrac{1}{b} = \dfrac{1}{f}$ geht in die einfache Newtonsche Form $\alpha \cdot \beta = f^2$ über, wenn wir Bild- und Gegenstandsweite auf die Lage des Brennpunktes beziehen.

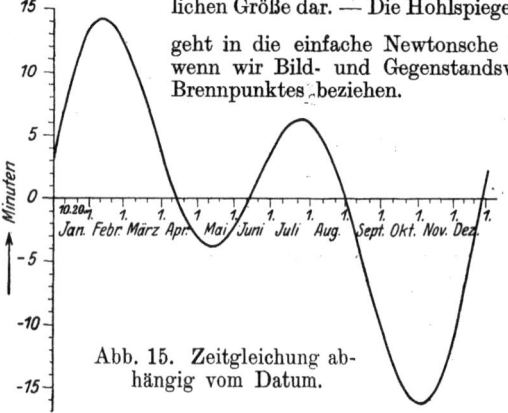

Abb. 15. Zeitgleichung abhängig vom Datum.

Durch geeignete Wahl der Veränderlichen hat K. H o e c k e n eine schöne Darstellung der Zeitgleichung entworfen. In den Tabellen wird die Zeitgleichung β zumeist abhängig vom Datum α angegeben. Abb. 15 zeigt in einer Skizze den Verlauf. Mit dem Datum zugleich ändert sich die Deklination der Sonne, und es ist daher möglich, die Zeitgleichung β in Abhängigkeit von der Deklination δ darzustellen. (Abb. 16.) Da zu jedem vorgeschriebenen Deklinationswert i. a. zwei Werte β gehören, wird die Eindeutigkeit

§ 6. Wahl der Veränderlichen.

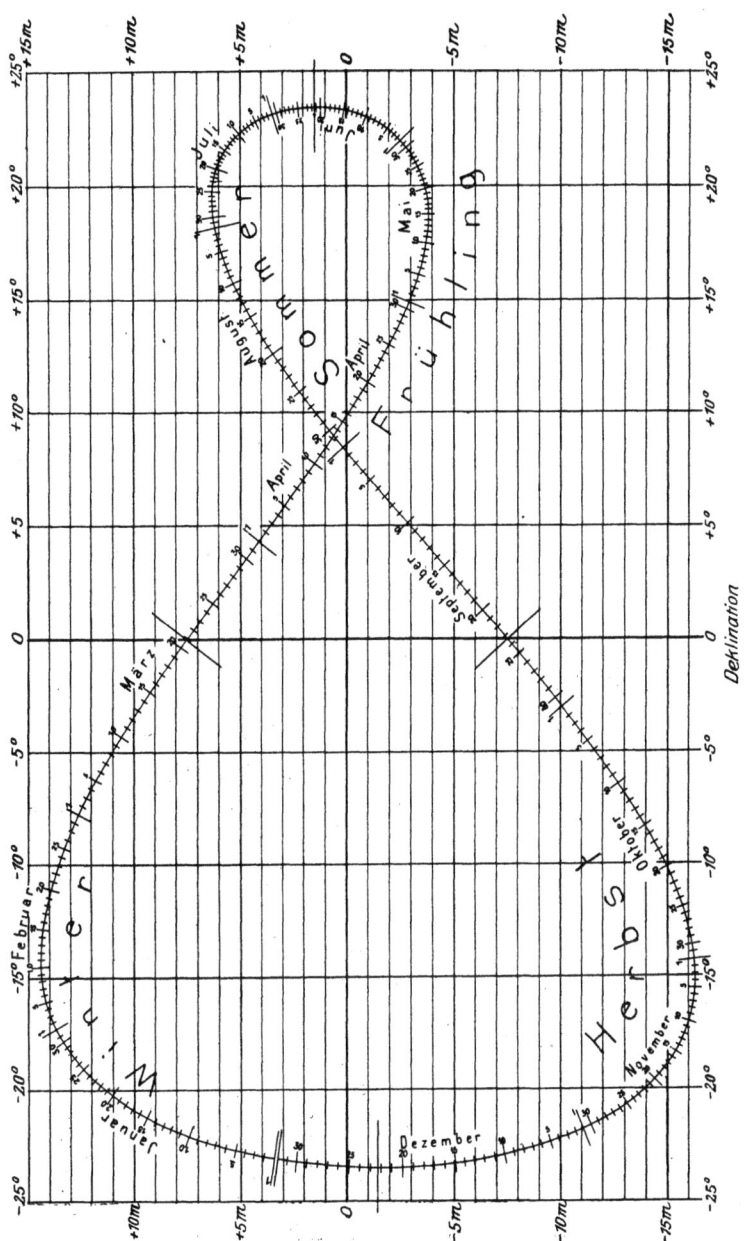

Abb. 16. Zeitgleichung 1918 abhängig von der Deklination der Sonne. (Nach K. Hoecken.)

der Darstellung erst durch Anschreiben der Datumsziffern erreicht; wir gewinnen damit den Vorteil, daß sich dem Kurvenbilde der Zusammenhang zwischen drei Größen, der Zeit, der Deklination und der Zeitgleichung entnehmen läßt.

Unter dem Gesichtspunkt, einem Kurvenbild geeignete Veränderliche zugrunde zu legen, läßt sich eine besondere Darstellungsart elementar einführen. Wir können im Beispiel $\beta = \frac{1}{2}\alpha^2$ den Wert $\frac{\beta}{\alpha}$ als neue Veränderliche y ansehen, die wir für jedes Wertepaar (α, β) einzeln, etwa durch Nebenrechnung, ermitteln. Tragen wir nun die Werte y als Ordinaten zu den Abszissen $x = \alpha$ auf, so erhalten wir als Bildkurve offenbar eine Gerade, nämlich $y = \frac{1}{2} \cdot x$. Nach dem Vorgange Piranis bezeichnet man diese Darstellungsweise als Darstellung über $\frac{\beta}{\alpha}$ als Ordinate. Sie hat zwar den Vorzug, ein geradliniges Kurvenbild zu ergeben, gestattet aber nicht unmittelbar die Ablesung des Wertes β. In welcher Weise sich das Verfahren verallgemeinern läßt, zeigen die Funktionen $\beta^p = a \cdot \alpha^q + b \cdot \alpha^r, (q > r)$. Nach Division durch α^r ergibt sich $\frac{\beta^p}{\alpha^r} = a \cdot \alpha^{q-r} + b$. Die Variablen $x = \alpha^{q-r}$, $y = \frac{\beta^p}{\alpha^r}$ führen auf das geradlinige Kurvenbild $y = a \cdot x + b$. Die zugrunde liegende Verzerrung $x = \alpha^{q-r}$, $y = \beta^p : \alpha^r$ wird an späterer Stelle im Zusammenhang mit anderen Fragen auftreten.

$x = \alpha$	β	$y = \frac{\beta}{\alpha}$
1	0,5	0,5
2	2	1
3	4,5	1,5
4	8	2
5	12,5	2,5
. .	. .	. .
	usw.	

Die Streckung einer Kurve im Funktionsnetz hängt eng mit der Konstruktion einer Doppelleiter zusammen. Handelt es sich lediglich um die Darstellung der Abhängigkeit $\beta = f(\alpha)$, so ist es gleichgültig, in welchem Aufbau die Leiter für die unabhängige Größe gegeben wird. Durch geeignete Wahl einer Funktionsteilung für α läßt sich in zahlreichen Fällen die Herstellung einer Doppelleiter $\beta = f(\alpha)$ wesentlich vereinfachen.

Führt die Streckung der vorgelegten Kurve auf die besondere Gerade $y = 1 \cdot x + \text{const}$ oder $y = -1 \cdot x + \text{const}$, was in jedem Falle durch passende Wahl des Maßstabes erreicht werden kann, so haben die zusammengehörigen Bereiche von α und β gleiche Teilungslängen, und die Doppelleiter ergibt sich allein durch Aufeinanderlegen der Leitern. Anstatt mit Hilfe der Funktions-

§ 6. Wahl der Veränderlichen. 25

leitern $x = x(\alpha)$ und $y = y(\beta)$ das Netz der Koordinatenlinien (α) und (β) zu konstruieren, zeichnen wir auf einem beliebigen Träger unmittelbar die Leitern $z = x$ und $z = y$. Dann ist die Darstellung der Funktion $\beta = f(\alpha)$ durch eine Doppelleiter erreicht. Dieses Verfahren gewährt insofern wesentliche Vorteile, als die Berechnung oder Konstruktion der Leiterfunktionen $x(\alpha)$ und $y(\beta)$ oft erheblich einfacher geleistet werden· kann als die Berechnung der Wertepaare (α, β) aus der Funktion f. Der Leser wird erkennen, daß diesem Verfahren eine sog. Parameterdarstellung einer Funktion zugrunde liegt.

Beispiel 1. Die Doppelleiter $\beta = +\sqrt{r^2 - \alpha^2}$ läßt sich an regelmäßiger α-Teilung mit Hilfe der Bildkurve, eines Kreises, leicht herstellen, wobei allerdings für absolut kleine Werte die Konstruktion durch Rechnung ergänzt werden muß. (Abb. 17a.) Einfacher gestaltet sich der folgende Weg. Durch Umformung der gegebenen Funktion ergibt sich $\beta^2 = -\alpha^2 + r^2$. Im Funktionsnetz $x = \alpha^2$, $y = \beta^2$ wird die Funktion durch die Gerade $y = -x + r^2$ dargestellt. Wir nehmen nun unmittelbar die Zeichnung der Doppelleiter vor, indem wir die Teilung $z = (x =) \alpha^2$ herstellen und auf demselben Träger die Leiter $z = (y =) -x + r^2$ entwerfen, d. h. aber, da beide Teilungen in ihrem Aufbau übereinstimmen, von $z = r^2$ ab dieselbe Teilung in umgekehrter Richtung auftragen. Es handelt sich also lediglich um die einmalige Ermittlung der Werte α^2; da diese tabellarisch festliegen, kann die Herstellung der gesuchten Doppelleiter ohne Rechnung oder Konstruktion erfolgen. (Abb. 17b.)

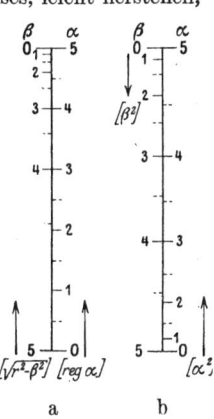

Abb. 17. Doppelleitern $\alpha^2 + \beta^2 = 25$ in verschiedenem Aufbau. (Teilungsfunktion.) Maßstab $^2/_5$.

Beispiel 2. In der Beleuchtungstechnik werden photometrische Ergebnisse sowohl in mittleren sphärischen Kerzen K_θ als auch in mittleren horizontalen Kerzen K_h ausgedrückt. Für Untersuchungen der Wirtschaftlichkeit ist vielfach die Umrechnung der Werte $\frac{\text{Watt}}{K_\theta}$ $(= \beta)$ in $\frac{K_h}{\text{Watt}}$ $(= \alpha)$ erforderlich, wobei für Wolframdrahtlampen $1 K_\theta = 0,8 K_h$ angenähert gilt: $\beta = \frac{1}{0,8 \cdot \alpha}$. Die Teilung $x = \frac{100}{\alpha}$ mm kann unmittelbar einer Tabelle entnommen werden, die Einzeichnung der regelmäßigen Teilung $y = \beta \cdot 80$ mm ist wegen der glatten Zahl 80 gleichfalls leicht durchführbar. — Ebenso einfach gestaltet sich die Verwendung logarithmischer Leitern: $x = \log \alpha \cdot 100$ mm, $y = \log \beta \cdot 100$ mm; die Beziehung lautet dann $y = -x + 100 \cdot \log 1,25$. Wir zeichnen also die Leiter $\log \alpha$ und tragen vom Punkte mit der Bezifferung 1,25 dieselbe Teilung in umgekehrter Richtung auf[1]). Da man

---

[1]) In dieser Weise sind die Lichtstromtafeln von A. R. Meyer entworfen. E. T. Z. Bd. 43. S. 778, 1922.

sich vorgedruckter Teilungen bedienen kann, ist die vorliegende Aufgabe auf rein mechanischem Wege zu erledigen.

Beispiel 3[1]). Bei der rechtwinkligen dimetrischen Parallelprojektion $e_x : e_y : e_z = 1 : n : 1$ handelt es sich darum, die Winkel φ und ψ der Achsenbilder gegen die Vertikale sowie das Verhältnis $e_z : e = v$ abhängig von n im Bereiche $n = \frac{1}{6} \cdots \frac{1}{2}$ zu ermitteln. Die Berechnung ergibt:
$$\operatorname{ctg} \varphi = \frac{n^2}{\sqrt{4 - n^4}}, \quad \operatorname{ctg} \psi = \sqrt{\frac{2 - n^2}{2 + n^2}}, \quad v = \frac{1}{\sqrt{2 + n^2}}.$$
Entwickelt man die Wurzelausdrücke in Reihen und vernachlässigt die Glieder vierter und höherer Ordnung, so erhält man $\beta = \operatorname{ctg} \varphi = \frac{1}{2} n^2$, $\gamma = \operatorname{ctg} \psi = 1 - \frac{1}{2} n^2$, und $v^2 = \frac{1}{2} - \frac{1}{4} n^2$. Für die Darstellung der Beziehung $\beta = \frac{1}{2} n^2$ können die Teilungsfunktionen $x = n^2 \cdot 1000$ mm und $y_1 = \beta \cdot 2000$ mm gewählt werden. Die zweite Funktion $1 - \gamma = \frac{1}{2} n^2$ läßt sich entsprechend durch $x = n^2 \cdot 1000$ mm und $y_2 = (2000 - \gamma \cdot 2000)$ mm erfüllen. An derselben Leiter (n) werden also die regelmäßigen Teilungen (β) und (γ) in der Zeicheneinheit 2000 mm angetragen, wobei sich die γ-Teilung in entgegengesetzter Richtung entwickelt. Die Bezifferung wird auf Grund der Näherungsformel $\beta + \gamma = 1$ vorgenommen. Die Doppelleiter (v, n) läßt sich ebenfalls an die Leiter $x = n^2 \cdot 1000$ mm anschließen, wenn $y_3 = (1000 - 2000 v^2)$ mm gesetzt wird: vom Punkte $x = y = 1000$ wird die Funktionsleiter v^2 in der Zeicheneinheit 2000 mm in entgegengesetzter Richtung aufgetragen. — Damit ist die Berechnung der drei Funktionen in erster Näherung auf reinquadratische Leitern, die nach der Tabelle eingezeichnet werden können, und auf regelmäßige Teilungen zurückgeführt. Da die Leiter (n) in allen drei Darstellungen gleichbleibend ist, lassen sich die Doppelleitern besonders übersichtlich anordnen.

§ 7. Netztafeln.

Wie Funktionen mit zwei Veränderlichen in einem ebenen Koordinatennetz Darstellung finden, können Funktionen zwischen drei Variablen $F(\alpha, \beta, \gamma) = 0$ im Anschluß an ein räumliches System abgebildet werden. Wenn wir der Wertegruppe α, β, γ die Koordinaten eines Punktes zuordnen, so erfüllen die Bildpunkte eine Fläche, die als Bild der Funktion $F = 0$ anzusehen ist.

Liegt beispielsweise die Funktion $\alpha \cdot \beta - \gamma = 0$ vor, so erhalten wir als Rechenfläche ein hyperbolisches Paraboloid (Abb. 18; die Gestalt der Fläche in der Nähe des O-Punktes tritt in Abb. 19 deutlicher hervor). Der Maßstab der γ-Leiter in bezug auf $E(\alpha)$ und $E(\beta)$ beträgt in der Abbildung $\lambda = 0{,}2$. Durch das eingezeichnete Ablesebeispiel ist die Benutzung der Rechenfläche veranschaulicht: die gegebenen Werte α und β bestimmen zunächst einen Punkt Q, die Vertikale in Q schneidet die Fläche in P, dem Bildpunkt der Wertegruppe α, β, γ.

Ein (etwa aus Draht gefertigtes) Modell einer Rechenfläche besitzt ohne Zweifel hohen Anschauungswert; bei statistischen Untersuchungen hat man

---

[1]) Vgl. Aufg. 119, § 42.

§ 7. Netztafeln.

die Ergebnisse vielfach in räumlichen Darstellungen zusammengefaßt. In der physikalischen Chemie wird das Verhalten binärer und ternärer Systeme durch Flächenmodelle sinnfällig veranschaulicht[1]). Für die praktische Rechnung, d. h. die Ermittlung zusammengehöriger Werte in vorgeschriebener Genauigkeit, ist die Fläche im räumlichen System jedoch nicht geeignet. Abgesehen von den Schwierigkeiten, mit denen die wirkliche Herstellung einer Rechenfläche verknüpft ist, erweist sich die Ablesung derjenigen Koordinatenlinie, die aus der Ebene heraus zur Fläche hinführt,

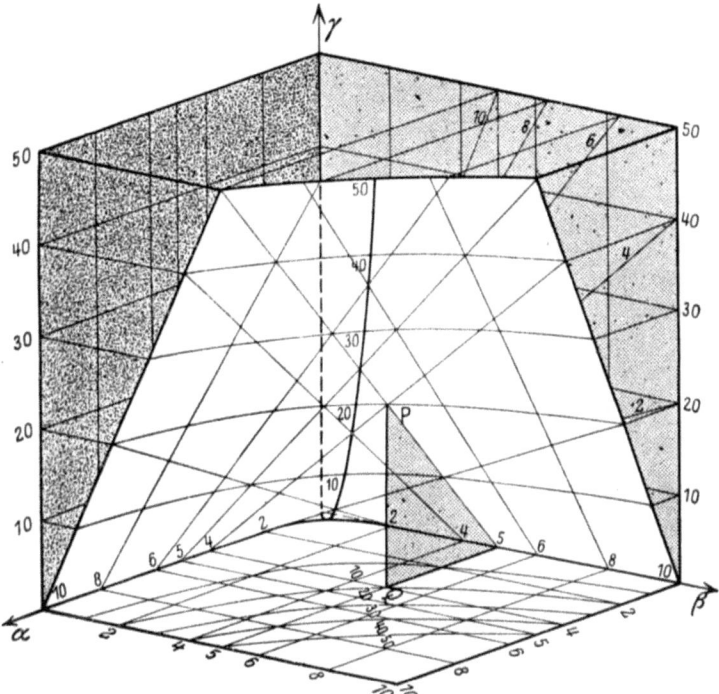

Abb. 18. Rechenfläche $\gamma = \alpha \cdot \beta$. (Axonometrische Projektion $\frac{5}{6} : \frac{2}{3} : 1$.)

praktisch bisweilen als völlig unmöglich. Bemerkenswert sind in dieser Hinsicht die von Lacmann[2]) entworfenen Stereobilder von Rechenflächen, bei denen die Ablesung mit Hilfe des Stereokomparators vorgenommen wird. Die Konstruktion läßt sich aber nur bei einfachen Funktionsbildern hinreichend exakt durchführen; die Bedeutung dieses an sich schönen Verfahrens liegt mehr auf theoretischem Gebiet.

---

[1]) Es seien genannt: $p - t - x =$ Fläche eines binären Systems, Auerbach, Physik, Tafel 130, 5, und das bemerkenswerte Karnallit-Modell, ebenda, Tafel 132, 2, 4, 5.
[2]) Zeitschr. f. Vermessungswesen Bd. 51, Nr. 5, S. 136. 1922.

Um zu brauchbaren Rechentafeln für Funktionen zwischen drei Veränderlichen zu gelangen, müssen wir von der räumlichen Darstellung wieder in die Zeichenebene zurückgehen. Dies kann auf drei Wegen erfolgen.

I. Die Ebenen (α) und (β) legen in der Tafel $(\alpha\beta)$ ein Koordinatennetz fest, die Ebenen (γ) bestimmen auf der Fläche Schichtenlinien (Niveaulinien). Aus kartographischen Darstellungen ist bekannt, daß man die Schichtenlinien in die horizontale Ebene projizieren kann, wie dies in Abb. 18 für den

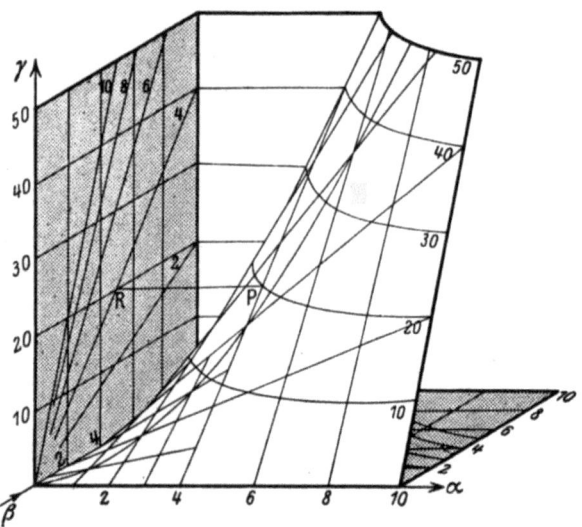

Abb. 19. Rechenfläche $\gamma = \alpha \cdot \beta$. (Schiefe Parallelprojektion, $\varphi = 30°$, $m = \frac{1}{2}$.)

Punkt P angedeutet ist. Die $(\alpha\beta)$-Tafel enthält dann eine Kurvenschar, deren einzelne Glieder bestimmten Werten γ zugehören; man sagt, die Schar sei nach γ beziffert. Im vorliegenden Beispiel ergibt sich eine Hyperbelschar, die in den Abb. 18 und 19 zu erkennen ist und in Abb. 20 eine treue Darstellung gefunden hat. Rechentafeln dieser Art heißen Netztafeln (Flächennomogramme, Darstellungen mit Kurvenscharen oder Kurvenkreuzung, Tafeln mit Kurvenskalen). Für die Ablesung gilt die folgende, als Schlüssel bezeichnete Vorschrift: man verfolgt die mit α bezifferte Gerade bis zu ihrem Schnittpunkt mit der durch β bestimmten, die Kurve durch den Schnittpunkt zeigt das Ergebnis γ an. Es ist leicht zu ersehen, in welcher Weise Umkehrungen der gestellten Aufgabe ihre Lösung finden. Wesentlich für den

§ 7. Netztafeln.

Schlüssel einer Netztafel ist der Umstand, daß die Werte α, β und γ durch Linien, die Wertegruppe (α, β, γ) durch einen Punkt abgebildet wird.

Bei Auswahl der $(\alpha\beta)$-Tafel hat eine gewisse Willkür obgewaltet. Es läßt sich mit gleicher Berechtigung die $(\beta\gamma)$-Ebene als Tafel ansehen; dann schneiden die Ebenen (α) auf der Fläche Schichten ab. Im vorliegenden Beispiel sind die Niveaulinien (α) gerade Linien (sie machen eine der beiden Geradenscharen des Paraboloides aus, die α-Achse ist Striktionslinie). Die zugehörige Projektion, die einen Punkt (P) der Fläche in einen Bildpunkt (R) der Tafel überführt, ist in Abb. 18 und 19 dargestellt. Es läßt sich der Aufbau der entstandenen Netztafel für dieselbe Funktion in der Abb. 19 leicht erkennen.

Mit Rücksicht auf die Symmetrieverhältnisse der Fläche (vgl. die in beiden Figuren eingezeichnete Parabel), ergibt die Projektion der Höhenlinien (β) in geometrischer Hinsicht keine wesentlich neue Darstellung. Legen wir den Veränderlichen physikalische Bedeutung bei, etwa derart, daß α das Volumen v eines idealen Gases, β den Druck p und γ die Temperatur T darstellen, so führen die drei Projektionen auf die bekannten Zustandsbilder, indem die $(\alpha\beta)$-Tafel die Isothermen, die $(\beta\gamma)$-Tafel die Isochoren, die $(\alpha\gamma)$-Tafel die Isobaren enthält.

Im allgemeinen Falle haben wir also auf der Rechenfläche Schichtenlinien zu ermitteln und in die ihnen parallele Tafel zu projizieren. Die Aufgabe läßt drei im allgemeinen verschiedene Lösungen zu. Das Beispiel hat gezeigt, daß die drei entstehenden Netztafeln in praktischer Hinsicht nicht gleichartig sind.

II. Wir können die vorstehenden Gedankengänge unmittelbar als Erweiterung des Verfahrens ansehen, nach dem wir die Doppelleiter gewonnen haben. Die in Abb. 8 ausgeführte Konstruktion projiziert die Schichtenpunkte einer Kurve in die α-Achse. Die Analogie weist darauf hin, ebenso wie die Doppelleiter auch die Netztafel unmittelbar rechnerisch zu definieren.

In der Funktion $\alpha\beta - \gamma = 0$ wählen wir einen festen Wert γ, etwa $\gamma = 10$, und konstruieren die Kurve $\alpha \cdot \beta - 10 = 0$. Dieselbe Zeichnung wird für andere Werte γ vorgenommen, in Abb. 20 für $\gamma = 10, 20, 30, 40$ und 50. Unter den drei Veränderlichen nimmt also γ eine Sonderstellung ein: γ ist Parameter der Kurvenschar. Die Vorstellung einer Rechenfläche kommt bei dieser Erklärungsweise einer Netztafel nicht mehr zum Ausdruck. Daß die sinnfällige Anschaulichkeit dabei verloren geht, darf nicht als Nachteil gelten. Für die Ausführung von Rechenoperationen, die wir auf Netztafeln vornehmen werden, und für die Vereinigung der Kurventafeln mit anderen Darstellungsmitteln würde die starke Betonung des räumlichen Zusammenhanges eher beschwerend als förderlich sein. — Man erkennt leicht, daß die in der ($\beta\gamma$)-Tafel liegende Geradenschar nach dem Parameter α entsteht. Die beiden verschiedenen Netztafeln für dieselbe Funktion lassen sich in diesem Zusammenhange formal auf verschiedene Wahl der Veränderlichen zurückführen.

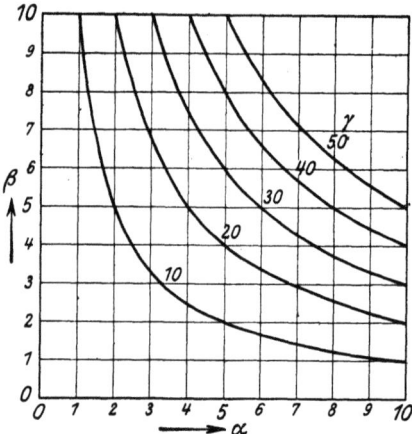

Abb. 20. Hyperbeltafel nach Pouchet. Orthogonale Projektion der Rechenfläche $\gamma = \alpha \cdot \beta$ in die ($\alpha\beta$)-Tafel.

Beide Auffassungen (I und II) der Netztafel sind in den Anfängen der systematischen Nomographie betont worden. Während der erste, der die Hyperbeltafel bewußt zu Multiplikationen verwendet hat, Pouchet[1]), durchaus auf dem Boden des zweiten Erklärungsweges steht, stellt Lalanne[2]) die Deutung der Kurvenschar als Schichtenlinien in den Vordergrund. Der offenbare Einfluß der Arbeit von Philippe Buache[3]) über die Niveaulinien tritt bei ihm klar hervor.

III. Es kann davon abgesehen werden, daß die Darstellung in einer der drei Tafeln erfolge. Auf der Fläche selbst werden durch die Ebenen (α), (β) und (γ) Koordinatenlinien bestimmt, von denen im Beispiel der Funktion $\alpha \cdot \beta - \gamma = 0$ die beiden ersten Scharen Geraden sind. Die Rechnung kann also auf der Fläche selbst vorgenommen werden. Bei dieser Auffassung steht die Fläche in völliger Analogie zu der nach zwei Werten bezifferten Kurve (vgl. Abb. 16). Die Fläche mit ihren Linienscharen denken wir nun, etwa durch Zentralperspektive oder auf Grund einer Parallelprojektion, in eine beliebige Ebene abgebildet. So kann die Fig. 18, wenn man die Vorstellung des Räumlichen unter-

---

[1]) Pouchet: Arithmétique linéaire 1797.
[2]) Siehe Anmerkung auf S. 38.
[3]) Buache, Philippe: Geograph und Zeichner. Paris 1700—1773. Assistent, später Nachfolger von Delisle. Mém. de l'Acad. des sciences 1752, S. 415.

§ 7. Netztafeln. 31

drückt, selbst schon als Netztafel für die Funktion angesehen werden. In Abb. 21 ist unter Verdichtung der Linienscharen ein Ausschnitt aus Abb. 18 wiedergegeben; die Zeichnung ist als eben zu lesen. Bei dieser Darstellung treten die Koordinatenlinien eines Millimeternetzes nicht mehr in Erscheinung, die Tafel gehört einer allgemeineren Form an. Unsere Vorstellung, das Zeichenblatt werde Verzerrungen unterworfen, gewinnt schärfere Umrisse, wenn wir die Hyperbeltafel (Abb. 20) zuerst in der $(\alpha\beta)$-Ebene der Fig. 18, sodann auf der Fläche und schließlich in der rechtwinkligen Projektion (Abb. 21) oder in der $(\beta\gamma)$-Tafel der Abb. 19 wiederfinden. Die Feststellung, in welcher Weise sich dabei die einzelnen Kurven transformieren, sei dem Leser überlassen. Wir erkennen, daß es sich um eine Streckung der Hyperbeln handelt; dabei ist wesentlich, daß alle Hyperbeln der Schar in gerade Linien übergehen. Es ist eine der nomographischen Aufgaben, Kurvenscharen zu strecken; schon an dieser Stelle sei bemerkt, daß diese Aufgabe nicht allgemein lösbar ist. Im vorliegenden Falle läßt

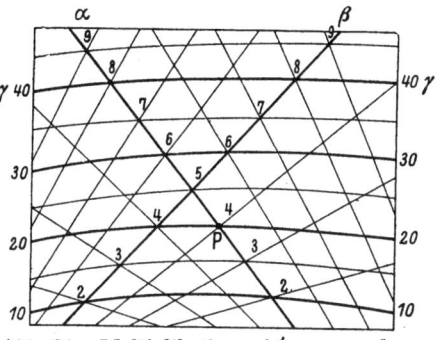

Abb. 21. Multiplikationstafel $\gamma = \alpha \cdot \beta$. Axonometrische Projektion der Rechenfläche. Ebene Figur.

sich leicht eine Parallelprojektion der Fläche nach Art der Abb. 21 angeben, bei der auch die Hyperbeln in eine Geradenschar, und zwar in eine Parallelschar verwandelt werden. Der Vorteil derartiger Darstellungen für Herstellung und Benutzung einer Rechentafel ist evident.

In praktischer Hinsicht sei bemerkt, daß immer nur einzelne Glieder einer Kurvenschar eingezeichnet werden können. Die Einschätzung von Zwischenwerten bereitet bei der Ablesung im allgemeinen keine Schwierigkeiten, jedoch erscheinen für die Herstellung der Schar selbst Hilfsmittel angezeigt.

Die Verdichtung einer Kurvenschar kann auf Grund der Methoden erfolgen, die dem Topographen geläufig sind: über das Zeichenblatt werden durchsichtige Tafeln oder Maßstäbe geführt[1]). Da diese Verfahren aber zumeist auf der Voraussetzung eines linearen Höhenabfalles beruhen, wird man nur dann mit einigem Erfolg auf sie zurückgreifen, wenn die Kurvenschar schon verhältnismäßig dicht vorliegt.

---

[1]) Literatur über diesen Gegenstand bis 1919: Zeitschr. f. Vermessungswesen 1919, S. 247. Vgl. ferner Rothe, R.: Darstellende Geometrie des Geländes. Leipzig 1914.

Von größerer Anpassungsfähigkeit ist der Wechsel der Veränderlichen. In Fig. 22a ist die relative Ausflußgeschwindigkeit des Eises bei verschiedenen Temperaturen abhängig vom Druck dargestellt. Die Versuchsanordnung hat auf „unglatte" Temperaturwerte geführt, und es liegt die Aufgabe vor, die nach glatten Werten t bezifferten Kurven zu finden. — Von der Netztafel Fig. 22a entwerfen wir eine Abbildung in Fig. 22b derart, daß die Temperatur als Unabhängige, der Druck als Parameter erscheint. Auf diese Weise wurden die Temperaturkurven in die senkrechten Koordinatenlinien gestreckt, die nach dem Druck p bezifferte Parallelschar geht in eine Kurvenschar über. Für die Drucklinie $p = 9 \frac{\text{kg}}{\text{cm}^2}$ ist die Umwandlung der Punkte P, Q, R in die Bildpunkte P', Q', R' angedeutet; die Drucklinien $p = 8, 9, 10$ sind miteingezeichnet. Von Abb. 22b aus nehmen wir nun rückwärts die Verdichtung der Kurvenschar vor; die Skizze zeigt, in welcher Weise die Temperaturkurve $-12°$ aus der Geraden $-12°$ gewonnen wird: der durch $p = 10$, $t = -12°$ bestimmte Punkt A' wird parallel zur Abszissenachse bis zur Geraden $p = 10$ nach A geführt; das Entsprechende gilt für B' und C'.

Da bei dieser Konstruktion die Koordinaten (v) erhalten bleiben, läßt sie sich auf einem Millimeternetz rasch erledigen. Ein Nachteil dieses Verfahrens besteht aber darin, daß für die Abbildung nicht immer genügend viel Punkte vorhanden sind. Eine wesentliche Verbesserung hat diese Konstruktion durch Pirani[1]) erfahren. Man legt über die vorhandene Schar der Urkurven ein beliebiges, aus Zweckmäßigkeitsgründen aber derart gerichtetes Netz (Kreuzkurven), daß die Kurven des Hilfsnetzes die zu verdichtende Schar möglichst rechtwinklig schneiden. In Fig. 22a sind die Kreuzkurven a, b und c eingezeichnet. Auf jeder dieser Kurven liegen vier Zustandspunkte fest. Wir nehmen nun die Streckung der Temperaturkurven durch Abbildung der Kreuzkurven vor. Die Punkte S, T, U, V werden, wie die Figur andeutet, in die Punkte S', T', U', V' überführt (Abb. 22c).

Die größere Anzahl von festliegenden Zustandspunkten gestattet, den Verlauf der Bildkurven mit größerer Sicherheit zu ermitteln. Der Übergang von der Abbildung zur Ausgangsdarstellung erfolgt wie oben dargelegt.

Das Verfahren, Kurvenscharen zu verdichten, ist besonders für empirische Funktionsbilder geeignet, gewährt aber auch bei der Herstellung von Rechentafeln wesentliche Vorteile, indem die numerische Rechnung auf eine kleine Anzahl von Wertegruppen beschränkt bleibt. So ist es Pirani auf diesem Wege gelungen, eine sehr übersichtliche Darstellung des Wien-Planckschen Gesetzes in hinreichender Genauigkeit mit geringem Aufwand an Rechenarbeit zu entwerfen.

Im Anschluß an die Ausführungen über Netztafeln läßt sich ein Prinzip erörtern, das zwar im vorhergehenden stillschweigend benutzt worden ist, aber erst an dieser Stelle in seiner Bedeutung für die Praxis klar hervortritt: es handelt sich um die Benennungen und Maße der Veränderlichen.

Die praktische Nomographie hat nicht die Aufgabe, Rechentafeln für funktionale Zusammenhänge schlechthin zu konstruieren, wenigstens besteht ihr Ziel im allgemeinen nicht darin, Produkt-,

---

[1]) Z. ang. Math. Mech. 1923, S. 235.

§ 7. Netztafeln.

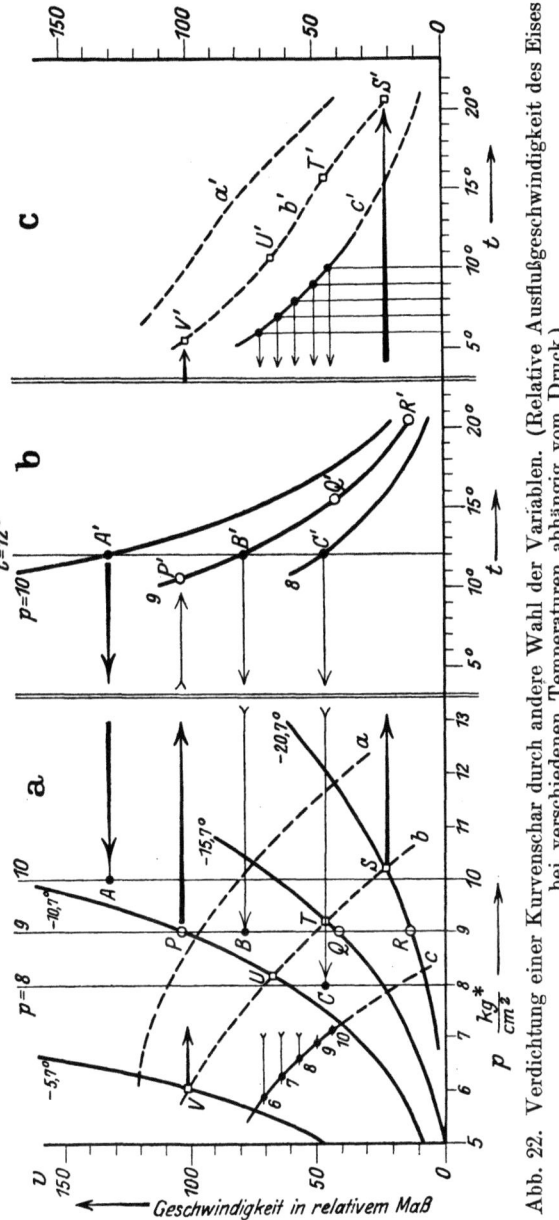

Abb. 22. Verdichtung einer Kurvenschar durch andere Wahl der Variablen. (Relative Ausflußgeschwindigkeit des Eises bei verschiedenen Temperaturen abhängig vom Druck.)

Summen- oder andere Tafeln darzustellen, die vorhandene Rechenmechanismen ersetzen können. Eine graphische Tafel soll durch Beschriftung und gegebenenfalls auch durch die Anordnung ihrer Elemente die besonderen Bedeutungen und Maße der Veränderlichen deutlich zum Ausdruck bringen und dabei die speziellen Konstanten eines Vorganges oder Zustandes berücksichtigen. Gerade hierauf beruht der große Vorzug nomographischer Tafeln vor Universalrechenhilfsmitteln, von denen etwa der Rechenstab zu nennen wäre. Bei Benutzung allgemeingültiger Rechenhilfen muß der Rechner, wenigstens beim Einstellen und beim Ablesen der Ergebnisse, die Vorstellung von der Bedeutung der Zahlengröße aufnehmen; die für einen besonderen technischen Zusammenhang beschriftete Tafel entlastet diese Vorstellung, sie gewährt dem Benutzer fernerhin die Möglichkeit, häufig wiederkehrende Werte besonders zu kennzeichnen, die Bevorzugung gewisser Materialien oder Dimensionen hervortreten zu lassen, Notizen über gesicherte und unsichere Beobachtungen einzutragen u. dgl. mehr. Gerade die Ausstattung mit betriebstechnischen Daten, Werkserfahrungen oder die Versuchsanordnung betreffenden Bezeichnungen bewirken in wissenschaftlicher Hinsicht und wirtschaftlicher Richtung den hohen Wert eines Nomogrammes, der weit über die Bedeutung eines einfachen Rechenhilfsmittels hinausgeht. Dies gilt in gleicher Weise für alle Darstellungsarten, die weiterhin entwickelt werden.

Für die Konstruktion einer Tafel ist dagegen ein anderer Gesichtspunkt angezeigt. Wir beziehen uns auf das Beispiel der Multiplikationstafel. Die Funktion $\alpha\beta - \gamma = 0$ tritt in außerordentlich vielen Zusammenhängen der Technik und Naturwissenschaften auf. Hat α beispielsweise die Bedeutung einer in Ampere gemessenen Stromstärke, β die Bedeutung eines in Ohm gemessenen Widerstandes, so erhält γ zwangläufig die Bedeutung einer Spannung mit der Benennung Volt.

Legen wir andererseits α den Sinn einer in Farad gemessenen Kapazität bei, β den Sinn eines in Volt angegebenen Potentials, so bedeutet γ eine in Coulomb gemessene Elektrizitätsmenge. Im letzten Beispiel kann ein anderes Maßsystem gewählt werden, etwa das elektromagnetische. Wird die Kapazität in der Einheit $\frac{\sec^2}{cm}$ ($=10^9$ Farad), das Potential durch $\frac{cm^{\frac{3}{2}} gr^{\frac{1}{2}}}{\sec^2}$ ($=10^{-8}$ Volt) gemessen, so folgt für die Elektrizitätsmenge die Dimension $cm^{\frac{1}{2}} gr^{\frac{1}{2}}$ ($=10^1$ Coulomb). Soll schließlich α eine in $\frac{cm}{\sec^2}$ ($=1$ gal) angegebene Beschleunigung, β eine in sec gemessene Zeit bedeuten, so folgt, daß γ den Sinn einer Geschwindigkeit $\frac{cm}{\sec}$ besitzt.

§ 8. Leitertafeln.

In jedem einzelnen Falle werden Bedeutung und Maßsystem (Dimension) von γ durch die besondere Bedeutung und das gewählte Maßsystem von α und β völlig bestimmt, die Maßzahl γ ergibt sich aber in allen Fällen in gleicher Weise als das Produkt dar Maßzahlen α und β. Demnach kann eine nomographische Tafel für das Ohmsche Gesetz, falls die Bereiche brauchbar sind, ebenso gut für die Bestimmung einer Elektrizitätsmenge oder einer Geschwindigkeit Verwendung finden oder etwa die Zustandsgleichung der Gase veranschaulichen, wenn nur die zusammengehörigen Benennungen angeschrieben werden[1]).

Als weiteres Beispiel ließe sich der Ausdruck $\frac{1}{\alpha} + \frac{1}{\beta} = \frac{1}{\gamma}$ nennen, der bei Parallelschaltung Ohmscher Widerstände, bei Reihenschaltung von Kapazitäten, in der Optik, der Lehre von der Oberflächenspannung und anderweitig auftritt.

Wir können daher bei der Konstruktion einer Rechentafel die besonderen Benennungen außer acht lassen und brauchen allein die numerischen Bereiche der Veränderlichen zu berücksichtigen. Die Untersuchungen der Nomographie erstrecken sich im wesentlichen nur auf unbenannte Zahlen $\alpha, \beta, \gamma, \ldots$; die folgenden Ausführungen werden grundsätzlich unter diesem Gesichtspunkte stehen.

§ 8. Leitertafeln.

Eine Darstellungsart, die zunächst völlig aus dem Rahmen der bisher besprochenen herauszufallen scheint, gewinnen wir im Anschluß an eine elementar-geometrische Betrachtung. Drei parallele Geraden *(1)*, *(2)* und *(3)* mögen in der durch Abb. 23 angedeuteten Lage festgehalten werden, derart, daß die Abstände *(1)* — *(3)* und *(3)* — *(2)* einander gleich sind. Durch die feste Gerade g_0 und eine beliebige Gerade g wird die Figur eines Trapezes gewonnen; daher stehen die durch g und g_0 auf den Parallelen bestimmten Strecken a, b und c in der Beziehung $a + b = 2c$. Diese Gleichung gilt immer, in welcher Lage auch g die Parallelen schneidet. Wir tragen nun auf den Geraden *(1)*, *(2)* und *(3)* von den

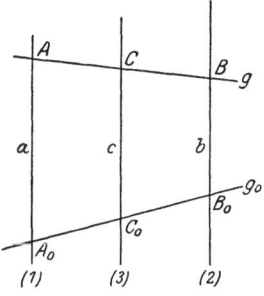

Abb. 23. Entstehung einer Leitertafel.

---

[1]) Diese an sich selbstverständliche Tatsache ist in der Literatur vielfach nicht berücksichtigt worden; es finden sich zahlreiche Veröffentlichungen, welche dieselbe Tafel in verschiedenen Deutungen ableiten.

Festpunkten A_0, B_0 und C_0 aus Teilungen in geeigneten Zeicheneinheiten auf. Wählen wir die regelmäßigen Leitern $a = \alpha \cdot l$ mm, $b = \beta \cdot l$ mm, $c = \gamma \cdot \frac{1}{2} l$ mm, so genügen die den Schnittpunkten A, B und C angeschriebenen Werte stets der Funktion $\alpha + \beta = \gamma$. Die Abbildung liefert also eine Rechentafel für die genannte Funktion mit folgender Ablesevorschrift: die „Punkte" α und β werden durch eine Gerade verbunden, der Schnittpunkt dieser Geraden mit der γ-Leiter ergibt den gesuchten Funktionswert. Auch diese Darstellung läßt sofort Umkehrungen der Aufgabe zu. Die Zahlen α, β und γ werden durch Punkte, die Wertegruppe (α, β, γ) durch eine Gerade dargestellt. Die Bedingung, drei zusammengehörige Bildpunkte sollen in einer Flucht liegen, kommt in der treffenden, von Mehmke gegebenen Bezeichnung **Fluchtlinientafel** zum Ausdruck; das Darstellungsverfahren wird als Methode der fluchtrechten Punkte bezeichnet. In neuerer Zeit hat der Name **Leitertafel** weite Verbreitung gefunden.

Die Fluchtlinie g läßt sich praktisch in einfacher Weise realisieren, indem man etwa einen Faden straff über das Zeichenblatt spannt oder ein Lineal anlegt; wenigstens ist die Einzeichnung der Ablesegeraden keineswegs notwendig oder empfehlenswert.

Mit der soeben behandelten Additionstafel ist lediglich ein sinnfälliges Beispiel gegeben worden. Wir erkennen, daß Leiter-

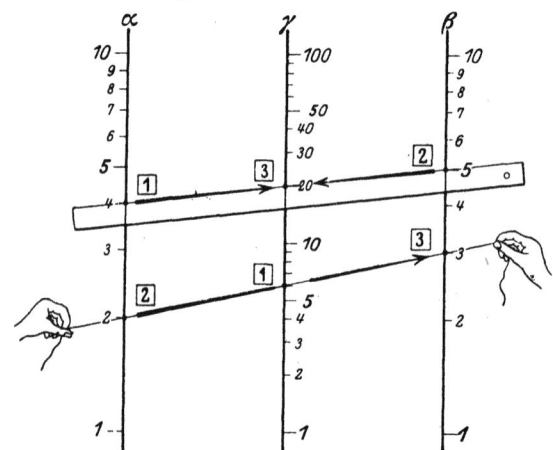

Abb. 24. Leitertafel $\gamma = \alpha \cdot \beta$ mit Ablesebeispielen.
Lineal: $4 \cdot 5 = 20$.   Faden: $6 : 2 = 3$.

tafeln erst dann brauchbare Darstellungen ergeben, wenn wir Funktionsteilungen einführen. Werden beispielsweise die Funk-

§ 8. Leitertafeln. 37

tionen $a = \alpha^2$, $b = \beta^2$, $c = \frac{1}{2} \cdot \gamma^2$ aufgetragen, so erfährt die Funktion $\alpha^2 + \beta^2 = \gamma^2$ eine Darstellung, die bei der Ermittlung der Impedanz, in der Fehlertheorie, bei Untersuchungen der Festigkeitslehre in mannigfacher Form auftritt.

Von besonderer Bedeutung erweist sich die Leitertafel $a = \log \alpha \cdot l$ mm, $b = \log \beta \cdot l$ mm, $c = \log \gamma \cdot \dfrac{l}{2}$ mm. Aus $\log \alpha + \log \beta = \log \gamma$ folgt nämlich $\alpha \cdot \beta = \gamma$, wir gewinnen aus der Grundform, die für Additionen kennzeichnend ist, eine Multiplikationstafel; Abb. 24 gibt eine schematische Skizze. Durch leichtverständliche Bezeichnung sind zwei Ablesebeispiele hervorgehoben.

Wenn wir nach Verallgemeinerungen der vorliegenden Tafelform suchen, müssen wir die wesentliche Forderung des Schlüssels beibehalten; es kann sich also zunächst nur darum handeln, die Anordnung oder Gestalt der Träger zu verändern. Die Tafeln mit geradlinigen, aber in allgemeiner Lage befindlichen Trägern lassen sich mit Hilfe elementar-geometrischer Sätze (wir nennen den Strahlensatz und den Satz des Menelaus) in ähnlicher Weise herleiten, wie es für die Trapeztafel gezeigt worden ist. Da diese Begründungsart das Wesen der Darstellungen aber nicht hervortreten läßt, verzichten wir darauf, den in der Zeitschriftenliteratur häufig gewählten Weg einzuschlagen. Allgemeine Leitertafeln, die auch krummlinige Träger enthalten können, werden wir in anderem Zusammenhang untersuchen.

In welcher Weise unsere Vorstellung der Verzerrungen auf Leitertafeln Anwendung finden kann, soll an einer Überlegung gezeigt werden, die bei der Herstellung von Tafeln vielfach vorteilhaft ist. — Die in Abb. 25 dargestellte Tafel werde unter Festhaltung der beiden äußeren Träger, des Anfangspunktes A und der Zeicheneinheit der Teilung BQ so verändert, daß die mittlere Leiter parallel (nach links) verschoben wird. Jeder Punkt R der bewegten Leiter wird durch den Punkt A und einen Punkt Q der Leiter BQ bestimmt. Da A und Q auf Grund der Voraussetzung festbleiben, muß R bei der Veränderung, die C nach C' führt, auf der durch A gehenden Fluchtlinie wandern, R gelangt nach R'. Der Punkt R

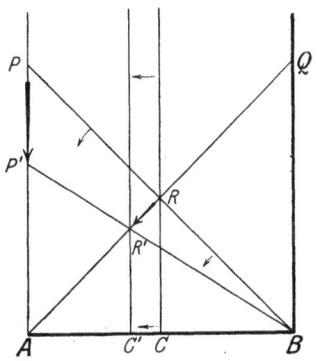

Abb. 25. Schema. Verzerrung einer Fluchtlinientafel.

bestimmt aber mit B zugleich einen Leiterpunkt P. Bei der Wanderung von R nach R' ändert sich die Lage der Fluchtlinie BRP, die eine zusammengehörige Wertegruppe darstellt;

die Parallelverschiebung der mittleren Leiter zieht also die Wanderung von P in die Lage P' nach sich, sie hat eine Verkleinerung der Zeicheneinheiten auf der linken und mittleren Leiter zur Folge. Dementsprechend wirkt sich eine Verschiebung des Trägers CR nach rechts in einer Vergrößerung der beiden Zeicheneinheiten aus. — Überlegungen dieser Art, die einen anschaulichen Einblick in das Gefüge einer Leitertafel vermitteln, erweisen sich bei der Herstellung von Tafeln insofern als nützlich, als wir den darzustellenden Bereichen handliche Teilungslängen zuordnen können. Werden für Abb 24 etwa die Bereiche $\alpha = 1 \ldots 1000$, $\beta = 1 \ldots 10$ vorgeschrieben, und werden die α- und β-Leiter in derselben Zeicheneinheit entworfen, so ist die Teilungslänge der Leiter (α) dreimal so groß wie die der Leiter (β). Falls nicht andere Gründe entgegenstehen, ist es für die Handlichkeit und Übersicht über eine Tafel vorteilhaft, die Teilungslängen abzustimmen; dies erreichen wir im vorliegenden Falle durch Parallelverschiebung des mittleren Trägers nach links.

Ein Beispiel gibt die im Anhang II dargestellte Tafel für die Ermittlung der Zeicheneinheiten regulärer Teilungen. Die Unterteilung der E-Leiter ist nur in bezug auf die Einheiten ausgeführt, die sich einem Millimeternetz anschmiegen. Die mittlere Gerade trägt eine Doppelskala, die zugleich angibt, welche Änderung $\Delta \alpha$ dem Teilungsintervall 1 mm zugehört. Ablesebeispiel: Der Bereich $|\alpha_1 - \alpha_2| = 170$ soll auf etwa 130 mm Teilungslänge dargestellt werden. Die Fluchtlinie $|\alpha_1 - \alpha_2| = 170$, $E(10\alpha) = 8$ mm gibt die beste Annäherung an $A = 130$ mm. Das Teilungsintervall 1 mm gehört dem Schritt $\Delta \alpha = 1,25$ zu. (Vgl. § 34.)

§ 9. Geschichtliches.

Das Wesen der nomographischen Methoden liegt im Begriff der Verzerrungen, die sowohl in den Funktionsleitern als auch in den Funktionsnetzen zum Ausdruck kommen. Erst in verhältnismäßig neuerer Zeit sind sie als wertvolle Hilfsmittel der graphischen Darstellungsverfahren erkannt worden. In der für die Nomographie grundlegenden Arbeit „Mém. sur les tables graphiques et sur la géométrie anamorphique", Ann. d. Ponts et Chaussées, 1846, 1, S. 61, hat Léon Lalanne[1]) die Verzerrungen von Teilungen analytisch entwickelt und als erster ihre allgemeine Bedeutung erkannt. Wenn Lalanne auch mit Recht als Begründer der systematischen Nomographie angesehen wird, so lassen sich nomographische Vorarbeiten doch bis in das Mittelalter hinein verfolgen. Die im Anschluß an die Plani-

---

[1]) Léon Lalanne: 3. Juli 1811 bis 12. März 1892 (Paris). Längere Zeit Baudirektor der Schweizer Eisenbahnen. Seine ersten Arbeiten über graphische Tafeln fallen in die Jahre 1840—45. Die nach ihm benannte Tafel (Anhang I, Abb. 135), die in ähnlicher Gestalt später von G. Hermann, Braunschweig 1875, Aachen 1876, und Vogler, Berlin 1877, entworfen worden ist, wurde als besondere Arbeit bereits 1845 veröffentlicht.

§ 9. Geschichtliches.

sphäre des Ptolemäus offenbar von den Arabern ausgebildeten Astrolabien[1]) stellen Netztafeln mit bemerkenswert planmäßig ausgewählten Funktionsteilungen dar. Das älteste der bisher bekannt gewordenen Instrumente dieser Art scheint Vinc. Mortillarus, Palermo 1848[2]), beschrieben zu haben, das als Hersteller Hamed ben Ali und das Jahr 348 der Flucht (959 n. Chr.) angibt. In der Beziffrung finden wir durchaus moderne Gebräuche, so werden zwischen vollen Zehnerzahlen die Fünfer nur durch das Symbol ☿ (5) betont. Weite Verbreitung haben die Astrolabien in Indien und Persien gefunden, wenigstens wird berichtet, daß Olearius sie mehrfach erwähnt. Von B. Dorn[3]) sind vier in Rußland befindliche arabische, persische und türkische Astrolabien übersetzt worden. Die genaue Angabe des Konstrukteurs und der Jahreszahl läßt darauf schließen, welchen wissenschaftlichen Wert man diesen Instrumenten beimaß. Die Literatur des XVI. Jahrhunderts erscheint geradezu überschwemmt mit Büchern, die sich auf Konstruktion und Benutzung der Astrolabien beziehen und mehr oder weniger bedeutungsvolle Verbesserungen in Vorschlag oder Ausführung bringen[4]); die zahlreichen Auflagen, die einzelne von ihnen erfahren haben, zeigen das große Interesse, das damals diesen Fragen der angewandten Mathematik entgegengebracht wurde.

In diesem Zusammenhange wären ebenfalls die Horologien, Sonnenuhren für verschiedene Breiten, zu nennen. So enthält das Horologium generale Regiomontans (Ende des XV. Jahrh.) eine Netztafel, in der alle Linien durch trigonometrische Verzerrung in gerade Linien gestreckt sind. Die Ablesung erfolgt mit Hilfe einer an einem Faden befestigten Perle. Als Kuriosum kann gelten, daß die Halterung des Fadens, die durch einen dreiteiligen, gelenkigen Arm bewirkt wird, in jüngerer Zeit für nomographische Tafeln wieder aufgenommen worden ist. In einem bemerkenswerten Aufsatz hat Luckey[5]) dieses Horologium bildlich wiedergegeben und in moderner Schreibweise nomographisch entwickelt. Ebenso kommt in den verschiedensten Konstruktionen von Sonnenuhren vielfach eine Auffassung zum Ausdruck, die wir heute als nomographische Denkweise bezeichnen würden, wie die Schrift Philipp Lansbergs, Horlogiographia plana, Middelburg 1663, zeigt. Auch die Benutzung von Näherungsfunktionen, die erst verhältnismäßig spät in die neuere Nomographie Eingang gefunden hat, läßt sich in alten Horologien erkennen. So werden bisweilen nur gewisse geographische Breiten durch Linien $A, B, C, \ldots$ dargestellt, eine beigefügte Tabelle gibt an, welche Ortschaften den einzelnen Linien näherungsweise zugehören. Nicht ohne Interesse ist die „Wiedererfindung" alten Gutes. So wurde Patrick Boghan im Jahre 1884 ein D. R. P.[6]) erteilt auf ein Instrument zum Messen der geographischen Breite aus der Mittagssonnenhöhe, das seinem Werte nach einem Vergleich mit den mittel-

---

[1]) ἄστρον λαμβάνω.
[2]) Illustrazione di un astrolabio arabo-siculo.
[3]) Bull. scient. publ. per l'Acad. Petersburg Bd. 9 (I), Nr. 5, S. 197. 1842.
[4]) Aus der Fülle der Autoren nennen wir: Stöffler, Andr. Schönerus (Nürnberg 1562), Vopelius, Apian, Clavius, Joannes Krabbe (Frankfurt 1609), Zelstius, Stempelius, Barbarus, Gemma Frisius, M. Franciscus Ritter (Nürnberg 1599, 1610, 1612, 1617, 1650), Cadamosto (Mailand 1507), Bormann (Berlin 1584), Colbius (Köln 1532), Boëmius (Wittenberg 1529). Weitere Angaben in Murhard, Teil 3, S. 258.
[5]) Zur älteren Geschichte der Nomographie: Unterrichtsblätter f. Math. u. Naturw. Bd. 29, H. 5/6, S. 54—59. 1923.
[6]) Kl. 42, Nr. 27 595.

alterlichen Vorrichtungen nicht standhält. Auch der sog. Maßstabzirkel von Rehse[1]) läßt das alte Problem des Proportionalzirkels wieder aufleben, wenn auch in neuem Gewande.

Wir müssen ferner die große Zahl von Quadranten erwähnen, die ursprünglich lediglich der Winkelmessung beim Visieren dienten, nach dem Vorgange Apians aber bald mit Funktionsteilungen und Kurvenscharen versehen worden sind. Die erste Veröffentlichung ist von Apian 1532 zu Ingolstadt vorgenommen worden. Die wiederholten Auflagen der Schriften von Benj. Bromer (Marburg 1615, 1616, 1617; Kassel 1622) und anderen zeugen von der großen Verbreitung, welche diese als Nomogramme zu bezeichnenden Tafeln ihrer Zeit gefunden haben. Einen Überblick über die Verwendung der Quadranten gibt die Arbeit Lansbergs: Van't Gebruyck des Astronomischen ende Geometrischen Quadrans, Middelburg 1633. Zwei besondere planmäßig entworfene Tafeln stellen das Folium populi Apians und ein als Sciographia facilis, instrumentum azymutalis, um 1625 anonym beschriebenes Instrument dar. Das Folium enthält Funktionsleitern und eine doppelt bezifferte Kurvenschar, wobei in der Praxis der Bezifferung eine hochentwickelte Technik zum Ausdruck kommt. Das Instrumentum azymutalis enthält eine drehbare Leiter.

Auch die skalare Darstellung ist keineswegs eine Erfindung der neueren Zeit. Die von Nicole Oresme (um 1350) im Tractatus de latitudinibus formarum entwickelte Regula falsi bedient sich zur Darstellung der Funktion $\beta = f(\alpha)$ nicht des Kurvenbildes, sondern zweier Leitern. G. Scheffers[2]) hat dargelegt, wie diese ursprüngliche Auffassung durch die Denkweise der analytischen Geometrie an Verallgemeinerungsfähigkeit verloren hat.

Die erste geschichtlich belegte Stelle, in der eine Funktionsleiter bewußt entwickelt wird, dürfte in Joannis Verneri de meteoroscopiis libri sex, Cracoviae 1557, zu suchen sein; wir finden im lib. I. Propositio X „pro saphea regulam fabricare artificiosam" die klare Erfassung des Begriffs der Leitern reg α und sin α und den ersten Fachausdruck[3]). Ein Instrument, dem die Funktionsleiter dem Wesen nach inhärent ist, stellt der Galileische Proportionalzirkel dar, der in der Geschichte der Mathematik eine vielfache, wenn auch nicht immer sympathische Rolle gespielt hat. Rein äußerliche Gesichtspunkte treten hier in Erscheinung, die in der neueren Nomographie erst allmählich wiedergewonnen worden sind. Die Linea metallorum weist eine nach dem Dichteverhältnis der Metalle geteilte Leiter auf, die aber nicht nach Dichtezahlen, sondern nach Materialangaben beziffert ist.

Bekannt sind ferner die Gedankengänge, die zur Erfindung der Logarithmen geführt haben, und denen deutlich die Vorstellung von Leitern zugrunde liegt. Auf einer Geraden wandert ein Punkt derart, daß die in gleichen Zeitabschnitten zurückgelegten Wege in geometrischer Reihe stehen; auf einer anderen Geraden bewegt sich ein Punkt gleichförmig. Die erste Gerade werden wir in der heutigen Ausdrucksweise als Leiter einer Exponentialfunktion bezeichnen, wenn wir die Lage des beweglichen Punktes nach Zeiteinheiten beziffern; die andere ist als logarithmische Teilung anzusprechen, wenn jeder Punkt die zugehörige Weglänge auf der

---

[1]) D. R. P. Kl. 42, Nr. 26 010. 1883.

[2]) Scheffers: Sitzungsber. d. Berl. Math. Ges. 1916, S. 29. In unmittelbarer Anlehnung an die Darstellung Oresmes hat er die Regula falsi für komplexe Veränderliche entwickelt.

[3]) Man verdankt Würschmidt eine vorbildliche Bearbeitung und Herausgabe der Wernerschen Schriften. Leipzig 1913. Vgl. dort S. 25.

§ 9. Geschichtliches.

ersten Geraden als Bezifferung erhält. Schließlich seien die nach ihrem Erfinder Gunter[1]) benannten Skalen erwähnt, die als erste Form unseres logarithmischen Rechenstabes gelten können. Ein Überblick über die frühere Verwendung von Funktionsteilungen darf nicht an den Arbeiten von Picard, Römer und de la Hire vorübergehen; das von de la Hire entworfene Astrolabium hat durch Parent (1702) sogar schon eine Genauigkeitsuntersuchung erfahren.

Eine fast stetige Folge nomographicher Arbeiten führt in der Nautik vom Mittelalter, den Anfängen einer mathematisch orientierten Navigation, bis auf unsere Tage. In einer außerordentlich sorgfältigen und kritischen Abhandlung hat Eugen Gelcich[2]) (Lussinpiccolo) alte Quellen erschlossen und damit wohl als erster eine geschichtliche Bearbeitung der Nomographie angebahnt. Wenn die einzelnen Tafeln und Instrumente zumeist auch in Verbindung mit gewissen Operationen des Visierens zu benutzen waren, so haben wir in ihnen doch zum Teil hochentwickelte Ansätze zu nomographischen Tafeln zu sehen: für alle möglichen Werte der unabhängigen Veränderlichen sind die Lösungen einer Rechenaufgabe graphisch fixiert.

Unsere Funktionsnetze haben ferner in den geographischen Kartennetzen Vorläufer gehabt. Als die stereographische Projektion schon Gemeingut war, schuf Mercator[3]) die nach ihm benannte Darstellung der Erdoberfläche durchaus in geometrischer Verzerrung. Noch am Ende des XVII. Jahrhunderts erstreckt sich die Herstellung einer Mercatorkarte auf die reguläre (affine) Verzerrung endlicher Parallelstreifen von 1—2° Breite, und es ist nicht ohne Interesse, zu lesen, wie de Lagni[4]) in sorgsamer Wahrung seiner Priorität die heutige Differentialmethode auf verschwindend kleine Gradfelder ausdehnt. Die Mercatorkarte hat auch, bevor die Nomographie sich grundsätzlich dieses Hilfsmittels bediente, die Einführung beweglicher Ableselinien vorbereitet[5]). Auch in der Herstellung eigentlicher Rechentafeln im heutigen Sinne hat Lalanne Vorläufer (die er in seiner Abhandlung allerdings auch anführt). Wir nennen ein Nomogramm, das la Hachette[6]) für den Bau von Heliostaten entworfen hat.

Unabhängig von geometrischen Funktionsbildern hat Laplace[7]) Funktionalgleichungen diskutiert, die später — und wahrscheinlich ohne Kenntnis dieser Arbeit — in der Nomographie ein Analogon gefunden haben. Mit Hilfe von Integrationen wird die Funktion $x \cdot y = \varphi(\xi + \eta)$ durch den Ansatz $x = A \cdot e^{a\xi}$, $y = B \cdot e^{b\xi}$ (vgl. die Lalannesche Tafel), durch $xy = \frac{1}{2}[(x+y)^2 - (x-y)^2]$ oder durch $xy = \frac{1}{2}[\cos(\xi - \eta) - \cos(\xi + \eta)]$ erfüllt; die letzte Form steht in engem Zusammenhang mit einer Tafel Collignons für den sphärischen Cosinussatz.

Die Methode der fluchtrechten Punkte haben zum ersten Male Ganguillet und Kutter[8]) angewendet. Dennoch wird mit Recht Maurice

---

[1]) The Works of Edmund Gunter. London: William 1673.

[2]) Zentralztg. f. Optik u. Mech. Bd. 5, S. 241 und vier Fortsetzungen. 1883.

[3]) Gerhard Kremer, 1512—1594 (Düsseldorf): Entwurf der Karte um 1569.

[4]) Hist. de l'Acad. franç. 1702, S. 87; 1705 (année 1703), S. 92. — Mem. de l'Acad. 1705, S. 95.

[5]) Caillet: Traité de navigation, 1868, benutzt ein transparentes Blatt mit „größten Kreisen".

[6]) Journ. de l'École polyt. 1809, S. 229—265: Sur la reduction des fonctions en tables. 258.

[7]) Journ. de l'École polyt. Bd. 9, S. 263. 1813; Bd. 10, S. 632. 1815.

[8]) Z. öst. Ing.-V. 1869.

d'Ocagne[1]) als Begründer dieses Zweiges der Nomographie angesehen; man verdankt ihm die allgemeine Diskussion dieser Darstellungsweise, und seine Arbeiten haben das Gebiet der eigentlichen Fluchtlinientafeln fast erschöpfend behandelt. Als grundlegende Schrift haben wir: „Coordonnées paralleles et axiales" zu nennen, Nouv. Ann. d. Math. 1884 und Gauthiers-Villars 1885.

Neuere Darstellungsmittel, Hexagonaltafeln, Gleitkurventafeln und Nomogramme mit besonderen Schlüsseln sollen in dieser Übersicht nicht erörtert werden.

§ 10. Aufgaben.

Zu § 1.
1. Welche Zeicheneinheit liegt der Schieberteilung eines vortragenden Nonius zugrunde?

Zu § 2.
2. Wie ist ein Millimeternetz 20×25 cm für die Darstellung des Barometerstandes bei voller Ausnützung des Zeichenfeldes vorzubereiten, wenn die alle 6 Stunden erfolgenden Ablesungen sich über 10 Tage erstrecken?

3. Die Funktion $\beta = 1{,}050\,\alpha + 0{,}850$ ist im Bereich $\alpha = 3{,}000 \ldots 4{,}000$ darzustellen; die Ablesung soll auf 0,001 möglich sein.

4. Die Kurve $\beta = {}^{1{,}778}\!\log \alpha$ aus der logarithmischen Kurve $\beta_1 = {}^{10}\!\log \alpha$, die nach der Tafel zu zeichnen ist, durch Maßstabsänderung abzuleiten.

5. Teilbereiche und β-Maßstäbe für $\beta = \ln \alpha$ im Bereich $\alpha = 1 \ldots 10$ unter der Annahme $\varepsilon_1 = \frac{4}{3}$, $\varepsilon_2 = \frac{3}{4}$ zu ermitteln. Die Teilungslängen sind zu vergleichen.

6. In welchem mittleren Maßstab $\mathfrak{M}(\lambda)$ ist die Funktion $\beta = \alpha^3$ im Bereiche $\alpha_1 \ldots \alpha_2$ zu entwerfen?

7. $\mathfrak{M}(\lambda)$ für $\beta = \alpha^n$ zu bestimmen ($n \neq 2$).

8. Für $\beta = \ln(\alpha)$ ist $\mathfrak{M}(\lambda)$ mit den Werten der Lösung (5) zu vergleichen.

9. Beim Einschalten steigt die Lichtstärke einer Kohlenfadenglühlampe an:

α Sekunden nach dem Einschalten	0,100	0,130	0,140	0,155	0,165	0,170	0,175	0,180	0,185	0,195	0,240
β Prozent der normalen Lichtstärke	unmerklich	10	20	30	40	50	60	70	80	90	100

Mit welcher Genauigkeit sind die Prozentangaben zu bewerten, wenn die Zeiten auf 0,005 sec bekannt sind?

Zu § 3.
10. Die der Abb. 16 zu entnehmenden Werte der Zeitgleichung β sind in ein Polarnetz unter Abhängigkeit vom Datum einzutragen. Wie kommen negative Werte zum Ausdruck?

11. Die Darstellung ist dahin abzuändern, daß dem Werte $\beta = 0$ der Kreis mit dem Radius $\varrho = 20 \cdot E(\beta)$ mm zugeordnet wird.

12. Welcher Maßstab kann bei einfacher Belegung für die Abhängigkeit von der Deklination gewählt werden?

---

[1]) M. d'Ocagne, geb. 25. März 1862, Prof. an der École Polytechn. Unter dem Pseudonym Pierre Delix hat er sich auch belletristisch betätigt (Le Jubilé de la Reine, La Candidate).

§ 10. Aufgaben.

13. Bei einem Feldgeschütz sind den Schußwinkeln α die Schußweiten β zugeordnet:

α	10°	20°	30°	40°
β_{km}	4,65	6,19	7,05	7,89

Welche Gestalt hat die Schußkurve im Polarnetz $\varphi = \alpha$ und welche im Netz $\varphi = 30 \cdot \alpha$?

Zu § 5.
14. Welche Funktionsteilung $x = x(\alpha)$ liegt dem Netz $y = \beta$ zugrunde, das den Halbkreis $\alpha^2 + \beta^2 = 10\alpha$ in die Gerade $y = x$ überführt?
15. Welche Teilung $y = y(\beta)$ enthält das Netz, wenn $x = \alpha$ gewählt wird?

Es sind Bildkurven der folgenden Funktionen in den zugehörigen Funktionsnetzen anzugeben und zu zeichnen:

16. $\dfrac{\alpha^2}{16} + \dfrac{\beta^2}{9} = 1.$ Netz: $x = \alpha \cdot 30$ mm, $y = \beta \cdot 40$ mm.

17. $\dfrac{\alpha^2}{25} + \dfrac{\beta^2}{9} = 1.$ Netz: $x = \alpha^2 \cdot 4$ mm, $y = \beta^2 \cdot 10$ mm.

18. $\alpha \cdot \beta = 60.$ Netz: $x = \dfrac{120}{\alpha}$ mm, $y = \beta \cdot 2$ mm.

19. $\beta = 10^\alpha.$ Netz: $x = \alpha \cdot 100$ mm, $y = \log \beta \cdot 125$ mm (Rechenstabteilung).

20. $\alpha^2 \sqrt[3]{\beta} = 2{,}5.$ Netz: $x = \log \alpha \cdot 100$ mm, $y = \log \beta \cdot 100$ mm.
(Man bediene sich eines vorgedruckten Netzes).

21. $\alpha \cdot \beta = 4 \cdot (\alpha + \beta).$ Netz: $x = \dfrac{1}{\alpha} \cdot 100$ mm, $y = \dfrac{1}{\beta} \cdot 200$ mm.

22. $\beta = \sqrt[4]{25 - \tfrac{1}{4}\alpha}.$ Netz: $x = \sqrt{\alpha} \cdot 25$ mm, $y = \beta^2 \cdot 100$ mm.

Welche Funktionsnetze ergeben in Anlehnung an die Aufgaben 16—22 einfach zu entwerfende Bilder der folgenden Funktionen?

23. $\dfrac{\alpha^2}{25} + \dfrac{\beta^2}{36} = 1.$ Kleinste Seite des Zeichenblattes 16 cm.

24. $\alpha \cdot \beta^2 = 4.$ Bereich: $\alpha = 0{,}5 \ldots 100.$ Abmessungen des Blattes 25×25 cm.

25. $\beta = 2 \cdot 3^{\alpha+1}.$

26. $\beta = 0{,}75 \cdot \alpha^{3,1}; \alpha = 1 \ldots 100.$

27. $\beta = \dfrac{10\alpha}{2\alpha + 3}; \alpha = 1 \ldots 2.$ Teilungslänge höchstens 150 mm verfügbar.

28. $\beta = 2 \cdot \sqrt{10 - 3\alpha}.$ Zeichenblatt 12×12 cm.

Zu § 6.

29. Eine Doppelleiter zu entwerfen, welche die Drehzahlen n pro Minute mit der Winkelgeschwindigkeit $\frac{w}{\text{sec}}$ in Beziehung setzt. $n = 100 \ldots 200$.

30. Umwandlung einer in PS gegebenen Leistung in kW.

31. Der Aufzinsungsfaktor $q = 1 + 0{,}01\,p$ ist abhängig vom Zinsfuß p in einer Doppelleiter darzustellen. Inwiefern läuft die Aufgabe auf eine Verzifferung hinaus?

32. Nietdurchmesser $d = (\sqrt{5\,s} - 0{,}2)$ cm, s cm Plattendicke. Bereich $d = 1 \ldots 2{,}6$ cm. Welche Funktionsleitern sind für die Herstellung handlich?

33. Wie gestaltet sich das auf S. 26 behandelte Beispiel 3 bei Verwendung der Leiter $x = \log n \cdot 125$ mm?

Zu § 7.

34. Das Ohmsche Gesetz $i \cdot w = e$ soll in einer Hyperbeltafel dargestellt werden: $i = 2 \ldots 10$ Amp, $w = 10 \ldots 100$ Ohm. a) Welche Gestalt hat die Tafel? b) Darf ein Bereich für e angegeben werden? c) Welche Aufgaben sind lösbar, wenn innerhalb der dargestellten Bereiche e und w umgekehrt die Stromstärke aus Spannung und Widerstand ermittelt werden soll?

35. Wie liegen die entsprechenden Verhältnisse in einer Strahlentafel nach Art der Abb. 19?

36. Die Einschaltung von Kurven in eine Hyperbeltafel ist zu untersuchen.

37. Der Spannungsabfall v im Glimmstrom ist nach Stark bei verschiedenen Drucken p von der Stromstärke wie folgt abhängig:

10^2 Volt.

i Milliampere	$p = 0{,}089$ mm	$p = 0{,}141$ mm	$p = 0{,}313$ mm	$p = 0{,}794$ mm
0,1	9,1	6,9	5,0	4,1
2	11,0	8,3	6,0	4,6
3	12,9	9,6	6,6	5,0
4	14,2	10,8	7,1	5,3
0,5	15,4	11,8	7,6	5,6
6	16,4	12,7	8,1	5,9
7		13,5	8,6	6,2
8		14,3	9,0	6,4
0,9		15,9	9,3	6,6

Die Kurvenschar (p) ist im System (i, v) darzustellen und nach $p = 0{,}1$, 0,2, 0,3, 0,5 mm Hg zu verdichten.

II. Funktionsleitern.

§ 11. Allgemeine Sätze.

Die Ausführungen des ersten Abschnittes haben gezeigt, welche Bedeutung den Leitern in der Nomographie zukommt, und zwar nicht allein mit Rücksicht auf die skalaren Darstellungen, sondern

§ 11. Allgemeine Sätze.

auch in Funktionsnetzen und Netztafeln: der Aufbau eines Netzes und die Aufeinanderfolge von Kurven werden stets durch Leitern bestimmt und an Leitern zahlenmäßig ausgewertet. Die vorhergehenden Beispiele haben ferner erkennen lassen, daß ein und dieselbe Funktion vielfach unter Verwendung verschiedener Leitern dargestellt werden kann. Für die Praxis der Nomographie ist es daher zweckmäßig, die besonderen Eigenschaften und Vorzüge der verschiedenen Leitergattungen im Zusammenhang zu untersuchen.

In den einzelnen Abschnitten einer Funktionsleiter entsprechen gleiche Zeichenintervalle verschieden großen Schritten der Veränderlichen. Daher kann die Unterteilung einer Leiter nicht überall bis zu derselben Dezimale durchgeführt werden. Für die Darstellung der Funktionsskala $z = l \cdot f(\alpha)$ gewinnen wir aus der gegebenen Teilungslänge A und dem Bereiche f_1 bis f_n die Zeicheneinheit $l = \dfrac{A \text{ mm}}{|f_n - f_1|}$. An der Stelle α_1 entspricht dem vorzuschreibenden Teilungsintervall t_0 mm der Schritt Θ_1, der auf Grund der Beziehung

$$t_0 = l \cdot |f(\alpha_1) - f(\alpha_1 + \Theta_1)| \tag{7}$$

ermittelt werden kann; t_0, l und $f(\alpha_1)$ sind gegeben, die Gleichung wird nach $(\alpha_1 + \Theta_1)$, mithin nach Θ_1 aufgelöst. Der Wert Θ_1 kann in praktischer Hinsicht zunächst nicht genügen. Es ist üblich, Unterteilungen nach ganzen Vielfachen von Zehnerpotenzen fortschreiten zu lassen, wobei die Zahlen 1, 2 und 5 bevorzugt werden; bei Winkelteilungen geht man auch auf Sechstel und verwandte Stufen zurück. Die Schritte Θ müssen daher der Folge

$$\frac{1}{10^n}, \frac{2}{10^n}, \frac{5}{10^n}, \frac{10}{10^n}, \frac{20}{10^n} \text{ usw. bzw. } \frac{1}{3}, \frac{1}{6}, \frac{1}{12}, \frac{1}{30} \text{ usw.} \tag{8}$$

angehören, wobei statt $\dfrac{2}{10^n}$ u. U. $\dfrac{2,5}{10^n}$ gewählt wird.

Der aus (7) ermittelte Wert wird durch den nächstliegenden Schritt Θ der Folge (8) ersetzt. Falls sich die Leiter in fortschreitender Drängung entwickelt, gelangen wir von α_1 ausgehend zu einer Stelle α_2 folgender Beschaffenheit: **vor** α_2 ist das zu Θ_1 gehörige Zeichenintervall **größer** als t_0, **hinter** α_2 dagegen **kleiner** als t_0. Die Stelle α_2 gibt also an, wie weit der Schritt Θ_1 verwendet werden darf, ohne daß die zugehörigen Teilungsintervalle die vorgeschriebene Grenze t_0 unterschreiten:

$$l|f(\alpha_2) - f(\alpha_2 - \Theta_1)| > t_0 > l|f(\alpha_2) - f(\alpha_2 + \Theta_1)|.$$

Nach Division durch $l \cdot \Theta_1$ erhalten wir in erster Näherung

$$\boxed{f'(\alpha_2) = \frac{t_0}{l \cdot \Theta_1}}. \qquad (9)$$

Der Wert α_2 wird durch Auf- oder Abrundung geglättet. Für den folgenden Teilungsabschnitt legen wir den in der Reihe (8) auf Θ_1 folgenden Schritt Θ_2 zugrunde und erhalten die Grenze α_3, bis zu der Θ_2 benutzt werden kann, aus der Gleichung

$$f'(\alpha_3) = \frac{t_0}{l \cdot \Theta_2}. \qquad (10)$$

Eine Vereinfachung des Rechnungsganges ergibt sich, wenn wir für den Anfang α_1 der Teilung denjenigen Schritt Θ_0 ermitteln, der von α_1 ab **nicht** mehr zulässig ist,

$$\boxed{\Theta_0 = \frac{t_0}{l \cdot f'(\alpha_1)}}, \qquad (11)$$

und Θ_1 als das auf Θ_0 folgende Glied der Reihe (8) wählen. Es ist leicht zu ersehen, in welcher Weise die Anordnung der Θ-Folge vom Verhalten der Ableitung $f'(\alpha)$ im vorgelegten Bereiche abhängt. Die in den Anwendungen auftretenden Funktionen lassen sich stets in monotone Abschnitte der behandelten Art zerlegen.

Als Beispiel werde die Teilung $\log(\alpha)$ des Rechenstabes entwickelt. $z = 250 \cdot \log e \cdot \ln \alpha$ mm; $t_0 = 0{,}5$ mm; $\alpha_1 = 1$.

$$\Theta_0 = \frac{0{,}5}{250 \cdot 0{,}43} \cdot 1; \quad \Theta_0 \approx 0{,}005. \quad \alpha_1 = 1; \quad \Theta_1 = 0{,}01.$$

$$\frac{0{,}43}{\alpha_2} = \frac{0{,}5}{250 \cdot 0{,}01}; \quad \alpha_2 \approx 2{,}2. \quad \alpha_2 = 2; \quad \Theta_2 = 0{,}02.$$

$$\frac{0{,}43}{\alpha_3} = \frac{0{,}5}{250 \cdot 0{,}02}; \quad \alpha_3 \approx 4{,}3. \quad \alpha_3 = 5; \quad \Theta_3 = 0{,}05.$$

$$\frac{0{,}43}{\alpha_4} = \frac{0{,}5}{250 \cdot 0{,}05}; \quad \alpha_4 \approx 11. \quad \alpha_4 = 10.$$

Die Folge (8) zeigt in Annäherung das Bildungsgesetz: $\Theta_1 = 2 \cdot \Theta_0$. Daher ergibt sich aus (11)

$$\frac{t_0}{l \cdot f'(\alpha_2)} = \frac{2 \cdot t_0}{l \cdot f'(\alpha_1)}.$$

Die Grenzen α_1 und α_2, in denen der Schritt Θ_1 Verwendung findet, genügen (näherungsweise) der Bedingung

$$\boxed{f'(\alpha_2) = \tfrac{1}{2} f'(\alpha_1)}. \qquad (12)$$

§ 11. Allgemeine Sätze.

Der Aufbau einer Leiter oder einer Linienschar gestaltet sich nach Maßgabe der Formeln (7) bis (11) besonders zweckmäßig und übersichtlich. Es ist jedoch zu bemerken, daß die nomographische Praxis bisweilen andere Gesichtspunkte in den Vordergrund stellt. In den Anwendungen treten vielfach diskrete, in ungleichen Schritten angeordnete Zahlenfolgen auf, etwa in der Elektrotechnik, wenn es sich um gebräuchliche Drahtquerschnitte handelt, im Maschinenbau bei Normalien u. dgl. mehr; in derartigen Fällen wird eine Teilung bzw. ein Netz nur in den praktisch möglichen Werten ausgeführt und beziffert.

Den vorstehenden Entwicklungen läßt sich die Ablesegenauigkeit auf einer Leiter entnehmen, wenn wir statt des Teilungsintervalls t_0 die Schwelle s berücksichtigen. Die Grenze des möglichen Ablesefehlers beträgt an der Stelle α:

$$\Delta \alpha = \frac{s}{l \cdot f'(\alpha)} \,. \tag{13}$$

Wenn auf Grund der Formeln (7) bis (11) erreicht ist, daß längs der Leiter das Teilungsintervall in derselben Größenordnung bleibt, so kann s auch auf Funktionsteilungen als konstanter Mittelwert angesehen werden; $\Delta \alpha$ hängt demnach nur von der Zeicheneinheit und der Stelle α ab.

Innerhalb eines Teilungsintervalls nehmen wir die Einschätzung der Zwischenwerte linear vor, d. h. wir teilen das Intervall in (zehn) gleiche Unterteile. Diese Ersetzung der Funktionsleiter durch eine regelmäßige Teilung bewirkt eine Vergrößerung der Ablesefehler. Vom Gebrauch des logarithmischen Rechenstabes her ist bekannt, daß beispielsweise auf der Teilung log sin α die Interpolation in der Gegend $\alpha = 80°$ auf diesem Wege gewiß nicht mehr zulässig ist.

Wir setzen eine ansteigende Funktion $f(\alpha)$ voraus und beziehen uns auf den Schritt von α bis $\alpha + \Theta$, dem das Teilungsintervall $t = l\,[f(\alpha + \Theta) - f(\alpha)]$ zugehört. Es handelt sich um die Einschätzung der Zwischenwerte $\alpha + 0{,}1\,\Theta$, $\alpha + 0{,}2\,\Theta$, ..., $\alpha + n\Theta$, $n = 0{,}1,\ 0{,}2,\ \ldots\ 0{,}9$. Die Lage des wahren Bildpunktes $\alpha + n\Theta$ ergibt sich aus

$$z = l \cdot f(\alpha + n\,\Theta)\,.$$

Das eingeschätzte Bild verlegen wir bei linearer Interpolation in die Stelle, die von $l \cdot f(\alpha)$ um $n \cdot t$ entfernt ist:

$$z_1 = l \cdot f(\alpha) + n \cdot t\,.$$

Diese Art der Einschätzung ist zulässig, solange der Abstand beider Punkte unterhalb der Schwelle bleibt:

$$|z_1 - z| \leqq s\,.$$

Wir setzen die für z und z_1 gefundenen Ausdrücke ein und entwickeln die Funktion f in eine Taylorsche Reihe:

$$|f(\alpha) + n \cdot f(\alpha + \Theta) - n f(\alpha) \quad - f(\alpha + n \Theta)| \leq \frac{s}{l},$$

$$\left|\begin{array}{l} f(\alpha) + n \cdot f(\alpha) + n \cdot \Theta \cdot f'(\alpha) + n \cdot \dfrac{\Theta^2}{2} f''(\alpha) + \cdots \\ - n \cdot f(\alpha) \\ - f(\alpha) \qquad - n \cdot \Theta f'(\alpha) - n^2 \cdot \dfrac{\Theta^2}{2} f''(\alpha) - \cdots \end{array}\right| \leq \frac{s}{l}.$$

Brechen wir die Entwicklungen mit den Gliedern zweiter Ordnung ab, so erhalten wir

$$\left| n(1-n) \frac{\Theta^2}{2} \cdot f''(\alpha) \right| \leq \frac{s}{l}.$$

Das Produkt $n(n-1)$ erreicht innerhalb des ausgewählten Schrittes für $n = 0{,}5$ seinen größten Wert $\frac{1}{4}$. Wenn daher in der Mitte des Schrittes die Bedingung

$$\left| \frac{\Theta^2}{8} \cdot f''(\alpha) \right| < \frac{s}{l}$$

erfüllt ist, kann die regelmäßige Einschaltung an den anderen Stellen des Intervalles erst recht als gesichert angesehen werden. Der Schritt Θ, in dem wir regulär interpolieren dürfen, muß daher der Bedingung genügen

$$\Theta^2 < \frac{8 \cdot s}{l \cdot |f''(\alpha)|}. \tag{14}$$

Wollte man durch Zulassung einer größeren Schwelle die regelmäßige Einschaltung über einen größeren Schritt erstrecken, so zeigt (14), daß erst eine Vervierfachung der Schwelle den Schritt verdoppelt.

Stellt Θ_1 den von α_1 an gültigen Teilungsschritt dar,

$$\Theta_1 = 2 \cdot \Theta_0 = \frac{2 \cdot t_0}{l \cdot f'(\alpha_1)},$$

so folgt aus (14):

$$\frac{4 t_0^2}{l^2 \cdot f'(\alpha_1)^2} < \frac{8 \cdot s}{l \cdot |f''(\alpha)|}, \qquad l > \frac{t_0^2 \cdot |f''(\alpha)|}{2 s \cdot [f'(\alpha_1)]^2}.$$

Unter Berücksichtigung der für gezeichnete Nomogramme üblichen Werte $t_0 = 1$ mm, $s = 0{,}05$ mm ergibt sich demnach

$$\boxed{l > 10 \frac{|f''(\alpha)|}{[f'(\alpha_1)]^2} \text{ mm}}. \tag{15}$$

Die Ungleichungen (14) und (15) stellen Näherungsformeln dar, denen in der Praxis jedoch völlig ausreichende Sicherheit zukommt. Die Abschätzungen werden später auf einzelne Leitern angewendet werden; wir nehmen zwei besondere Beispiele voraus.

Auf dem Rechenstab ist die Teilung $\log \sin \alpha$ in der Zeicheneinheit $l = 125$ mm ausgeführt; als Teilungsintervall ist $t_0 = 0{,}5$ mm anzusetzen. $f(\alpha) = \log e \cdot \ln \sin \alpha$; $f'(\alpha) = \log e \cdot \operatorname{ctg} \alpha$; $f''(\alpha) = -\log e \cdot \dfrac{1}{\sin^2 \alpha}$. In der Umgebung der Stelle α_1 gilt daher in erster Näherung

$$\frac{t_0^2 \cdot |f''|}{2s \cdot [f']^2} \approx \frac{2{,}5 \text{ mm}}{\log e \cdot \cos^2 \alpha} \approx \frac{5 \text{ mm}}{\cos^2 \alpha}.$$

Die regelmäßige Einschätzung ist zulässig, solange

$$125 > \frac{5}{\cos^2 \alpha}, \qquad \cos \alpha > \frac{1}{5}$$

ist, d. h. bis zur Stelle $\alpha = 78°$.

Als zweites Beispiel diene die Leiter $z = l \cdot \dfrac{1}{\alpha}$. Aus $f' = -\dfrac{1}{\alpha^2}$, $f'' = \dfrac{2}{\alpha^3}$ folgt die Abschätzung (15): $l > 20\alpha$ mm. Um von der Stelle $\alpha_1 = 5$ ab eine brauchbare Darstellung zu erhalten, ist also mindestens die Zeicheneinheit $l = 100$ mm zugrunde zu legen. Wir vergleichen zwei Leitern $l = 100$ mm und $l' = 50$ mm; die erste schreitet an der Stelle $\alpha = 5$ nach $\Theta = 0{,}5$, die zweite nach $\Theta' = 1$ fort.

	$l = 100$ mm	$l' = 50$ mm
Eingezeichnete Punkte	$\alpha = 5$; $z = 20{,}00$ mm $\alpha = 5{,}5$; $z = 18{,}18$ „	$\alpha = 5$; $10{,}00$ mm $\alpha = 6$; $8{,}33$ „
Eingeschätzter Zwischenwert . .	$\alpha = 5{,}25$	$\alpha = 5{,}5$
Wahre Lage .	$z = 19{,}05$ „	$9{,}09$ „
Einschätzung .	$z = 19{,}09$ „	$9{,}17$ „
Unterschied	$0{,}04$ mm $< s$	$0{,}08$ mm $> s$

§ 12. Potenzleitern.

Die Herstellung der Leiter $z = l \cdot \alpha^n$ kann leicht an die gebräuchlichen Tabellen der technischen Handbücher angeschlossen werden, wenn der Exponent sich auf eine der Zahlen $\pm \frac{1}{3}$, $\pm \frac{1}{2}$, ± 2 oder ± 3 zurückführen läßt. In anderen Fällen bedient man sich zweckmäßig eines doppelt-logarithmischen Hilfsnetzes $\xi = \log \alpha$, $\eta = \log z$, das die Funktion $z = l \cdot \alpha^n$ durch die Gerade $\eta = n \cdot \xi + \log l$ darstellt; dabei wird zugleich die Zeicheneinheit berücksichtigt, und es lassen sich die Teilungslängen z unmittelbar in Millimeterangabe ablesen. Der notwendige Übergang von der logarithmischen η-Achse zur metrischen Zeichnung kann bei Herstellung einer Leiter nicht als Nachteil gelten.

Der Begriff der Potenzleiter bedarf einer Verallgemeinerung. Auch die Teilung $z = l \cdot [f(\alpha)]^n$ soll allgemein eine **Potenzleiter** genannt werden, die **aus $f(\alpha)$ abgeleitet** ist. In dieser Ausdrucksweise ist z. B. $z = [\log \alpha]^2$ eine (aus der logarithmischen abgeleitete) Potenzleiter, $z = \log(\alpha^2)$ dagegen eine (aus der Potenz abgeleitete) logarithmische Teilung.

Eine Konstruktion, die sich besonders auf empirische Funktionen $f(\alpha)$ anwenden läßt, ist in der technischen Thermodynamik als die Brauersche[1]) bekannt. Im rechtwinkligen System (x, z) sind die Winkel φ und ψ in der durch Abb. 26 kenntlich gemachten Lage gewählt. Wir gehen von einem Punkte $P_1 = (x_1, z_1)$ aus; seine Koordinatenlinien bestimmen die Punkte A_1 und C_1, durch die unter 45° gegen die Achsen die Geraden $A_1 B$ und $C_1 D$ gelegt werden. Die durch B und D gehenden Koordinatenlinien bestimmen den Punkt P. Von A und C aus läßt sich die Konstruktion entsprechend fortsetzen und auch von B_1 und D_1 aus in anderer Richtung erstrecken. Offenbar handelt es sich um die graphische Darstellung einer geometrischen Reihe, wie sie beispielsweise in der Akustik Verwendung findet, um die Bünde auf den Griffbrettern der Saiteninstrumente zu konstruieren[2]).

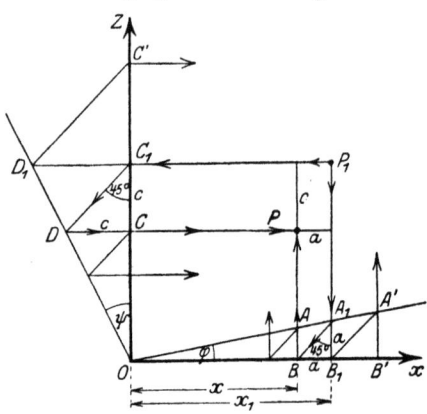

Abb. 26. Brauersche Konstruktion der Potenzleiter.

Die Koordinaten von P seien mit x und z bezeichnet; dann gilt:

$$x_1 = x + a, \qquad z_1 = z + c,$$
$$a = x_1 \cdot \operatorname{tg} \varphi, \qquad c = z \cdot \operatorname{tg} \psi,$$
$$x_1 = \frac{x}{1 - \operatorname{tg} \varphi}. \qquad z_1 = z \cdot (1 + \operatorname{tg} \psi).$$

Wird nun P_1 derart gewählt, daß $z_1 = l \cdot x_1^n$ ist, so folgt:

$$z = l \cdot x^n \cdot \frac{1}{(1 + \operatorname{tg} \psi)(1 - \operatorname{tg} \varphi)^n},$$

---

[1]) Z. V. d. I. 1885, S. 433.
[2]) Horn, W.: Z. f. phys. Unt. Bd. 34, Nr. 4. S. 165. 1921.

§ 12. Potenzleitern.

d. h., auch der Punkt P stellt ein Wertepaar (x, z) der Funktion $z = l \cdot x^n$ dar, wenn die Bedingung
$$(1 + \operatorname{tg}\psi) \cdot (1 - \operatorname{tg}\varphi)^n = 1$$
bei Wahl der Winkel φ und ψ erfüllt wird. Das Entsprechende gilt bei Fortsetzung der Konstruktion in beiden Richtungen.

Beispiel: $n = 2$, $\operatorname{tg}\varphi = \frac{1}{4}$; es folgt $\operatorname{tg}\psi = \frac{7}{9}$.
$n = -\frac{1}{2}$, $\operatorname{tg}\varphi = -\frac{9}{16}$; ,, ,, $\operatorname{tg}\psi = \frac{2}{3}$.

Die Konstruktion liefert **unabhängig** von der Zeicheneinheit, in der $x = m \cdot f(\alpha)$ entworfen ist, die Potenzleiter $z = l \cdot [f(\alpha)]^n$.

Da das Verfahren rekurrierend ist, übertragen sich Zeichenfehler; es eignet sich daher im wesentlichen zur Einschaltung von Zwischenwerten in eine vorhandene Wertefolge. Durch Wahl eines kleinen Winkels φ können die Zwischenwerte stets hinreichend dicht gedrängt werden; es gilt dann in erster Näherung $\operatorname{tg}\psi = n \cdot \operatorname{tg}\varphi$.

In praktischer Hinsicht ist zweierlei zu bemerken. Falls die Bereiche für x und z weit vom Nullpunkt entfernt liegen, wird man bei Unterdrücken des O-Punktes die freien Schenkel OA und OB aus zwei Festpunkten P_1 und P_2 ermitteln. Man berechnet mit Hilfe der Werte $\operatorname{tg}\varphi$ und $\operatorname{tg}\psi$ die Strecken $A_1B_1 = a_1 = x_1 \operatorname{tg}\varphi$ und $A_2B_2 = a_2 = x_2 \operatorname{tg}\varphi$, entsprechend $C_1D_1 = c_1 = z_1 \operatorname{tg}\psi$ und $C_2D_2 = c_2 = z_2 \cdot \operatorname{tg}\psi$. Alsdann bleibt auch für die Anordnung der Träger x und z großer Spielraum. Ferner kann die Konstruktion dahin abgeändert werden, daß von A_1 aus die Koordinatenlinie BA, von D_1 aus die durch C' gehende Koordinatenlinie gezeichnet wird. Die Bedingung für die Hilfswinkel lautet dann $(1 + \operatorname{tg}\psi) = (1 - \operatorname{tg}\varphi)^n$, die unter Umständen vor der oben genannten gewisse Vorteile gewährt.

Wir untersuchen zunächst den allgemeinen Aufbau der Potenzleiter α^n für positive Exponenten. Als Vergleich diene die regelmäßige Teilung $n = 1$ (s. Abb. 27). Für alle positiven Werte n bleiben die Punkte $0, 1, \infty$ fest; wenn $n > 1$ ist, werden die in gleichen Schritten folgenden Teilungspunkte vom Festpunkt 1 aus nach beiden Richtungen hin auseinandergezogen; liegt dagegen n zwischen 0 und 1, so findet von beiden

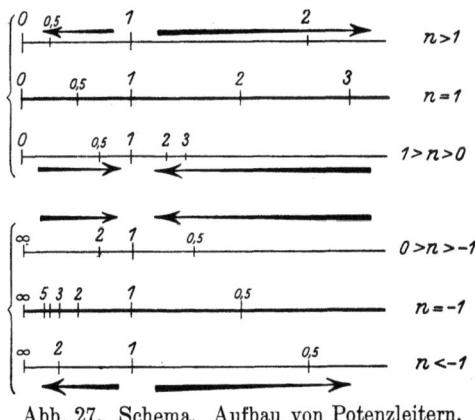

Abb. 27. Schema. Aufbau von Potenzleitern.

Richtungen her eine Drängung der Teilungsintervalle auf den Festpunkt 1 hin statt.

Die Leitern $n < 0$ vergleichen wir mit der reziproken Teilung $n = -1$. Für alle negativen n werden die Zahlen $\alpha > 1$ auf das Intervall $z = 0 \ldots 1$ abgebildet, die Punkte $\alpha < 1$ erstrecken sich von $z = 1$ ab nach rechts; das Bild der Zahl $\alpha = 0$ ist der uneigentliche Punkt $z = \infty$. Auch für $n < 0$ sind $\alpha = 0, 1, \infty$ Festpunkte. Liegt n zwischen 0 und -1, so findet nach $\alpha = 1$ hin eine Drängung statt; in den Leitern $n < -1$ werden die Teilungspunkte von $\alpha = 1$ nach beiden Richtungen hin auseinandergezogen. Als Beispiel diene die nebenstehende Übersicht für $\dfrac{z}{l}$.

n	$\alpha = \tfrac{1}{8}$	$\alpha = 8$
3	$\tfrac{1}{512}$	512
1	$\tfrac{1}{8}$	8
$\tfrac{1}{3}$	$\tfrac{1}{2}$	2
$-\tfrac{1}{3}$	2	$\tfrac{1}{2}$
-1	8	$\tfrac{1}{8}$
-3	512	$\tfrac{1}{512}$

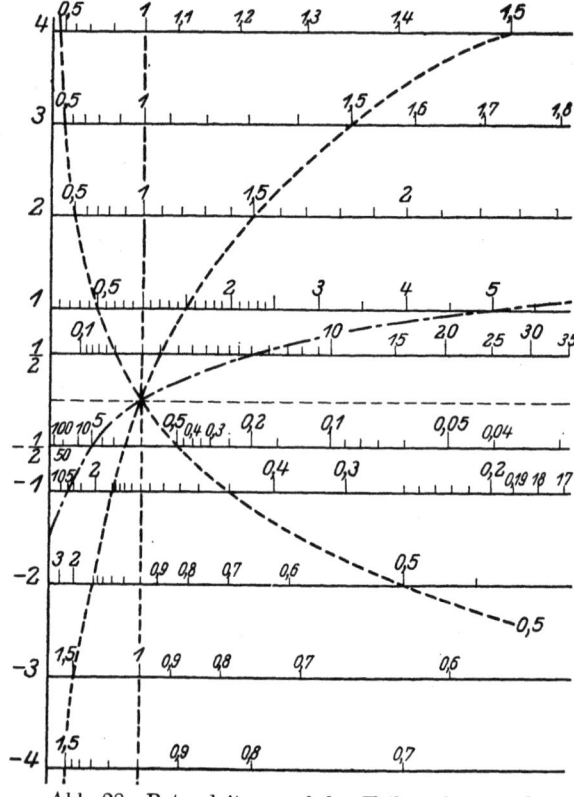

Abb. 28. Potenzleitern auf der Teilungslänge 5 l.

§ 12. Potenzleitern. 53

Die Abb. 28 und 29 geben eine Anzahl von Leitern wieder; in Abb. 28 erstreckt sich die Teilungslänge etwa über $5 \cdot l$, in Abb. 29 über $1 l$. Um ein Bild vom Aufbau der Leitern auch in anderen Bereichen zu gewinnen, brauchen wir nur die Bezifferung zu ändern. So können in Abb. 29 z. B. auf der Leiter $n = \frac{1}{2}$ alle Werte α mit 100 multipliziert werden; es läuft diese Änderung lediglich auf die Wahl einer neuen Zeicheneinheit hinaus. Das Verfahren, eine fertige Teilung nachträglich einer anderen Zahlenfolge zuzuordnen, gewährt bei der Konstruktion nomographischer Tafeln wesentliche Erleichterungen, da es uns in die Lage setzt, häufig auf (einmal hergestellte) **Grundleitern** zurückzugehen. Wir nennen das Verfahren **Verzifferung**.

Der Abb. 29 entnehmen wir eine Besonderheit der Potenzleiter, die mit Rücksicht auf ihre Anwendungen Beachtung ver-

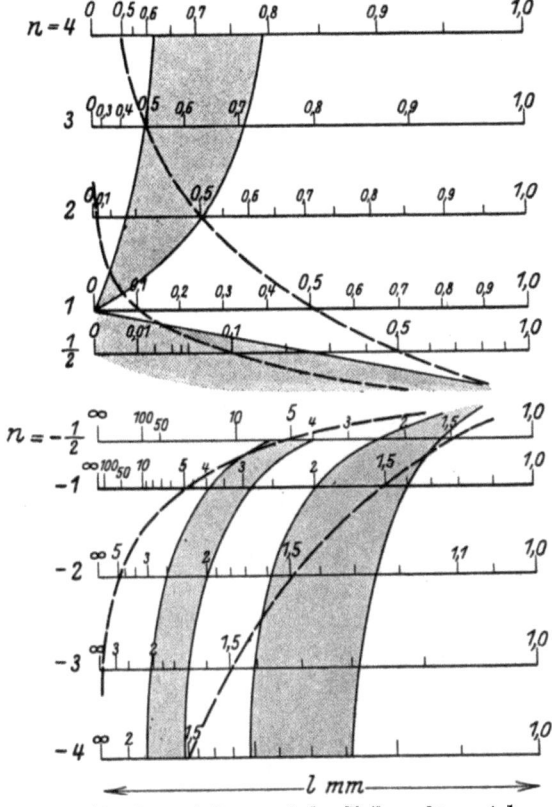

Abb. 29. Potenzleitern auf der Teilungslänge 1 l.

dient. Es sei $n > 0$. Auf der Teilungslänge $z = 0 \ldots 1$ liegen alle Zahlen $\alpha = 0 \ldots 1$, jedoch treten bei verschiedenen Werten von n verschiedene Teilbereiche besonders hervor. So ist die Teilungslänge zwischen den Werten $\alpha_1 = 0{,}1$ und $\alpha_2 = 0{,}5$, wenn n dicht bei 0 liegt, sehr klein, nimmt mit wachsendem Exponenten zunächst zu und wird schließlich wieder zusammengedrängt. Soll ein gewisser Teilbereich auf Grund des praktischen Zusammenhanges besonders hervortreten, so ist also die Auswahl eines bestimmten Wertes n angezeigt. Entsprechende Beziehungen gelten für negative Exponenten in bezug auf die Zahlen $\alpha > 1$. Die nebenstehende Tabelle gibt die Teilungslänge des Bereiches $\alpha_1 = 2$, $\alpha_2 = 10$ für verschiedene Exponenten an.

n	$\frac{z}{l}$
-2	0,24
$-1,5$	32
-1	40
$-0,9$	41
$-0,8$	42
$-0,7$	**0,42**
$-0,6$	41
$-0,5$	39
$-0,4$	36
$-0,3$	31
$-0,2$	24
$-0,1$	14

Die Teilungsstrecke $z = l \cdot |\alpha_1^n - \alpha_2^n|$ wird ein Maximum, wenn $\alpha_1^n \cdot \log \alpha_1 = \alpha_2^n \cdot \log \alpha_2$ ist. Daraus ergibt sich für $n > 0$, $0 < \alpha_1 < \alpha_2 < 1$:

$$n = \frac{\log[-\log\alpha_2] - \log[-\log\alpha_1]}{\log\alpha_1 - \log\alpha_2},$$

für $n < 0$, $1 < \alpha_1 < \alpha_2$:

$$n = \frac{\log[\log\alpha_2] - \log[\log\alpha_1]}{\log\alpha_1 - \log\alpha_2}.$$

Beispiel: $\alpha_1 = 1{,}5$, $\alpha_2 = 5$: $n \approx -1$.

$\alpha_1 = 1{,}1$, $\alpha_2 = 1{,}5$: $n \approx -5$.

Abb. 30 gibt eine Darstellung der Formel $n < 0$. Die beiden Werte α_1 und α_2 werden auf derselben krummlinigen Leiter α abgelesen, der Wert, der das Optimum herbeiführt, erscheint auf der oberen Teilung. Die Ableitung der Fluchtlinientafel wird in § 37 gegeben; vgl. auch S. 71.

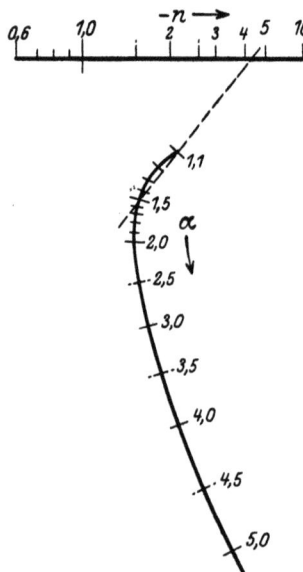

Abb. 30. Günstigster Exponent für bevorzugten Teilbereich auf Potenzleitern. Maßstab $^2/_3$.

Die Auswahl des günstigsten Wertes n wird dann am Platze sein, wenn gewisse Punkte, z. B. $z = 0$ und $z = 1$, im Rahmen eines Nomogrammes festgelegt sind und daher eine Vergrößerung der Zeicheneinheit, die eine Vergrößerung der bevorzugten Teilungslänge bewirken kann, nicht angängig erscheint.

§ 12. Potenzleitern.

Wir wenden die Ergebnisse des § 11 auf die spezielle Potenzleiter an. Um zu einer für alle Exponenten gemeinsamen Darstellung zu gelangen, wollen wir die Leitern stets in steigender Schrittfolge durchlaufen. Für $n>1$ gilt dann $\alpha_2<\alpha_1$, für $n<1$ dagegen $\alpha_1<\alpha_2$. Auf Grund der Formel § 11, (12), ergibt sich:

$$\alpha_2^{n-1} = \tfrac{1}{2} \cdot \alpha_1^{n-1},$$

$$\alpha_2 = 2^{\frac{1}{1-n}} \cdot \alpha_1 \qquad (n \neq 1, n \neq 0). \quad (16)$$

(Vgl. Aufg. 110.)

In einer Potenzleiter stehen die Argumentwerte, die einen Bereich gleichbleibender Schrittgröße Θ_1 begrenzen, in geometrischer Reihe. (Vgl. Abb. 29.)

Erheben wir (16) in die n^{te} Potenz und erweitern mit l, so folgt:

$$z_2 = 2^{\frac{n}{n-1}} \cdot z_1.$$

Demnach beträgt die Teilungslänge, auf der Θ_1 beizubehalten ist,

$$A_1 = |z_2 - z_1| = l \cdot \alpha_1^n \cdot \left| 2^{\frac{n}{1-n}} - 1 \right|,$$

$$\frac{A_1}{l} = \alpha_1^n \cdot \left| 2^{\frac{n}{1-n}} - 1 \right|. \quad (17)$$

Beziehen wir uns beispielsweise auf die Stelle $\alpha_1 = 1$, so ergibt sich für $n = \tfrac{1}{2}$ der Wert $\frac{A_1}{l} = 1$, von der Stelle $\alpha_1 = 10$ ab der Wert $\frac{A_1}{l} \approx 3$, wie an Hand der Abb. 28 leicht zu bestätigen ist.

Die Zulässigkeit regelmäßiger Einschätzung bedarf für $n>0$ bei kleinen Werten α, für $n<0$ bei großen Werten α einer Untersuchung. Setzen wir die besonderen Funktionen $f' = n \cdot \alpha^{n-1}$ und $f'' = n \cdot (n-1) \alpha^{n-2}$ in die Formel § 11, (15) ein, so erhalten wir für die Zeicheneinheit l die Bedingung:

$$l > 10 \left| 1 - \frac{1}{n} \right| \frac{1}{\alpha_1^n} \text{ mm}. \quad (18)$$

Sobald $|n|>1$ ist, bleibt $\left|1 - \frac{1}{n}\right|$ unter 2. An der Stelle $\alpha_1 = 1$ ist für Potenzleitern $|n|>1$ die Zeicheneinheit 20 mm ausreichend. Die in den Anwendungen auftretenden Leitern werden aber in erheblich größeren Zeicheneinheiten entworfen, so daß also in der Praxis die regelmäßige Einschätzung innerhalb der Θ-Schritte völlig gesichert ist. Für $n = -\tfrac{1}{2}$ ergibt sich

$l > 30$ mm; die Abb. 28, der eine kleinere Zeicheneinheit zugrunde liegt, läßt erkennen, daß für Werte $\alpha > 1$ die Ablesung unzureichend ist.

Aus (18) folgt
$$z > 10 \cdot \left| 1 - \frac{1}{n} \right| \text{ mm}. \qquad (19)$$

Unabhängig von der gewählten Zeicheneinheit können wir daher eine Teilungslänge z_0 derart angeben, daß nach dieser Teilungslänge die Potenzleiter den gestellten Forderungen genügt; eine grobe Abschätzung gibt die nebenstehende Tabelle. Die Teilungslängen bis zu 50 mm lassen sich in der Praxis stets unterdrücken. Damit haben wir gezeigt, daß Potenzleitern trotz ihres eigentümlichen Aufbaues innerhalb der Θ-Folge eine völlig gesicherte Ablesung ermöglichen.

n	z_0
$> 0{,}5$	10 mm
$0{,}25$	30 ,,
$-0{,}25$	50 ,,
$-0{,}5$	30 ,,
-1	20 ,,
< -2	15 ,,

Der prozentuale Ablesefehler läßt sich in einfacher Weise unabhängig von der Zeicheneinheit auf die Teilungslänge zurückführen:
$$\left| 100 \cdot \frac{\Delta \alpha}{\alpha} \right| = \frac{5}{|n| z}. \qquad (20)$$

In Abb. 31 ist der prozentuale Grenzfehler $p = \left| 100 \frac{\Delta \alpha}{\alpha} \right|$ abhängig von z mm und $|n|$ in einer logarithmischen Tafel dargestellt. Man erkennt, daß p bei größerer Teilungslänge als 50 mm stets unterhalb 0,2 bleibt; auf der Teilungslänge 300 mm sinkt der Ablesefehler bei $n = 5$ auf 0,005%. Die Tafel 31 kann als Beispiel dafür gelten, daß die Unterteilung nach praktischen Gesichtspunkten ausgeführt wird; es handelt sich im vorliegenden Falle um eine Abschätzung der Größenordnung, eine weitergehende Unterteilung wäre sachlich ohne Nutzen und würde die Übersicht über die Tafel beeinträchtigen.

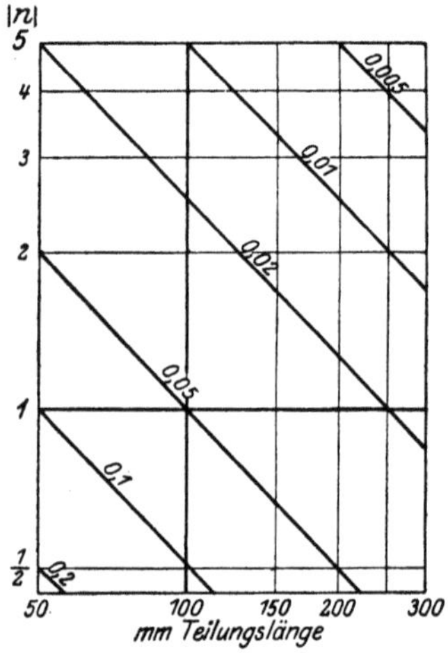

Abb. 31. Grenze des prozentualen Ablesefehlers auf Potenzleitern. Maßstab $^1/_2$.

Wir haben in den Untersuchungen der Potenzleiter das Argument α als positiv angenommen. Für ganzzahlige Exponenten ist die Darstellung negativer Argumente ohne weiteres durchsichtig; bei beliebigen Exponenten erstreckt sich die Definition der Funktion α^n im reellen Gebiet nur auf Werte $\alpha > 0$.

§ 13. Projektive Leitern.

In der Theorie der Fluchtlinientafeln kommt den linear gebrochenen Funktionen $\dfrac{a \cdot f(\alpha) + b}{c \cdot f(\alpha) + d}$ eine fundamentale Bedeutung zu. Ferner finden aus später zu erörternden Gründen diese Funktionen in der Physik und Technik zur Darstellung empirischer Abhängigkeiten ausgedehnte Anwendung.

Von den vier Parametern $a, \ldots d$ sind nur drei wesentlich, da der Bruch durch jede der vier Größen $a, \ldots d$ gehoben werden kann. Wir wählen im folgenden $c = 1$; der besondere Fall der regulären Leiter $c = 0$ wird von vornherein ausgeschlossen. Die Zeicheneinheit (l mm) sei nach erfolgter Multiplikation in die Konstanten a und b einbezogen.

$$z = \frac{a \cdot \alpha + b}{\alpha + d}. \tag{21}$$

Die Leiter ist durch Angabe der Determinante

$$D = \begin{vmatrix} a & b \\ 1 & d \end{vmatrix} = ad - b \tag{22}$$

bestimmt. Lösen wir (21) nach α auf, so erhalten wir die inverse Funktion $\alpha = \dfrac{-dz + b}{z - a}$, deren zugehörige Determinante $\begin{vmatrix} -d & b \\ 1 & -a \end{vmatrix} = ad - b$, also ebenfalls gleich D ist. Aus der Ableitung

$$\frac{dz}{d\alpha} = \frac{D}{(\alpha + d)^2} \tag{23}$$

folgt sofort die Bedingung

$$\boxed{D \neq 0}, \tag{24}$$

da andernfalls die Funktion zu einer Konstanten, die Leiter in einen Punkt ausartet.

In (23) ist der Nenner als Quadrat wesentlich positiv, das Vorzeichen von D ist also für den Richtungssinn auf der Leiter bestimmend. Für $D > 0$ wachsen α und z gleichsinnig, für $D < 0$ nehmen mit wachsendem α die zugehörigen Teilungsstrecken ab. Die Diskussion läßt sich an vier besondere Wertepaare anschließen:

$$\left.\begin{array}{llll} \alpha = 0, & z = \dfrac{b}{d}. & \alpha = -\dfrac{b}{a}, & z = 0. \\ \alpha = \infty, & z = a. & \alpha = -d, & z = \infty. \end{array}\right\} \tag{25}$$

Gehen wir von positiven Parametern und positiver Determinante aus, so ergibt sich die in Abb. 32 wiedergegebene Anordnung. Die Bilder der positiven Zahlen α erfüllen die Teilungslänge $z_0 = \dfrac{b}{d}$ bis $z_\infty = a$, die negativen Zahlen liegen außerhalb dieser Strecke; der uneigentliche Punkt $z = \infty$ scheidet die Bereiche $\alpha = 0 \ldots -d$ und $\alpha = -d \ldots -\infty$.

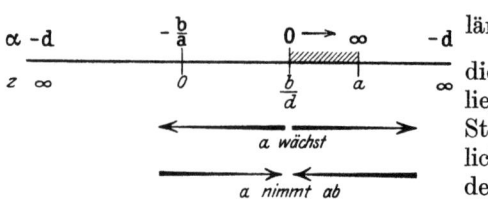

Abb. 32. Schema. Aufbau einer projektiven Leiter.

Um zu erkennen, in welcher Weise der Aufbau der Leiter von den Parametern abhängt, ändern wir die Größen $a \ldots d$. Wir lassen zunächst a wachsen. Während die Punkte $\alpha = 0$ und $\alpha = -d$ festbleiben, wandert der Bildpunkt $\alpha = \infty$ nach rechts und bewirkt dadurch eine Dehnung der zum positiven Bereich gehörenden Teilungslänge. Da $-\dfrac{b}{a}$ absolut kleiner wird, gelangen also in den Punkt $z = 0$ Bildpunkte mit absolut kleinerer Bezifferung. Bei Vergrößerung von a werden die Bildpunkte unter Erhaltung des uneigentlichen Punktes $\alpha = -d$ vom festen Punkte $\alpha = 0$ aus nach beiden Richtungen auseinandergezogen. Einer Verkleinerung von a entspricht eine Drängung der Punkte auf $\alpha = 0$ hin. Wenn dabei D negativ wird, ergibt sich der in Abb. 33 dargestellte Aufbau.

Die Diskussion im Anschluß an b und d sei dem Leser überlassen. Wir wollen lediglich betonen, daß für $d < 0$ die negativen Zahlen die abgeschlossene Teilungslänge erfüllen; der Bereich der positiven Zahlen wird durch den uneigentlichen Punkt $\alpha = |d|, z = \infty$ in die Teilbereiche $\alpha = 0 \ldots |d|$ und $\alpha = |d| \ldots \infty$ geschieden.

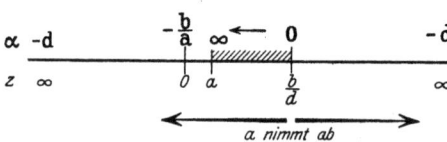

Abb. 33. Schema. Aufbau einer projektiven Leiter.

Soll die Darstellung der Leiter (21) auf rechnerischem Wege erfolgen, so ist eine Umformung der Funktion zweckmäßig:

$$z = \frac{a\alpha + b}{\alpha + d} = \frac{a\alpha + ad - (ad - b)}{\alpha + d},$$

$$\boxed{z = a - \frac{D}{\alpha + d}}. \tag{26}$$

Wir berechnen daher die einfacheren Werte $u = \dfrac{D}{\alpha + d}$ und tragen die zugehörigen Teilungslängen u von $z = a$ aus in nega-

§ 13. Projektive Leitern.

tiver Richtung auf. Die Berechnung $\dfrac{D}{\alpha + d}$ läßt sich unter Verzifferung leicht an die bekannte Tabelle $\dfrac{1000}{x}$ anschließen. Damit ist die linear gebrochene Funktion auf die reziproke Teilung § 12, $n = -1$, zurückgeführt.

Beispiel. (Abb. 34.) $\qquad z = \dfrac{3\alpha + 2}{\alpha + 4}, \qquad D = 10$.

x	$\dfrac{10}{x}$	$x-4$
10	1,00	6
9	1,01	5
8	1,25	4
7	1,43	3
..	..	..
u		α

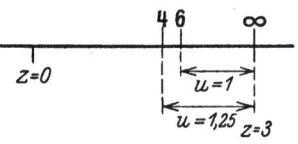

Abb. 34. Schema. Verzifferung.

Die eigentliche Bedeutung der linear gebrochenen Funktion liegt auf geometrischem Gebiet; die Funktion vermittelt den Zusammenhang zwischen projektiven Punktreihen und heißt daher projektive Funktion, ihre Leiter wird projektive Leiter genannt. Der Nachweis, daß Skalen, die sich in perspektiver Lage befinden, wird zumeist mit Hilfe des konstanten Doppelverhältnisses geführt. Wir schlagen folgenden analytischen Weg ein. (Abb. 35.)

Die Abszissenachse (I) des kartesischen Systems (xy) trage die Teilung $x = l \cdot f(\alpha)$. Den Punkt $P = (p, q)$ wählen wir zum Träger eines Geradenbüschels, dessen einzelne

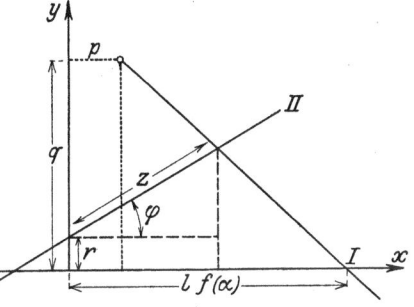

Abb. 35. Erzeugung der Leiter proj α.

Glieder durch die Bezifferung ihres Schnittpunktes mit I bezeichnet seien; die Gleichung einer dieser Geraden lautet:

$$y = \dfrac{q}{p - l \cdot f(\alpha)} \cdot (x - l \cdot f(\alpha)).$$

Der Punkt P heißt Kollineationszentrum oder »Pol«. Wir bringen das Büschel mit einer festen (nicht durch P gehenden) Geraden (II), $y = x \cdot \operatorname{tg} \varphi + r$, zum Schnitt. Die Abszisse x des Schnittpunktes ergibt sich durch Elimination von y aus den beiden letzten Gleichungen; sie führt sofort auf die Teilungslänge

$$z = \frac{x}{\cos \varphi} = \frac{f(\alpha)[l \cdot (q-r)] + [r\,p]}{f(\alpha)[l \cdot \sin \varphi] + [q \cos \varphi - p \sin \varphi]}.$$

Bezeichnen wir die Ausdrücke in den eckigen Klammern bzw. mit a, b, c und d, so liefert die Konstruktion auf dem Träger II die Leiter $z = \dfrac{a \cdot f(\alpha) + b}{c \cdot f(\alpha) + d}$ durch perspektivische Abbildung aus der Leiter $l \cdot f(\alpha)$ auf I.

Es läßt sich leicht zeigen, daß aus vorgelegten Größen $a, \ldots d$ ein System $(p, q; r, \varphi)$ stets reell herstellbar ist.

Auf Grund der Tatsache, daß jede linear gebrochene Funktion durch perspektivische Abbildung dargestellt werden kann, gelangen wir zu einer einfachen Konstruktion der projektiven Leiter. Wir beziehen uns auf die spezielle Funktion $z = \dfrac{a\alpha + b}{c\alpha + d}$. Die projektive Zuordnung ist entsprechend der Anzahl der wesentlichen Parameter durch drei Wertepaare α_1, z_1; α_2, z_2; α_3, z_3 bestimmt. Wir gehen von der regelmäßigen Teilung I aus und

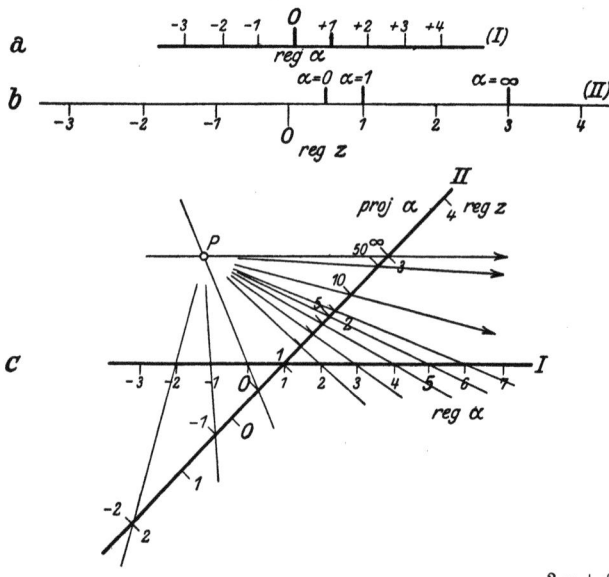

Abb. 36. Konstruktion der Leiter proj α. Beispiel: $z = \dfrac{3\alpha + 2}{\alpha + 4}$.

bezeichnen auf ihr die drei Bildpunkte α_1', α_2' und α_3'. Auf dem Träger II, der die projektive Teilung aufnehmen soll, bestimmen wir mit Hilfe der (rechnerisch) ermittelten Teilungsstrecken z_1, z_2 und z_3 die Bildpunkte α_1, α_2 und α_3. (s. Abb. 36 a und b.) Es handelt sich nun darum, die beiden Träger in perspektiver Lage anzuordnen; dies gelingt, indem wir etwa die Punkte α_1 und α_1' zur Deckung bringen, die Träger gegeneinander neigen und das Kollineationszentrum P aus den Strahlen $\alpha_2 \alpha_2'$ und $\alpha_3 \alpha_3'$ bestimmen; nach Wahl des Deckungspunktes läßt die Aufgabe ∞^1 verschiedene Anordnungen zu. In Abb. 36 ist das Beispiel $z = \dfrac{3\alpha + 2}{\alpha + 4}$ behandelt. Der Pol wird bestimmt durch die Wertepaare $\alpha_1 = 1$, $z_1 = 1$; $\alpha_2 = -4$, $z_2 = \infty$[1]); $\alpha_3 = \infty$, $z_3 = 3$.

Werden auf dem Träger II sowohl die regelmäßige Teilung z als auch die projektive Teilung α ausgeführt, so stellt die Doppelleiter die Funktion $z = \dfrac{3\alpha + 2}{\alpha + 4}$ in regelmäßiger Ablesung z dar. In gleicher Weise können die Punkte des Trägers I nach z und α beziffert werden; dieselbe Funktion wird dann in einer Doppelleiter mit regelmäßiger Ablesung α wiedergegeben.

Für die praktische Durchführung sei bemerkt, daß zur Ermittlung des Poles in erster Linie die Werte $\alpha = 0$, $\alpha = \infty$, $z = 0$ und $z = \infty$ herangezogen werden, auch dann, wenn sich der Bereich von α oder z nicht bis zu diesen Werten erstreckt oder die Funktion an diesen Stellen praktisch keine Gültigkeit mehr besitzt. So sei beispielsweise die Umwandlung der Beaumégrade n in spezifisches Gewicht $s > 1$ erwähnt:

$$s = \frac{145{,}88}{145{,}88 - n}, \quad (t = 12{,}5^\circ C).$$

Schon die Werte $n > 50$ haben keine praktische Bedeutung, für $n = 145{,}88$, $s = \infty$ verliert die Formel ihren Sinn, alle negativen Werte n liegen außerhalb des Gültigkeitsbereiches ($s > 1$). Trotzdem kann die Bestimmung des Punktes P zweckmäßig mit Hilfe der Paare $n = 0$, $s = 1$; $n = \infty$, $s = 0$; $n = 145{,}88$, $s = \infty$ erfolgen. Um zu möglichst günstigen Lageverhältnissen zu gelangen, empfiehlt es sich, von den drei Werten $\alpha_1 < \alpha_2 < \alpha_3$ den mittleren zum Deckungspunkt zu wählen.

Da die Konstruktion von der Zeicheneinheit $E[f(\alpha)]$ unabhängig ist, bietet sich eine Vereinfachung dar. Soll die projektive Leiter etwa im Bereich $\alpha = 0 \ldots 100$ entworfen werden

---

[1]) In Abb. 36 unterdrückt.

(s. Abb. 37), so stellen wir die Leiter I reg α zunächst in großer Zeicheneinheit nur im Bereich $\alpha = 0 \ldots 50$ dar und bestimmen einen Pol P_1. Durch Verzifferung der Leiter I findet der Bereich $0 \ldots 100$ seine Darstellung, und wir führen die Konstruktion für den anschließenden Bereich $50 \ldots 100$ mit Hilfe eines zweiten Poles P_2 durch. P_1 und P_2 liegen auf einer Parallelen zum Träger I, wie sich sofort aus der Projektion von α_∞ ersehen läßt. Auch dieses Verfahren gewährleistet auf der ganzen Teilungslänge günstige Schnittverhältnisse.

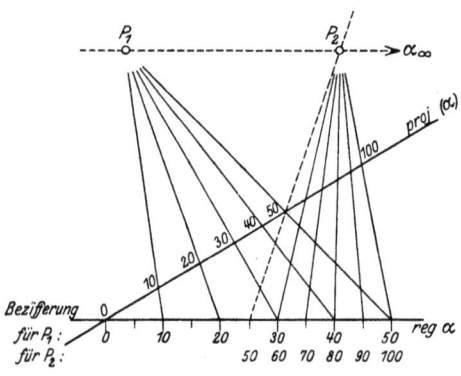

Abb. 37. Projektion mit Hilfe verschiedener Pole.

Für die Untersuchung der Schrittfolge Θ und der Interpolation auf projektiven Leitern müssen wir die Zeicheneinheit l mm besonders berücksichtigen. Aus § 11, (11) folgt der bis zur Stelle α_1 gültige Schritt

$$\Theta_0 = \frac{t_0 (\alpha_1 + d)^2}{l \cdot |D|}.$$

Man erkennt, daß für große Werte α_1 der Schritt außerordentlich rasch geändert wird; der Schrittfolge ist daher ein Bildungsgesetz $\Theta_1 = n \cdot \Theta_0$, $n > 2$, zugrunde zu legen, und wir erhalten aus § 11, (12)
$$\alpha_2 + d = (\alpha_1 + d) \sqrt{n}. \tag{27}$$

In einfache Gestalt läßt sich die Abschätzung für die untere Grenze der Zeicheneinheit bringen (§ 11, 15): $f' = \dfrac{D}{(\alpha + d)^2}$, $f'' = \dfrac{-2D}{(\alpha + d)^3}$.

Mithin ergibt sich aus $l > 10 \dfrac{|f''|}{[f']^2}$ mm:

$$l > \frac{20}{|D|} |\alpha + d| \text{ mm}. \tag{28}$$

§ 14. Die projektive Funktion als Näherungsfunktion.

Mit Rücksicht darauf, daß die linear gebrochene Funktion drei wesentliche Parameter enthält, können wir mit Hilfe der projektiven Teilung eine weitgehende Annäherung gegebener Funktionen erreichen. Da die projektive Leiter durch eine be-

§ 14. Die projektive Funktion als Näherungsfunktion.

sonders einfache Konstruktion herstellbar ist, gewinnt ein derartiges Annäherungsverfahren an praktischer Bedeutung.

Wir entwickeln die Funktion $p(\alpha) = \dfrac{a \cdot \alpha + b}{\alpha + d}$ an der Stelle α_0 nach der Taylorschen Reihe

$$p(\alpha_0 + \Theta) = p(\alpha_0) + \Theta \cdot p'(\alpha_0) + \frac{\Theta^2}{2} \cdot p''(\alpha_0) + P_3, \quad (29)$$

wobei P_3 das Restglied darstellt. Die Ableitungen von $p(\alpha)$ lauten

$$p'(\alpha) = +\frac{D}{(\alpha+d^2)}, \quad p''(\alpha) = -2!\frac{D}{(\alpha+d)^3}, \quad p'''(\alpha) = +3!\frac{D}{(\alpha+d)^4}.$$

Soll die Funktion $z = f(\alpha)$ an der Stelle α_0 durch $p(\alpha)$ angenähert dargestellt werden, so entwickeln wir

$$f(\alpha_0 + \Theta) = f(\alpha_0) + \Theta \cdot f'(\alpha_0) + \frac{\Theta^2}{2} \cdot f''(\alpha_0) + R_3. \quad (30)$$

Durch gliedweise Vergleichung der Reihen (29) und (30) erhalten wir für a, b und d das Bestimmungssystem

$$\left| \begin{array}{l} f(\alpha_0) = \dfrac{a\alpha_0 + b}{\alpha_0 + d}, \\[1em] f'(\alpha_0) = \dfrac{D}{(\alpha_0 + d)^2}, \\[1em] f''(\alpha_0) = \dfrac{-2D}{(\alpha_0 + d)^3}, \end{array} \right. \quad (31)$$

aus dem sich die gesuchten Größen $a \ldots d$ leicht ermitteln lassen. Die Reihenentwicklungen für $p(\alpha)$ und $f(\alpha)$ stimmen dann in der Nähe der Stelle α_0 bis zu den dritten Gliedern einschließlich überein.

Wegen $D \neq 0$ ist die projektive Annäherung einer Funktion $f(\alpha)$ an die Bedingungen geknüpft: $f'(\alpha) \neq 0$ und $f''(\alpha) \neq 0$.

Das soeben gewonnene Ergebnis läßt sich dahin formulieren: Kleine Bereiche auf Funktionsleitern können als projektive Teilungen aufgefaßt werden. Soll eine vorhandene Leiter feiner unterteilt werden, so schließen wir die projektive Konstruktion an drei benachbarte Leiterpunkte an. Indem wir feststellen, ob sich bei Extrapolation vorhergehende und folgende Leiterpunkte der Konstruktion einfügen, gewinnen wir eine Abschätzung, ob das Verfahren im gewählten Bereich mit hinreichender Genauig-

Funktionsleitern.

keit zulässig ist. Abb. 38 zeigt die projektive Annäherung einer Sinusleiter in der Umgebung der Stelle $\frac{\pi}{4}$. Die Konstruktion ist an die Punkte $\alpha_1 = 40°$, $z_1 = 0{,}6428$; $\alpha_2 = 45°$, $z_2 = 0{,}7071$; $\alpha_3 = 50°$, $z_3 = 0{,}7660$ angeschlossen. Auf Grund der Gleichungen (31) lautet die zugehörige Näherungsfunktion

$$\sin\left(\frac{\pi}{4}+\Theta\right) \approx \sqrt{2}\,\frac{3\Theta+2}{2\Theta+4},$$

wobei die Abweichung $\delta = |P_3 - R_3|$ kleiner als $\frac{1}{4}\sqrt{2}\cdot\Theta^3$ bleibt. Im Bereiche $38° - 52°$ liegt der Fehler unterhalb $0{,}0005$.

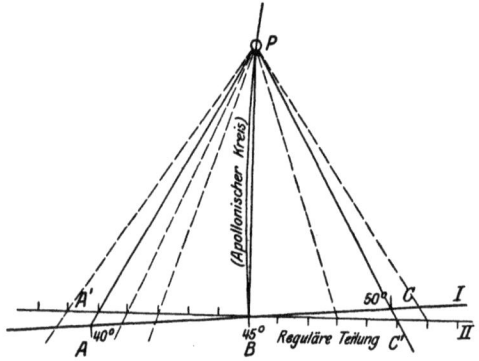

Abb. 38. Projektive Annäherung einer Sinusleiter. Maßstab $^{1}/_{3}$.

Die große Schmiegsamkeit der linear gebrochenen Funktion ist ein Grund dafür, daß in den Anwendungen empirische Formeln häufig in die Gestalt (21) gebracht werden. Es sei besonders auf die technische und physikalische Wärmelehre verwiesen. Für die Wärmekapazität von Metallen gilt die Tildensche[1]) Formel $(c-c_0) = \dfrac{b\cdot t^3}{a+a\cdot t^3}$. Die Werte $(c-c_0)$ lassen sich projektiv aus der Leiter t^3 ableiten, die Konstante c_0 wird durch nachträgliche Verzifferung berücksichtigt.

Die Wärmekapazität einer wässerigen Lösung hängt nach Mathias[2]) von der auf 1 Äquivalent der gelösten Substanz entfallenden Äquivalenzzahl n des Lösungsmittels ab: $C = \dfrac{a+n}{b+n}$.

Auch die Naumannsche Formel $K = \dfrac{n+5}{n+3}$ wäre hier zu nennen.

Ein weites Feld eröffnet sich in den Formeln für die Spannkraft gesättigter Dämpfe: $\dfrac{p}{p_0} = 10^{\frac{at}{b+t}}$ (Roche, August, Magnus), $p^{\frac{1}{50}} = \dfrac{aT}{T+186}$ (Bertrand, Hg); $\log p = A - \dfrac{B}{t+c}$ (Antoine). Die Wärmekapazität gesättigter Wasserdämpfe gehorcht der Formel von Clausius:

$$c - 0{,}305 = \frac{0{,}708\cdot t - 607}{t+273}.$$

---

[1]) Proc. of the roy. soc. Bd. 66, S. 244. 1900. — Chwolson: Lehrbuch der Physik Bd. III, S. 217.

[2]) Cpt. rend. hebdom. de l'Acad. des Sc. Bd. 107, S. 524. 1888. — J. de phys. et de pathol. gén. Bd. 8, Teil 2, S. 204. 1889.

§ 14. Die projektive Funktion als Näherungsfunktion. 65

Hier gehören auch zahlreiche Näherungsformeln aus der Festigkeitslehre und der Maschinentechnik her. In der Hydrodynamik ist die Anzahl projektiver Abhängigkeiten besonders groß. Weiteres Material ist in den Aufgaben 45, 47—49, 52 angedeutet.

Die projektive Konstruktion kann schließlich dazu dienen, Versuchsreihen zusammenzufassen, von denen man weiß, daß sie einer linear gebrochenen Funktion genügen, ohne daß die Parameter der Funktion selbst bekannt sind.

So weist die Gleichung $\frac{1}{\alpha} + \frac{1}{\beta} = \frac{1}{\text{const}}$, deren allgemeine Bedeutung auf S. 35 erwähnt wurde, in der Form $\beta = \frac{c \cdot \alpha}{\alpha - c}$ unmittelbar auf die projektive Konstruktion hin. Aus (mindestens drei) Wertepaaren von Bild- und Gegenstandsweite bei einer Linse unbekannter Brennweite läßt sich der Gesamtablauf der Funktion in einer Doppelleiter darstellen; aus $\alpha = \infty$ bzw. $\beta = \infty$ folgt sofort die Brennweite.

Ein galvanisches Element von (konstantem) inneren Widerstand w liefert im Schließungswiderstand W die Stromstärke $i = \frac{E}{W+w}$. Die Abhängigkeit $i(W)$ kann für ein Element unbekannter Konstanten aus einigen (mindestens drei) Beobachtungen konstruiert werden; dabei ergibt der praktisch sinnlose Zustand $i = \infty$ aus $W = -w$ den inneren Widerstand.

Das Verfahren, eine Versuchsanordnung durch projektive Konstruktion zu eichen, ist zum ersten Male von Pirani auf Spektralphotometer angewendet worden.

Beispiel. Auf älteren Quadranten[1]) findet sich vielfach eine Winkelteilung vor, von der Abb. 39 einen Ausschnitt schematisch darstellt. Die Einrichtung dieses Transporteurs entspricht dem Transversalmaßstab. Die Radien der durch A und B gehenden Teilkreise sind durch die Abmessungen des Instrumentes gegeben. Der Winkel OAB sei gleich 1°. Durch neun konzentrische Kreise um O werden auf die Strecke AB

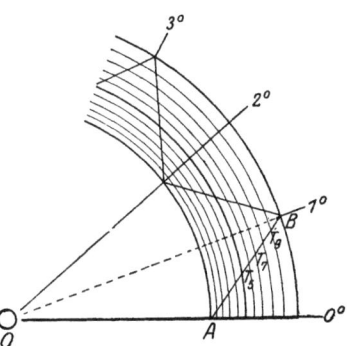

Abb. 39. Schema. Quadrantenteilung.

[1]) Wir nennen den Reduktionsquadranten von Blondel de St. Aubin: Véritable art de naviguer par le quartier de réduction. Au Havre 1671. — Gaztañeta: Norte de la Navegacion hallado por el cuadrante de reduccion. Sevilla 1692. — Es sei ferner an das bekannte Bild von Tycho Brahe aus dem Jahre 1587 erinnert (Astronom. instauratae mechanica, Wandsbeck 1598), das Tychos Mauerquadranten wiedergibt.

neun Teilpunkte $T_1 \ldots T_9$ derart bestimmt, daß $\sphericalangle AOT_n = n \cdot 0,1°$ ist. Wir wählen folgende Bezeichnungen: $OA = a$, $OB = b$, Radius $OT_n = x_n$, $\sphericalangle OAB = \alpha$. Dann ergibt der Sinussatz:

$$\frac{x_n}{a} = \frac{\sin \alpha}{\sin[2R - (\alpha + 0,1 n)]}, \qquad x_n = \frac{a}{\cos(0,1 n°) + \operatorname{ctg} \alpha \cdot \sin(0,1 n°)}$$

Innerhalb des Bereiches $0°$ bis $1°$ ist $\cos \varphi$ auf drei Dezimalen gleich 1, ferner ist $\sin \varphi$ dem Argument φ proportional. Ziehen wir den Faktor, der sich beim Übergang vom Bogenmaß zum Gradmaß ergibt, mit $\operatorname{ctg} \alpha$ zu einer Konstanten zusammen, so gilt innerhalb der genannten Genauigkeit:

$$x_n = \frac{a}{1 + c \cdot n}. \qquad (32)$$

Die Konstante c, mithin auch den Winkel α, brauchen wir nun im einzelnen nicht zu ermitteln. Die projektive Teilung x_n kann aus der regulären Teilung n auf Grund der Zuordnung von drei Werten abgeleitet werden. Es gehören $n = \infty$, $x = 0$ zusammen[1]). Zwei weitere Paare sind durch die Abmessungen des Instrumentes gegeben, indem $x_0 = a$ zu $n = 0$, $x_{10} = b$ zu $n = 10$ gehören. Wir behandeln in Abb. 40 das Beispiel $OA = 1$, $OB = 1,2$. Der Wert $n = 0$ wird mit $x = 1$ zur Deckung gebracht, der Träger (n) selbst unter dem Anstieg $3:10$ gegen die x-Teilung geneigt. Als Zeicheneinheit $E(x_n)$ wählen wir 500 mm. Der Pol P kann nicht unmittelbar zeichnerisch aus $n = \infty$, $x = 0$ gewonnen werden, da $x = 0$ um 600 mm von $x = 1,2$ entfernt liegt. Mit Hilfe des Strahlensatzes ergibt die Proportion

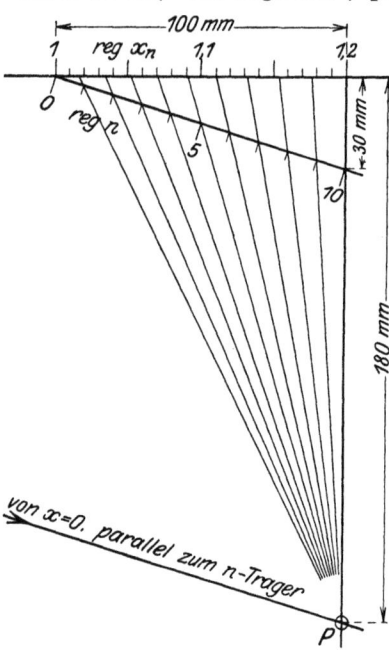

Abb. 40. Projektive Konstruktion einer Quadrantenteilung. Maßstab $^2/_5$.

$y : 600 = 3 : 10$, daß P auf der durch $x = 1,2$ gehenden Vertikalen 180 mm unterhalb der x-Leiter liegt. Ungünstige Konstruktionsschritte werden stets durch kurze Rechnung ersetzt.

Auf gleichem Wege lassen sich andere Unterteilungen gewinnen. Soll die Teilung etwa nach $\frac{1}{6}° = 10'$ fortschreiten, so ist die projektive Beziehung durch die Paare $n = 0$, $x = a$; $n = 6$, $x = b$; $n = \infty$, $x = 0$ festgelegt.

§ 15. Logarithmische Leitern [2]).

Schon im ersten Abschnitt ist die Besonderheit der Leiter $z = l \cdot \log \alpha$ bemerkt worden, die Bereiche $0,1 \ldots 1$, $1 \ldots 10$, $10 \ldots 100$ usw. durch dieselbe Teilungslänge l mm darzustellen.

---

[1]) Die Formel (32) gilt nur im Bereich $n = 0 \ldots 10 (!)$
[2]) Vgl. hierzu Abb. 9 S. 16.

§ 15. Logarithmische Leitern.

Die Multiplikation von α mit einer Zehnerpotenz, 10^n, bewirkt lediglich eine Verschiebung der Teilung in sich um ein ganzes Vielfaches von l, nämlich um $n \cdot l$: die logarithmische Teilung reproduziert sich. Es ist dies ein wesentlicher Grund dafür, daß man in der nomographischen Praxis häufig die Leiter $\log \alpha$ bevorzugt; aus **Grundleitern** kann ein vorgeschriebener Bereich durch Verzifferung gewonnen werden. Die handelsüblichen Logarithmenpapiere sind zumeist im Bereich $1 \ldots 1000$ beziffert.

Multiplizieren wir α mit einer Konstanten m, so wirkt sich diese Verzifferung wegen $z_1 = l \cdot \log \alpha + l \cdot \log m$ in einer Verschiebung der Teilung um den Betrag $l \cdot \log m$ aus. Es ist auf diese Weise bisweilen möglich, einen vorgelegten Bereich in **einen** Teilungsabschnitt der Grundleiter zu verlegen.

Beispiel. Der Bereich $\alpha = 8 \ldots 45$ erstreckt sich über zwei Teilungsabschnitte, nämlich $1 \ldots 10$ und $10 \ldots 100$. Die Multiplikation mit 2 ergibt den Bereich $16 \ldots 90$, der nun in **einen** Abschnitt der Teilung fällt. Die vorgedruckte Zahl 16 erhält die Bezifferung 8, statt 18 wird 9 geschrieben usw. Die Anordnung innerhalb der Θ-Folge auf der log. Leiter gewährt gerade für die Multiplikation mit 2 besonderen Vorteil.

Da sich die logarithmische Leiter in aufeinanderfolgenden Zehnerpotenzen wiederholt, eignet sie sich zur Darstellung großer Bereiche. Als bemerkenswertes Beispiel sei die von Auerbach in logarithmischer Teilung gegebene „Größenordnung typischer Strecken" genannt, in der sowohl der Durchmesser eines Gasteilchens, als auch die Entfernung Sonne—Sirius enthalten ist; die Zeicheneinheit $E(\log \alpha)$ beträgt 5 mm.

Negative Werte α und $\alpha = 0$ können auf logarithmischen Leitern nicht dargestellt werden.

Aus der vorgeschriebenen Teilungslänge A mm und den Grenzen des Bereiches $\alpha_1 \ldots \alpha_2$ finden wir die Zeicheneinheit

$$\boxed{l = \frac{A \text{ mm}}{\log \dfrac{\alpha_2}{\alpha_1}}}. \tag{33}$$

In Abb. 137 des Anhanges III ist eine Fluchtlinientafel für den häufig gebrauchten Zusammenhang (33) angegeben. Man vermeidet bei logarithmischen Leitern nach Möglichkeit unglatte Werte l und bezieht sich vorzugsweise auf handelsübliche Grundleitern. Am häufigsten sind auf log. Papieren die Leitern $l = 250$ mm und $l = 100$ mm; ferner sind einzelne Grundleitern in gebräuchlichen Teilungseinheiten zwischen 30 mm und 350 mm herausgegeben worden; man hat im gleichen Bereich auch die aus Abb. 10 bekannte Harfenform angewendet. Die Grundleiter

$l = 100$ mm hat sich in der nomographischen Praxis besonders eingebürgert. Wir werden bei Leitern $\log \alpha$ daher die Maßstabangabe häufig auf die Zeicheneinheit 100 mm beziehen; in $z = \frac{3}{2} \cdot \log \alpha$ bedeutet die Maßstabsangabe $\lambda = \frac{3}{2}$ eine Zeicheneinheit $l = 150$ mm. Die Ergebnisleiter der Tafel (Abb. 137) schreitet sowohl nach Zeicheneinheiten l mm, als auch nach Maßstabszahlen λ fort.

Die Abschätzung der unteren Grenze für l führt zu folgendem Ergebnis. Aus $z = l \cdot \log \alpha = l \cdot \log e \cdot \ln \alpha$ folgt $f'(\alpha) = \dfrac{\log e}{\alpha}$, $f''(\alpha) = -\dfrac{\log e}{\alpha^2}$. Wir erhalten daher (§ 11, 15):

$$l > 10 \cdot \frac{\log e \cdot \alpha_1^2}{(\log e)^2 \cdot \alpha^2} \text{ mm}, \qquad (\alpha_1 < \alpha),$$

$$> \frac{10}{\log e} \text{ mm}.$$

$$\boxed{l > 23 \text{ mm}}. \tag{34}$$

Auf allen logarithmischen Leitern $l > 23$ mm ist die Einschätzung der Zwischenwerte gesichert.

Die gebräuchlichen Zeicheneinheiten liegen wesentlich über dieser unteren Grenze. Die soeben erwähnte Auerbachsche Darstellung ($l = 5$ mm) genügt nomographischen Anforderungen demnach nicht, sie wird jedoch durch Wahl $l = 25$ mm verbessert, ohne daß die Abmessungen unhandlich werden.

Für die Leiter $l = 250$ mm ist die Schrittfolge Θ auf S. 46 mit $t_0 = 0{,}5$ mm bestimmt worden. Unter Berücksichtigung des Wertes $t_0 = 1$ mm, der für gezeichnete Rechentafeln üblich ist, ergibt sich $\Theta_0 = \dfrac{\alpha_1}{l \cdot 0{,}43}$, in erster Näherung also

$$\Theta_0 \approx \frac{2 \cdot \alpha_1}{l}. \tag{35}$$

Die Grenze des absoluten Ablesefehlers beträgt $\varDelta \alpha = \dfrac{\alpha \cdot s}{0{,}43 \cdot l}$,

$$\boxed{\varDelta \alpha \approx \frac{\alpha}{9\,l}}. \tag{36}$$

Von wesentlicher Bedeutung ist der prozentuale Ablesefehler

$$\boxed{100 \frac{\varDelta \alpha}{\alpha} \approx \frac{10}{l} \%}. \tag{37}$$

Damit gewinnen wir den wichtigen Satz: Längs einer logarithmischen Leiter ist der prozentuale Ablesefehler konstant. Aus diesem Grunde ist die Bevorzugung logarithmischer Teilungen in der Nomographie völlig berechtigt.

Zusammenfassung.

Die vorhergehenden Untersuchungen haben gezeigt, daß den einzelnen Leitergattungen vor anderen gewisse Vorzüge innewohnen, die in der Anordnung der Bildpunkte, der Ausdehnung der Bereiche oder der Genauigkeitsverteilung liegen.

Potenzleitern lassen gewisse Teilbereiche besonders hervortreten und ermöglichen dabei doch die Darstellung großer Bereiche; den projektiven Teilungen ist eine hohe Schmiegsamkeit eigen, die Leichtigkeit, mit der sie entworfen werden können, sichert ihnen zudem eine weite Anwendbarkeit; logarithmische Leitern sind durch konstante Genauigkeitsverteilung ausgezeichnet; die Anordnung der Leiterpunkte läßt mannigfache Verzifferungen zu und weist damit auf die Verwendung von Grundleitern.

In den Anwendungen treten die genannten Skalen oder Ableitungen aus ihnen am häufigsten auf. Nach den Ausführungen dieses Abschnittes wird es dem Leser keine Schwierigkeiten bereiten, andere Leitertypen, etwa die trigonometrischen Teilungen, an Hand des § 11 selbst zu diskutieren.

§ 16. Krummlinige Leitern.

Teilungen auf krummlinigen Trägern werden stets auf ein kartesisches Koordinatensystem bezogen. Wir denken eine Teilung (α) entstanden durch Schnitt einer nach α bezifferten Kurvenschar

$$\varphi(x, y; \alpha) = 0 \qquad (38)$$

mit dem Träger

$$\psi(x, y) = 0. \qquad (39)$$

Die Gleichungen (38) und (39) können wir als zwei Gleichungen mit zwei Unbekannten, (x und y), ansehen und nach x und y auflösen:

$$\left| \begin{array}{l} x = x(\alpha), \\ y = y(\alpha). \end{array} \right. \qquad (40)$$

Damit gewinnen wir eine andere Definition der krummlinigen Leiter, die man als Parameterdarstellung der Teilung bezeichnet.

Das erste, durch (38) und (39) gegebene Verfahren bringt die Entstehung einer Kurvenleiter besonders anschaulich zum Ausdruck; die Darstellung (40) ist symmetrisch und gewährt daher sowohl für den Ansatz als auch für Berechnung wesentliche Erleichterung. Beide Definitionen sind theoretisch gleichwertig, lassen sich in praxi jedoch nicht immer ineinander überführen, da sowohl die Auflösung von (38) und (39) nach x und y als auch umgekehrt die Elimination von α aus (40) bisweilen undurchführbar ist.

Beispiel 1. Die regelmäßige Kreisteilung kann durch die Geradenschar

$$y = x \cdot \operatorname{tg} \alpha \qquad (41)$$

und den Träger

$$x^2 + y^2 = r^2 \qquad (42)$$

bestimmt werden. Die Auflösung nach x und y ergibt die bekannte Parameterform

$$\left.\begin{aligned} x &= r \cdot \cos \alpha, \\ y &= r \cdot \sin \alpha. \end{aligned}\right\} \qquad (43)$$

Beispiel 2. Aus der gegebenen Parameterdarstellung

$$\left| \begin{aligned} x &= \frac{a \cdot \alpha}{1 + a^2 \alpha^2}, \\ y &= \frac{1}{1 + a^2 \alpha^2} \end{aligned} \right. \qquad (44)$$

erhalten wir durch Elimination von α die Gleichung des Trägers

$$x^2 + y^2 - y = 0, \qquad (45)$$

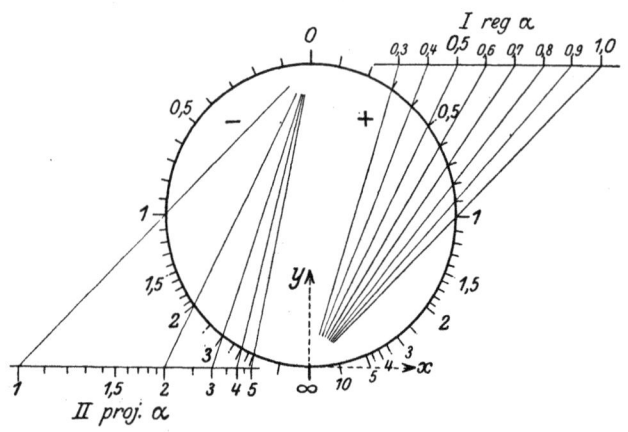

Abb. 41. Stereographische Kreisteilung.

§ 16. Krummlinige Leitern.

d. h. den Kreis mit dem Radius $r = \frac{1}{2}$ und dem Mittelpunkt $(0, \frac{1}{2})$. Als erzeugende Schar kann das Strahlenbüschel

$$y = \frac{1}{a \cdot \alpha} x \qquad (46)$$

angesehen werden. Abb. 41 gibt eine Darstellung unter Annahme des Wertes $a = 1$. Die Beziehung $y:x = 1:a\alpha$ zeigt, daß die Teilung durch perspektivische Konstruktion aus der Hilfsleiter I, reg α, gewonnen werden kann, wenn der 0-Punkt als Pol gewählt wird. Es ist naheliegend, die Leiter als **stereographische Teilung** zu bezeichnen. Für absolut große Werte α versagt die Konstruktion infolge ungünstiger Schnittverhältnisse; als erzeugende Schar dient dann das Büschel

$$1 - y = a \cdot \alpha x. \qquad (47)$$

Die Teilung wird durch perspektivische Konstruktion aus der Hilfsleiter II, $\dfrac{1}{a\alpha}$, abgeleitet, wenn der Pol im Punkte $(0, 1)$ liegt.

Im vorliegenden Falle ist der Träger als Kreis praktisch völlig definiert, er wird beim Entwurf daher als vorhanden vorausgesetzt; handelt es sich um andere Kurven, so ist stets die Parameterdarstellung vorzuziehen; gelingt es, eine erzeugende Schar zu finden, so sollte sie nur zur Kontrolle herangezogen werden. Die Berechnung im Anschluß an (40) wird zweckmäßig in einer Tabelle vorgenommen; im Beispiel der Funktionen (44) ergibt sich etwa das folgende Schema:

$a = 1$. Zeicheneinheit 100 mm.

α	$a \cdot \alpha$	$a^2 \alpha^2$	$1 + a^2 \alpha^2$	x	y
1	—	1	2,00	0,500	0,500
1,5	—	2,25	3,25	0,461	0,308
2	—	4	5,00	0,400	0,200
.	—	.	.	.	. usw.

Die stereographische Kreisteilung ist bei der Darstellung der symmetrischen Funktionen von zwei Veränderlichen, $\alpha_1 \cdot \alpha_2$, $\alpha_1 + \alpha_2$ usw. von Bedeutung und wird bei Behandlung der quadratischen Gleichung sowohl an Zeigerinstrumenten wie in Fluchtlinientafeln benutzt werden.

Beispiel 3. Die in Abb. 30 dargestellte Tafel werde auf das System (xy) derart bezogen, daß die Abszissenachse parallel dem Träger (n) verläuft und der Punkt $-n = 1$ die Koordinaten $x = 0$, $y = 1$ erhält. Dann läßt sich die Leiter (α) wie folgt definieren:

$$x = \frac{-0{,}8}{\log[\log\alpha] + \log\alpha - 1}, \qquad y = \frac{0{,}8 - 2 \cdot \log\alpha}{\log[\log\alpha] + \log\alpha - 1}. \qquad (48)$$

Es wäre in diesem Falle wertlos, die Gleichung des Trägers in geschlossener Form zu suchen. Zur Kontrolle kann bei der Zeichnung die Schar $y = (\frac{5}{2} \log \alpha - 1) \cdot x$ herangezogen werden, die sich leicht aus einer rein logarithmischen Teilung gewinnen läßt.

In vielen Fällen ist die Benutzung des Strahlenbüschels $y = f(\alpha) \cdot x$ wenigstens zur Nachprüfung vorteilhaft. Konorski hat den Nachweis erbracht, daß oftmals die Projektion einer Leiter auf eine andere die Rechenoperationen wesentlich vereinfacht. Das Verfahren Konorskis ist als typenbildend zu bezeichnen.

Die Untersuchung der Schrittfolge und der regelmäßigen Einschätzung schließen wir an die Parameterdarstellung an (Abb. 42). Die Zeicheneinheit l mm sei für Abszissen und Ordinaten die gleiche:

$$x = x(\alpha) \cdot l \text{ mm},$$
$$y = y(\alpha) \cdot l \text{ mm}. \tag{49}$$

In erster Näherung dürfen wir das Teilungsintervall Δz durch die Sehne des Differenzendreiecks ersetzen,

$$\Delta z = \sqrt{\Delta x^2 + \Delta y^2},$$
$$= \sqrt{x'(\alpha)^2 + y'(\alpha)^2} \cdot l \cdot \Delta \alpha \text{ mm}.$$

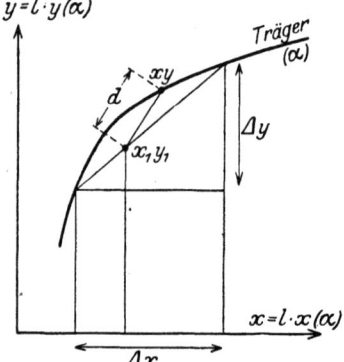

Abb. 42. Regelmäßige Einschätzung auf krummlinigen Leitern.

Wenn α im Schritt $\Delta \alpha = \Theta$ fortschreitet, soll Δz in der Größenordnung t_0 liegen. Wir durchlaufen die Leiter in dem Sinne, daß die Schrittfolge steigend ist, dann hat bis zur Stelle α_1 der Schritt

$$\boxed{\Theta_0 = \frac{t_0}{l \cdot \sqrt{x'(\alpha_1)^2 + y'(\alpha_1)^2}}} \tag{50}$$

Gültigkeit, von α_1 ab der auf Θ_0 folgende Schritt Θ_1 bis zur Stelle α_2:

$$\sqrt{x'(\alpha_2)^2 + y'(\alpha_2)^2} = \frac{t_0}{l \cdot \Theta_1}. \tag{51}$$

Die Grenze des Ablesefehlers beträgt

$$\Delta \alpha = \frac{s}{l \cdot \sqrt{x'(\alpha)^2 + y'(\alpha)^2}}. \tag{52}$$

Man erkennt die völlige Analogie zu den Formeln des § 11.

§ 16. Krummlinige Leitern.

In ähnlicher Weise gelangen wir zu einer Abschätzung der Zeicheneinheit l mm. Die Lage eines Zwischenpunktes im Schritt α bis $\alpha + \Theta$ ist durch

$$x = l \cdot x(\alpha + n\Theta), \qquad y = l \cdot y(\alpha + n\Theta)$$

gegeben; das eingeschätzte Bild verlegen wir in die Stelle:

$$x_1 = l \cdot x(\alpha) + n \cdot \Delta x, \qquad y_1 = l \cdot y(\alpha) + n \cdot \Delta y,$$

wobei
$$\Delta x = l \cdot \left[\Theta \cdot x'(\alpha) + \frac{\Theta^2}{2} \cdot x''(\alpha) + \cdots\right],$$

$$\Delta y = l \cdot \left[\Theta \cdot y'(\alpha) + \frac{\Theta^2}{2} \cdot y''(\alpha) + \cdots\right]$$

ist.
$$|x_1 - x| = l \cdot \left| n \cdot (n-1) \cdot \frac{\Theta^2}{2} \cdot x''(\alpha) + \cdots \right|,$$

$$|y_1 - y| = l \cdot \left| n \cdot (n-1) \cdot \frac{\Theta^2}{2} \cdot y''(\alpha) + \cdots \right|.$$

Wir fordern, daß der Abstand $d = \sqrt{(x_1-x)^2 + (y_1-y)^2}$ beider Punkte kleiner bleibe als s; daraus folgt entsprechend den Ausführungen auf S. 48 die Abschätzung:

$$\boxed{l > 10 \cdot \frac{\sqrt{x''(\alpha)^2 + y''(\alpha)^2}}{x'(\alpha_1)^2 + y'(\alpha_1)^2} \text{ mm}}. \tag{53}$$

Die Anwendung auf das Beispiel 2, $(a=1)$, (S. 70)

$$x = \frac{\alpha}{1+\alpha^2}, \qquad y = \frac{1}{1+\alpha^2}$$

erfolgt auf Grund der Ausdrücke:

$$x'^2 + y'^2 = \frac{1}{(1+\alpha^2)^2} \quad \text{und} \quad x''^2 + y''^2 = \frac{4}{(1+\alpha^2)^3};$$

$$t_0 = 1 \text{ mm}, \qquad l = 100 \text{ mm}, \qquad \Theta_0 = \frac{(1+\alpha_1^2)}{100};$$

$$\alpha_1 = 1, \qquad \Theta_0 = 0{,}02, \qquad \Theta_1 = 0{,}05,$$
$$1 + \alpha_2^2 = 100 \cdot \Theta_1 = 5, \qquad \alpha_2 = 2, \qquad \Theta_2 = 0{,}1,$$
$$1 + \alpha_3^2 = 100 \cdot \Theta_2 = 10, \qquad \alpha_3 = 3, \qquad \Theta_3 = 0{,}2$$
$$\text{usw.}$$

Ferner:
$$l > \frac{10 \cdot 2 \cdot (1+\alpha^2)^2}{(1+\alpha^2) \cdot \sqrt{1+\alpha^2}} \text{ mm}$$
$$> 20 \cdot \sqrt{1+\alpha^2} \text{ mm} \qquad \text{oder} \qquad l > 20 \cdot \alpha \text{ mm}.$$

Die Zeicheneinheit 100 mm ist daher bis zur Stelle $\alpha = 5$ zulässig; soll die Ablesung bis zu $\alpha = 10$ gesichert sein, so ist mindestens die Zeicheneinheit 200 mm zu wählen.

§ 17. Aufgaben.

Zu § 11.

38. Die Unterteilung der Leiter $z = (\alpha^2 - 4\alpha + 3) \cdot 5$ mm im Bereiche $\alpha = 3 \ldots 10$ zu berechnen.
39. Wie lautet die Schrittfolge der Leiter $z = 300 \cdot \sin \alpha^0$ mm?

Zu § 12.

40. Für welche Werte a ist die Leiter $z = l \cdot (\alpha + a)^n$ leicht durch Verzifferung zu entwerfen?
41. Die Gleichung § 12, 16 in einer Leitertafel α_1, α_2, n darzustellen.
42. Entwurf einer Netztafel für die Abschätzung § 12, 18.
43. Die Netztafel Abb. 31 ist aus den Daten $z = 50 \ldots 300$, $|n| = 0{,}5 \ldots 5$ zu rekonstruieren.

Zu § 13 und 14.

44. Konstruktion der Doppelleiter für ein Brixsches Aräometer

$$s_1 = \frac{400}{400 + n}, \qquad s_2 = \frac{400}{400 - n}.$$

45. Die Nutzarbeit εPS pro 1 kg stündlich zerspanten Metalls hängt vom Spanquerschnitt f mm² ab: $\varepsilon = \dfrac{0{,}034 f + 0{,}13}{f}$.
46. Der Koppelungsgrad zweier induktiv gekoppelter Systeme

$$K = \frac{1 - \left(\frac{\lambda_1}{\lambda_2}\right)^2}{1 + \left(\frac{\lambda_1}{\lambda_2}\right)^2}$$

ist im Bereiche $\lambda_1 : \lambda_2 = 1{,}001 \ldots 2{,}0$ darzustellen.

47. Gleitende Reibung μ zwischen Bremsklötzen aus Stahlguß und stählernen Radreifen, Geschwindigkeit v km/Stde: $\mu = 0{,}25 \dfrac{1 + 0{,}0112 v}{1 + 0{,}06 v}$.
48. Für den Achsdruck gilt $\dfrac{2S}{P} = \dfrac{e^{\mu \cdot a} + 1}{e^{\mu \cdot a} - 1}$. Wie ist eine perspektivische Konstruktion anwendbar?
49. $\sigma_\varkappa = \sigma : (1 + 0{,}00001 x^3)$. Doppelleiter ($\sigma_\varkappa, x$).
50. Das Verhältnis μ der Querkontraktion zur Längsdilatation ist vom Verhältnis $\varkappa$ des Gestaltsmoduls zum Volumenmodul abhängig $\mu = \dfrac{3 - 2\varkappa}{6 + 2\varkappa}$.
51. Die Strom-Widerstandsleiter eines galvanischen Elementes $E = 0{,}9$ Volt, $w = 5$ Ohm projektiv zu entwerfen.
52. An der Mikrometertrommel eines Spektralphotometers wurden folgende Beobachtungen gewonnen:

Lithium	$n_1 = 10{,}20$,	$\lambda_1 = 671 \mu\mu$	(rot),
Natrium	$n_2 = 12{,}40$,	$\lambda_2 = 589$	(gelb),
Thallium	$n_3 = 14{,}57$,	$\lambda_3 = 535$	(grün),
Strontium	$n_4 = 19{,}73$,	$\lambda_4 = 461$	(blau).

Auf Grund der Tatsache, daß n und λ in projektiver Abhängigkeit stehen, ist die Eichung im Bereiche $n = 8{,}00 \ldots 25{,}00$ durchzuführen.

53. Bei Prüfung einer Sammellinse hat sich ergeben: Gegenstandsweite $\alpha_1 = 215$ mm, Bildweite $\beta_1 = 205$ mm, $\alpha_2 = 405$ mm, $\beta_2 = 142$ mm. Inwiefern sind diese zwei Angaben zur projektiven Konstruktion ausreichend? Brennweite?

54. Für eine Sammellinse $f = 140$ mm ist eine Doppelleiter der Bild- und Gegenstandsweite zu entwerfen.

55. Die Atomprozente β eines Zweistoffsystems hängen von den Gewichtsprozenten α projektiv ab; es gehören stets die Werte $0,0$ und $100,100$ zusammen. Für Cu-Mg gilt ferner $\alpha = 27,5$, $\beta = 50$. Die Doppelleiter ist zu entwerfen.

Die folgenden Funktionen sind an der Stelle α_0 projektiv anzunähern.

56. $z = \alpha^2$; ($\alpha_0 = 2$).
57. $z = \log \alpha$; ($\alpha_0 = 1$).
58. $z = \sqrt{1 + \alpha}$; ($\alpha_0 = 0$).

Zu § 15.

59. Auf der Leiter $\log \alpha$ sollen Längen von $1\,\mu\mu$ bis zu einem Lichtjahr dargestellt werden.

60. Der Bereich $\alpha = 0,72 \ldots 1,43$ soll auf etwa 200 mm Teilungslänge logarithmisch dargestellt werden. $l = ?$ Innerhalb welches Schrittes darf regelmäßig interpoliert werden? Wieviel Leiterpunkte sind demnach mindestens zu berechnen?

Zu § 16.
Die folgenden Leitern sind zu untersuchen und zu entwerfen:

61. $x = \dfrac{1}{\cos \alpha}$, $y = \operatorname{tg} \alpha$.

62. $x = \dfrac{a \cdot \alpha}{a^2 \cdot \alpha^2 + 1{,}2\,a \cdot \alpha + 1}$, $y = \dfrac{1}{a^2 \alpha^2 + 1{,}2 \cdot a \cdot \alpha + 1}$.

63. $x = \dfrac{1}{\alpha^2}$, $y = \dfrac{2}{\alpha}$. Welche Zeicheneinheit sichert die Ablesung bis $\alpha = 10$?

64. Welche erzeugenden Scharen können zur Konstruktion der stereographischen Kreisteilung des weiteren herangezogen werden?

III. Abbildung einer Ebene auf eine andere. Punkttransformationen.

§ 18. Allgemeine Sätze.

Um die im ersten Abschnitt eingeführte Vorstellung, eine nomographische Tafel entstehe durch Verzerrung einer einmal gegebenen oder gedachten Darstellung, für die Theorie und Konstruktion von Rechentafeln auszuwerten, wollen wir die Abbildung einer Ebene auf eine andere unter allgemeinen Gesichtspunkten untersuchen.

Wir gehen von einer Ebene E aus mit dem rechtwinkligen kartesischen Koordinatensystem (x, y), der »Grundebene«, und orientieren die »Bildebene« E durch ein äquivalentes System (ξ, η). Über die Lage beider Ebenen treffen wir keinerlei Voraussetzungen, wir lassen im allgemeinen auch die im Anschluß an Fig. 18 und 19 gebildete Vorstellung fallen, die Abbildung werde durch eine Fläche geometrisch vermittelt. Wenn es für das Verständnis oder die praktische Auswertung nützlich erscheint, geometrische Hilfsmittel heranzuziehen, wird es im folgenden stets ausdrücklich bemerkt werden.

Die Zuordnung zwischen beiden Ebenen wird durch Abbildungsgleichungen festgelegt: aus den gegebenen Koordinaten (x, y) eines Punktes (Originales) werden die Koordinaten (ξ, η) seines Bildes berechnet. Die einfachen Beispiele des ersten Abschnittes sind dadurch ausgezeichnet, daß ξ eine Funktion von x allein, η eine Funktion von y allein ist. Aus der analytischen Geometrie sind Beispiele bekannt, bei denen die Abbildungsgleichungen in allgemeinerer Form erscheinen, jedoch ebenfalls einfachster Art sind. So läßt sich die Drehung eines Koordinatensystems

$$\xi = x \cdot \cos\varphi + y \cdot \sin\varphi,$$
$$\eta = -x \cdot \sin\varphi + y \cdot \cos\varphi$$

folgendermaßen auffassen: wir drehen nicht das System (x, y) um den Winkel φ in das System (ξ, η), sondern drehen unter Festhaltung des Bezugssystems die Ebene, und zwar um den Winkel $-\varphi$; es bedeuten dann x und y die Koordinaten eines Punktes in der Ausgangslage, ξ und η die Koordinaten desselben Punktes in der Endlage. Fixieren wir Anfangs- und Endlage in verschiedenen Ebenen E und E, so bewirken die genannten Gleichungen eine Abbildung. Offenbar ist im vorliegenden Falle die Bildebene der Grundebene kongruent, die Gebilde haben lediglich in bezug auf die Systeme verschiedene Lage.

Wenn in den Abbildungsgleichungen ξ und η Funktionen beider Koordinaten sind, heißt die Abbildung eine **allgemeine Verzerrung** (Anamorphose); ist dagegen ξ eine Funktion von x allein, η eine Funktion von y allein, spricht man von **geometrischer** Verzerrung (Lalanne). Es ist für diese Art der Abbildung kennzeichnend, daß die Koordinatenlinien in ihrer Paralleleneigenschaft invariant bleiben. Das letzte Beispiel hat gezeigt, daß Verzerrungen, die in allgemeiner Form erscheinen, bisweilen auf geometrische zurückführbar sind.

Allgemein mögen die Abbildungsgleichungen

$$\left|\begin{array}{l}\xi = \xi(x, y), \\ \eta = \eta(x, y),\end{array}\right. \tag{54}$$

ihre Umkehrungen

$$\left|\begin{array}{l}x = x(\xi, \eta), \\ y = y(\xi, \eta)\end{array}\right. \tag{55}$$

§ 18. Allgemeine Sätze.

lauten. Es sei ausdrücklich bemerkt, daß die beiden Gleichungen (54) [und daher auch (55)] voneinander unabhängig sind. Während die Funktionen, die eine konforme Abbildung vermitteln, den Cauchy-Riemannschen Differentialgleichungen $\frac{\partial \xi}{\partial x} = \frac{\partial \eta}{\partial y}$ und $\frac{\partial \xi}{\partial y} = -\frac{\partial \eta}{\partial x}$ oder beide der Laplaceschen Differentialgleichung $\Delta \varphi \equiv \frac{\partial^2 \varphi}{\partial x^2} + \frac{\partial^2 \varphi}{\partial y^2} = 0$ genügen müssen, lassen wir diese Einschränkung fallen, wie schon das Beispiel des doppelt-logarithmischen Netzes $\xi = \ln x$, $\eta = \ln y$ zeigt: $\frac{\partial \xi}{\partial x} = \frac{1}{x}$, $\frac{\partial \eta}{\partial y} = \frac{1}{y}$, $\frac{\partial \xi}{\partial x} \neq \frac{\partial \eta}{\partial y}$; $\Delta \varphi = -\frac{1}{x^2} \neq 0$.

Trotzdem können ξ und η nicht völlig willkürlich gewählt werden, wenn die Verzerrungen sinnvoll[1]) sein sollen. Die

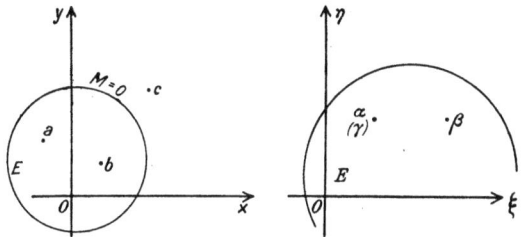

Abb. 43. Abbildung diskreter Punkte. — Gebietsanordnung. Die Punkte a und b liegen innerhalb E, ihre Bildpunkte α und β sind notwendig verschieden voneinander; Punkt c liegt außerhalb E, sein Bild γ kann mit dem Bilde eines inneren Punktes, etwa mit α, zusammenfallen.

Funktionen ξ und η seien differenzierbar, endlich, stetig und reell, wenigstens innerhalb angebbarer Bereiche in E und E. Wir wollen zulassen, daß ξ und η endlichfach mehrdeutig sind, jedoch mit folgender Einschränkung: um jeden Punkt a soll es ein Gebiet E geben, dessen sämtliche diskrete Punkte sich wieder in diskrete Punkte abbilden (Fig. 43). Liegt z. B. c außerhalb E, so darf das Bild γ mit dem Bild eines inneren Punktes zusammenfallen, etwa mit α, liegt dagegen b innerhalb E, so soll das Bild β notwendig von α verschieden sein.

---

[1]) Der Begriff der sinnvollen Bewegung ist in Röseler und Schwerdt, Einführung in die elementare Bewegungsgeometrie, Berlin: Weidmann 1924, entwickelt worden.

Abbildung einer Ebene auf eine andere. Punkttransformationen.

Wir könnten die Frage der eindeutigen Umkehrbarkeit mit Hilfe der inversen Funktionen (55) untersuchen. Vorteilhafter ist folgender Weg.

Es seien (x, y) und $(x+h, y+k)$ zwei diskrete Punkte, ihre Bilder sind dann $\xi(x, y)$, $\eta(x, y)$ und $\xi(x+h, y+k)$, $\eta(x+h, y+k)$. Wenn die Bilder zusammenfallen, bestehen die Gleichungen

$$\xi(x+h, y+k) - \xi(x, y) = 0,$$
$$\eta(x+h, y+k) - \eta(x, y) = 0.$$

Die Entwicklung nach Taylors Reihe ergibt:

$$\left| \begin{array}{l} \dfrac{\partial \xi}{\partial x} \cdot h + \dfrac{\partial \xi}{\partial y} \cdot k + \cdots = 0, \\[2mm] \dfrac{\partial \eta}{\partial x} \cdot h + \dfrac{\partial \eta}{\partial y} \cdot k + \cdots = 0. \end{array} \right. \qquad (56)$$

Wählen wir h und k so klein, daß die Glieder höherer Ordnung vernachlässigt werden dürfen, so können wir (56) als ein System homogener, linearer Gleichungen für h und k ansehen. Wenn daher die Determinante innerhalb E der Bedingung

$$\mathsf{M} = \left| \begin{array}{cc} \dfrac{\partial \xi}{\partial x} & \dfrac{\partial \xi}{\partial y} \\[2mm] \dfrac{\partial \eta}{\partial x} & \dfrac{\partial \eta}{\partial y} \end{array} \right| \neq 0 \qquad (57)$$

genügt, ist das System (56) nur durch $h = k = 0$ erfüllbar, d. h. die Bedingung $\mathsf{M} \neq 0$ schließt aus, daß Punkten, die in E getrennt liegen, ein gemeinsames Bild entspricht: die Abbildung der Gebiete E und E aufeinander ist eindeutig umkehrbar. Die Funktionaldeterminante $\mathsf{M} \equiv \dfrac{\partial(\xi, \eta)}{\partial(x, y)}$ heißt **Determinante der Abbildung**. Auch unter der Annahme, daß h und k nicht verschwindend klein seien, läßt sich ein entsprechender Beweis durchführen.

Wenn die ersten partiellen Ableitungen von ξ und η stetig sind, ist auch M als homogene, bilineare Funktion stetig. Die Gleichung $\mathsf{M} = 0$ definiert die Grenzkurven von E und E.

Der Inhalt des von drei benachbarten Punkten (x, y), $(x+dx, y+dy)$, $(x+\delta x, y+\delta y)$ gebildeten Dreiecks werde mit dS bezeichnet:

$$2 \cdot dS = \left| \begin{array}{ccc} x, & y, & 1 \\ x+dx, & y+dy, & 1 \\ x+\delta x, & y+\delta y, & 1 \end{array} \right| = \left| \begin{array}{ccc} x & y & 1 \\ dx & dy & 0 \\ \delta x & \delta y & 0 \end{array} \right| = \left| \begin{array}{cc} dx & dy \\ \delta x & \delta y \end{array} \right|.$$

§ 18. Allgemeine Sätze.

Die Bildpunkte sind (ξ, η), $(\xi + d\xi, \eta + d\eta)$, $(\xi + \delta\xi, \eta + \delta\eta)$, und wir erhalten entsprechend:

$$2\,d\Sigma = \begin{vmatrix} d\xi & d\eta \\ \delta\xi & \delta\eta \end{vmatrix}.$$

Aus (54) folgt

$$\left.\begin{array}{ll} d\xi = \dfrac{\partial \xi}{\partial x}dx + \dfrac{\partial \xi}{\partial y}dy; & d\eta = \dfrac{\partial \eta}{\partial x}dx + \dfrac{\partial \eta}{\partial y}dy; \\[6pt] \delta\xi = \dfrac{\partial \xi}{\partial x}\delta x + \dfrac{\partial \xi}{\partial y}\delta y; & \delta\eta = \dfrac{\partial \eta}{\partial x}\delta x + \dfrac{\partial \eta}{\partial y}\delta y. \end{array}\right\} \quad (58)$$

Mithin gilt auf Grund des Multiplikationssatzes der Determinanten:

$$d\Sigma = \mathsf{M} \cdot dS. \quad (59)$$

M ist also die Zahlengröße, die an jeder Stelle (x, y) die Vergrößerung (bzw. Verkleinerung) des Flächenelementes angibt; ist $\mathsf{M} > 0$, so liegen die Punkte in E und E gleichsinnig, im anderen Falle ($\mathsf{M} < 0$) ungleichsinnig. Von dem linearen Maßstabsverhältnis kann bei allgemeinen Verzerrungen nicht ohne weiteres gesprochen werden, da es eine Funktion der Stelle und der Richtung ist.

Die Flächenelemente dS und $d\Sigma$ lassen sich ebenfalls im Anschluß an die Abbildungsformeln (55) vergleichen:

$$\left.\begin{array}{ll} dx = \dfrac{\partial x}{\partial \xi}d\xi + \dfrac{\partial x}{\partial \eta}d\eta; & dy = \dfrac{\partial y}{\partial \xi}d\xi + \dfrac{\partial y}{\partial \eta}d\eta; \\[6pt] \delta x = \dfrac{\partial x}{\partial \xi}\delta\xi + \dfrac{\partial x}{\partial \eta}\delta\eta; & \delta y = \dfrac{\partial y}{\partial \xi}\delta\xi + \dfrac{\partial y}{\partial \eta}\delta\eta. \end{array}\right\} \quad (60)$$

$$M = \begin{vmatrix} \dfrac{\partial x}{\partial \xi} & \dfrac{\partial x}{\partial \eta} \\[6pt] \dfrac{\partial y}{\partial \xi} & \dfrac{\partial y}{\partial \eta} \end{vmatrix} \neq 0.$$

Wir erhalten demnach:

$$dS = M \cdot d\Sigma. \quad (61)$$

Aus (59) und (61) folgt sofort der Reziprozitätssatz der Funktionaldeterminanten:

$$\boxed{M \cdot \mathsf{M} = 1}. \quad (62)$$

80 Abbildung einer Ebene auf eine andere. Punkttransformationen.

Wir lösen (58) nach dx und dy auf:

$$\left| \begin{array}{l} \dfrac{\partial \xi}{\partial x} dx + \dfrac{\partial \xi}{\partial y} dy - d\xi = 0, \\ \dfrac{\partial \eta}{\partial x} dx + \dfrac{\partial \eta}{\partial y} dy - d\eta = 0. \end{array} \right.$$

$$dx \cdot \mathsf{M} = \frac{\partial \eta}{\partial y} \cdot d\xi - \frac{\partial \xi}{\partial y} d\eta; \quad dy \cdot \mathsf{M} = -\frac{\partial \eta}{\partial x} \cdot d\xi + \frac{\partial \xi}{\partial x} d\eta. \quad (63)$$

Aus (60) folgt aber nach Multiplikation mit M:

$$\left. \begin{array}{l} dx \cdot \mathsf{M} = \dfrac{\partial x}{\partial \xi} \cdot \mathsf{M} \cdot d\xi + \dfrac{\partial x}{\partial \eta} \cdot \mathsf{M} \cdot d\eta; \\ dy \cdot \mathsf{M} = \dfrac{\partial y}{\partial \xi} \cdot \mathsf{M} \cdot d\xi + \dfrac{\partial y}{\partial \eta} \cdot \mathsf{M} \cdot d\eta. \end{array} \right\} \quad (64)$$

Durch Vergleichung der Formeln (63) und (64) erhalten wir

$$\left| \begin{array}{ll} \dfrac{\partial x}{\partial \xi} \mathsf{M} = \dfrac{\partial \eta}{\partial y}, & \dfrac{\partial x}{\partial \eta} \mathsf{M} = -\dfrac{\partial \xi}{\partial y}, \\ \dfrac{\partial y}{\partial \xi} \mathsf{M} = -\dfrac{\partial \eta}{\partial x}, & \dfrac{\partial y}{\partial \eta} \mathsf{M} = \dfrac{\partial \xi}{\partial x}. \end{array} \right\} \quad (65)$$

[Satz von Jacobi[1]).] Entsprechende Ausdrücke ergeben sich durch Auflösung von (60) nach $d\xi$ und $d\eta$ und Vergleichung mit (58).

Beispiele. 1. Für das doppelt-logarithmische Netz $\xi = \ln x$, $\eta = \ln y$ ergibt sich: $\dfrac{\partial \xi}{\partial x} = \dfrac{1}{x}$, $\dfrac{\partial \xi}{\partial y} = 0$; $\dfrac{\partial y}{\partial x} = 0$, $\dfrac{\partial y}{\partial \eta} = \dfrac{1}{y}$, mithin $\mathsf{M} = \dfrac{1}{x \cdot y}$.
Daraus erkennen wir, daß für kleine Werte (xy), d. h. für Punkte in der Nähe der Achsen die Flächenelemente gedehnt werden, für größere Werte (xy), also an Stellen, die vom 0-Punkt weit entfernt liegen, eine wesentliche Drängung einsetzt. Da x und y notwendig beide positiv sind, ist die Abbildung stets gleichsinnig.

2. Das auf S. 20 benutzte Netz (s. Abb. 11, oben links) $\xi = x^2$, $\eta = c \cdot y$ ist durch $\mathsf{M} = 2cx$ gekennzeichnet. Durch $\mathsf{M} = 0$ wird die Gerade $x = 0$ als Grenzlinie zweier Gebiete bestimmt. In der Tat werden die beiden Halbebenen $x < 0$ und $x > 0$ auf dieselbe Halbebene $\xi > 0$ abgebildet. Die rechte Halbebene $x > 0$ werde als Gebiet E bezeichnet; dann liegen in den Bildpunkten der E angehörenden Originale die Bilder von Punkten aus der linken Halbebene; schließen wir die linke Halbebene aus, so ist die Abbildung eindeutig und eindeutig umkehrbar.

Für die Konstruktionen in Funktionsnetzen erweist sich bisweilen ein Satz von Nutzen, der sich auf die Winkelverzerrung

---

[1]) Werke III, S. 385, § 8.

bezieht. Zwei benachbarte Originale (x, y) und $(x+dx, y+dy)$ bestimmen eine Richtung gegen die x-Achse, deren Tangensfunktion $r = \dfrac{dy}{dx}$ ist; sie geht über in eine Bildrichtung durch den Punkt (ξ, η) mit der Tangente $\varrho = \dfrac{d\eta}{d\xi}$. Gemäß (58) ergibt sich

$$\frac{d\eta}{d\xi} = \frac{\dfrac{\partial \eta}{\partial x} + \dfrac{\partial \eta}{\partial y} \cdot \dfrac{dy}{dx}}{\dfrac{\partial \xi}{\partial x} + \dfrac{\partial \xi}{\partial y} \cdot \dfrac{dy}{dx}}. \qquad (66)$$

Da $\mathsf{M} \neq 0$ und ferner an jeder einzeln betrachteten Stelle (x, y) bzw. (ξ, η) die partiellen Ableitungen konstant sind, stehen also die Tangensfunktionen einer Richtung und ihrer Bildrichtung bei jeder beliebigen Verzerrung der Ebene in projektiver Abhängigkeit:

$$\varrho = \frac{a + b \cdot r}{c + d \cdot r}. \qquad (67)$$

Wenn wir bei der Verzerrung einer Ebene Kurven abzubilden haben, können wir daher durch Rechnung oder Konstruktion gemäß § 13 die Tangentenrichtungen der Bildkurven ermitteln.

Das Ergebnis (67) kann auch dahin formuliert werden: Bei jeder Verzerrung haben vier durch einen Punkt gehende Richtungen und ihre durch den Bildpunkt gehenden Bildrichtungen dasselbe Doppelverhältnis.

In geometrisch verzerrten Netzen $\xi = \xi(x)$, $\eta = \eta(y)$ nimmt (67) die besondere Form an:
$$\varrho = \text{const} \cdot r.$$
So ergibt sich in doppelt-logarithmischen Papieren
$$\varrho = \frac{x}{y} \cdot r.$$

Beispiel. Die Tangenten der Kurve $y = x^n$ haben den Anstieg $r = n \cdot x^{n-1}$; daraus folgt $\varrho = \dfrac{x}{x^n} \cdot n \cdot x^{n-1} = n$ in Übereinstimmung mit dem konstanten Anstieg der Bildkurve $\eta = n \cdot \xi$.

§ 19. Ausgleichung von Beobachtungen.

Nomographische Aufgaben sind oft eng mit der Ausgleichung von Wertepaaren verknüpft. Die soeben entwickelten Abbildungssätze gestatten, die Ausgleichung in beliebig verzerrten Funktionsnetzen allgemein vorzunehmen.

Wir stellen die n mit „Fehlern" behafteten Wertepaare
$$x_1 \bar{y}_1, \ldots x_n \bar{y}_n \qquad (68)$$

als Punkte $P_1, \ldots P_n$ in einem rechtwinkligen kartesischen Koordinatensystem dar. Der funktionale Zusammenhang $y = f(x)$ sei bekannt. Auf Grund der Funktion f ergibt sich zu x_n der zugehörige Wert y_n, während $\bar{y}_n$ beobachtet worden ist.

Die in f enthaltenen Konstanten sollen derart bestimmt werden, daß die Verbesserungen

$$z_n = \bar{y}_n - y_n \tag{69}$$

den beiden Bedingungen genügen:

$$z_1 + z_2 + \cdots + z_n \equiv \sum z = 0, \tag{70}$$

$$z_1^2 + z_2^2 + \cdots + z_n^2 \equiv \sum z^2 = \text{Minimum}. \tag{71}$$

Zumeist wird in der Praxis die Ausgleichung der Punkte P nach Gutdünken vorgenommen, indem eine glatte Kurve so gelegt wird, daß sie an allen Punkten P möglichst dicht vorbeigeht; nur in den seltensten Fällen dürfte dieses mechanische Verfahren den Bedingungen (70) und (71) gerecht werden.

Falls f linear, das gesuchte Kurvenbild also geradlinig ist, gestattet ein von Mehmke angegebenes Verfahren die graphische Ausgleichung unter Berücksichtigung von (70) und (71). Die Gleichung der Geraden laute

$$y = ax + b. \tag{72}$$

Demnach ergibt sich

$$z_n = \bar{y}_n - a x_n - b, \qquad \sum z = \sum \bar{y} - a \sum x - nb = 0,$$

$$\frac{\sum \bar{y}}{n} = a \cdot \frac{\sum x}{n} + b. \tag{73}$$

Hierin bedeuten aber $x_0 = \dfrac{\sum x}{n}$ und $y_0 = \dfrac{\sum \bar{y}}{n}$ die Koordinaten des Schwerpunktes S der mit gleichem Gewicht vorausgesetzten Beobachtungspunkte P_n.

Die Bedingung (70), das arithmetische Mittel der Verbesserungen solle verschwinden, wird also von jeder durch S gehenden Geraden erfüllt.

Wir legen durch S eine beliebige, der gesuchten jedoch augenscheinlich möglichst nahekommende Probegerade g_1, welche die Ordinatenachse in T_1 schneidet, und messen für jeden Punkt P_n die Strecke $z_n = \bar{y}_n - y_n$ in bezug auf diese Gerade. Es ist dann möglich, den Wert $\sum z^2$ in beliebiger Zeicheneinheit abhängig von der Lage T_1 darzustellen (s. Abb. 44), und wir erhalten somit den Hilfspunkt H_1. ($T_1 H_1 = \sum z^2$.) Dieselbe Konstruktion wird für eine Anzahl anderer Probegeraden vorgenommen, etwa für vier

§ 19. Ausgleichung von Beobachtungen. 83

bis fünf. Durch die zugehörigen Punkte H läßt sich eine parabelähnliche Kurve legen, die mit hinreichender Sicherheit das Minimum von $\sum z^2$ hervortreten läßt. Verbindet man den zum Mini

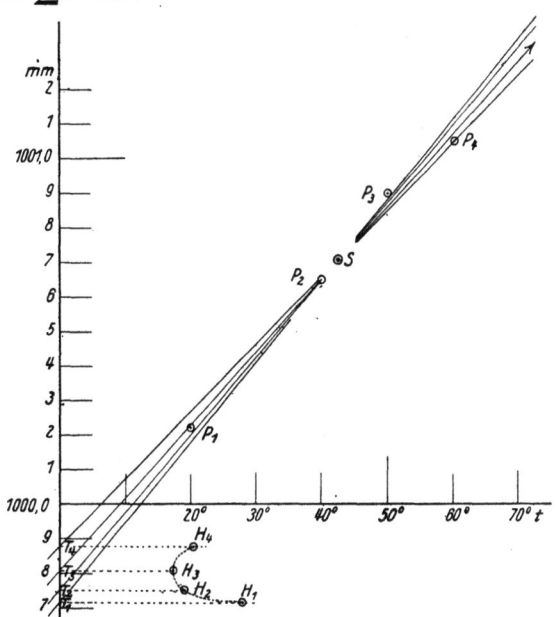

Abb. 44. Ausgleichungskonstruktion nach Mehmke.
(Länge eines Meterstabes abhängig von der Temperatur).

mum gehörigen Punkt T mit S, so erhält man die „wahrscheinlichste" Gerade; ihre Bestimmungsstücke ergeben die ausgeglichenen Konstanten in f.

Es bedarf keiner besonderen Betonung, daß die Konstruktion der Hilfskurve HH an irgendeine feste Gerade TT angeschlossen werden kann.

Beispiel. Abb. 44. Die Länge eines Meterstabes wird bei den Temperaturen

	$t =$	20°	40°	50°	60° C
zu	$l =$	1000,22	1000,65	1000,90	1001,05 mm

gemessen[1])

Die Zeicheneinheiten sind derart zu wählen, daß sowohl die Beobachtungsgenauigkeit von t und l zur Geltung kommt, als auch die Teilungslängen für t und l annähernd gleich werden, z. B. $E(1°) = 2$ mm

---

[1]) Vgl. hierzu die numerische Durchführung dieses Beispieles in Kohlrausch: Prakt. Physik Abschnitt 3, III.

6*

84 Abbildung einer Ebene auf eine andere. Punkttransformationen.

$E(0,1$ mm$) = 10$ mm. Die Hilfskurve läßt bei H_3 das Minimum erkennen, und wir lesen nach Messung des Anstieges aus dem Blatt unmittelbar die Gleichung des Meterstabes ab:
$$l = 999{,}805 + 0{,}0212\, t°.$$
Der Stab hat bei 9,2° die Länge 1 m.

Es ist oben gezeigt worden, daß durch Verzerrung des Zeichenblattes jede Kurve in eine gerade Linie gestreckt werden kann. Dabei haben wir im vorliegenden Falle die Voraussetzung zu treffen, daß die Verzerrungsgleichungen keine derjenigen Konstanten von $f(x)$ enthalten, deren Ermittlung durch Ausgleichung erstrebt wird. Das Funktionsnetz (ξ, η) soll also unabhängig sein von den Parametern der Kurve. Als Beispiele seien die doppeltlogarithmischen Netze für die Funktionen $y = a \cdot x^b$, die einfachlogarithmischen für $y = a \cdot e^{bx}$, das Netz $\xi = x^2$, $\eta = y^2$ für die Ellipsen und Hyperbeln $\dfrac{x^2}{a^2} \pm \dfrac{y^2}{b^2} = 1$ genannt. In verzerrten Darstellungen bedarf die Mehmkesche Konstruktion einer wesentlichen Veränderung.

Wir untersuchen zunächst die Ausgleichung in geometrisch verzerrten Netzen: $\xi = u(x), \quad \eta = v(y)$.

Die Beobachtungspunkte $(x, \bar y)$ bilden sich in die Punkte $\xi = u(x)$, $\bar\eta = v(\bar y)$ ab. An Stelle der Verbesserungen z läßt die Darstellung die Strecken $\zeta = \bar\eta - \eta$ hervortreten, und es handelt sich darum, aus der meßbaren Strecke ζ die Verbesserung z zu ermitteln. Falls die Zuschläge z hinreichend klein sind, kann die Taylorsche Entwicklung mit dem zweiten Gliede abgebrochen werden:
$$\zeta = v(\bar y) - v(y),$$
$$= z \cdot v'(\bar y).$$
Wir erhalten demnach
$$z = \frac{1}{v'(\bar y)} \cdot \zeta. \qquad (\S\ 11,\ 11). \qquad (74)$$

Im Funktionsnetz lautet die Gleichung der Bildgeraden
$$\eta = a \cdot \xi + b.$$
Daraus folgt $\zeta = \eta - a\xi - b$, und es ergeben sich die gesuchten Verbesserungen:
$$z_1 = \frac{1}{v'} \zeta_1 = \bar\eta_1 \cdot \frac{1}{v'(\bar y_1)} - a \cdot \xi_1 \cdot \frac{1}{v'(\bar y_1)} - b \cdot \frac{1}{v'(\bar y_1)},$$
$$z_n = \frac{1}{v'} \cdot \zeta_n = \bar\eta_n \cdot \frac{1}{v'(\bar y_n)} - a \cdot \xi_n \frac{1}{v'(\bar y_n)} - b \cdot \frac{1}{v'(\bar y_n)}.$$
$$\sum z \qquad = \sum \frac{\bar\eta}{v'} - a \sum \frac{\xi}{v'} - b \cdot \sum \frac{1}{v'}.$$

§ 19. Ausgleichung von Beobachtungen.

Die Bedingung (70), $\sum z = 0$, führt daher auf die Gleichung:

$$\frac{\sum \frac{\bar\eta}{v'}}{\sum \frac{1}{v'}} = a \frac{\sum \frac{\xi}{v'}}{\sum \frac{1}{v'}} - b.$$

Hierin bedeuten aber $\xi_0 = \sum \frac{\xi}{v'} : \sum \frac{1}{v'}$ und $\eta_0 = \sum \frac{\bar\eta}{v'} : \sum \frac{1}{v'}$ die Koordinaten des Schwerpunktes der n Punkte, wenn jeder Punkt mit dem Gewicht $\frac{1}{v'}$ versehen wird. In geometrisch verzerrten Netzen genügt daher der Bedingung (70) jede Gerade durch den Schwerpunkt der mit den Gewichtsn $\frac{1}{v'}$ versehenen Beobachtungspunkte.

In allen Netzen mit regelmäßiger Ordinatenteilung, $v' = \text{const}$, ist mithin die Mehmkesche Konstruktion ohne weiteres anwendbar (Hartmannsches Dispersionsnetz, einfach-logarithmisches Netz). Für die Netze mit logarithmischer Ordinatenteilung, $\eta = \log y$, gilt bis auf einen konstanten Faktor, $v' = \frac{1}{y}$,

$$\frac{1}{v'} = y, \tag{75}$$

es ist daher jeder Punkt mit einem Gewicht zu versehen, das dem Numerus seiner Ordinate proportional ist.

Beispiel. (Abb. 45.) Die Folge

$x = 1,0 \quad 1,6 \quad 2,5 \quad 6,0 \quad 8,0 \quad 10,0$
$y = 2,5 \quad 5,0 \quad 10 \quad 45 \quad 90 \quad 140$

soll durch eine Funktion $y = a \cdot x^b$ zusammengefaßt werden. Im doppeltlogarithmischen Netz erhalten wir die Bildpunkte $P_1 \ldots P_6$, denen gemäß (75) die Gewichte $2,5 \ldots 140$ beizulegen sind. Es ergibt sich der Schwerpunkt S, $x = 7,8$; $y = 86$ (numerische Angabe!). Die Konstruktion führt dann auf die wahrscheinlichste Gerade

$$\eta = 2,01\,\xi + \log 1,36.$$

Die gesuchte Funktion ist daher $y = 1,36\, x^2$, sie faßt die gegebenen Wertepaare derart zusammen, daß die Quadratsumme der Fehler ein Minimum wird.

Bei der Ausgleichung in allgemein verzerrten Netzen $\xi = u(x, y)$, $\eta = v(x, y)$ handelt es sich in gleicher Weise darum, die Verbesserungen z aus meßbaren Strecken ζ der Zeichenebene abzuleiten. Der Bildpunkt P des Wertepaares $x, \bar y$ hat die Koordinaten

$$\xi = u(x, \bar y), \quad \bar\eta = v(x, \bar y),$$

86 Abbildung einer Ebene auf eine andere. Punkttransformationen.

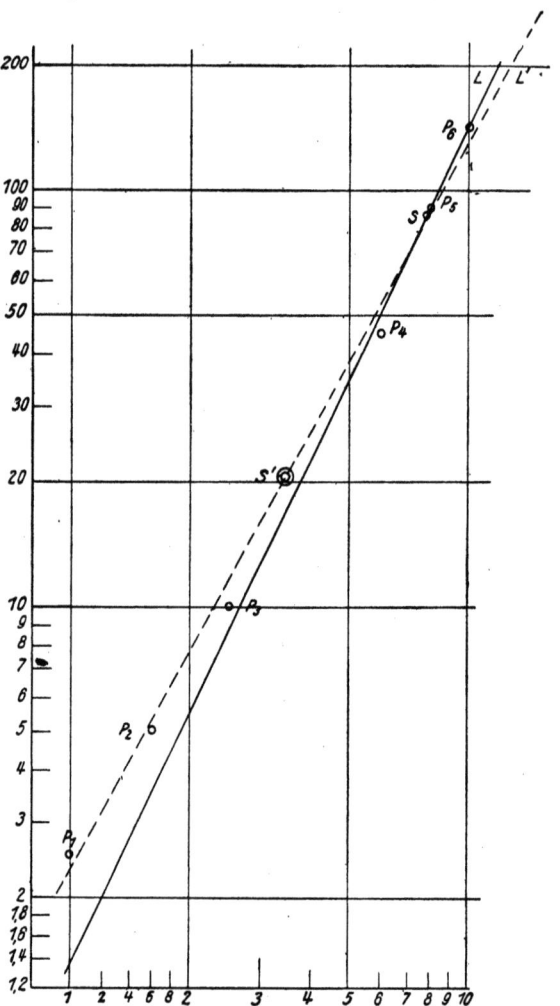

Abb. 45. Ausgleichung einer parabolischen Funktion.
Doppelt-logarithmisches Netz.

er erscheint als Schnittpunkt der Bildkurven, welche die Bezifferung (x) bzw. $(\bar{y})$ tragen (Abb. 46). Es sei Q der Punkt, der nach erfolgter Ausgleichung dieselbe Abszisse ξ hat; mit Rücksicht auf $y = \bar{y} - z$ sind seine Koordinaten:

$$\xi = u(x+h, \bar{y}-z), \quad \eta = v(x+h, \bar{y}-z).$$

§ 20. Einige Hilfssätze über adjungierte Systeme.

Die ersten Glieder der Reihenentwicklung ergeben dann
$$\zeta = \bar\eta - \eta = \frac{\partial v}{\partial y} \cdot z - \frac{\partial v}{\partial x} \cdot h, \tag{76}$$

wobei die Ableitungen an der Stelle $x, \bar y$ zu bilden sind. Da ξ von P zu Q konstant bleibt,

$$d\xi = \frac{\partial u}{\partial x} h - \frac{\partial u}{\partial y} z = 0,$$

ergibt sich: $h = z \dfrac{\dfrac{\partial u}{\partial y}}{\dfrac{\partial u}{\partial x}}$,

mithin aus (76):
$$z = \zeta \cdot \frac{\dfrac{\partial u}{\partial x}}{\dfrac{\partial u}{\partial x} \cdot \dfrac{\partial v}{\partial y} - \dfrac{\partial u}{\partial y} \cdot \dfrac{\partial v}{\partial x}}$$

$$= \zeta \cdot \frac{\partial u}{\partial v} \cdot \frac{1}{M}. \quad (\S\ 18,\ 57.)$$

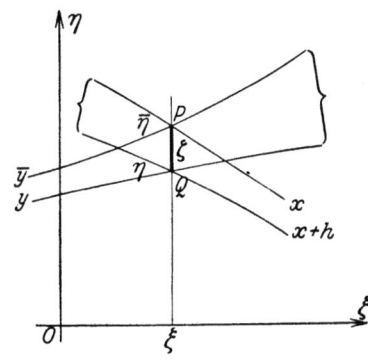

Abb. 46. Ausgleichung im allgemein verzerrten Netz.

Auf Grund des Jacobischen Satzes (§ 18, 65) $\dfrac{\partial \xi}{\partial x} = \mathsf{M}\dfrac{\partial y}{\partial \eta}$ erhalten wir

$$\boxed{z = \zeta \cdot \frac{\partial y}{\partial \eta}}. \tag{77}$$

Zur Bestimmung des Schwerpunktes ist demnach in allgemein verzerrten Netzen jeder Punkt mit dem Gewicht $\dfrac{\partial y}{\partial \eta}$ zu versehen; wenn $\sum z^2$ zu einem Minimum gemacht werden soll, sind die mit $\dfrac{\partial y}{\partial \eta}$ multiplizierten Abstände ζ bei der Quadratbildung in Rechnung zu stellen. — Das Verfahren ist auf alle Funktionen mit nur zwei wesentlichen Parametern anwendbar.

§ 20. Einige Hilfssätze über adjungierte Systeme.

Für die in § 21 und § 45 zu erörternden Abbildungen ist es vorteilhaft, die mathematische Herleitung und praktische Rechnung in Determinantenform zu geben. Dabei werden einige Sätze und Operationen häufig wiederkehren. Wir beschränken uns auf Determinanten dritten Grades

$$|a| = \begin{vmatrix} a_{11} & a_{12} & a_{13} \\ a_{21} & a_{22} & a_{23} \\ a_{31} & a_{32} & a_{33} \end{vmatrix} \neq 0. \tag{78}$$

88 Abbildung einer Ebene auf eine andere. Punkttransformationen.

Denkt man sich die durch das Element a_{ik} bestimmte Zeile und Spalte gestrichen, so entsteht die dem Element a_{ik} »komplementäre« Unterdeterminante zweiten Grades A_{ik}, wenn man das Vorzeichen $(-1)^{i+k}$ hinzufügt, z. B.

$$A_{11} = + \begin{vmatrix} a_{22} & a_{23} \\ a_{32} & a_{33} \end{vmatrix}, \quad A_{12} = - \begin{vmatrix} a_{21} & a_{23} \\ a_{31} & a_{33} \end{vmatrix}, \quad A_{23} = - \begin{vmatrix} a_{11} & a_{12} \\ a_{31} & a_{32} \end{vmatrix}.$$

Die Determinante

$$|A| = \begin{vmatrix} A_{11} & A_{12} & A_{13} \\ A_{21} & A_{22} & A_{23} \\ A_{31} & A_{32} & A_{33} \end{vmatrix} \tag{79}$$

heißt der Determinante $|a|$ »adjungiert«.

Eine Determinante $|a|$ läßt sich nach Unterdeterminanten entwickeln:

$$a_{11}A_{11} + a_{12}A_{12} + a_{13}A_{13} = |a|,$$
$$a_{11}A_{11} + a_{21}A_{21} + a_{31}A_{31} = |a|.$$

Entsprechende Entwicklungen ergeben sich für die beiden anderen Zeilen und Spalten. Es gelten daher die 6 Beziehungen

$$\sum a_{ik} A_{ik} = |a|. \tag{80}$$

Wir bilden die Summe:

$$a_{11}A_{21} + a_{12}A_{22} + a_{13}A_{23} = a_{11}(a_{13}a_{32} - a_{12}a_{33})$$
$$+ a_{12}(a_{11}a_{33} - a_{13}a_{31})$$
$$+ a_{13}(a_{12}a_{31} - a_{11}a_{32})$$
$$= 0.$$

In gleicher Weise läßt sich durch Rechnung die Identität

$$a_{11}A_{31} + a_{12}A_{32} + a_{13}A_{33} = 0$$

bestätigen. Für die Elemente jeder Zeile und Spalte bestehen zwei Relationen dieser Art, so daß 12 weitere Bedingungen zu (80) hinzutreten. Wir erhalten demnach ein System von 18 Relationen:

$$\begin{vmatrix} a_{i1}A_{l1} + a_{i2}A_{l2} + a_{i3}A_{l3} = 0, & \text{wenn} & i \neq l, \\ = |a|, & \text{wenn} & i = l. \\ i = 1, 2, 3; \; l = 1, 2, 3. \\ a_{1k}A_{1l} + a_{2k}A_{2l} + a_{3k}A_{3l} = 0, & \text{wenn} & k \neq l, \\ = |a|, & \text{wenn} & k = l. \\ k = 1, 2, 3; \; l = 1, 2, 3. \end{vmatrix} \tag{81}$$

(Satz von Cramer, 1750.)

§ 20. Einige Hilfssätze über adjungierte Systeme.

Das Produkt
$$|a| \cdot |A| =$$
$$\begin{vmatrix} a_{11}A_{11}+a_{12}A_{12}+a_{13}A_{13}, & a_{11}A_{21}+a_{12}A_{22}+a_{13}A_{23}, & a_{11}A_{31}+a_{12}A_{32}+a_{13}A_{33} \\ a_{21}A_{11}+a_{22}A_{12}+a_{23}A_{13}, & a_{21}A_{21}+a_{22}A_{22}+a_{23}A_{23}, & a_{21}A_{31}+a_{22}A_{32}+a_{23}A_{33} \\ a_{31}A_{11}+a_{32}A_{12}+a_{33}A_{13}, & a_{31}A_{21}+a_{32}A_{22}+a_{33}A_{23}, & a_{31}A_{31}+a_{32}A_{32}+a_{32}A_{33} \end{vmatrix}$$

[Multiplikationssatz der Determinanten[1])] nimmt auf Grund der Formeln (81) die Form an:

$$|a| \cdot |A| = \begin{vmatrix} |a| & 0 & 0 \\ 0 & |a| & 0 \\ 0 & 0 & |a| \end{vmatrix},$$
$$= |a|^3.$$

Damit gewinnen wir den Satz von Cauchy (Journ. de l'Ecole polyt. Bd. 17, S. 82):

$$\boxed{|A| = |a|^2}. \tag{82}$$

Aus den 18 Formeln des Cramerschen Satzes wählen wir drei auf die Elemente einer Zeile bezügliche aus:

$$\begin{aligned} a_{11}A_{11} + a_{12}A_{12} + a_{13}A_{13} &= |a|, \\ a_{11}A_{21} + a_{12}A_{22} + a_{13}A_{23} &= 0, \\ a_{11}A_{31} + a_{12}A_{32} + a_{13}A_{33} &= 0. \end{aligned} \tag{83}$$

Dieses System gestattet, die Größen a_{11}, a_{12}, a_{13} durch die Glieder A_{ik} auszudrücken:

$$\begin{aligned} a_{11} \cdot |A| &= |a| \cdot (A_{22} \cdot A_{33} - A_{23} \cdot A_{32}) = |a| \cdot B_{11}, \\ a_{12} \cdot |A| &= |a| \cdot (A_{23} \cdot A_{31} - A_{21} \cdot A_{33}) = |a| \cdot B_{12}, \\ a_{13} \cdot |A| &= |a| \cdot (A_{21} \cdot A_{32} - A_{22} \cdot A_{31}) = |a| \cdot B_{13}, \end{aligned}$$

wenn B_{ik} die dem Element A_{ik} komplementäre Unterdeterminante in $|A|$ ist. Die entsprechenden Gleichungen gelten für die übrigen Elemente a_{ik}. Da $|A| = |a|^2$ ist, erhalten wir den Satz von Jacobi (Crelles Journ. Bd. 22):

$$\boxed{a_{ik} \cdot |a| = B_{ik}}. \tag{84}$$

Die Anordnung der Elemente einer Determinante heißt Matrix (Cayley). Verschwinden in einer Matrix zwei Elemente derselben Zeile

---

[1]) Vgl. Anhang IV.

(oder Spalte), so sind auch zwei in einer Spalte (oder Zeile) stehende Elemente der adjungierten Matrix gleich Null, z. B.:

$$\begin{pmatrix} a & a & 0 \\ a & a & 0 \\ a & a & a \end{pmatrix} \text{ und } \begin{pmatrix} A & A & A \\ A & A & A \\ 0 & 0 & A \end{pmatrix}, \quad \begin{pmatrix} 0 & a & 0 \\ a & a & a \\ a & a & a \end{pmatrix} \text{ und } \begin{pmatrix} A & A & A \\ A & 0 & A \\ A & 0 & A \end{pmatrix}.$$

Das notwendig von Null verschiedene Element, (durch Fettdruck hervorgehoben), bleibt in seiner Stelle erhalten, eine Zeile mit zwei verschwindenden Elementen entspricht einer Spalte der adjungierten Matrix und umgekehrt.

Die Sätze (80), (82) und (84) bewirken wesentliche Erleichterungen der praktischen Rechnung.

§ 21. Die projektive Abbildung.

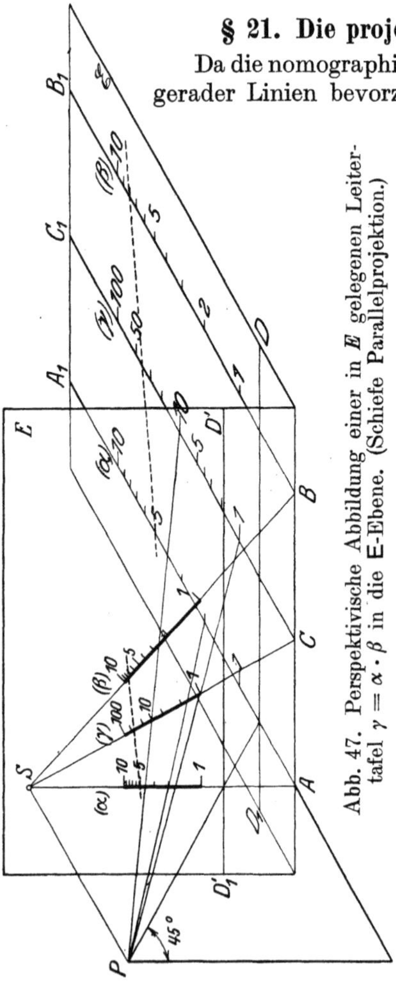

Da die nomographischen Methoden die Benutzung gerader Linien bevorzugen, sind jene Verzerrungen von grundlegender Bedeutung, bei denen die geraden Linien als solche erhalten bleiben. Wir schicken ein geometrisches Bild für derartige Verzerrungen voraus.

In einer Grundebene E (Abb. 47) befinde sich eine einfache Leitertafel. Die Ablesevorschrift beruht auf der fluchtrechten Lage der drei zusammengehörigen Bildpunkte; wenn wir die Tafel durch Verzerrung der Grundebene verändern wollen, so müssen wir daher unbedingt daran festhalten, daß alle möglichen Ablesegeraden geradlinig bleiben. Da die Lage der Ablesegeraden — wenn auch nur in einem gewissen praktisch gegebenen Bereich — keiner Einschränkung unterliegt, besagt diese Forderung, daß alle geraden Linien wieder in gerade Linien übergehen.

Abbildungen, welche dieser Bedingung genügen, sind aus der Perspektive bekannt.

Abb. 47. Perspektivische Abbildung einer in E gelegenen Leitertafel $\gamma = \alpha \cdot \beta$ in die E-Ebene. (Schiefe Parallelprojektion.)

§ 21. Die projektive Abbildung.

In Fig. 47 ist die (wagrechte) Ebene E vom Projektionszentrum P aus auf die (senkrechte) Zeichentafel E perspektivisch abgebildet. Der gemeinsame uneigentliche Punkt der drei Träger (α), (β) und (γ) bildet sich in den Punkt S ab; die Teilung auf dem Bildträger SA leitet sich aus der Teilung des Originals AA_1 durch perspektivische Konstruktion ab. Das Entsprechende gilt für die Teilungen SB und BB_1 in der Ebene $PSBB_1$ und die Leitern (γ) in der Ebene $PSCC_1$.

Es ist schon an dieser Stelle zu ersehen, daß die perspektivische Abbildung unter Umständen gewisse Vorzüge gewährt; Tafeln unhandlicher Abmessung können auf beschränktem Zeichenraum dargestellt werden, wobei die Besonderheiten der Leitern proj(α) zur Geltung kommen. So weist der in Fig. 30 wiedergegebene Zusammenhang auf einen analytischen Ansatz hin, dessen Darstellung unbefriedigend ist; erst die nachfolgende perspektivische Abbildung ergibt eine brauchbare Tafelform (s. § 37).

Für die Praxis kommt die Vorstellung einer wirklichen Perspektive nicht in Frage, da einmal die zeichnerischen Verfahren zu mühevoll und ungenau sind, zum anderen die geeignete Wahl eines Projektionszentrums und einer Bildebene sich nur schwer überschauen läßt. Wir deuten den soeben veranschaulichten Zusammenhang zwischen E und E als Verzerrung. Der analytische Ausdruck einer Abbildung, die jede gerade Linie wieder in eine gerade Linie überführt, wird durch die linear gebrochenen Funktionen gegeben:

$$\left| \begin{array}{l} \xi = \dfrac{a_{11}x + a_{12}y + a_{13}}{a_{31}x + a_{32}y + a_{33}}, \\ \eta = \dfrac{a_{21}x + a_{22}y + a_{23}}{a_{31}x + a_{32}y + a_{33}}. \end{array} \right. \tag{85}$$

Damit die Auflösung des Systems (85) nach x und y möglich sei, muß die Determinante

$$|a| = \begin{vmatrix} a_{11} & a_{12} & a_{13} \\ a_{21} & a_{22} & a_{23} \\ a_{31} & a_{32} & a_{33} \end{vmatrix} \tag{86}$$

von Null verschieden sein. Wir bezeichnen wie in § 20 die dem Element a_{ik} komplementäre Unterdeterminante mit A_{ik}; dann ergibt die Auflösung von (85):

$$\left| \begin{array}{l} x = \dfrac{A_{11}\xi + A_{21}\eta + A_{31}}{A_{13}\xi + A_{23}\eta + A_{33}}, \\ y = \dfrac{A_{12}\xi + A_{22}\eta + A_{32}}{A_{13}\xi + A_{23}\eta + A_{33}}. \end{array} \right.^{1)} \tag{87}$$

---

[1]) Auf Zeilen und Spalten achten!

92 Abbildung einer Ebene auf eine andere. Punkttransformationen.

Eine projektive Verzerrung ist durch Angabe der Matrix (a) bzw. (A) völlig bestimmt.

Eine spezielle Abbildung, die wir im § 25 auf Multiplikationstafeln anwenden werden, erfährt auf Grund eines physikalischen Zusammenhanges eine anschauliche Darstellung; zugleich erkennen wir dabei, daß der Ansatz (85) bzw. (87) allgemeinere Abbildungen umschließt, als die Perspektive zu vermitteln vermag.

Es bedeute in Abb. 48 ST einen Achsenschnitt eines wenig gekrümmten Spiegels mit dem Brennpunkt O und dem Krümmungsmittelpunkt C. Nach bekannter Konstruktion läßt sich zu einem gegebenen Punkt a (Original) das Bild α finden; $\dfrac{\eta}{\xi} = -\dfrac{y}{f}$, $x \cdot \xi = f^2$. Mithin liegt die Abbildung vor:

$$\xi = \frac{f^2}{x}, \quad \eta = -\frac{f \cdot y}{x} :$$

$$|a| = \begin{vmatrix} 0 & 0 & f^2 \\ 0 & -f & 0 \\ 1 & 0 & 0 \end{vmatrix} = f^3,$$

$$|A| = \begin{vmatrix} 0 & 0 & f \\ 0 & -f^2 & 0 \\ f^3 & 0 & 0 \end{vmatrix} = f^6.$$

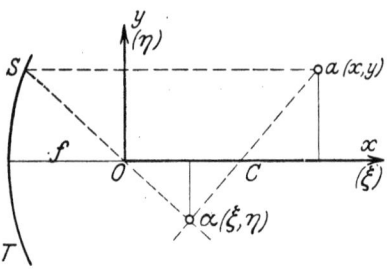

Abb. 48. Optische Deutung einer projektiven Verzerrung.

Die Verzerrung der Ebene E in die Endform E kann daher in einfacher Weise durch Bewegung eines leuchtenden Punktes a und seines Bildes α veranschaulicht werden[1]). Bemerkenswert ist die Tatsache, daß die Abbildung ihre eigene Umkehrung ist[2]): $x = \dfrac{f^2}{\xi}, \quad y = -\dfrac{f\eta}{\xi}$.

Die Verzerrungsgleichungen (85) enthalten acht wesentliche Parameter; die zu ihrer Bestimmung notwendigen acht Gleichungen können durch die Vorschrift gegeben werden, daß vier vorgelegte Punkte, von denen nicht drei auf einer Geraden liegen, in vier vorgeschriebene Endlagen gelangen.

Mit Rücksicht auf die Anwendungen untersuchen wir zunächst die Verzerrung von Strahlenbüscheln, wozu auch Parallelscharen zu rechnen sind.

Der Bildpunkt des Trägers $(x_1 \, y_1)$ kann sofort aus (85) abgelesen werden. Im besonderen geht der 0-Punkt in den Bildpunkt $\xi_0 = \dfrac{a_{13}}{a_{33}}$, $\eta_0 = \dfrac{a_{23}}{a_{33}}$ über; er bleibt demnach fest, wenn $a_{13} = a_{23} = 0$, sein Bild liegt auf der ξ-Achse, wenn $a_{23} = 0$, auf der η-Achse, wenn $a_{13} = 0$. Für $a_{33} = 0$ wird das Bild uneigentlich, und zwar auf der Geraden $\eta = \dfrac{a_{23}}{a_{13}} \cdot \xi$. Handelt es

---
[1]) Schoentjes, H. (Gent): Mathesis 1900, S. 145—150.
[2]) Dies läßt sich sofort aus $|a|$ und $|A|$ ablesen.

§ 21. Die projektive Abbildung.

sich um eine Parallelschar, so ist $x_1 \to \infty$, $y_1 \to \infty$ zu setzen; das vom 0-Punkt auf die Schar gefällte Lot (Abb. 49) bilde mit der x-Achse den Winkel φ, dann gilt $x_1 : y_1 \to -\operatorname{tg}\varphi$, und wir erhalten:

$$\xi_1 = \frac{a_{11}\sin\varphi - a_{12}\cos\varphi}{a_{31}\sin\varphi - a_{32}\cos\varphi}, \quad \eta_1 = \frac{a_{21}\sin\varphi - a_{22}\cos\varphi}{a_{31}\sin\varphi - a_{32}\cos\varphi}. \quad (88)$$

Da der Nenner $a_{31}\sin\varphi - a_{32}\cos\varphi$ stets für einen reellen Wert φ_1 verschwindet, ergibt sich, daß jede Verzerrung eine Parallelschar $\operatorname{tg}\varphi_1 = \dfrac{a_{32}}{a_{31}} = \text{const}$ in ihrer Paralleleneigenschaft invariant läßt. Sobald wir die Paralleleninvarianz für eine weitere Schar φ_2 fordern, ist das System

$$a_{31}\cdot\sin\varphi_1 - a_{32}\cos\varphi_1 = 0,$$
$$a_{31}\cdot\sin\varphi_2 - a_{32}\cos\varphi_2 = 0$$

nur durch $a_{31} = a_{32} = 0$ erfüllbar; dann bleiben aber notwendig alle Parallelscharen als solche erhalten. Die Abbildung führt in diesem Falle auf **ganze lineare** Abbildungsgleichungen. Verzerrungen dieser Art heißen **affin**.

Die Abbildung der einzelnen Elemente eines Strahlenbüschels bedarf in theoretischer und praktischer Hinsicht der Erörterung.

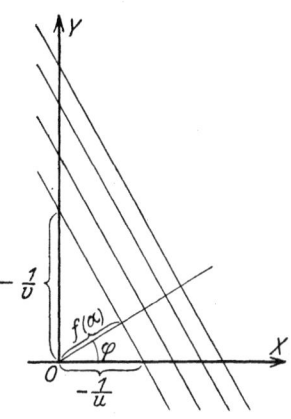

Abb. 49. Linienkoordinaten (u, v) und Bezifferung (α) einer Parallelschar.

Die Gerade $g = u\cdot x + v\cdot y + 1 = 0$ ist durch Angabe der Größen u und v definiert; die Schreibung $\dfrac{x}{-\dfrac{1}{u}} + \dfrac{y}{-\dfrac{1}{v}} = 1$ läßt erkennen, daß die Achsenabschnitte $-\dfrac{1}{u}$ bzw. $-\dfrac{1}{v}$ sind. Die Werte u und v heißen **Linienkoordinaten** der Geraden. Wir betonen ausdrücklich, daß die Koordinaten u und v sich auf ein kartesisches System beziehen. So ist beispielsweise durch die Koordinaten $u = -\tfrac{1}{2}$, $v = 3$ die gerade Linie bestimmt, deren Achsenabschnitte 2 und -3 betragen. Bei der Verzerrung geht die Gerade (u, v) in die Bildgerade (U, V) über: $G = U\cdot\xi + V\cdot\eta + 1 = 0$. Drücken wir in $g = 0$ die Koordinaten x und y gemäß (87) durch ξ und η aus, so ergibt sich:

$$G = (uA_{11} + vA_{12} + A_{13})\xi + (uA_{21} + vA_{22} + A_{23})\eta + (uA_{31} + vA_{32} + A_{33}) = 0.$$

94 Abbildung einer Ebene auf eine andere. Punkttransformationen.

Wir haben den Gleichungen (85) demnach die folgenden hinzuzufügen:
$$U = \frac{uA_{11} + vA_{12} + A_{13}}{uA_{31} + vA_{32} + A_{33}},$$
$$V = \frac{uA_{21} + vA_{22} + A_{23}}{uA_{31} + vA_{32} + A_{33}};{}^{1}) \quad (89)$$

sie gestatten sofort, das Bild der uneigentlichen Geraden $u = 0$, $v = 0$ anzugeben:
$$U_0 = \frac{A_{13}}{A_{33}}, \quad V_0 = \frac{A_{23}}{A_{33}}.$$

Dabei sind im wesentlichen drei besondere Lagen zu unterscheiden. Das Bild der uneigentlichen Geraden geht durch den 0-Punkt ($\xi = 0$, $\eta = 0$), wenn $A_{33} = 0$, verläuft parallel zur ξ-Achse ($U_0 = 0$, $V_0 \neq 0$), wenn $A_{13} = 0$, parallel zur η-Achse ($U_0 \neq 0$, $V_0 = 0$), wenn $A_{23} = 0$. Die uneigentliche Gerade bleibt erhalten, wenn $A_{13} = A_{23} = 0$; diese Bedingung ist aber gleichbedeutend mit $a_{31} = a_{32} = 0$, d. h. die uneigentliche Gerade bleibt nur bei **affinen** Verzerrungen invariant.

Die Bezifferung einer Parallelschar erfolgt zweckmäßig auf dem vom 0-Punkt auf die Schar gefällten Lot durch Angabe der Funktion $f(\alpha)$; die Zeicheneinheit sei in $f(\alpha)$ einbezogen. (Abb. 49.)

$$\left. \begin{array}{ll} f(\alpha) = -\dfrac{1}{u}\cos\varphi, & f(\alpha) = -\dfrac{1}{v}\cdot\sin\varphi, \\[6pt] u = -\dfrac{\cos\varphi}{f(\alpha)}, & v = -\dfrac{\sin\varphi}{f(\alpha)}. \end{array} \right\} \quad (90)$$

Demnach erhalten wir
$$\left. \begin{array}{l} U = \dfrac{A_{13}f(\alpha) - (A_{11}\cos\varphi + A_{12}\sin\varphi)}{A_{33}f(\alpha) - (A_{31}\cos\varphi + A_{32}\sin\varphi)}, \\[6pt] V = \dfrac{A_{23}f(\alpha) - (A_{21}\cos\varphi + A_{22}\sin\varphi)}{A_{33}f(\alpha) - (A_{31}\cos\varphi + A_{32}\sin\varphi)}. \end{array} \right\} \quad (91)$$

Da durch (85) der Träger gegeben ist, kann die Bildschar mit Hilfe **eines** der beiden Werte U und V ermittelt werden.

Beispiel. Wir nehmen die Verzerrung eines rechtwinkligen Funktionsnetzes vor: $x = f(\alpha)$, $y = g(\beta)$. [Z. B. Millimeterpapier: $f(\alpha) = \text{reg}\,\alpha$, $g(\beta) = \text{reg}\,\beta$, Logarithmenpapier $f(\alpha) = \log\alpha$, $g(\beta) = \log\beta$ bzw. $f(\alpha) = \log\alpha$, $g(\beta) = \text{reg}\,\beta$.]

---

[1]) Auf Zeilen und Spalten achten!

§ 21. Die projektive Abbildung.

Parallelschar (x): $\varphi = 0$. $\cos\varphi = 1$, $\sin\varphi = 0$.

Träger: $\xi_1 = \dfrac{a_{12}}{a_{32}}$, $\eta_1 = \dfrac{a_{22}}{a_{32}}$.   [Vgl. (88).]

Bildschar: $U(\alpha) = \dfrac{A_{13} \cdot f(\alpha) - A_{11}}{A_{33} \cdot f(\alpha) - A_{31}}$ bzw. $V(\alpha) = \dfrac{A_{23} f(\alpha) - A_{21}}{A_{33} f(\alpha) - A_{31}}$. \quad (92)

Parallelschar (y): $\varphi = \dfrac{\pi}{2}$. $\cos\varphi = 0$, $\sin\varphi = 1$.

Träger: $\xi_2 = \dfrac{a_{11}}{a_{31}}$, $\eta_2 = \dfrac{a_{21}}{a_{31}}$.   [Vgl. (88).]

Bildschar: $U(\beta) = \dfrac{A_{13} g(\beta) - A_{12}}{A_{33} g(\beta) - A_{32}}$ bzw. $V(\beta) = \dfrac{A_{23} g(\beta) - A_{22}}{A_{33} g(\beta) - A_{32}}$. \quad (92a)

Eine Besonderheit der projektiven Verzerrung ist für die Anwendungen bedeutungsvoll. In der speziellen, durch Fig. 47 dargestellten Abbildung wollen wir die E-Ebene um die Gerade ACB umlegen in E. Dann fällt gewiß die Gerade AS auf die Gerade AA_1, und es werden das Original DD_1 und das Bild $D'D_1'$ zur Deckung gelangen. Berücksichtigen wir ferner die Gerade ACB selbst, so bleiben bei der Verzerrung der E-Ebene demnach **drei gerade Linien in ihrer Lage fest**; die Punktanordnung auf ACB wird nicht geändert, die auf AA_1 und DD_1 ist dagegen verzerrt.

Allgemein läßt sich die Existenz invarianter Träger wie folgt zeigen. Soll die Gerade $g = u \cdot x + v \cdot y + 1 = 0$ invariant bleiben, so müssen die Koordinaten U, V der Bildgeraden gleich u, v sein:

$$U = u = \frac{A_{11} u + A_{12} v + A_{13}}{A_{31} u + A_{32} v + A_{33}}, \quad V = v = \frac{A_{21} u + A_{22} v + A_{23}}{A_{31} u + A_{32} v + A_{33}}. \quad (93)$$

[Vgl. (89).] Wir bezeichnen den Nenner $A_{31} u + A_{32} v + A_{33}$ mit λ und erhalten für die beiden Unbekannten u und v drei Bestimmungsgleichungen:

$$\left.\begin{aligned}
A_{11} u + A_{12} v + A_{13} &= \lambda \cdot u, \\
A_{21} u + A_{22} v + A_{23} &= \lambda \cdot v, \\
A_{31} u + A_{32} v + A_{33} &= \lambda,
\end{aligned}\right\}$$

oder:
$$\left.\begin{aligned}
u(A_{11} - \lambda) + v A_{12} + A_{13} &= 0, \\
u\, A_{21} + v(A_{22} - \lambda) + A_{23} &= 0, \\
u\, A_{31} + v A_{32} + (A_{33} - \lambda) &= 0.
\end{aligned}\right\} \quad (94)$$

Diese **drei** Gleichungen sind nur dann miteinander verträglich, wenn die Determinante identisch verschwindet, d. h., wenn die »charakteristische Gleichung« besteht:

$$\begin{vmatrix} A_{11} - \lambda & A_{12} & A_{13} \\ A_{21} & A_{22} - \lambda & A_{23} \\ A_{31} & A_{32} & A_{33} - \lambda \end{vmatrix} = 0. \tag{95}$$

Damit gewinnen wir eine Gleichung dritten Grades, die mindestens eine reelle, endliche Wurzel λ_1 besitzt, gegebenenfalls drei reelle Wurzeln λ_1, λ_2, λ_3. Jeder Wert λ vermittelt eine Lösung (u, v) des Systems (94), das sich auf höchstens zwei Gleichungen reduziert, da die dritte aus den beiden anderen folgt.

Es gibt daher bei jeder projektiven Verzerrung mindestens eine invariante Gerade (als Träger), und es lassen sich Verzerrungen angeben, bei denen drei Träger in Ruhe bleiben.

Wir versagen es uns, die Untersuchungen wiederzugeben, die sich auf die verschiedenen Kombinationen der Wurzeln beziehen, da sie im folgenden nomographisch keine Auswertung erfahren. (Vgl. die Aufgaben 69 und 70.)

Die entsprechenden Überlegungen führen zur Ermittlung fester Punkte. Wenn wir den Nenner in (85) mit ν bezeichnen, so gelten für einen invarianten Punkt $x = \xi$, $y = \eta$ die Gleichungen

oder:

$$\left.\begin{aligned} a_{11}x + a_{12}y + a_{13} &= \nu \cdot x, \\ a_{21}x + a_{22}y + a_{23} &= \nu \cdot y, \\ a_{31}x + a_{32}y + a_{33} &= \nu, \\ x(a_{11} - \nu) + y \cdot a_{12} + a_{13} &= 0, \\ x \cdot a_{21} + y(a_{22} - \nu) + a_{23} &= 0, \\ x \cdot a_{31} + y \cdot a_{32} + (a_{33} - \nu) &= 0. \end{aligned}\right\} \tag{96}$$

Die charakteristische Gleichung

$$\begin{vmatrix} a_{11} - \nu & a_{12} & a_{13} \\ a_{21} & a_{22} - \nu & a_{23} \\ a_{31} & a_{32} & a_{33} - \nu \end{vmatrix} = 0 \tag{97}$$

hat mindestens eine reelle, endliche Wurzel ν_1, gegebenenfalls drei reelle Wurzeln ν_1, ν_2, ν_3, die aus (96) eine bzw. drei Lösungen vermitteln.

Es läßt sich leicht zeigen, daß in jedem Falle ein Festpunkt auf einem invarianten Träger liegt und umgekehrt eine invariante Gerade durch einen Festpunkt hindurchgeht. Es gibt ∞^2 projektive Abbildungen, die ein wirkliches Dreiseit und somit drei Punkte in Ruhe lassen.

§ 22. Konstruktive Verzerrungen an Kegelschnitten.

Wenn wir eine nomographische Tafel projektiv verzerren, können wir also drei beliebige Punkte festhalten und die Endlage eines vierten vorschreiben. Dabei dürfen unter den ausgewählten Punkten nicht drei auf einer Geraden liegen. Die gleiche Aussage läßt sich auf gerade Linien beziehen. Es gibt stets eine und nur eine Abbildung, welche die gestellten Bedingungen erfüllt.

Den projektiven Verzerrungen kommt Gruppeneigenschaft zu. In der Theorie der infinitesimalen Transformationen werden Typen der projektiven Abbildung aufgestellt, die sich auf die Anordnung der invarianten Gebilde beziehen. Für die Bedürfnisse der Nomographie sind die angegebenen Sätze und Eigenschaften ausreichend, eine Rechentafel in geeigneter Weise zu verzerren.

Besondere Beispiele projektiver Verzerrungen sind in den Figuren 110 bis 112 dargestellt.

§ 22. Konstruktive Verzerrungen an Kegelschnitten.

(Darstellung über $\dfrac{y}{x}$ als Ordinate.)

Der funktionale Zusammenhang

$$y(ax + 1) = b \tag{98}$$

ist im § 13 eingehend behandelt worden. Bei aller Eleganz der projektiven Konstruktion einer Doppelleiter für (98) sind jedoch zwei Umstände zu bemängeln: die Konstruktion der Doppelleiter ist für jedes gegebene Paar a, b besonders auszuführen und gestattet nicht ohne weiteres, eine vorgelegte Wertefolge (x, y) auszugleichen. Beide Nachteile werden in Funktionsnetzen vermieden.

Die Gleichung (98) stellt eine gleichseitige Hyperbel mit dem Mittelpunkt $x_0 = -\dfrac{1}{a}$, $y_0 = 0$ und dem Parameter $\dfrac{b}{a}$ dar. (Abb. 50.)

Es seien a und b zunächst unveränderlich.

Wir wählen eine Hilfsgerade RR parallel

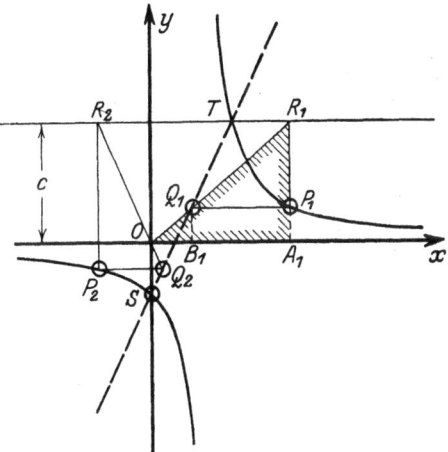

Abb. 50. Konstruktive Streckung der zweifachunendlichen Schar $y(ax + 1) = b$.

zur x-Achse im beliebigen Abstande c und bestimmen auf ihr den Punkt R_1, der die gleiche Abszisse hat wie der Kurvenpunkt P_1. Auf dem Strahl OP_1 zeichnen wir den Punkt Q_1, der die gleiche Ordinate hat wie P_1. Die entsprechende Konstruktion werde für andere Kurvenpunkte P ausgeführt, wie die Abbildung für P_2 andeutet. Auf diese Weise wird jedem Kurvenpunkt P ein Bildpunkt Q zugeordnet, es liegt eine Verzerrung des Zeichenblattes vor. Grundebene und Bildebene sind dabei überlagert.

Die Koordinaten von P sind $OA = x$, $AP = y$, die von Q mögen $OB = \xi$ und $BQ = \eta$ heißen. Aus $\eta = y$ und $\xi : x = y : c$ folgen die Verzerrungsgleichungen:

$$\xi = \frac{x \cdot y}{c}, \quad \eta = y \quad \text{bzw.} \quad x = c\,\frac{\xi}{\eta}, \quad y = \eta. \tag{99}$$

Die Hyperbel (98) geht also in die Bildgerade

$$\eta = -a \cdot c \cdot \xi + b \tag{100}$$

über[1]).

Da die Gleichungen (99) die Konstanten a und b nicht enthalten, gilt die Konstruktion in gleicher Weise für alle Hyperbeln der durch Veränderung von a und b entstehenden zweifach-unendlichen Schar. Hier tritt das Wesentliche der nomographischen Verzerrungen klar hervor: während es sich im ersten Abschnitt zumeist um die Verzerrung eines Netzes im Hinblick auf die Streckung einer Kurve handelt, werden hier alle Glieder einer Kurvenschar gestreckt, die im vorliegenden Falle die Ebene sogar doppelt überdeckt.

Für die praktische Ausführung der Zeichnung sei bemerkt, daß auf einem Millimeternetz die Koordinatenlinien vorgedruckt sind und die Strahlen OR zeichnerisch nicht fixiert werden. Eine im 0-Punkt befestigte Spitze gewährt einem Lineal oder straff gespannten Faden die Führung. Die Konstruktionslinien treten auf dem Papier also nicht hervor.

Wir erkennen leicht, daß der Schnittpunkt T der Hyperbel mit der Hilfsgeraden RR zugleich Bildpunkt ist; das Entsprechende gilt für S. Beide Punkte bleiben bei der Verzerrung fest.

Handelt es sich darum, die Gleichung einer vorgelegten Hyperbel abzulesen, so ist also die Wahl eines Wertes c ausreichend. Der Punkt T ist immer erreichbar; falls S zeichnerisch nicht hergestellt werden kann, genügt die Ausführung der Konstruktion für einen von T möglichst weit entfernt liegenden Kurvenpunkt.

Da die Konstruktion für alle Hyperbeln der Schar (98) gilt, so dürfen wir eine vorgelegte Kurve parallel zur x-Achse verschieben. Statt dessen kann unter Festhaltung der Kurve eine Verschiebung des Systems, d. h.

---

[1]) Für die Hyperbel unter der speziellen Annahme $c = 1$ zuerst angegeben von Wright, F. E.: A graph. Method for Plotting Reciprocals. J. of the Washington Acad. of Sc. Bd. 10, Nr. 7, S. 185—188. 1920.

§ 22. Konstruktive Verzerrungen an Kegelschnitten.

des 0-Punktes, vorgenommen werden. Wir machen von dieser Tatsache Gebrauch, wenn eine Darstellung mit Unterdrückung des 0-Punktes entworfen ist. Die günstigste Lage des Trägers ergibt sich aus folgender Überlegung: Verschieben wir O nach links, so wandert S auf dem Hyperbelzweig nach links oben, der Anstieg der Bildgeraden wird kleiner und der Zeichenbereich der Bildpunkte wird seitlich in x-Richtung gedehnt; es läßt sich jedenfalls erreichen, daß die Bildgerade unter (etwa) 45° ansteigt.

Für die Ausgleichung von Beobachtungspunkten $P_1 \ldots P_n$ durch die Funktion (98) muß jeder Bildpunkt mit dem Gewicht $\dfrac{\partial y}{\partial \eta}$ versehen werden (§ 19). Da an allen Stellen der Ebene $\dfrac{\partial y}{\partial \eta} = 1$ ist, erfolgt die Ausgleichung regulär. Hierin liegt ein besonderer Vorteil der Konstruktion.

Aus $\mathsf{M} = \dfrac{y}{c}$ folgt, daß die Verzerrung auf der x-Achse nicht die im § 18 gestellte Forderung $\mathsf{M} \neq 0$ erfüllt; in der Nähe der x-Achse wird die Konstruktion praktisch unsicher.

Beispiel. In Abb. 51 ist das Gewicht γ g von 1 l trockener Luft (760 mm Hg) abhängig von der Temperatur $t = -20° \ldots +100°$ C dargestellt. $E(1°\,\mathrm{C}) = 1$ mm, $E\left(0{,}01\,\dfrac{\mathrm{gr}}{\mathrm{l}}\right) = 1$ mm.

Es ist die Verzerrungskonstruktion für fünf Beobachtungspunkte unter der Annahme $c = 1{,}5$ angedeutet; aus drucktechnischen Gründen wurde die Ausgleichungskonstruktion (§ 19) unterdrückt. Auf der γ-Achse läßt sich die Konstante $b = 1{,}293$ sofort ablesen, der Anstieg $-a \cdot c$ wird aus numerischen Kathetenwerten gefunden, etwa aus dem Verhältnis $0{,}5 : 90{,}9 = 0{,}0051$, $a = \dfrac{0{,}0051}{1{,}5} = 0{,}00367$. Die gesuchte Funktion lautet daher

$\gamma(1 + 0{,}00367 \cdot t) = 1{,}293$.

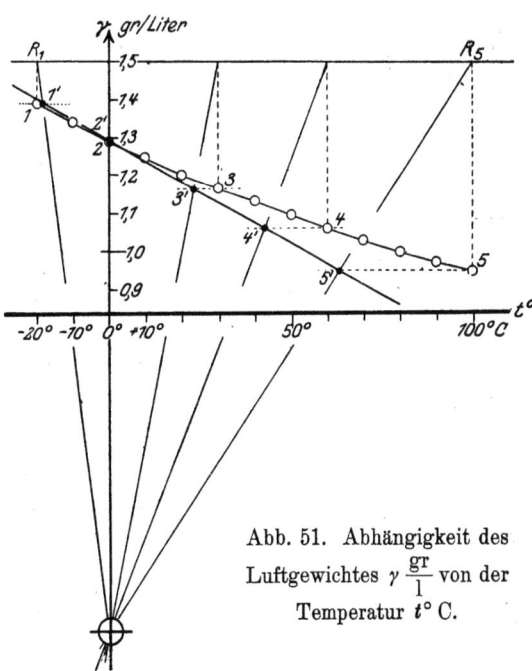

Abb. 51. Abhängigkeit des Luftgewichtes $\gamma\,\dfrac{\mathrm{gr}}{\mathrm{l}}$ von der Temperatur $t°$ C.

100 Abbildung einer Ebene auf eine andere. Punkttransformationen.

Die Abb. 50 läßt erkennen, daß Punkte P außerhalb des Zeichenblattes liegen können, während ihre Bildpunkte Q in das Zeichenfeld fallen. Es seien zahlreiche Punkte P etwa im Bereiche $x = 1 \ldots 4$ gegeben und nur wenige in der Nähe der Stelle $x = 10$. Wir erstrecken dann die Darstellung nicht bis $x = 10$, sondern beschränken uns auf einen Teilbereich, wodurch wir die Vorteile größerer Zeicheneinheit gewinnen; die Bildpunkte Q der entfernt liegenden Punkte werden durch Rechnung $\left(\xi = \dfrac{x \cdot y}{c}\right)$ bestimmt.

Eine analoge Konstruktion ist in Abb. 52 für die Parabel
$$y = ax^2 + bx \tag{101}$$
vorgenommen. Die Hilfsgerade RR verläuft parallel für y-Achse im beliebigen Abstande c; die Bezeichnungen und Konstruktionsschritte entsprechen völlig denen der Abb. 50. Auch in praktischer Hinsicht gelten sinngemäß die auf S. 98 ausgeführten Erörterungen.

Der Konstruktion liegt die Verzerrung
$$\left.\begin{array}{l}\xi = x, \quad \eta = c \cdot \dfrac{y}{x}, \\ \text{bzw.} \\ x = \xi, \quad y = \dfrac{\xi \cdot \eta}{c}\end{array}\right\} \tag{102}$$
zugrunde. Wir erkennen leicht, daß ein beliebiger Punkt der Parabel als Träger der Konstruktion gewählt und das Koordinatensystem beliebig parallel verschoben werden kann. Demnach führt die konstruktive Verzerrung (102) jede Parabel

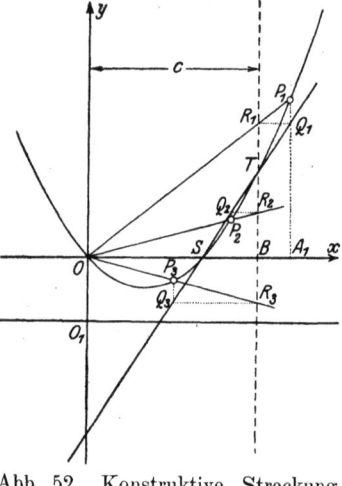

Abb. 52. Konstruktive Streckung der zweifach-unendlichen Schar $y = ax^2 + bx$. (Darstellung über $\dfrac{y}{x}$ als Ordinate).

$$y = a_0 x^2 + a_1 x + a_2 \tag{103}$$
in eine Gerade über, wenn ein Parabelpunkt Träger des Strahlenbüschels wird.

Handelt es sich um die Ausgleichung von Wertepaaren (xy), so ist dazu erforderlich, daß ein Punkt der Beobachtungsreihe festliegt. Für eine große Anzahl von Naturgesetzen ist ein derartiger Punkt aber bekannt. Es sei beispielsweise an die Wärmekapazität des Wassers erinnert; durch geeignete Definition dieser Größe kann erreicht werden, daß sie etwa für

§ 22. Konstruktive Verzerrungen an Kegelschnitten.

$t = 0^0$ den Wert 1 annimmt. Will man die thermoelektrische Kraft e einer Kombination als quadratische Funktion (103) der Temperaturdifferenz t darstellen, so gehören gewiß die Werte $t = 0$, $e = 0$ zusammen. Bei der Ausgleichung hat jeder Bildpunkt das Gewicht $\dfrac{\partial y}{\partial \eta} = \dfrac{x}{c}$ zu erhalten. Selbstverständlich kann die Glättung hier nur eine der beiden Bedingungen (70) und (71) erfüllen. Schreiben wir vor, daß $\sum z^2$ ein Minimum werde, so geht die wahrscheinlichste Gerade im allgemeinen nicht durch den Schwerpunkt der Beobachtungspunkte; die Konstruktion der Hilfskurve (vgl. S. 83, Abb. 44) wird unmittelbar an den festen Punkt angelehnt[1]).

Die Verwandtschaft zwischen den beiden Streckungskonstruktionen für Hyperbel und Parabel geht aus den Verzerrungs-

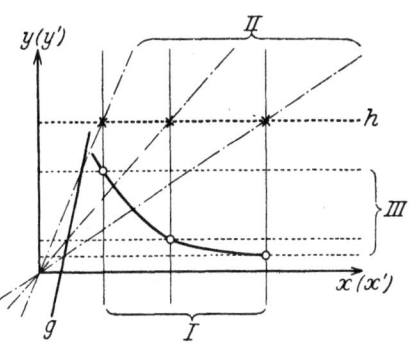

Abb. 53. Schema. Streckung der Hyperbeln.

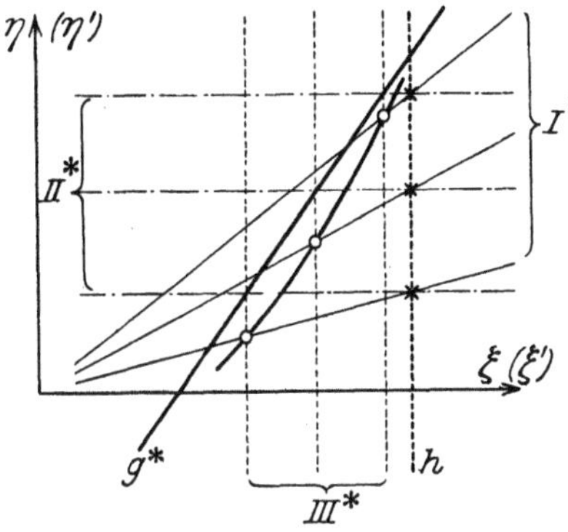

Abb. 54. Schema. Streckung der Parabeln.

gleichungen (99) und (102) hervor: unter Vertauschung der Koordinatenachsen erweist sich die eine Verzerrung als Umkehrung der anderen. Die projektive Abbildung kennzeichnet die Zusammengehörigkeit beider Konstruktionen deutlicher. (Schematische Darstellung Fig. 53 und 54.)

Die Streckung der Hyperbeln wird mit Hilfe der folgenden Scharen gewonnen: durch die Linien der Schar $I(x)$ ermitteln wir auf h die Punkte R, diese bestimmen die Schar II mit dem Träger O; als dritte Schar tritt das Parallelbüschel $III(y)$ hinzu. Die Bildpunkte erscheinen als Schnittpunkte von Geraden II und III.

Wir suchen diejenige projektive Abbildung

$$\xi = \frac{a_{11}x + a_{12}y + a_{13}}{a_{31}x + a_{32}y + a_{33}}, \qquad \eta = \frac{a_{21}x + a_{22}y + a_{23}}{a_{31}x + a_{32}y + a_{33}}, \qquad (104)$$

---
[1]) Uhler, H. S.: Journ. Opt. Soc. Bd. 7, S. 1043—1066, Nr. 11. 1923. Method of least squares and curve fitting.

102 Abbildung einer Ebene auf eine andere. Punkttransformationen.

welche die Konstruktion Fig. 53 in die Konstruktion Fig. 54 überführt.

Wenn die Schar I (x Argument, y beliebig) der (xy)-Ebene in die Schar I^* $\left(\dfrac{\eta}{\xi}\text{ Argument}\right)$ der ($\xi\eta$)-Ebene abgebildet werden soll, muß $\dfrac{\eta}{\xi} = \dfrac{a_{21}x + a_{22}y + a_{23}}{a_{11}x + a_{12}y + a_{13}}$ von y unabhängig sein:

$$a_{12} = 0, \quad a_{22} = 0.$$

Die Zuordnung der Scharen II $\left(\dfrac{y}{x}\text{ Argument}\right)$ und II^* (ξ beliebig, η Argument) besagt, daß $\eta = \dfrac{a_{21} + a_{22}\dfrac{y}{x} + \dfrac{a_{23}}{x}}{a_{31} + a_{32}\dfrac{y}{x} + \dfrac{a_{33}}{x}}$ nur von $\dfrac{y}{x}$ abhänge:

$$a_{23} = 0, \quad a_{33} = 0.$$

Schließlich ergibt die Abbildung der Schar III (x beliebig, y Argument) in die Schar III^* (ξ Argument, η beliebig), daß $\xi = \dfrac{a_{11}x + a_{12}y + a_{13}}{a_{31}x + a_{32}y + a_{33}}$ nur von y abhängt:

$$a_{11} = 0, \quad a_{31} = 0.$$

Die Abbildungsmatrix (a) hat demnach die Form

$$\begin{pmatrix} 0 & 0 & a_{13} \\ a_{21} & 0 & 0 \\ 0 & a_{32} & 0 \end{pmatrix}, \qquad (a_{32} = 1),$$

und die Abbildungsgleichungen lauten

$$\xi = \frac{a_{13}}{y}, \quad \eta = \frac{a_{21} \cdot x}{y}; \tag{105}$$

sie führen die Hyperbel $y(ax+1) = b$ in die Parabel $\eta = A\xi^2 + B\xi$ über.

Die projektive Verwandtschaft der Streckungskonstruktionen für Hyperbel und Parabel weist sofort auf eine Verallgemeinerung hin. Wir können einen beliebigen Kegelschnitt vorschreiben und eine projektive Abbildung suchen, welche die Hyperbel (98) in den gegebenen Kegelschnitt überführt. Indem wir die Bilder der Scharen I bis III ermitteln, finden wir eine für den Kegelschnitt gültige Glättungskonstruktion. Dieses Ergebnis ist im wesentlichen nur von theoretischem Interesse, da in den Anwendungen die Abhängigkeiten sehr selten auf einen allgemeineren Kegelschnitt führen. Es kommt uns an dieser Stelle nur darauf an, zu zeigen, daß die projektive Verzerrung eine Verallgemeinerung linearer Konstruktionen und Darstellungen anbahnt und herstellt.

§ 23. Aufgaben.

Zu § 18.
Die folgenden Verzerrungen sind zu untersuchen und zeichnerisch durchzuführen.

65. $\xi = x^2 + y^2$,   66. $\xi = x^2 + y^2$,   67. $\xi = \dfrac{1}{c} xy$,

     $\eta = x^2 - y^2$. $\eta = x \cdot y$. $\eta = y$.

Zu § 21.

68. Ein Zeichenblatt ist unter Festhaltung der Punkte $(0,1), (1,0), (1,1)$ projektiv so zu verzerren, daß der 0-Punkt in den Punkt $\xi = 2, \eta = 2$ gelangt.

69. Welche projektive Abbildung läßt den 0-Punkt invariant und führt die Punkte $(1,1), (-1,1), (-1,0)$ in die Bilder $(-3,0), (-3,-2), (-\tfrac{3}{2}, -\tfrac{3}{2})$ über? Welche Punkte bleiben fest? Wie verhält sich die uneigentliche Gerade?

70. Konstruktion der projektiven Verzerrung, welche die Punkte $(0,1)$ $(1,0), (1,1)$ festhält und $(-1,-1)$ in den Ursprung führt.

71. Die Abbildung $|a| = \begin{vmatrix} 0 & 0 & 1 \\ 0 & 1 & 0 \\ 1 & 0 & 0 \end{vmatrix}$ zu untersuchen. Bild der Schar $y = x \cdot z$?

Bei welchen projektiven Verzerrungen bleibt die Parallelität der folgenden Scharen erhalten?

72. (x).   73. (y).   74. $x + y = \text{const.}$

Zu § 22.

75. Die auf S. 98 behandelte Verzerrung $\xi = \dfrac{xy}{c}, \eta = y$ soll auf die Kurven $x^2 y^2 + a^2 (y^2 - a^2) = 0$ (Konchoide von Külp), $x^2 y + a^2 (y - a) = 0$, (Agnesische Versiera) angewendet werden. Was folgt daraus für die Konstruktion der genannten Kurven?

76. Wie gestaltet sich die auf S. 98 für $y(x+1) = 1$ behandelte Konstruktion in der Bildebene $\xi = \dfrac{2a}{x+y+1}, \eta = \dfrac{b \cdot (x-y+1)}{x+y+1}$? Welche Kurve wird gestreckt? Warum läßt sich das Ergebnis nomographisch nicht auswerten?

IV. Netztafeln.

§ 24. Die Ablesegenauigkeit in Netztafeln.

Wenn die Funktion $F(\alpha, \beta, \gamma) = 0$ in dem geometrisch verzerrten Funktionsnetz

$$x = l \cdot x(\alpha),$$
$$y = m \cdot y(\beta)$$

ihre Darstellung findet, ergibt sich die Gleichung der zugehörigen Kurvenschar durch Elimination der Veränderlichen α und β.

Wir sammeln die Glieder, welche dann noch die Variable γ enthalten, $z = f(\gamma)$, und gewinnen

$$z = g(x, y) \tag{106}$$

als Bild der Funktion $F = 0$.

In der Untersuchung der Genauigkeitsverhältnisse wollen wir uns auf die Fälle beschränken, in denen α und β als gegebene Größen und γ als Ergebnis auftreten. Vgl. S. 112.

Beim Aufsuchen der Werte α und β, d. h. also der Stellen x und y, begehen wir gewisse Einschätzungsfehler $\varDelta_1 x$ und $\varDelta_1 y$, die einen Fehler $\varDelta_1 z$ nach sich ziehen. Bezeichnen wir die ersten partiellen Ableitungen von g wie folgt: $\dfrac{\partial g}{\partial x} = g_1$, $\dfrac{\partial g}{\partial y} = g_2$, so erhalten wir aus der Reihenentwicklung in erster Näherung

$$\varDelta_1 z = \pm g_1 \varDelta_1 x \pm g_2 \varDelta_1 y$$

oder $\qquad (\varDelta_1 z)^2 = g_1^2 (\varDelta_1 x)^2 \pm 2 g_1 g_2 \varDelta_1 x \varDelta_1 y + g_2^2 (\varDelta_1 y)^2$.

Die Eingangsfehler $\varDelta_1 x$ und $\varDelta_1 y$ liegen in der Größenordnung s_1:
$$(\varDelta_1 z)^2 = (g_1^2 \pm 2 g_1 g_2 + g_2^2) s_1^2.$$

Bei einer großen Anzahl von Einzelfällen, also bei oftmaliger Benutzung der Rechentafel, werden sich die Glieder $\pm 2 g_1 g_2$ in der Durchschnittszahl der Fehlerquadrate ausgleichen; wir vereinigen daher die Unsicherheiten $\pm g_1 \varDelta_1 x$ und $\pm g_2 \varDelta_1 y$ wie wahrscheinliche Fehler und erhalten den mittleren Fehler

$$\pm \varDelta_1 z = \sqrt{g_1^2 + g_2^2} \cdot s_1. \tag{107}$$

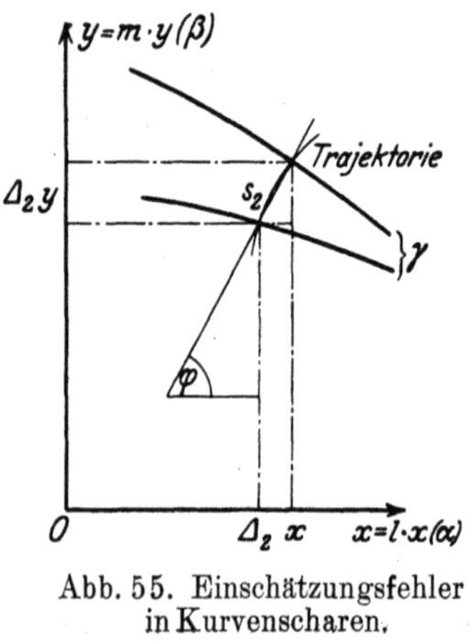

Zu diesem durch die Eingangsunsicherheit s_1 bedingten Fehler $\varDelta_1 z$ tritt der Ablesefehler bei der Einschätzung des Ergebnisses γ. Erfahrungsgemäß folgt das Auge beim Interpolieren innerhalb einer Kurvenschar den orthogonalen Trajektorien. Wenn also an der Stelle (xy) der zugehörige Wert γ ermittelt wird, muß auf der durch (xy) gehenden Trajektorie die Unsicherheit s_2 berücksichtigt werden (s. Abb. 55). An der Stelle xy beträgt der Anstieg der Kurventangente $\dfrac{dy}{dx} = -\dfrac{g_1}{g_2}$, der Anstieg der Normale mithin $\operatorname{tg} \varphi = +\dfrac{g_2}{g_1}$.

Abb. 55. Einschätzungsfehler in Kurvenscharen.

§ 24. Die Ablesegenauigkeit in Netztafeln.

Wir können die Unsicherheit s_2 durch zugehörige Abweichungen $\Delta_2 x$ und $\Delta_2 y$ ausdrücken:

$$\Delta_2 x = s_2 \cdot \cos\varphi, \qquad \Delta_2 y = s_2 \cdot \sin\varphi,$$

$$= \frac{g_1}{\sqrt{g_1^2 + g_2^2}} \cdot s_2. \qquad = \frac{g_2}{\sqrt{g_1^2 + g_2^2}} s_2.$$

Der Schätzungsfehler s_2 bewirkt daher die Änderung

$$\pm \Delta_2 z = g_1 \cdot \Delta_2 x + g_2 \cdot \Delta_2 y,$$

$$= \frac{g_1^2 + g_2^2}{\sqrt{g_1^2 + g_2^2}} \cdot s_2 = \sqrt{g_1^2 + g_2^2}\, s_2. \tag{108}$$

Mit Rücksicht darauf, daß eine Kurvenschar aus praktischen Gründen nicht so dicht und nicht mit gleicher Sicherheit ausgeführt werden kann wie eine Leiter, ist der Fehler $s_2 > s_1$ vorauszusetzen. Treffen wir die Annahme $s_1 = s$, $s_2 = p \cdot s$, so gewinnen wir den Fehler des Ergebnisses:

$$\pm \Delta z = \sqrt{(\Delta_1 z)^2 + (\Delta_2 z)^2},$$
$$= \sqrt{1 + p^2} \cdot \sqrt{g_1^2 + g_2^2}\, s.$$

Aus $z = f(\gamma)$ folgt schließlich:

$$\boxed{\pm \Delta \gamma = \frac{\sqrt{1+p^2}}{f'(\gamma)} \sqrt{g_1^2 + g_2^2} \cdot s} \tag{109}$$

Satz von Vogler, 1877[1]).

Die Bedeutung dieses Satzes tritt durch folgende Überlegung hervor. Die Anwendung des Gaußschen Fehlergesetzes enthält die Voraussetzung, daß die Größen s nicht Grenzfehler darstellen, sondern Fehler, die in einer großen Anzahl von Einzelfällen, etwa bei 1000 maliger Benutzung der Rechentafel einmal zu erwarten sind. Wir vergleichen nun die aus (107) folgende Auswirkung der Eingangsfehler

$$\pm \Delta_1 \gamma = \frac{1}{f'(\gamma)} \cdot \sqrt{g_1^2 + g_2^2} \cdot s$$

mit (109). Es sei eine Rechentafel so entworfen, daß die Ablesung auf den Teilungen (α) und (β) nur in einem von 1000 Fällen den Fehler s erwarten läßt, in 999 Fällen also in vorgeschriebener Genauigkeit erfolgt; dann bewirkt erst die $\sqrt{1+p^2}$ fache Zeichenhöhe, daß auch das Ergebnis γ in entsprechender Genauigkeit auftritt.

Beispiel. Die logarithmische Tafel nach Lalanne (Anhang I) $x = l \cdot \log\alpha$, $y = l \cdot \log\beta$ für das Produkt $\gamma = \alpha \cdot \beta$ er-

---

[1]) Vogler hat den Satz unter der Annahme $p = 1$ für eine Reihe von besonderen Netztafeln ausgesprochen.

gibt $z = g(x, y) = x + y$, wenn $z = l \cdot \log \gamma$. Die Ableitungen sind $g_1 = 1$, $g_2 = 1$, $f'(\gamma) = \dfrac{l \cdot \log e}{\gamma}$, und wir erhalten

$$\pm \Delta \gamma = \gamma \cdot \left(\frac{s \cdot \sqrt{2}}{l \cdot \log e}\right) \cdot \sqrt{1 + p^2}.$$

Zu einer Abschätzung des Faktors p gelangen wir auf empirischem Wege. In einer Tafel $l = 100$ mm ermitteln wir eine große Anzahl von Produkten und bestimmen die Abweichungen $(\Delta \gamma)_{\text{beob}}$ vom wahren Werte des Produktes. Eine an die Tafel Anhang I angeschlossene Versuchsreihe hat mit geringer Streuung auf $(\Delta \gamma)_{\text{beob}} = \dfrac{1}{300} \gamma$ geführt; daraus folgt

$$\sqrt{1 + p^2} = \frac{100 \cdot 0{,}43}{s \cdot \sqrt{2}} \cdot \frac{1}{300} \approx \frac{0{,}1}{s}.$$

Bei $s = 0{,}05$ erhalten wir daher $\sqrt{1 + p^2} \approx 2$, $p \approx 1{,}7$. Die Geraden (γ) folgen in der Versuchstafel verhältnismäßig dicht aufeinander, so daß die Annäherung an den Voglerschen Wert $p = 1$ zu erwarten stand. Unter der günstigsten Annahme $p = 1$, $s = 0{,}05$ liefert eine log. Produktentafel das Ergebnis auf etwa $\left(\dfrac{23}{l}\right)\%$.

Handelt es sich um die Darstellung der Funktion $\gamma = c \cdot \alpha^a \cdot \beta^b$ im doppelt-logarithmischen Netz $x = l \cdot \log \alpha$, $y = l \cdot \log \beta$, so ergibt sich

$$\pm \Delta \gamma = \gamma \cdot \sqrt{a^2 + b^2} \cdot \frac{s}{l \cdot \log e} \sqrt{1 + p^2}.$$

Demnach beträgt in einer Tafel für das Widerstandsmoment bei elliptischem Querschnitt $W = \dfrac{\pi}{4} \alpha^2 \beta$, unter der Annahme $\sqrt{1 + p^2} = 2$ der Fehler $\pm \Delta W = W \cdot \dfrac{s \cdot 2 \sqrt{5}}{l \cdot \log e} \approx 10 \cdot W \cdot \dfrac{s}{l}$, der prozentuale Fehler

$$\pm \left(100 \cdot \frac{\Delta W}{W}\right) \approx \left(\frac{50}{l}\right)\%.$$

Bei vorgeschriebener Genauigkeit kann hieraus die notwendige Zeicheneinheit l leicht ermittelt werden.

Für die auf S. 29 angegebene Hyperbeltafel $\gamma = \alpha \cdot \beta$ gelten die Daten: $x = l \cdot \alpha$, $y = l \cdot \beta$. Die Gleichung der Kurvenschar wird $z = g(x, y) = x \cdot y$, wobei $z = l^2 \cdot \gamma$ ist. $g_1 = y = l \cdot \beta$, $g_2 = x = l \cdot \alpha$, $f'(\gamma) = l^2$:

$$\pm \Delta \gamma = \frac{s}{l} \sqrt{1 + p^2} \cdot \sqrt{\alpha^2 + \beta^2}.$$

Es wurde eine Versuchsreihe $(\Delta \gamma)_{\text{beob}}$ an das Original der Abb. 20 angeschlossen, $l = 10$ mm, sie ergab den Mittelwert

$$\frac{10 \cdot (\Delta \gamma)_{\text{beob}}}{\sqrt{\alpha^2 + \beta^2}} = 0{,}30.$$

Die Annahme $s = 0{,}05$ führt auf $\sqrt{1+p^2} \approx 6$, $p \approx 6$, einen Wert, welcher der wenig verdichteten Kurvenfolge Rechnung trägt. Das vorige Beispiel läßt erkennen, daß durch Einschaltung einer genügenden Anzahl von Kurven der Wert $\sqrt{1+p^2}$ gewiß auf 2 herabgedrückt werden kann.

Der Fehler $\varDelta \gamma$ ist auf konzentrischen Kreisen um den 0-Punkt konstant. Abb. 56 gibt eine Darstellung für eine Tafel $l = 10$ mm, wobei

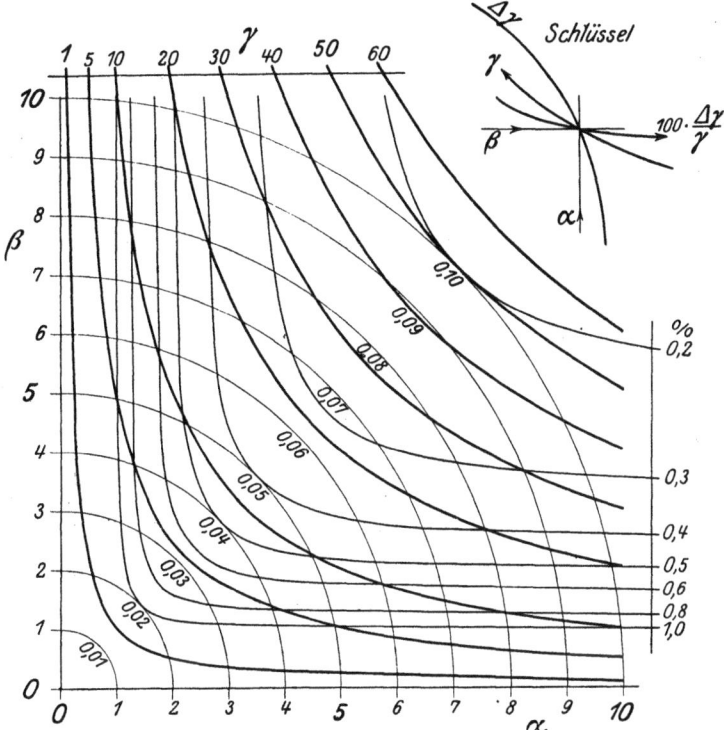

Abb. 56. Absoluter und prozentualer Ablesefehler in einer Hyperbeltafel $(\gamma = \alpha \cdot \beta)$.

die Hyperbelschar, um die Übersicht nicht zu stören, nur in einzelnen Gliedern 1, 5, 10, ... angedeutet ist, in ihrer Verdichtung also keineswegs dem Werte $\sqrt{1+p^2} = 2$ entspricht. Der prozentuale Ablesefehler beträgt $\pm \left(100 \cdot \dfrac{\varDelta \gamma}{\gamma}\right) = \dfrac{100\,s}{l} \sqrt{1+p^2} \cdot \sqrt{\dfrac{1}{\alpha^2} + \dfrac{1}{\beta^2}}$; die Linien gleicher prozentualer Genauigkeit sind in Abb. 56 eingezeichnet.

§ 25. Strahlentafeln.

Als Beispiel für die als Strahlentafeln bezeichneten Rechentafeln kann die in der $(\beta\gamma)$-Ebene der Abb. 18 und 19 liegende

Darstellung genannt werden. Tafeln dieser Art verdienen in praktischer Hinsicht besondere Beachtung. Die durch einen festen Träger gehende Strahlenschar kann in einfacher Weise realisiert werden, ohne daß sie in der Zeichnung selbst hervortritt. Wir befestigen im Träger eine Spitze, die einem Faden oder Lineal als Führung dient; die Ablesung des Parameterwertes der Schar erfolgt am Rande der Tafel auf einer besonderen Teilung. Bei feinerer Ausführung des Nomogramms läßt sich der Träger zu einem Zapfen ausbilden, der die zentrische Bewegung eines drehbaren Lineals in besonderem Maße sichert. Rein äußerlich gewährt diese Tafelform den Vorteil, daß die Darstellung nur zwei Linienscharen enthält, also wesentlich an Übersichtlichkeit gewinnt; wertvoller noch ist vielleicht der Umstand, daß die Strahlenschar an allen Stellen der Tafel in hinreichender Verdichtung vorhanden ist.

Wir behandeln zunächst die Multiplikationstafeln $\gamma = \alpha \cdot \beta$ und legen unseren Ausführungen ein rechtwinkliges, kartesisches Koordinatensystem zugrunde. Die einfachsten Strahlentafeln werden dann durch die Gleichung $y = x \cdot z$ definiert, in der z

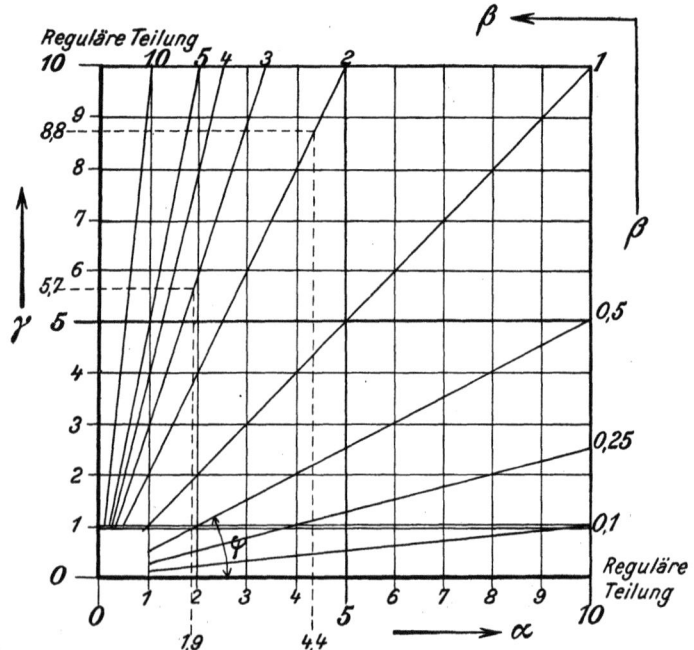

Abb. 57. Schema. Tafel nach Chenevier ($\alpha \cdot \beta = \gamma$).

§ 25. Strahlentafeln.

den Anstieg einer Geraden des Büschels bedeutet. Um zu möglichst allgemeinen Darstellungen zu gelangen, schreiben wir die vorgelegte Funktion unter Einführung sog. freier Parameter $\gamma^n = \alpha^n \cdot \beta^n$; sie läßt sich auf verschiedenen Wegen in die Form $y = x \cdot z$ überführen. Wir wählen den Ansatz:

$$x = \alpha^n; \quad y = \lambda \cdot \gamma^n; \quad z = \lambda \cdot \beta^n. \qquad (110)$$

Tafeln dieser Art nennen wir Chenevier tafeln[1]) (Schema, Abb. 57). Wenngleich die Herstellung einer Rechentafel $n = 1$ am einfachsten ist, gewinnt die vorliegende Art von Nomogrammen erst bei sachgemäßer Ausnutzung der Vorzüge von Potenzleitern besonderen Wert[2]); wir erkennen nämlich, daß es zur Erzielung hinreichender Rechengenauigkeit notwendig ist, die Darstellung möglichst vom 0-Punkt zu entfernen; dies erreichen wir aber gerade durch geeignete Wahl von n.

Beispiel. Die Vorführungsdauer t Minuten eines L m langen Filmstreifens ist von der Ablaufsgeschwindigkeit abhängig, die durch die Anzahl ν der in 1 sec projizierten Einzelbilder gemessen wird:

$$L = t \cdot 1{,}14\, \nu.$$

Bereiche: $\nu = 15\ \ldots\ \ldots\ 45,$
$\phantom{\text{Bereiche:}\ \ } L = 100\ \ldots\ \ldots\ 2500,$
$\phantom{\text{Bereiche:}\ \ } t = 5\ \ldots\ \ldots\ 60.$

Wenn wir fordern, daß die Umgebung des 0-Punktes, $x < 20$ mm, $y < 20$ mm, für die Darstellung nicht verwendet werde, etwa mit Rücksicht auf die Anordnung eines Zapfens, so muß bei regelmäßigen Achsenteilungen die Teilung $x = l \cdot t$ mm mindestens in der Zeicheneinheit $l = 4$ mm, die Teilung $y = m \cdot L$ mm mindestens in der Zeicheneinheit $m = 0{,}2$ mm entworfen werden; dann erstreckt sich aber die t-Teilung bis zu $x = 240$ mm, die Teilung (L) bis zu $y = 500$ mm; diese Abmessungen sind in der Praxis völlig unbrauchbar. Der Exponent n muß daher so gewählt werden, daß die Teilungen (t) und (L) eine Drängung erfahren; bei nachfolgender Vergrößerung der Zeicheneinheiten tritt dann die Entfernung vom 0-Punkt ein. Abb. 28 zeigt, daß in erster Linie Werte n zwischen 0 und 1 in Betracht kommen; wir wählen $n = \frac{1}{2}$ und bestimmen den Maßstab der y-Leiter (L) so, daß die Tafel von der quadratischen Form möglichst wenig abweicht:

$$x = \sqrt{t} \cdot 10 \text{ mm}, \qquad y = \sqrt{L} \cdot 2 \text{ mm}.$$

Mithin ergibt sich $z = 0{,}2\sqrt{1{,}14} \cdot \sqrt{\nu} = \dfrac{1}{4{,}67}\sqrt{\nu}$. Die Einzeichnung der Parallelscharen erfolgt ohne Schwierigkeit nach der Tabelle, auch der Anstieg z kann an eine Zahlentafel $\sqrt{\nu}$ angeschlossen werden, wenn auf der Parallelen zur y-Achse $x = 46{,}7$ mm die Werte $10 \cdot \sqrt{\nu}$ mm aufgetragen

---
[1]) Chenevier hat die Tafeln $n = 1$ benutzt.
[2]) Zahlreiche mechanische Rechenhilfsmittel sind lediglich mit Hilfe des regelmäßigen Netzes ($n = 1$) entworfen; sie nutzen vielfach die nomographischen Vorteile keineswegs aus.

werden. Beim Entwerfen einer Tafel sind auch größere Abmessungen nicht störend; es können daher auf der Geraden $x = 467$ mm die Werte $100 \cdot \sqrt{v}$ mm festgelegt werden. Abb. 58 gibt eine Darstellung der Tafel; nur der praktisch gegebene Bereich ist zeichnerisch fixiert worden.

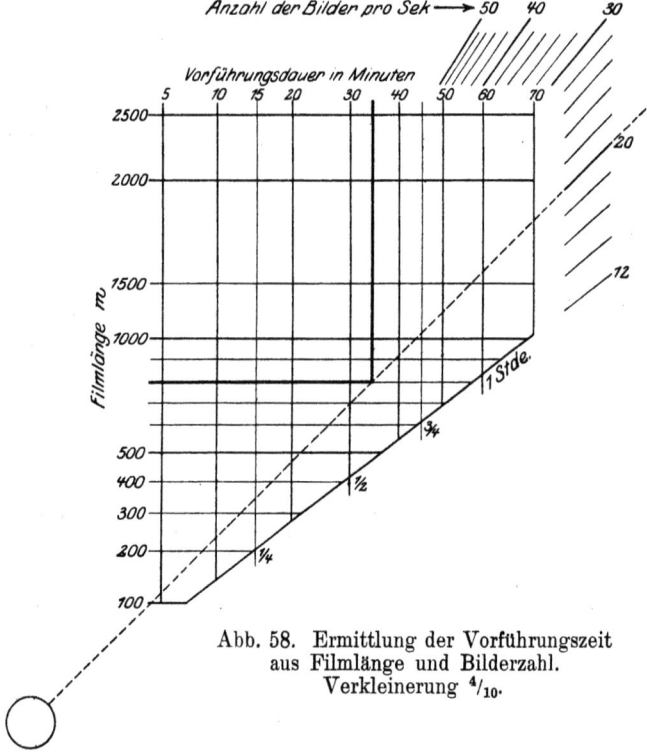

Abb. 58. Ermittlung der Vorführungszeit aus Filmlänge und Bilderzahl. Verkleinerung $^4/_{10}$.

Bei anderer Wahl der Veränderlichen führt die Zuordnung zwischen den Gleichungen $\gamma = \alpha \cdot \beta$ und $y = x \cdot z$ auf eine neue Tafelform:
$$x = \alpha^n; \quad y = \lambda \cdot \beta^{-n}; \quad z = \lambda \cdot \gamma^{-n}. \tag{111}$$
(Schema Abb. 59). Für $n = 1$ sind diese Tafeln von Crépin[1]) eingeführt worden; ihre Verallgemeinerung hat Fürle[2]) angebahnt, indem er den Ansatz $x = \sqrt{\alpha}$, $y = \dfrac{1}{\sqrt{\beta}}$, $(n = \tfrac{1}{2})$, in Vorschlag brachte. Die Fürlesche Tafel (Abb. 60) zeichnet sich

---
* [1]) Ann. Ponts Chauss. 1881, 1, S. 138, Plan VI.
 [2]) Rechenblätter, Progr. d. 9. Realschule Berlin 1902, S. 16, Tafel 2, 11.

§ 25. Strahlentafeln.

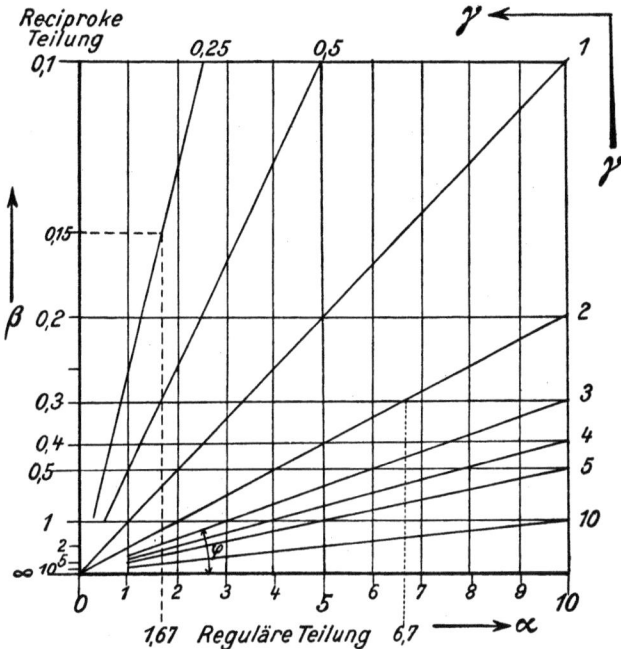

Abb. 59. Schema. Tafel nach Crépin ($\alpha \cdot \beta = \gamma$).

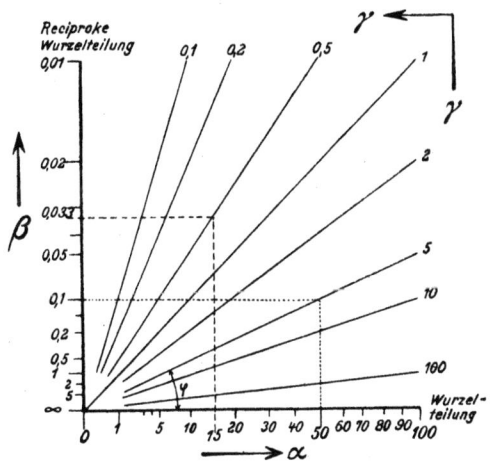

Abb. 60. Schema. Tafel nach Fürle ($\alpha \cdot \beta = \gamma$).

durch große Bereiche aus, sie wird Anwendung finden, wenn es sich darum handelt, im Bereiche mehrerer Zehnerpotenzen sofort die Größenordnung des Ergebnisses sicherzustellen, etwa bei der Thomsonschen Formel.

Um die Genauigkeitsabschätzung (§ 24, 109) in der Chenevierschen Tafel ($n = 1$) $x = l \cdot \alpha$, $y = l \cdot \gamma$ für den Quotienten $\beta = \dfrac{\gamma}{\alpha}$ vorzunehmen, $z = \dfrac{y}{x}$, haben wir die Ableitungen $g_1 = -\dfrac{x}{y^2}$, $g_2 = \dfrac{1}{x}$, $f'(\beta) = 1$ zu berücksichtigen:

$$\pm \Delta\beta = \left[\frac{s}{l}\sqrt{1+p^2}\right] \frac{1}{\alpha^2} \sqrt{\alpha^2 + \gamma^2}.$$

Für die Crépintafel ($n = 1$), $x = l \cdot \alpha$, $y = \dfrac{m}{\beta}$, erhalten wir entsprechend den Fehler des Produktes $\gamma = \alpha \cdot \beta$:

$$\pm \Delta\gamma = \left[\frac{s}{l \cdot m}\sqrt{1+p^2}\right] \cdot \frac{1}{\alpha} \cdot \sqrt{l^2 \alpha^2 \beta^2 + m^2}.$$

Die Aufgabe $\gamma = \alpha \cdot \beta$ kann in der Tafel auf zweifache Art gelöst werden, wenn man die Vertauschbarkeit der Faktoren berücksichtigt. Für ein vorgelegtes Produkt sind der Ausdruck in der eckigen Klammer und die Wurzel konstant. Die Leistung der Rechentafel kann also verbessert werden, wenn der größere Faktor auf der α-Teilung abgelesen wird, vorausgesetzt, daß die Geradenschar (γ) mit wachsender Entfernung vom 0-Punkt verdichtet wird, weil andernfalls $\sqrt{1+p^2}$ wächst. Wir machen von diesem Ergebnis Gebrauch bei der Konstruktion von Tafeln, indem wir die größeren Faktoren der α-Leiter zuordnen.

Ein Vergleich zwischen den Tafeln nach Chenevier und Crépin führt uns auf eine allgemeine Regel. Die Geraden (α) und (β) bestimmen einen Bildpunkt (α, β), die dritte durch diesen Punkt gehende Gerade zeigt das Ergebnis γ an. Die Festlegung der dritten Geraden ist in allen Fällen hinreichend gesichert, wenn nur der Bildpunkt selbst in ausreichender Schärfe bestimmbar ist. Diese Bedingung ist in der Crépinschen Tafel überall erfüllt, da die Linien (α) und (β) sich stets rechtwinklig schneiden, nicht aber in der Cheneviertafel. In der Tafel nach Crépin ist es für die Ablesung γ völlig gleichgültig, ob der Strahl γ eine der Scharen (α) oder (β) sehr flach schneidet; dagegen machen ungünstige Schnittverhältnisse in der Cheneviertafel die Ablesung unter Umständen illusorisch. Für Produktbildungen ist die Crépintafel vorzuziehen. Anders liegen die Verhältnisse bei der Division. Während selbstverständlich beide Tafeln auch Divisionen leisten, gewährt die Cheneviertafel bei Bildung von Quotienten Vorteile.

Allgemein wird die Funktion $F(\alpha, \beta, \gamma) = 0$ in geometrisch verzerrten Netzen zweckmäßig derart dargestellt, daß das Ergebnis auf der Kurvenschar erscheint. Vgl. S. 104.

Die Verwandtschaft zwischen den Tafeln Abb. 57 und 59 tritt durch Vertauschung der Veränderlichen nur äußerlich in Erscheinung. Beide Tafeln gehen durch projektive Verzerrung auseinander hervor. Wir deuten die Cheneviertafel in der Grundebene E, (x, y), die Crepintafel in der Bildebene E, (ξ, η), und

§ 25. Strahlentafeln.

nehmen die Abbildung so vor, daß zunächst die Parallelschar (γ) in das Strahlenbüschel übergeht.

I. Grundebene: $u = 0$,   Bildebene: $U = \infty$,
$$v = -\frac{1}{\lambda \cdot \gamma^n}. \qquad V = \infty,$$
$$U : V = \frac{1}{v}.$$

Daraus bestimmen sich einige der Parameter $A_{11}, \ldots A_{33}$ in den Abbildungsgleichungen (§ 21, 89)

$$U = \frac{A_{11}u + A_{12}v + A_{13}}{A_{31}u + A_{32}v + A_{33}}, \qquad V = \frac{A_{21}u + A_{22}v + A_{23}}{A_{31}u + A_{32}v + A_{33}}$$

wie folgt: $A_{32} = 0$, $A_{33} = 0$,   mithin $A_{31} \neq 0$.

$A_{23} = 0$, $A_{12} = 0$,

$A_{13} = A_{22} \neq 0$.

Zwischenergebnis: $U = \dfrac{A_{11}u + A}{A_{31}u}$, $V = \dfrac{A_{21}u + Av}{A_{31}u}$.

II. Die Strahlenschar (β) soll in die zur ξ-Achse parallele Geradenschar transformiert werden:

Grundebene: $u = \infty$,   Bildebene: $U = 0$,
$$v = \infty, \qquad\qquad V = \frac{v}{u}.$$
$$\frac{u}{v} = -\lambda \cdot \beta^n.$$

Wir erreichen diese Verzerrung, wenn

$A_{11} = 0$,

$A_{21} = 0$, $A_{31} = A \neq 0$.

Damit ist die projektive Abbildung völlig bestimmt:

$$|A| = \begin{vmatrix} 0 & 0 & A \\ 0 & A & 0 \\ A & 0 & 0 \end{vmatrix}, \text{ nach Kürzung konstanter Faktoren: } |a| = \begin{vmatrix} 0 & 0 & 1 \\ 0 & 1 & 0 \\ 1 & 0 & 0 \end{vmatrix}.$$

$$\xi = \frac{1}{x}, \quad \eta = \frac{y}{x}. \quad U = \frac{1}{u}, \quad V = \frac{v}{u}. \tag{112}$$

Es läßt sich nun sofort die Bildschar der Schar (α) angeben:

III. Grundebene: $u = -\dfrac{1}{\alpha^n}$, $v = 0$.

Daher Bildebene: $U = -\alpha^n$, $V = 0$.

Schwerdt, Nomographie.   8

Die Schar (α) bleibt in ihrer Paralleleneigenschaft invariant. Wir untersuchen die Achsenteilungen des Netzes in E, indem wir für x und y die aus (110) folgenden Teilungsfunktionen einsetzen:

$$\xi = \alpha^{-n}, \qquad \eta = \frac{\lambda \cdot \gamma^n}{\alpha^n} = \lambda \cdot \beta^n.$$

Die Cheneviertafel n geht durch die projektive Verzerrung (112) in die Crépintafel $-n$ über. Bei Vertauschung der Achsen ξ und η ist unter der Annahme $\lambda = 1$ die Zuordnung auch für gleiche Werte n vollzogen. Wenn wir schließlich die Bildebene an der ξ-Achse spiegeln, so stimmt die Verzerrung (112) mit der auf S. 92 behandelten überein, und wir erkennen, daß beide in Rede stehenden Tafelformen durch Spiegelung an einem Hohlspiegel ineinander übergeführt werden können.

An Stelle der Werte α, β, γ können wir Funktionen dieser Veränderlichen zugrunde legen. Die speziellen Strahlentafeln eignen sich daher vornehmlich zur Darstellung des Funktionstypes:

$$\boxed{f(\alpha) \cdot g(\beta) \cdot h(\gamma) = \text{const}}. \tag{113}$$

Die Bedeutung dieser Aussage bedarf einer kurzen Erklärung. Wir wissen, daß jede Funktion $F(\alpha, \beta, \gamma) = 0$ durch eine Netztafel, sogar im regelmäßigen Netz (α, β), dargestellt werden kann. Es ist aber in jedem Falle die Berechnung der nach γ bezifferten Kurvenschar notwendig. Wenn es auch nicht immer die wesentliche Aufgabe ist, so ist doch häufig zu fordern, daß die Darstellung mit möglichst geringer Rechenarbeit geleistet werde. Im vorliegenden Falle ist lediglich die Berechnung der Achsenteilungen und die Bezifferung der Strahlenschar vorzunehmen. Wenn daher eine gegebene Funktion $F = 0$ nach Art der Grundform (113) in Faktoren zerlegt werden kann, ist die Darstellung in einer Strahlentafel am Platze, die Berechnung wird auf wenige Schritte reduziert.

Zu allgemeineren Funktionsbildern gelangen wir, wenn wir statt der Parallelscharen ein Kurvennetz einführen. Wir denken für die Funktion $F = 0$ irgendeine geometrisch verzerrte Netztafel entworfen und nehmen eine projektive Abbildung dieser Darstellung derart vor, daß eine der beiden Parallelscharen in das Strahlenbüschel übergeht. Wir beschränken uns auf die Untersuchung der Schar (x). Die Geraden $v = 0$, (u) werden in die Strahlen $U = \infty$, $V = \infty$, ($U:V$) übergeführt durch jede Verzerrung

$$(A) = \begin{pmatrix} A & A & A \\ A & A & A \\ 0 & A & 0 \end{pmatrix}. \tag{114}$$

§ 25. Strahlentafeln.

Fügen wir die weitere Forderung hinzu, daß die Schar (y) in ihrer Paralleleneigenschaft invariant bleibe, so ist die Abbildung (114) an die Bedingung geknüpft:

Grundebene: $u = 0$, (v). Bildebene: $U = 0$, (V); sie wird erfüllt durch $A_{12} = A_{13} = 0$.

Jede geometrisch verzerrte Netztafel geht durch die Abbildung

$$(A) = \begin{pmatrix} A & 0 & 0 \\ A & A & A \\ 0 & A & 0 \end{pmatrix} \tag{115}$$

in eine Strahlentafel über.

Wenn wir überhaupt davon absehen, daß die Tafel außer der Strahlenschar eine Geraden- oder gar Parallelschar enthalte, so führt jede Verzerrung $x = x\left(\dfrac{\eta}{\xi}\right)$, $y = y(\xi, \eta)$ eine im rechtwinkligen Koordinatennetz (x, y) gelegene Netztafel in eine Strahlentafel über. Wir nehmen den Ansatz jedoch unmittelbar vor. Durch die Kurvenscharen $g(x, y; \alpha) = 0$ und $h(x, y; \beta) = 0$ werden in der Darstellungsebene die Bildpunkte (α, β) festgelegt, die ihrerseits den durch 0 gehenden Strahl $z = z(\gamma)$ bestimmen. Die dargestellte Funktion $F(\alpha, \beta, \gamma) = 0$ ergibt sich durch Elimination von x, y und z aus dem System:

$$\begin{vmatrix} g(x, y; \alpha) = 0\,. & y = x \cdot z\,. \\ h(x, y; \beta) = 0\,. & z = z(\gamma)\,. \end{vmatrix} \tag{116}$$

Aus $g = 0$ und $h = 0$ folgen $x = \varphi(\alpha, \beta)$, $y = \psi(\alpha, \beta)$, und wir erhalten die Grundform

$$\boxed{z(\gamma) = \frac{\psi(\alpha, \beta)}{\varphi(\alpha, \beta)}}\,. \tag{117}$$

In den Anwendungen ist stets die Funktion $F = 0$ vorgelegt, und es handelt sich darum, ein zugehöriges System (116) zu finden. Dazu ist es nicht nötig, aus $x = \varphi(\alpha, \beta)$ und $y = \psi(\alpha, \beta)$ durch Elimination von α bzw. β die Kurvengleichungen $h = 0$ bzw. $g = 0$ selbst herzustellen. Um nämlich die Schar (α) zu konstruieren, halten wir jeweils einen Wert α_0 fest; dann geben $x = \varphi(\alpha_0, \beta)$ und $y = \psi(\alpha_0, \beta)$ eine Parameterdarstellung der Kurve α_0. Als wesentliche Erleichterung kommt hinzu, daß bei geeigneter Wahl von glatten Parameterwerten β zugleich einzelne Punkte der Kurven (β) gewonnen werden. Wenn auch die Gleichungen $g = 0$ und $h = 0$ nicht immer in geschlossener Form darstellbar sind, so kann die Berechnung des Kurvennetzes (α), (β) doch jedenfalls erfolgen.

Beispiel. Die Schar der Wurfparabeln

$$y = x \cdot \operatorname{tg} \varphi - \frac{x^2}{a \cdot \cos^2 \varphi} \tag{118}$$

werde der Verzerrung
$$x = \xi, \qquad y = -\frac{1}{a}\xi^2 - \frac{1}{a}\eta^2 + \eta \qquad (119)$$
unterworfen. Die Linien (x) bleiben invariant, die Geraden (y) bilden sich in die konzentrischen Kreise mit dem Mittelpunkt $(0, \tfrac{1}{2}a)$ und dem Radius

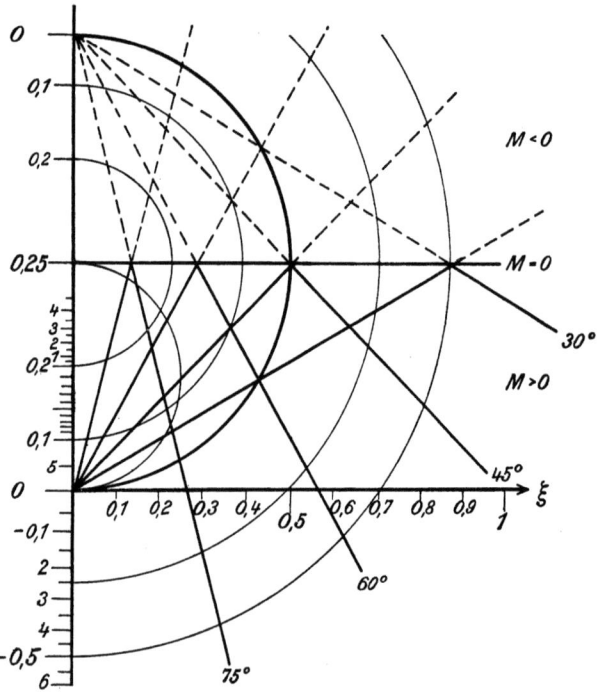

Abb. 61. Verzerrung der Wurfparabeln.

$\varrho(y) = \tfrac{1}{2}\sqrt{a^2 - 4ay}$ ab. Die Schar (φ) geht in zwei Strahlenbüschel über; aus (118) und (119) folgt nämlich:
$$\underbrace{(\eta - \xi \cdot \mathrm{tg}\,\varphi)}_{\text{I}} \cdot \underbrace{(\eta + \xi \cdot \mathrm{tg}\,\varphi - a)}_{\text{II}} = 0\,.$$

Erste Bildschar: $\quad \eta = \quad \xi \cdot \mathrm{tg}\,\varphi, \qquad$ Träger: $(0, 0)$.
Zweite Bildschar: $\eta = -\xi \cdot \mathrm{tg}\,\varphi + a, \qquad$ Träger: $(0, a)$.
Dieser Umstand entspricht völlig der Tatsache, daß ein Bereich der (xy)-Ebene von der Schar (φ) doppelt überdeckt ist. Wir trennen beide Belegungen der Bildebene mit Hilfe der Funktionaldeterminante
$$M = \frac{\partial(x, y)}{\partial(\xi, \eta)} = 1 - \frac{2}{a}\eta\,.$$
Die Gerade $\eta = \tfrac{1}{2}a$, die Bildgerade der Hüllparabel der Parabeln (118), scheidet in der Bildebene Gebiete eindeutiger Darstellung. Will man den

§ 26. Doppel-Strahlentafeln. 117

Einblick in den physikalischen Zusammenhang betonen, so wird man zweckmäßig die Teile oberhalb der Geraden $M = 0$ unterdrücken (Abb. 61). Bei der Herstellung einer Rechentafel für die Funktion (118) machen wir dagegen zwischen Gebieten $M > 0$ und $M < 0$ keinen Unterschied und benutzen lediglich die Geradenschar durch den 0-Punkt (Abb. 62; $a = 1$). Der Vorzug der angegebenen Darstellung vor anderen möglichen Verzerrungen besteht darin, daß die Bilder (y) und (φ) außerordentlich leicht

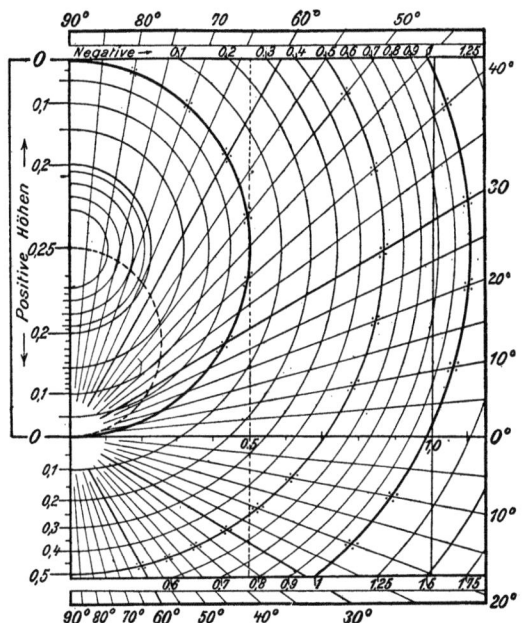

Abb. 62. Strahlentafel. Verzerrung der Wurfparabeln.

konstruierbar sind. Auf die Abbildung der außerhalb der Hüllparabel gelegenen Punkte (x, y), die in mathematischer Hinsicht zu bemerkenswerten Ergebnissen führt[1]), soll hier nicht weiter eingegangen werden.

§ 26. Doppel-Strahlentafeln.

Es ist naheliegend, eine Verallgemeinerung der Strahlentafel dahingehend vorzunehmen, daß zwei Veränderliche durch Strahlenbüschel, die dritte durch eine Kurvenschar dargestellt werden. Dabei kann die Richtung der Strahlen in beliebiger Abhängigkeit vom Argument stehen; die beiden Strahlenscharen haben

---

[1]) Phys. Z. Bd. 18, S. 45. 1917.

dann als Koordinatenlinien zu gelten. (Vgl. § 51.) Besonders einfache Tafelformen erhalten wir durch projektive Verzerrung einer rechtwinkligen Netztafel unter der Bedingung, daß die beiden Parallelscharen in je ein Strahlenbüschel übergehen. Als Vorteil ergibt sich dabei, daß auch alle anderen Geraden der Darstellung als solche erhalten bleiben, im besonderen eine geradlinige Tafel wieder in eine Tafel mit Geradenscharen übergeht.

Die zur x-Achse parallelen Geraden mögen sich in ein Büschel durch den 0-Punkt abbilden: $A_{32} = A_{33} = 0$, die Schar der zur y-Achse Parallelen transformiere sich in ein Büschel mit dem Träger $\xi = 1$, $\eta = 0$. Diese Bedingung (u), $v = 0$; $U = -1$, (V) wird durch $A_{13} = 0$, $A_{11} = -A_{31}$ erfüllt. Aus dem adjungierten System $|a|$ erhalten wir nach Kürzung der konstanten Faktoren die Verzerrungsgleichungen

$$\left| \begin{array}{ll} \xi = \dfrac{y+a}{cx+y+d}, & U = \dfrac{-bu+bc\cdot v}{bu}, \quad b \neq 0, \\ \eta = \dfrac{b}{cx+y+d}; & V = \dfrac{(a-d)u-acv+c}{bu}; \quad c \neq 0; \end{array} \right. \quad (120)$$

sie führen jede im rechtwinkligen Netz (x, y) gelegene Netztafel in eine Doppel-Strahlentafel mit den Trägern $(0, 0)$ und $(1, 0)$ über. Es gibt ∞^4 Abbildungen der verlangten Art; daher wird die Anpassung an vorgeschriebene Bereiche besonders schmiegsam durchführbar sein.

Schema:

$$(a) = \begin{pmatrix} 0 & 1 & a \\ 0 & 0 & b \\ c & 1 & d \end{pmatrix}; \quad (A) = \begin{pmatrix} -b & bc & 0 \\ (a-d) & -ac & c \\ b & 0 & 0 \end{pmatrix}.$$

Wir geben zunächst die Bildscharen der Koordinatenlinien $x = x(\alpha)$ und $y = y(\beta)$ an.

I. Die Glieder der Schar (x) sind in der Grundebene durch $u = -\dfrac{1}{x(\alpha)}$, $v = 0$ gekennzeichnet.

$$\left. \begin{array}{l} \text{Bildebene: } U = -1; \quad V = \dfrac{(a-d)-c\cdot x(\alpha)}{b}. \\ \text{Träger: } \quad \xi = 1; \quad \eta = 0. \end{array} \right\} \quad (121)$$

II. Die Geraden (y) werden durch $u = 0, v = -\dfrac{1}{y(\beta)}$ bestimmt.

$$\left. \begin{array}{l} \text{Bildebene: } -\dfrac{U}{V} = \dfrac{b}{a+y(\beta)}; \quad U = \infty, \; V = \infty. \\ \text{Träger: } \quad \xi = 0, \quad \eta = 0. \end{array} \right\} \quad (122)$$

§ 26. Doppel-Strahlentafeln.

Indem wir für die Grenzen der Bereiche (α) und (β) bestimmte Bildstrahlen vorschreiben, erhalten wir vier Gleichungen [(121) und (122)], die zur Ermittlung der vier Parameter $a, \ldots d$ führen.

Beispiel. Wir bilden die in Fig. 59 dargestellte Multiplikationstafel $x = \alpha \cdot 10$ mm, $y = \frac{1}{\beta} \cdot 10$ mm, $z = \frac{1}{\gamma}$ ab. Die Geraden (β) sind durch $y(\beta) = \frac{1}{\beta}$ gekennzeichnet. Wir fordern, daß die Bildstrahlen den Bereich $-\frac{U}{V} = \frac{1}{2} \ldots 2$ erfüllen, wenn β zwischen 0,1 und 1 variiert. Demnach ergibt sich aus (122):

$$\beta = 1; \quad -\frac{U}{V} = 2; \quad \frac{b}{a+1} = 2, \quad 2a - b + 2 = 0.$$

$$\beta = 0{,}1; \quad -\frac{U}{V} = \frac{1}{2}, \quad \frac{b}{a+10} = \frac{1}{2}, \quad \underline{a - 2b + 10 = 0.}$$

$$a = 2; \quad b = 6.$$

Die Bilder der Geraden (α) mögen innerhalb des vorgeschriebenen Bereiches $V = -2 \ldots -\frac{1}{2}$ liegen, wenn α sich von 1 bis 10 ändert. [Vgl. (121).]

$$\alpha = 1; \quad V = -2: \quad \frac{-(2-d)+1}{-6} = -2, \quad d + c - 14 = 0.$$

$$\alpha = 10; \quad V = -\frac{1}{2}: \quad \frac{-(2-d)+10}{-6} = -\frac{1}{2}, \quad \underline{d + 10c - 5 = 0.}$$

$$c = -1; \quad d = 15.$$

Die gesuchte Abbildung lautet demnach:

$$\xi = \frac{y+2}{-x+y+15}, \qquad \eta = \frac{6}{-x+y+15}.$$

$$(A) = \begin{pmatrix} -6 & -6 & 0 \\ -13 & 2 & -1 \\ 6 & 0 & 0 \end{pmatrix}.$$

Es läßt sich nunmehr die verzerrte Tafel konstruieren. Die Schar durch den 0-Punkt hat den Anstieg $\frac{6\beta}{2\beta+1}$. Auf Millimeterpapier können die einzelnen Richtungslinien unschwer eingezeichnet werden, da die rationalen Werte $\frac{6\beta}{2\beta+1}$ stets durch einen erreichbaren Gitterpunkt Darstellung finden. Auch durch projektive Konstruktion kann die Schar (β) ermittelt werden, und zwar aus einer Leiter reg β mit dem Anstieg 3. (Abb. 63, Hilfsgerade h_β.) Die Glieder der Schar (α) durch den Punkt (1, 0) haben den Anstieg $-\dfrac{U}{V} = -\dfrac{6}{13-\alpha}$. Für die Konstruktion gelten die entsprechenden Überlegungen. (Hilfsgerade reg α, h_α.)

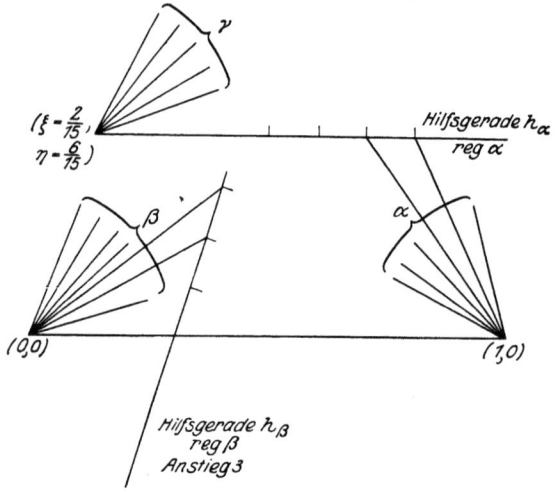

Abb. 63. Konstruktionsschema der Doppelstrahlentafel Abb. 64.

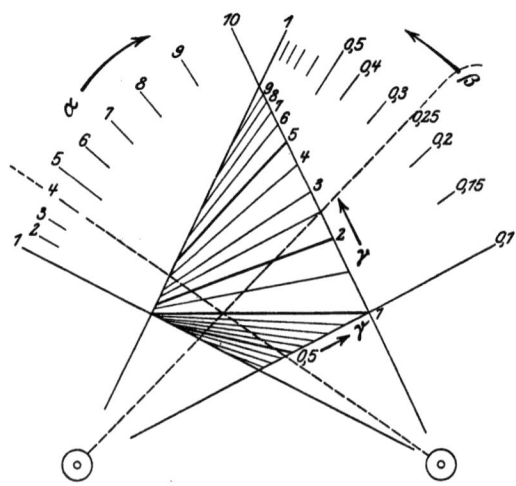

Abb. 64. Doppelstrahlentafel $\alpha \cdot \beta = \gamma$. (Beispiel: $\alpha = 4$, $\beta = 0,25$, $\gamma = 1$. Verkleinerung $^1/_3$.

§ 26. Doppel-Strahlentafeln. 121

Die Schar (γ) schließlich hat den Träger $\xi = \dfrac{2}{15}, \eta = \dfrac{6}{15}$; sie kann mit Hilfe des Wertes $U = -\dfrac{u+v}{u}$ dargestellt werden, wobei $\dfrac{v}{u} = -\gamma$ ist: $U = -(1-\gamma)$. In Abb. 64 ist die Tafel $\gamma = \alpha \cdot \beta$ entworfen; als Ablesebeispiel ist $\alpha = 4$, $\beta = 0{,}25$, $\gamma = 1$ eingezeichnet.

An dieser Stelle läßt sich ein wertvolles nomographisches Verfahren einführen. Die Strahlen $\beta = 0{,}1, \ 0{,}2, \ldots 1$ bestimmen auf dem Strahl $\alpha = 10$ die Werte $\gamma = 1, 2, \ldots 10$; ebenso werden auf $\beta = 0, 1$ durch die Strahlen $\alpha = 1, 2, \ldots 10$ die Werte $\gamma = 0{,}1, 0{,}2, \ldots 1$ festgelegt. Da wir den Träger der Geraden (γ) kennen, ist es möglich, die Schar (γ) aus den genannten Punkten herzuleiten. Wir nennen dieses Verfahren, das weiter unten wiederholt Anwendung findet, kurz Projektion in sich; es zeigt deutlich, mit welchem Nutzen der Zusammenhang der Nomographie mit der projektiven (synthetischen) Geometrie zu Tafelkonstruktionen herangezogen werden kann, wenn auch Methode und Auffassung unter nomographischen Gesichtspunkten stehen müssen.

Es hat sich zwar gezeigt, daß die Herstellung einer Doppelstrahlentafel aus einer gegebenen oder gedachten Netztafel rechnerisch oder konstruktiv sehr einfach vor sich geht. Dennoch ist die Frage berechtigt, ob die Herstellung gegenüber der Benutzung eines vorgedruckten Millimeternetzes lohnend sei. Die Ablesung in jeder Netztafel ist, besonders bei größeren Abmessungen der Darstellung und mehrstelligen Argumenten, häufig mit Schwierigkeiten verknüpft, da die Festhaltung der gegebenen Werte innerhalb des Tafelfeldes unbequem ist. Demgegenüber weist das Feld einer Strahlentafel größere Übersichtlichkeit auf, und mechanische Hilfsmittel gewährleisten in einfacher Weise die Festhaltung der Argumente. Dazu kommt als weiterer Vorteil, daß in einer Strahlentafel $F(\alpha, \beta, \gamma) = 0$ ohne Störung eine weitere Funktion $G(\alpha, \beta, \delta) = 0$ Darstellung finden kann; bei einmaliger Einstellung der Fäden oder Zeiger α und β werden zugleich die Werte von zwei verschiedenen Funktionen abgelesen. Das Feld der Tafel ist dann immer erst mit zwei Scharen überdeckt.

In Abb. 65 ist die Umwandlung einer Additionstafel $x = x(\alpha)$, $y = y(\beta)$, $x + y = z$, $z = z(\gamma)$ in eine Doppelstrahlentafel durchgeführt. Schreiben wir die Bereiche $\alpha = 10 \ldots 90$, $\beta = 10 \ldots 90$ derart vor, daß die zugehörigen Strahlen zwischen 0,4 und 2 ansteigen, so bietet sich die Abbildung

$(a) = \begin{pmatrix} 0 & 1 & -110 \\ 0 & 0 & -40 \\ 1 & 1 & -220 \end{pmatrix}$ dar. Wir können in dieselbe Darstellung noch die

Abbildung der Schar $x - y = z_1(\delta)$ verlegen. Der Abb. 65 liegt die einfache Annahme $x = \alpha$, $y = \beta$, $z = \gamma$, $z_1 = \delta$ zugrunde. (Ablesebeispiel: $\alpha = 90$, $\beta = 60$.)

Die vorliegende Tafel ist auf Millimeterpapier ohne numerische Rechnung allein durch perspektivische Konstruktion aus regelmäßigen Teilungen entworfen; als erzeugende Leitern für die Scharen (α), (β), (δ) haben Parallele zur ξ-Achse gedient; die Schar (γ) wird durch Projektion in sich hergestellt. Der mit der Perspektive vertraute Leser wird unschwer erkennen, daß bei Umkehrung der Figur die beiden Drehzapfen als Fluchtpunkte erscheinen und die Darstellung sich als perspektivisches Bild einer Additionstafel vom Typus der Lalanneschen erweist.

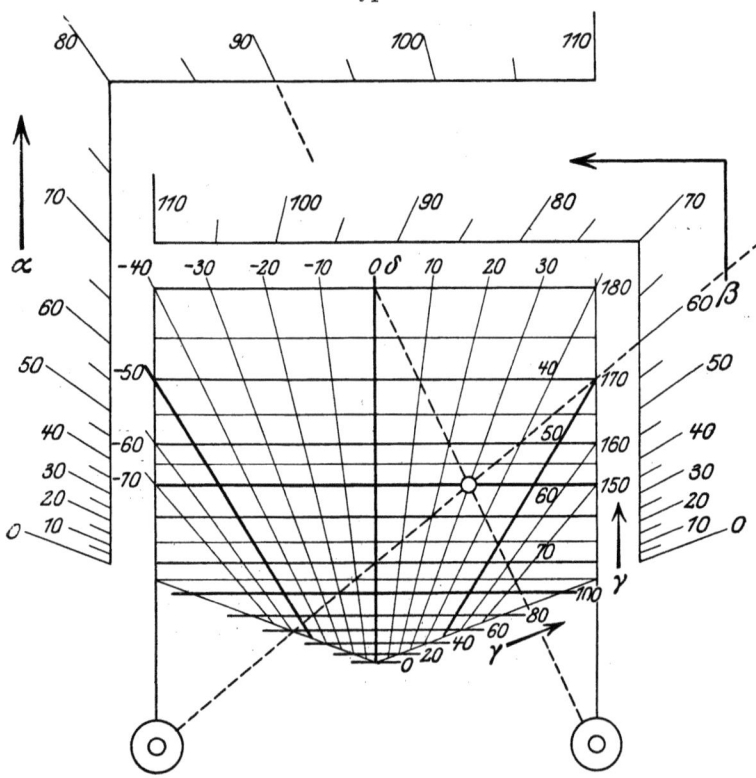

Abb. 65. Doppelstrahlentafel $\alpha + \beta = \gamma$, $\alpha - \beta = \delta$.

Gehen wir zu logarithmischen Funktionen über, $x = \log \alpha$, usw., so liefert die Tafel zugleich das Produkt γ und den Quotienten δ der gegebenen Werte α und β.

Sowohl die Tafel Abb. 64 als auch die Darstellung Abb. 65 können durch einfache Verzifferung anderen Bereichen angepaßt werden.

§ 27. Mechanische Einrichtungen. Zeigerinstrumente.

Die Bedeutung der Strahlentafeln liegt nicht allein in der leichten Realisierbarkeit der Strahlenschar mit Hilfe eines Zapfenlineals und in der zeichnerischen Übersichtlichkeit. Es ist möglich,

§ 27. Mechanische Einrichtungen. Zeigerinstrumente.

die Stellung des Lineals unmittelbar durch ein Meßinstrument zu bewirken. Wenn die Zeigerstellung eines Instrumentes durch die Veränderliche α bestimmt wird und der Zeiger über einem Kurvennetz $(\beta\gamma)$ spielt, können wir jede Funktion $F(\alpha, \beta, \gamma) = 0$ selbst ablesen. Als Beispiele ließen sich Barometer, Manometer, Volt- und Amperemeter nennen, bei denen die Ablesungen auf einem Netz erfolgen können und damit sofort reduzierte oder abgeleitete Werte ergeben. Schließlich ist es naheliegend, eine Doppel-Strahlentafel durch zwei Meßinstrumente zu betätigen. Die Zeiger werden in diesem Falle messerartig ausgebildet und spielen in verschiedenen Höhenlagen über einem Spiegel, der die eingeritzte und eingefärbte Kurvenschar trägt. Auf diese Weise werden parallaktische Ablesefehler vermieden.

Einrichtungen dieser Art können im allgemeinen nicht auf projektive Beziehungen zurückgeführt werden, wir müssen vielmehr den Ansatz der Tafel unmittelbar vornehmen.

Die Drehpunkte der Zeiger I und II seien bzw. $(0, 0)$ und $(1, 0)$, die Zeigerstellung I werde durch α festgelegt:

$$y = x \cdot f(\alpha), \qquad (123)$$

die Stellung des Zeigers (II) durch β:

$$y = (x - 1) \cdot g(\beta). \qquad (124)$$

Die Funktionen f und g sind durch den Mechanismus bestimmt. In vielen Fällen ist der Ausschlagwinkel der gemessenen Größe direkt proportional, $f(\alpha) = \operatorname{tg}(\alpha)$; Instrumente dieser Art beruhen zumeist darauf, daß unmittelbar die elastische Formänderung einer Feder gemessen wird. Ein anderes Funktionsbild ist von der Tangentenbussole her bekannt: die Stromstärke ist der tg-Funktion des Ausschlagwinkels proportional, $f(\alpha) = \alpha$. Endlich sei an die Hitzdrahtinstrumente erinnert, bei denen $f(\alpha)$ als empirische Funktion durch Eichung gewonnen wird.

Handelt es sich um die Darstellung der Funktion

$$F(\alpha, \beta, \gamma) = 0, \qquad (125)$$

so können aus (123) bis (125) die Veränderlichen β und α eliminiert werden, und es ergibt sich die Gleichung der Schar (γ) im rechtwinkligen Netz (x, y):

$$G(x, y; \gamma) = 0. \qquad (126)$$

Beispiel. Ein Volt- und ein Amperemeter seien derart kombiniert, daß die Zeigerstellungen e und i sofort den Widerstand des Leiters angeben, der dem Spannungsmesser parallel liegt. Wir sehen die Strahlen (e) und (i)

als Koordinatenlinien an; in dieses Netz können die Kurven (w) unmittelbar eingetragen werden (Abb. 66). Die Gleichung der Schar (w) lautet:

$$w \cdot \left(\frac{6}{\pi}\operatorname{arctg}\frac{y}{1-x} - 1\right) = \frac{12}{\pi}\operatorname{arctg}\frac{y}{x} - 2. \qquad (127)$$

[Schar (e): $y = x \cdot \operatorname{tg}(30° + 5e°)$, Schar (i): $y = -(x-1) \cdot \operatorname{tg}(30° + 10 \cdot i°)$.]

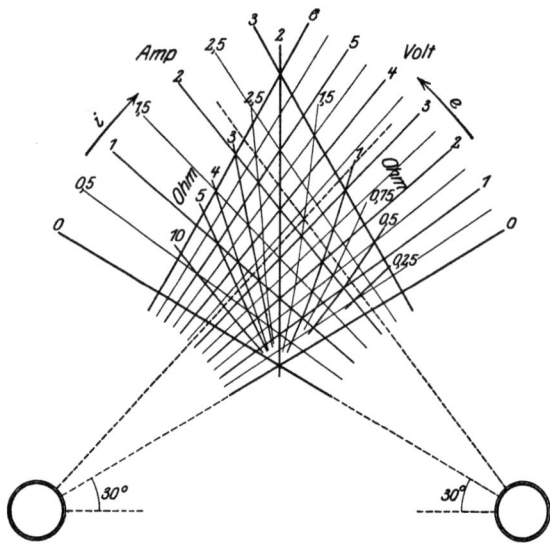

Abb. 66. Doppelzeiger-Instrument. w Ohm $= \dfrac{e \text{ Volt}}{i \text{ Amp}}$.

Günstige Schnittverhältnisse lassen sich in Doppel-Strahlentafeln stets sichern, bleiben aber naturgemäß auf einen gewissen Bereich beschränkt. Eine in praktischer Hinsicht bedeutungsvolle Verbesserung gewinnen wir, wenn wir statt der Strahlen krummlinige Zeiger verwenden. Es ist bekannt, daß die Tangente der logarithmischen Spirale $r = m \cdot e^{\frac{\psi}{a}}$ mit dem Leitstrahl in allen Lagen einen konstanten Winkel bildet. Wir können daher bei einem Doppelzeiger-Instrument den einen Zeiger geradlinig, den anderen in Form einer logarithmischen Spirale wählen. Werden beide Zeiger koaxial angeordnet, so ist der Schnittwinkel in der ganzen (erreichbaren) Ebene eine Konstante. Schließlich können wir beide Zeiger als logarithmische Spiralen, aber entgegengesetzten Sinnes, ausbilden. Mechanisch ist die Anordnung koaxialer Zeiger an den Uhrzeigern verwirklicht.

§ 27. Mechanische Einrichtungen. Zeigerinstrumente. 125

Der Winkel der Tangente mit dem Leitstrahl wird durch $\operatorname{tg}\vartheta = \dfrac{r}{r'}$ gegeben: $\operatorname{tg}\vartheta = \dfrac{m \cdot e^{\frac{\psi}{a}}}{m \cdot e^{\frac{\psi}{a}}} \cdot a = a$. Wählen wir im folgenden stets $a = 1$, so schneiden sich gegenläufige Spiralen unter 90°; damit ist der Schnittwinkel in der ganzen Darstellung zu einem Optimum gestaltet. — Die linksgewendete Spirale $r_1 = m \cdot e^{\psi}$ werde aus der Ruhelage um den Winkel $\lambda \cdot f(\alpha)$ im positiven Sinne gedreht, die rechtsgewendete Spirale $r_2 = m \cdot e^{-\psi}$ im gleichen Sinne um den Winkel $\mu \cdot g(\beta)$. (Abb. 67.) Für den Schnittpunkt $r_1 = r_2$ der Zeiger in diesen Endlagen gilt

$$\mu \cdot g(\beta) - \lambda \cdot f(\alpha) = 2 \cdot \psi. \quad (128)$$

Der Schnittpunkt P selbst hat im Polarkoordinatensystem (r, φ) die Koordinaten:

$$r = m \cdot e^{\psi}, \quad (129)$$
$$\varphi = \lambda \cdot f(\alpha) + \psi,$$
$$= \tfrac{1}{2}[\lambda \cdot f(\alpha) + \mu \cdot g(\beta)]. \quad (130)$$

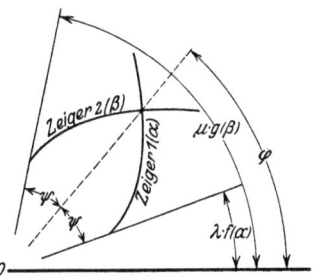

Abb. 67. Schema. Doppelzeiger-Instrument mit krummlinigen Zeigern.

Aus (129) folgt ferner: $\psi = \ln \dfrac{r}{m}$. Demnach erhalten wir

$$\lambda \cdot f(\alpha) = \varphi - \ln\frac{r}{m}, \qquad (131)$$

$$\mu \cdot g(\beta) = \varphi + \ln\frac{r}{m}. \qquad (132)$$

Wir fügen die gegebene Funktion $F(\alpha, \beta, \gamma) = 0$ hinzu und können durch Elimination von α und β aus (131), (132) und $F = 0$ die Gleichung der Kurvenschar (γ) im Polarsystem angeben:

$$G(r, \varphi; \gamma) = 0. \qquad (133)$$

Beispiel. $\alpha + \beta = \gamma$.

Unter der Voraussetzung, daß die Ausschläge der Zeiger den Werten α und β proportional sind, $f(\alpha) = \alpha$, $g(\beta) = \beta$, erhalten wir

$$\alpha = \frac{1}{\lambda}\left(\varphi - \ln\frac{r}{m}\right), \qquad (134)$$

$$\beta = \frac{1}{\mu}\left(\varphi + \ln\frac{r}{m}\right), \qquad (135)$$

$$\alpha + \beta = \gamma = \varphi \cdot \left(\frac{1}{\mu} + \frac{1}{\lambda}\right) + \left(\frac{1}{\mu} - \frac{1}{\lambda}\right)\ln\frac{r}{m}. \qquad (136)$$

Wenn $\lambda = \mu$ gewählt ist, was durch Justierung der Instrumente erreicht werden kann, ergibt sich daher ein Strahlenbüschel, $\varphi = \dfrac{\lambda}{2} \cdot \gamma$, andernfalls eine Schar logarithmischer Spiralen

$$r = \dfrac{m}{e^{\frac{\mu \cdot \lambda}{\mu - \lambda} \cdot \gamma}} \cdot e^{\frac{\mu + \lambda}{\mu - \lambda} \varphi}, \qquad (\lambda \neq \mu).$$

Auch hier sei ausdrücklich bemerkt, daß es für die Lösung der Aufgabe $\alpha + \beta = \gamma$ praktisch ohne Bedeutung ist, wenn die Zeiger die Kurven (γ) unter spitzen Winkeln schneiden.

Beispiel: $\alpha \cdot \beta = \gamma$.

Aus (134) und (135) folgt: $\gamma = \dfrac{1}{\lambda \cdot \mu}\left(\varphi^2 - \left(\ln \dfrac{r}{m}\right)^2\right)$, $\quad r = m \cdot e^{\sqrt{\varphi^2 - \lambda \cdot \mu \cdot \gamma}}$.

Beispiel. $\dfrac{\alpha}{\beta} = \gamma$.

Wir erhalten $\quad \gamma = \dfrac{\mu}{\lambda} \cdot \dfrac{\varphi - \ln \dfrac{r}{m}}{\varphi + \ln \dfrac{r}{m}}$,

d. h. $\qquad r = m \cdot e^{\frac{\mu - \lambda \cdot \gamma}{\mu + \lambda \cdot \gamma} \cdot \varphi}$. (133 a)

Nach Logarithmierung ergibt sich

$$\mathrm{arc}\left(\dfrac{\mu - \lambda \cdot \gamma}{\mu + \lambda \cdot \gamma} \varphi°\right)$$
$$= \dfrac{1}{\log e} \cdot \log \dfrac{r}{m},$$
$$\dfrac{\mu - \lambda \cdot \gamma}{\mu + \lambda \cdot \gamma} \cdot \varphi°$$
$$= \left(\dfrac{180}{\pi \cdot \log e}\right)° \cdot \log \dfrac{r}{m}$$
$$= 132° \cdot \log \dfrac{r}{m}.$$

Die Berechnung zusammengehöriger Werte r, φ zur Konstruktion der Kurven (133 a) nehmen wir in einem einfach-logarithmischen Hilfsnetz vor:

$$\xi = 100 \cdot \log \dfrac{r}{m} \text{ mm},$$
$$\eta = \varphi \cdot l \text{ mm}.$$

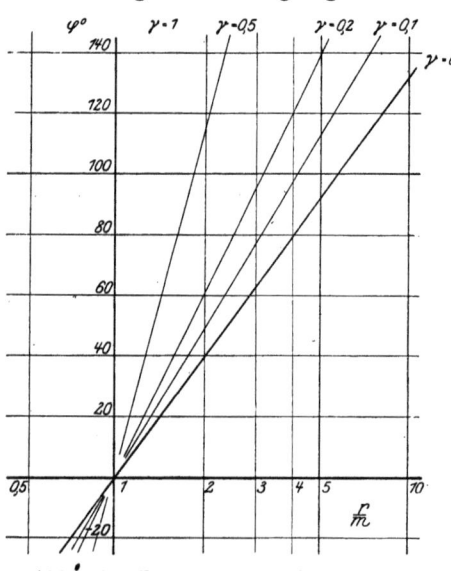

Abb. 68. Verzerrung der Spiralen (γ). Vgl. Abb. 69.

§ 27. Mechanische Einrichtungen. Zeigerinstrumente. 127

Die Bildkurve einer Kurve (133a) erscheint dort als Gerade

$$\eta = \left(\frac{l}{100} \cdot 132 \cdot \frac{\mu + \lambda\gamma}{\mu - \lambda\gamma}\right) \cdot \xi.$$

In Abb. 68 sind einige Bildkurven (γ) dargestellt. Beziffern wir die η-Achse nach Werten $\frac{\mu - \lambda\gamma}{\mu + \lambda\gamma} \cdot \varphi°$, so können wir an der einen Geraden $\gamma = 0$ die Wertepaare r, φ auch für andere Zahlen γ durch kurze Nebenrechnung oder projektive Konstruktion er-

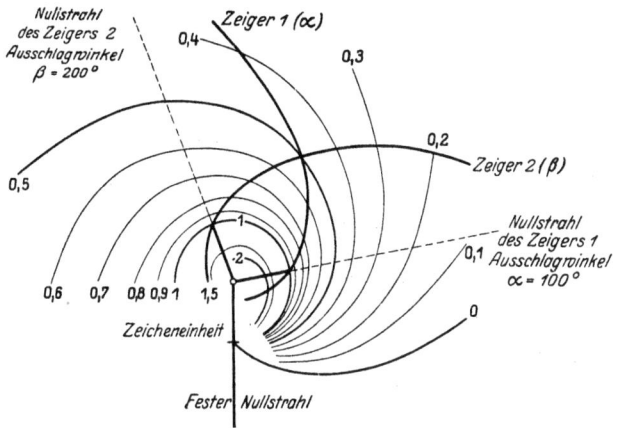

Abb. 69. Doppelzeiger-Instrument. Typus $\gamma = \frac{\alpha}{\beta}$.
Beispiel: $\alpha = 100$, $\beta = 200$, $\gamma = 0{,}5$.

mitteln. Aus der Bildebene Abb. 68 werden die Kurven (λ) in die Grundebene der Abb. 69 übertragen. Unter der Annahme $\mu = \lambda$ ist die Schar (γ) schematisch dargestellt. Die Zeiger tragen punktiert ihre Nullstrahlen, die Ruhelage (fester Nullstrahl) ist besonders kenntlich gemacht. Die eingezeichnete Zeigerstellung entspricht der Lösung $\gamma = 0{,}5$. Um das Verständnis beider Abbildungen zu erleichtern, bemerken wir, daß bei der Verzerrung der Grundebene Abb. 69 in die Bildebene Abb. 68 die konzentrischen Kreise (r) in die Linien (ξ), die Fahrstrahlen (φ) in die Koordinatenlinien (η) übergehen. Während selbstverständlich für die Nomographie im engeren Sinne die verzerrte Ebene als brauchbare Lösung anzusehen ist, weist das mechanische Problem auf die Darstellung der Abb. 69. Es läßt sich leicht erkennen, daß sich die Darstellung vorgelegten Bereichen sehr schmiegsam anpaßt.

Für das letzte Beispiel werde eine Anwendung kurz angedeutet. Die relative Geschwindigkeit v eines aus einer dünnen Röhre austretenden Gases hängt von der Dichte δ und der Druckdifferenz $(p_1 - p_2)$ ab; nach bekannter Formel gilt in erster Näherung $k \cdot v^2 = (p_1 - p_2) : \delta$. Hierin bedeutet k eine Apparatkonstante[1]). Die Druckdifferenz $(p_1 - p_2) = \alpha$ wird durch ein Manometer, die Dichte bei konstanter Zusammensetzung des Gases mittelbar durch eine Barometerablesung β bestimmt. Bei koaxialer Anordnung der Spiralzeiger können wir also ein Doppelzeiger-Instrument herstellen, das über einer Kurvenschar (v) sofort die Geschwindigkeit angibt[2]). Typus: $\gamma = \alpha : \beta$. Die Konstante k muß durch Eichung ermittelt werden, da sie infolge der Strahlkontraktion von der Düse abhängt.

Die angeführten Beispiele zeigen, in welcher Weise die Kurvenschar analytisch in geschlossener Form dargestellt werden kann. Die Ergebniskurven lassen sich rechnerisch festlegen. Damit erschließen die Doppelzeiger-Instrumente der Nomographie ein weites Feld, und besonders der Feinmechanik eröffnet sich hier ein bisher zwar wenig beachtetes, aber aussichtsreiches Gebiet. Die Angabe weiterer Einzelheiten würde den Rahmen dieses Buches überschreiten; der Gegenstand soll in einer besonderen Arbeit behandelt werden.

§ 28. Die quadratische Gleichung.

Der Aufbau allgemeiner geradliniger Tafeln soll am Beispiel der Funktion

$$z^2 + x \cdot z + y = 0 \tag{137}$$

vorbereitend erörtert werden. Gehen wir von der Vorstellung der Rechenfläche (137) aus, so bieten sich entsprechend den drei Koordinatentafeln (x, y), (y, z) und (z, x) drei Darstellungsmöglichkeiten. Die einfachste bezieht sich auf die (x, y)-Ebene. Da die Funktion (137) in bezug auf x und y linear ist, erhalten wir eine Geradenschar nach dem Parameter z. Sowohl zur Konstruktion als auch zur Auswertung der Tafel ist die Kenntnis der Hüllkurve nützlich:

$$\begin{aligned} F &= z^2 + xz + y = 0, \\ \frac{\partial F}{\partial z} &= 2z + x \quad = 0. \end{aligned} \tag{138}$$

Durch Elimination von z ergibt sich die Enveloppe

$$y = \tfrac{1}{4}x^2. \tag{139}$$

---

[1]) Vgl. z. B. Chwolson Bd. 1, S. 510.
[2]) Barbillion, L. et M. Dugit: Comptes Rendus Bd. 171, S. 389—392. 1920. Nach Angabe der Autoren sind Apparate konstruiert worden, die auf derselben Grundlage das Gasgemisch in Explosionsmotoren kontrollieren.

§ 28. Die quadratische Gleichung.

Die Konstruktion der Schar (137) ist in einfacher Weise mit Hilfe des Anstiegs $-z$ oder der Achsenabschnitte $-\dfrac{1}{u} = -z$ bzw. $-\dfrac{1}{v} = -z^2$ durchführbar.

Durch die Parabel (139) werden in der (x, y)-Ebene zwei Gebiete voneinander geschieden. Das Innere der Parabel, $(y > \tfrac{1}{4} x^2)$, enthält die Bildpunkte der quadratischen Gleichungen mit zwei konjugiert komplexen Wurzeln; die Bilder der Gleichungen mit zwei reellen, zusammenfallenden Wurzeln liegen auf der Hüllkurve; jeder Punkt im Äußeren der Parabel, $(y < \tfrac{1}{4} x^2)$, stellt eine quadratische Gleichung mit zwei reellen, verschiedenen Wurzeln dar. Dementsprechend gehen durch jeden Punkt dieses Gebietes zwei gerade Linien, z_1 und z_2; das Gebiet ist als doppelt belegt anzusehen[1]).

Die Rechentafel leistet mithin die Bestimmung der Wurzeln z_1 und z_2 einer quadratischen Gleichung mit den gegebenen Koeffizienten x und y. Für die Praxis wäre es erforderlich, vorgeschriebene Bereiche der Koeffizienten zu berücksichtigen. Die Gleichung laute $z^2 + \alpha z + \beta = 0$. Wählen wir das regelmäßige Netz $x = \alpha$, $y = \lambda \cdot \beta$, so ergibt sich als Hüllparabel $y = \dfrac{\lambda}{4} x^2$. Die Geraden der Schar (z) sind im letzten Falle durch den Anstieg $-\lambda \cdot z$ oder durch die Achsenabschnitte $-\dfrac{1}{u} = -z$ bzw. $-\dfrac{1}{v} = -\lambda \cdot z^2$ bestimmt.

Wenn auch mathematisch nur drei Geradenscharen die Darstellung ergeben, treten in praktischer Hinsicht wegen der doppelten Belegung der Schar (z) vier Scharen in Erscheinung. Es hat sich zwar gezeigt, daß auch Nomogramme dieser Art in übersichtliche Form gebracht werden können, wie die außerordentlich sorgfältigen Veröffentlichungen von Fürle[2]) bekunden. Dennoch erscheint auch in diesem Falle eine Mechanisierung der Rechentafel aussichtsreich. Durch die Hüllkurve und ein weiteres Element ist die Gerade (z) praktisch in durchaus hinreichender Sicherheit festgelegt. Wir können die Parabel (139) erhaben ausbilden und die Tangente durch einen abwickelbaren Faden verwirklichen. Eine derart entworfene Tafel enthält lediglich das Netz $(\alpha \beta)$, die Bezifferung z wird nach Art der Abb. 64 und 65

---

[1]) Der Leser wird ohne Schwierigkeit die beiden Belegungen anschaulich trennen, wenn er die Tafel als Projektion der zugehörigen Rechenfläche ansieht. Jede Gerade gehört beiden Belegungen an, die in der Hüllkurve zusammenhängen. Durchlaufen wir eine Gerade unter Beibehaltung eines einmal gewählten Sinnes, so liegen die Punkte vor der Berührung in der einen, die Punkte nach der Berührung in der anderen Belegung.

[2]) Rechenblätter. Berlin: Mayer & Müller.

Schwerdt, Nomographie.

am Rande ausgeführt. Da beide Tangentenrichtungen in Betracht kommen, ist die Anordnung zweier Fäden angezeigt. (Abb. 70).

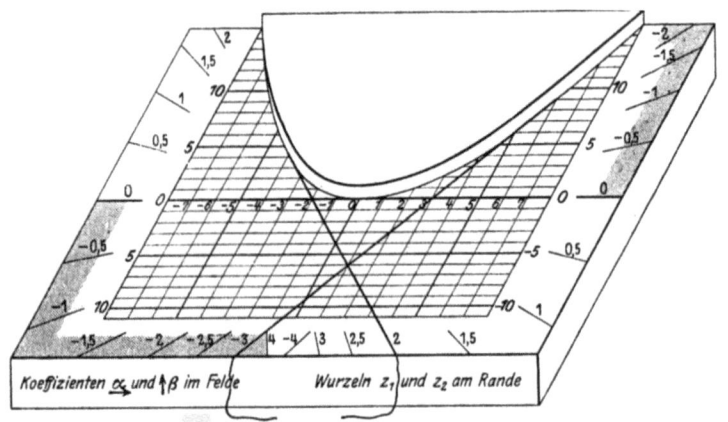

Abb. 70. Tafel für die Wurzeln der quadratischen Gleichung $z^2 + \alpha z + \beta = 0$.
(Vereinigte Summen- und Produktentafel.)
Schiefe Parallelprojektion $\varphi = 60°$, $m = \frac{1}{2}$. Verkleinerung $^1/_3$.

Kurven, an denen eine Gerade gleitet, erweisen sich als wertvolle Darstellungselemente der Nomographie, sowohl in Netztafeln, als auch besonders in Leitertafeln. Wir bezeichnen sie als Gleitkurven[1]). (Vgl. § 39.) Die Tangente wird, — wenn auch sehr zu Unrecht —, vielfach als ein Konstruktionselement geringer Sicherheit angesehen. Eine Unsicherheit kann sich lediglich auf die Lage des Berührungspunktes beziehen, der im vorliegenden Falle aber im allgemeinen keine Rolle spielt. Die nomographische Aufgabe der Gleitkurve besteht darin, die Tangentenrichtung festzulegen; da hierbei ein äußerer Punkt gegeben ist, der stets hinreichend weit von der Kurve entfernt gewählt werden kann, gewährleistet eine Gleitkurve durchaus die gleiche Sicherheit wie andere Elemente einer graphischen Tafel.

Unter den projektiven Verzerrungen, denen wir die reguläre Darstellung Abb. 70 unterwerfen können, nehmen diejenigen eine besondere Stellung ein, welche die Gleitkurve in einen Kreis überführen. Wir schreiben als Bildkurve der Parabel den Kreis

$$\xi^2 + \eta^2 = \eta \qquad (140)$$

---

[1]) Bericht über d. 5. Sitzung d. Arbeits-Ausschusses f. graph. Rechenverfahren, 12. Dez. 1922. AWF. Berlin. Vgl. Anmerkung S. 199.

§ 28. Die quadratische Gleichung.

vor. Die Abbildung läßt sich dann durch

$$(a) = \begin{pmatrix} \tfrac{1}{2}\sqrt{\lambda} & a & 0 \\ 0 & 1 & 0 \\ a\sqrt{\lambda} & a^2+1 & 1 \end{pmatrix}, \quad (A) = \begin{pmatrix} 1 & 0 & -a\sqrt{\lambda} \\ -a & \tfrac{1}{2}\sqrt{\lambda} & \tfrac{1}{2}\sqrt{\lambda}\,(a^2-1) \\ 0 & 0 & \tfrac{1}{2}\sqrt{\lambda} \end{pmatrix} \quad (141)$$

bewerkstelligen. (Vgl. § 21.) Es werden zunächst die Bilder der drei Geradenscharen angegeben:

I. Schar (x).

Grundebene: $u = -\dfrac{1}{x} = -\dfrac{1}{\alpha}$, Bildebene: $U = -\dfrac{2}{a\sqrt{\lambda}}\left(1 + a\sqrt{\lambda}\cdot\alpha\right)$,

$v = 0$, $\qquad V = -\dfrac{2a - (a^2-1)\sqrt{\lambda}\cdot\alpha}{a\sqrt{\lambda}}$,

Träger: $y \to \infty$. $\qquad$ Träger: $\xi = \dfrac{a}{a^2+1}$, $\eta = \dfrac{1}{a^2+1}$.

II. Schar (y).

Grundebene: $u = 0$, $\qquad$ Bildebene: $U = -2a$,

$v = -\dfrac{1}{y} = -\dfrac{1}{\lambda\cdot\beta}$, $\qquad V = \dfrac{-1 + (a^2-1)\cdot\lambda\cdot\beta}{\lambda\beta}$,

Träger: $x \to \infty$. $\qquad$ Träger: $\xi = \dfrac{1}{2a}$, $\eta = 0$.

III. Schar (z).

Grundebene: $u = \dfrac{1}{z}$, $\qquad$ Bildebene: $U = \dfrac{2(1 - a\sqrt{\lambda}\cdot z)}{\sqrt{\lambda}\cdot z}$,

$v = \dfrac{1}{\lambda z^2}$, $\qquad V = \dfrac{z^2\cdot\lambda\cdot(a^2-1) - 2a\sqrt{\lambda}\cdot z + 1}{\lambda\cdot z^2}$,

Träger: $4y = \lambda x^2$. $\qquad$ Träger: $\xi^2 + \eta^2 = \eta$.
(Gleitkurve) $\qquad\qquad\qquad$ (Gleitkurve)

Wenn wir den Maßstab λ durch die vorgelegten Bereiche bestimmt haben, enthält die Darstellung immer noch einen freien Parameter; wir können daher unter ∞^1 Verzerrungen durch eine Nebenbedingung eine bestimmte Abbildung auswählen.

Die geometrisch einfachste Annahme treffen wir offenbar durch die Festsetzung, daß die Schar (y) in ihrer Paralleleneigenschaft invariant bleibe: $a = 0$. Wir erhalten dann die spezielle Darstellung:

Schar (x): Träger: $\xi = 0$, $\eta = 1$. $U = \dfrac{-2}{\sqrt{\lambda}\cdot\alpha}$, $V = -1$.

Schar (y): Träger: $\xi \to \infty$, $\qquad U = 0$, $V = -\dfrac{1 + \lambda\beta}{\lambda\beta}$.

Schar (z): Anstieg einer Geraden: $-\dfrac{U}{V} = \dfrac{2\sqrt{\lambda}\cdot z}{\lambda z^2 - 1}$.

Mit Hilfe dieses Wertes läßt sich die Lage des Berührungspunktes auf der Gleitkurve angeben. Der Anstieg des Berührungsradius beträgt $\operatorname{tg}\varphi = +\dfrac{V}{U} = \dfrac{1-\lambda z^2}{2\sqrt{\lambda}\cdot z}$.

$$\xi = \tfrac{1}{2}\cos\varphi, \qquad \eta = \tfrac{1}{2} + \tfrac{1}{2}\sin\varphi,$$
$$= -\dfrac{\sqrt{\lambda}\,z}{1+\lambda\cdot z^2}. \qquad = \dfrac{\lambda z^2}{1+\lambda z^2}.$$

Beziehen wir die Koordinaten auf ein paralleles System mit dem Anfangspunkt (0, 1) und umgekehrten Achsenrichtungen,
$$\xi_1 = -\xi, \qquad \eta_1 = 1 - \eta,$$
so erhalten wir:
$$\xi_1 = \dfrac{\sqrt{\lambda}\cdot z}{1+\lambda\cdot z^2}, \qquad \eta_1 = \dfrac{1}{1+\lambda\cdot z^2}.$$

Diese Werte sind aber mit den auf S. 70 angegebenen Koordinaten der stereographischen Kreisteilung identisch, wenn wir $\sqrt{\lambda} = a$ setzen.

In praktischer Hinsicht läßt dieses Ergebnis sofort eine wertvolle Anwendung zu. Die Geradenschar (z) wird in einfacher Weise durch einen rechtwinkligen, um $(0, \tfrac{1}{2})$ drehbaren Hebel verwirklicht, dessen Drehradius gleich $\tfrac{1}{2}$ ist. (Abb. 71.) Die Ablesung des Wertes z erfolgt mittels des Radius auf der stereographischen Kreisteilung $\varrho = \tfrac{1}{2}$ oder auf einer ihr konzentrischen. Es kann sich empfehlen, zwei koaxiale Winkelzeiger zu verwenden.

Abb. 71 ist für $\lambda = 1$ entworfen, kann also unmittelbar als Verzerrung der Abb. 70 gelten; die eingezeichnete Zeigerstellung entspricht den Daten $\alpha = 0,8$, $\beta = -0,2$ und ergibt $z_1 = -1$, $z_2 = +0,2$. Es bestehen keine Schwierigkeiten, durch andere Wahl von a neue Tafelformen herzustellen, denen allen der Kreis als Gleitkurve gemeinsam ist. Bestimmend für a kann entweder eine Vorschrift über einen der Träger für (α) bzw. (β) sein oder die Anordnung der Strahlen (α) bzw. (β) innerhalb eines gegebenen Bereiches. Der Träger des Büschels (α) kann nur auf der Gleitkurve selbst liegen[1]).

Die Tafeln für die quadratische Gleichung führen bei Umkehrung der Aufgabe zu bemerkenswerten Ergebnissen. Sehen wir z_1 und z_2 als gegeben an, so liefern die Koeffizientengesetze: $z_1 \cdot z_2 = \beta$; $z_1 + z_2 + \alpha = 0$. Wir gewinnen also ver-

---

[1]) Dies läßt sich aus den Gleichungen für ξ und η ablesen, kann aber auch anschaulich sofort der Tatsache entnommen werden, daß jede Gerade (α) mit der Parabel (Abb. 71) einen eigentlichen und ihren uneigentlichen Punkt gemeinsam hat.

§ 28. Die quadratische Gleichung. 133

einigte Summen- und Produktentafeln, wobei durch geeignete Verzifferung sofort auch die Differenz ablesbar wird. Es lassen sich durch Unterdrückung der Schar (α) reine Produkttafeln, bei Unterdrückung der Schar (β) reine Summentafeln herstellen, die je nur zwei Geradenscharen enthalten. (Vgl. § 36.)

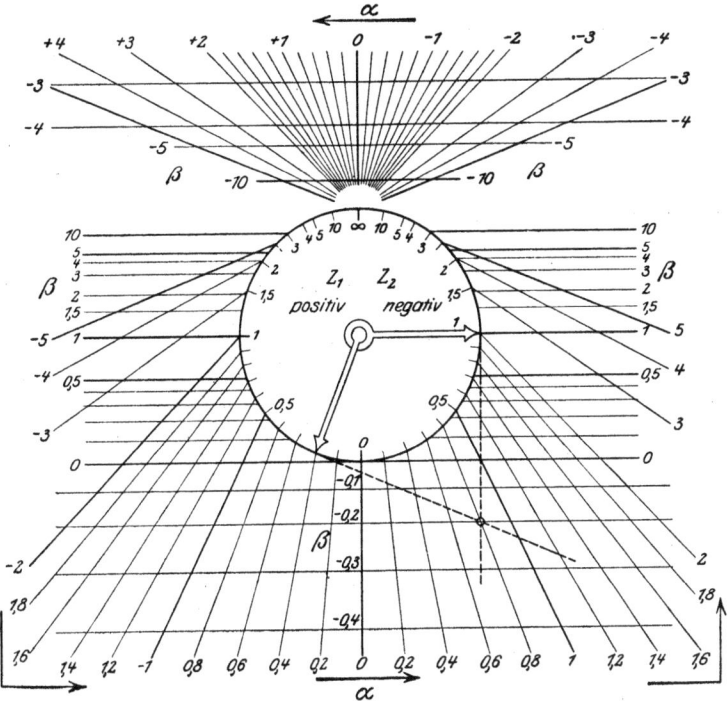

Abb. 71. Projektive Verzerrung der Abb. 70. Doppelzeiger-Instrument $z^2 + \alpha z + \beta = 0$. Verkleinerung $1/3$.

Als Beispiele für vereinigte Summen- und Produkttafeln seien die Erwärmungsverhältnisse elektrischer Leiter genannt, die vom Querschnitt ($z_1 \cdot z_2$), und der Oberfläche, ($f(z_1 + z_2)$), abhängen. Interessant dürfte ferner die Darstellung der Krümmungen von Flächen sein. Aus gegebenen Hauptkrümmungsradien r_1 und r_2 liefert eine Tafel der quadratischen Gleichung sowohl die Gaußsche Krümmung $G = \dfrac{1}{r_1 \cdot r_2}$ als auch die mittlere Krümmung (Sophie Germain) $M = \dfrac{1}{2}\left(\dfrac{1}{r_1} + \dfrac{1}{r_2}\right)$.

§ 29. Geradlinige Netztafeln.

Die soeben behandelte quadratische Gleichung gehört einer allgemeineren Funktionsform an, die in geometrisch verzerrten Netzen durch Geradenscharen dargestellt wird. Es ist leicht zu erkennen, daß jede Funktion

$$\boxed{g(x) \cdot G_1(z) + h(y) \cdot H_1(z) + K_1(z) = 0} \qquad (142)$$

im geometrisch verzerrten Netz $\xi = g(x)$, $\eta = h(y)$ eine geradlinige Bildschar hat. Setzen wir $G_1 : K_1 = u(z)$, $H_1 : K_1 = v(z)$, so lautet die Gleichung der Schar (z):

$$\xi \cdot u(z) + \eta \cdot v(z) + 1 = 0. \qquad (143)$$

Die Gleitkurve ergibt sich durch Elimination von z aus den beiden Gleichungen

$$\begin{aligned} F(x, y; z) &= \xi \cdot u + \eta \cdot v + 1 = 0, \\ \frac{\partial F}{\partial z} &= \xi \cdot u' + \eta \cdot v' = 0. \end{aligned} \qquad (144)$$

Wenn die Elimination nicht in geschlossener Form durchgeführt werden kann, gehen wir zur Parameterdarstellung über:

$$\xi = \frac{-v'}{u \cdot v' - u' \cdot v}, \qquad \eta = \frac{u'}{u \cdot v' - u' \cdot v}. \qquad (145)$$

(Vgl. S. 69.) Bei der Konstruktion erweist sich oft die Schar

$$\eta = -\frac{u'}{v'} \cdot \xi \qquad (146)$$

als nützlich.

In vielen Fällen ist es ohne Schwierigkeit möglich, die vorgelegte Funktion $F = 0$ in die Form (142) zu bringen. Die quadratische Gleichung ist unmittelbar in der Gestalt (142) gegeben; das Gleiche gilt für die kubischen Funktionen $z^3 + xz + y = 0$, $z^3 + xz^2 + yz + 1 = 0$, $z^3 + xz^2 + y = 0$ usw. Gleichungen dieser Art sind von Lalanne behandelt worden; in neuerer Zeit hat Fürle gebrauchsfertige Darstellungen entworfen. Es ist jedoch ersichtlich, daß nicht jede beliebige Funktion durch (142) dargestellt werden kann. Der theoretischen Nomographie erwächst die Aufgabe, zunächst zu untersuchen, welche Funktionen in die Form (142) überführt werden können, und dann im einzelnen Falle die Normalform auch wirklich herzustellen.

Den praktischen Bedürfnissen entsprechend ist man unter Verzicht auf eine allgemeine Lösung der Aufgabe davon ausgegangen, eine Anzahl von Funktionen g, h, u und v derart aus-

§ 29. Geradlinige Netztafeln.

zuwählen, daß sowohl die Netze als auch die Scharen (z) möglichst einfach konstruierbar seien. Wenn auch in theoretischer Hinsicht dieses (synthetische) Verfahren wenig befriedigt, so hat es der Praxis doch insofern nützliche Dienste geleistet, als für eine große Anzahl von Funktionstypen F geeignete Darstellungen vorbereitet werden, auf die nach Bedarf zurückgegriffen werden kann. Wir werden dieses Verfahren der Typenbildung an späteren Stellen skizzieren.

Zur Entwicklung der allgemeinen Lösung für geometrisch verzerrte Netze denken wir im regelmäßigen Netz (x, y) die Kurvenschar (z) entworfen. Die Verzerrung $\xi = \xi(x)$, $\eta = \eta(y)$ führt gemäß § 18, 66 den Anstieg $\dfrac{dy}{dx}$ einer Kurve z über in den Anstieg

$$\frac{d\eta}{d\xi} = \frac{\dfrac{d\eta}{dy}}{\dfrac{d\xi}{dx}} \cdot \frac{dy}{dx}.$$

Soll bei der Verzerrung jede Kurve z in eine Gerade gestreckt werden, so muß $\dfrac{d\eta}{d\xi}$ von x und von y unabhängig, d. h. nur eine Funktion von z sein: $\dfrac{d\eta}{d\xi} = -R(z)$. Da $\dfrac{d\eta}{dy}$ eine Funktion von y allein, $\eta'(y)$, und $\dfrac{d\xi}{dx}$ eine Funktion von x allein ist, $\xi'(x)$, besteht mithin die Gleichung

$$\frac{dy}{dx} = -\xi'(x) \cdot \frac{1}{\eta'(y)} \cdot R(z). \tag{147}$$

Setzen wir $\dfrac{dy}{dx} = -\left(\dfrac{\partial F}{\partial x} : \dfrac{\partial F}{\partial y}\right)$ in (147) ein, so erhalten wir die Bedingungsgleichung

$$\boxed{\left(\frac{\partial F}{\partial x} : \frac{\partial F}{\partial y}\right) = \xi'(x) \cdot \frac{1}{\eta'(y)} \cdot R(z)} \tag{148}$$

Die Funktion $F(x, y, z) = 0$ ist in geometrisch verzerrten Netzen durch Geradenscharen darstellbar, wenn $\dfrac{\partial F}{\partial x} : \dfrac{\partial F}{\partial y}$ in das Produkt von drei Funktionen zerlegbar ist, deren jede nur von einer der Veränderlichen abhängt.

Ein besonderer Fall liegt vor, wenn $R(z)$ konstant ist; es ergibt sich dann nämlich eine Darstellung mit drei Parallelscharen, die durch projektive Verzerrung in eine Tafel mit drei Strahlenbüscheln umgeformt werden kann. Nach Logarithmierung von (148) erhält man

$$\ln\left(\frac{\partial F}{\partial x} : \frac{\partial F}{\partial y}\right) = \ln \xi'(x) - \ln \eta'(y) + \ln R(z). \tag{149}$$

Ist $R(z) = \text{const}$, so ergibt sich

$$\frac{\hat{c}^2 \ln\left(\frac{\partial F}{\partial x} : \frac{\partial F}{\partial y}\right)}{\partial x \, \partial y} = 0 \tag{150}$$

als notwendige und hinreichende Bedingung. (Differentialgleichung von de Saint-Robert, 1871[1]).

Die Aufgabe, ein entsprechendes Kriterium für den allgemeineren Ansatz (148) zu entwickeln, hat Massau[2]) gelöst. Wenn auch die Integration der von Massau aufgestellten Differentialgleichungen durchgeführt ist, gestaltet sich die Anwendung des Verfahrens in praxi doch schwierig. Es dürfte im allgemeinen ausreichen, durch Differentiation die Gleichung (148) herzustellen, da sich zumeist dann schon ein planmäßiger Weg darbietet, die Verzerrungsgleichungen anzusetzen und die vorgelegte Funktion $F = 0$ auch wirklich in die Grundform (142) überzuführen.

Beispiel. Aus der gegebenen Funktion $F = a \cdot x^z \cdot z^{b \cdot y} - c^z = 0$ finden wir die Ableitungen:

$$\frac{\partial F}{\partial x} = a \cdot x^{z-1} \cdot z^{by+1}, \qquad \frac{\partial F}{\partial y} = a \cdot x^z \cdot z^{by} \cdot b \cdot \ln z;$$

$$\frac{\partial F}{\partial x} : \frac{\partial F}{\partial y} = \frac{1}{x} \cdot \frac{1}{b} \cdot \frac{z}{\ln z}.$$

Da diese Gleichung die Gestalt (148) hat, können wir sofort ein Funktionsnetz angeben, z. B.

$$\xi'(x) = \frac{1}{x}, \qquad \text{d. h.} \quad \xi = \ln x,$$

$$\eta'(y) = b, \qquad \text{d. h.} \quad \eta = b \cdot y.$$

$$\xi \cdot z + \eta \cdot \ln z + (\ln a - z \ln c) = 0.$$

Beispiel. $\qquad F = x^2 y + y z^3 + z^4 = 0.$

$$\frac{\partial F}{\partial x} : \frac{\partial F}{\partial y} = \frac{2xy}{x^2 + z^3} = 2x(-y^2) \cdot \frac{1}{z^4}.$$

z. B. $\xi'(x) = 2x,\qquad$ d. h. $\xi = x^2$.

$$\eta'(y) = -\frac{1}{y^2}, \qquad \text{d. h.} \quad \eta = \frac{1}{y}.$$

---

[1]) Mem. della R. Accad. di Torino (2) Bd. 25, S. 53. — Die Gleichung entspricht der Gaußschen Bedingung eines isometrischen Netzes auf einer Fläche. Der Zusammenhang der vorliegenden Aufgabe mit den Eigenschaften einer zugehörigen Fläche kann hier nicht erörtert werden.

[2]) Ann. de l'Assoc. des Ing. sortis des écoles spéc. de Gand. Bd. 3. Gent 1884.

§ 29. Geradlinige Netztafeln.

Unter dem Gesichtspunkt der Entwicklungen (148) bis (150) wollen wir die Multiplikationstafeln $x \cdot y - z = 0$ zusammenfassen: Aus $\dfrac{\partial F}{\partial x} = y = \dfrac{z}{x}$ und $\dfrac{\partial F}{\partial y} = x = \dfrac{z}{y}$ folgt $\dfrac{\partial F}{\partial x} : \dfrac{\partial F}{\partial y} = \dfrac{y}{x}$.
Die Gleichung

$$\xi'(x) \cdot \frac{1}{\eta'(y)} \cdot R(z) = \frac{y}{x} \tag{151}$$

läßt sich durch den Ansatz $\xi'(x) = x^n$ erfüllen, wenn

$$\eta'(y) = \frac{x^{n+1}}{y} \cdot R(z)$$

$$= \frac{z^{n+1}}{y^{n+2}} \cdot R(z).$$

Setzen wir $R(z) = \dfrac{1}{z^{n+1}}$, so folgt: $\eta'(y) = \dfrac{1}{y^{n+2}}$.

n	$\xi'(x) = x^n$	$\eta'(y) = \dfrac{1}{y^{n+2}}$	$\xi = \int x^n dx$	$\eta = \int \dfrac{dy}{y^{n+2}}$	Anstieg $-R = \dfrac{-1}{z^{n+1}}$	Tafelform
-2	$\xi'(x) = \dfrac{1}{x^2}$	$\eta'(y) = 1$	$\xi = -\dfrac{1}{x}$	$\eta = y$	$-R = -z$	—
-1	$= \dfrac{1}{x}$	$= \dfrac{1}{y}$	$= \ln x$	$= \ln y$	$= -1$	Lalanne
$-\dfrac{1}{2}$	$= \dfrac{1}{\sqrt{x}}$	$= \dfrac{1}{y^{3/2}}$	$= 2\sqrt{x}$	$= -\dfrac{2}{\sqrt{y}}$	$= \dfrac{-1}{\sqrt{z}}$	Fürle
0	$= 1$	$= \dfrac{1}{y^2}$	$= x$	$= -\dfrac{1}{y}$	$= -\dfrac{1}{z}$	Crépin, Grundform
$+1$	$= x$	$= \dfrac{1}{y^3}$	$= \dfrac{1}{2} x^2$	$= -\dfrac{1}{2}\dfrac{1}{y^2}$	$= -\dfrac{1}{z^2}$	—

usw.

Während wir im ersten Abschnitt bei elementarer Auffassung die Lalannesche Tafel als Umformung einer typischen Additionstafel gewinnen, zeigt die vorstehende Übersicht klar, wie sich die (transzendente) Lalannesche Tafel der Crépinschen Gruppe von (algebraischen) Multiplikationstafeln zwanglos einordnet. Wir erwähnen diesen Umstand ausdrücklich, da in der üblichen Darstellungsweise die logarithmische Umformung zwar durch ihren Erfolg gerechtfertigt erscheint, immerhin aber eine willkürliche Operation bedeutet.

Eine allgemeine geradlinige Netztafel für die Funktion $F(\alpha, \beta, \gamma) = 0$ enthält drei Geradenscharen, deren jede eine besondere Gleitkurve besitzt. Wir können in Doppel-Strahlentafeln die Träger der Strahlenbüschel als Ausartungen von Gleitkurven ansehen; in geometrisch verzerrten Netzen werden die Ausartungen uneigentlich.

Zur Diskussion der allgemeinen Tafeln orientieren wir die Ebene durch ein rechtwinkliges Bezugssystem (xy), das in der Darstellung selbst nicht hervortritt. Die Gleichungen der Scharen (α), (β) und (γ) lauten dann entsprechend (143):

$$\left.\begin{aligned} x \cdot u_1(\alpha) + y \cdot v_1(\alpha) + 1 &= 0, \\ x \cdot u_2(\beta) + y \cdot v_2(\beta) + 1 &= 0, \\ x \cdot u_3(\gamma) + y \cdot v_3(\gamma) + 1 &= 0. \end{aligned}\right\} \quad (152)$$

Auf Grund des Schlüssels für Netztafeln wird die Wertegruppe (α, β, γ) durch den Schnittpunkt der drei Kurven (Geraden) (α), (β) und (γ) dargestellt. Die drei Geraden (152) gehen durch einen Punkt, wenn die Determinante des Systems verschwindet:

$$\begin{vmatrix} u_1(\alpha) & v_1(\alpha) & 1 \\ u_2(\beta) & v_2(\beta) & 1 \\ u_3(\gamma) & v_3(\gamma) & 1 \end{vmatrix} = 0. \quad (153)$$

Lehnen wir die Entwicklung an die Form (142) an, so lautet die entsprechende Bedingung:

$$\begin{vmatrix} g_1(\alpha) & h_1(\alpha) & k_1(\alpha) \\ g_2(\beta) & h_2(\beta) & k_2(\beta) \\ g_3(\gamma) & h_3(\gamma) & k_3(\gamma) \end{vmatrix} = 0. \quad (154)$$

Dieselbe Aufgabe, die sich an die Normalform (142) angeschlossen hat, ist nun für die Bedingung (154) [bzw. (153)] zu lösen: es handelt sich darum zu entscheiden, ob eine vorgelegte Funktion $F(\alpha, \beta, \gamma) = 0$ in die besondere Form (154) überführt werden kann (reduzibel ist), und gegebenenfalls die Normalform herzustellen.

Die Lösung der Aufgabe ist auf zwei verschiedenen Wegen geleistet worden. Unter Benutzung der Differentialinvarianten der projektiven Transformation

$$C = \left(\frac{\partial^2 u}{\partial x^2} \cdot \frac{\partial v}{\partial y} - \frac{\partial^2 v}{\partial x^2} \cdot \frac{\partial u}{\partial y} + 2 \cdot \frac{\partial^2 u}{\partial x \partial y} \cdot \frac{\partial v}{\partial x} - 2 \frac{\partial^2 v}{\partial x \partial y} \cdot \frac{\partial u}{\partial x} \right) e^{-M},$$

$$D = \left(\frac{\partial^2 v}{\partial y^2} \cdot \frac{\partial u}{\partial x} - \frac{\partial^2 u}{\partial y^2} \cdot \frac{\partial v}{\partial x} + 2 \cdot \frac{\partial^2 v}{\partial x \partial y} \cdot \frac{\partial u}{\partial y} - 2 \frac{\partial^2 u}{\partial x \partial y} \cdot \frac{\partial v}{\partial y} \right) \cdot e^{-M}, \quad \left(M = \frac{\partial(u,v)}{\partial(x,y)} \right),$$

§ 29. Geradlinige Netztafeln.

hat Gronwall[1]) die notwendigen und hinreichenden Bedingungen für die Darstellbarkeit entwickelt. Die Ergebnisse erscheinen zwar in einfacher Form: Bezeichnet man z. B.: $-\dfrac{\partial z}{\partial y} : \dfrac{\partial z}{\partial x} = L$, $N = \dfrac{\partial L}{\partial x} + \dfrac{1}{L} \cdot \dfrac{\partial L}{\partial y}$, so lautet die Bedingung dafür, daß eine Schar [die Schar (x)], ein Strahlenbüschel sei: $D = L \cdot C + N$; dennoch stößt, wie kaum anders zu erwarten steht, die Anwendung im einzelnen Falle auf erhebliche Schwierigkeiten, so daß zur Zeit eine praktische Lösung auf diesem Wege noch nicht in Frage kommt.

Einige notwendige und hinreichende Funktionalgleichungen sind von Duporcq[2]) aufgestellt worden. Bei aller Feinheit der Schlußweise läßt auch dieses Verfahren in der Praxis keine flüssige Anwendung zu; wir beschränken uns daher darauf, nur den Gedankengang zu skizzieren.

Wir bestimmen in $F(\alpha, \beta, \gamma) = 0$ drei beliebige Lösungstripel a, b, c, a', b', c' und a'', b'', c''.

Die vier Funktionen $F(\alpha, \beta, \gamma)$, $F(\alpha, b, c)$, $F(\alpha, b', c')$ und $F(\alpha, b'', c'')$ sollen auf Grund der Bedingung (154) sämtlich von der Form sein $A \cdot g_1(\alpha) + B \cdot h_1(\alpha) + C \cdot k_1(\alpha)$, sie sind also durch eine homogene, lineare Gleichung miteinander verbunden. Ersetzen wir α nacheinander durch die Werte a, a' und a'', so erhalten wir vier homogene, lineare Gleichungen, die nur dann miteinander verträglich sind, wenn

$$(\alpha) \quad \begin{vmatrix} F(\alpha, \beta, \gamma) & F(\alpha, b, c) & F(\alpha, b', c') & F(\alpha, b'', c'') \\ F(a, \beta, \gamma) & F(a, b, c) & F(a, b', c') & F(a, b'', c'') \\ F(a', \beta, \gamma) & F(a', b, c) & F(a', b', c') & F(a', b'', c'') \\ F(a'', \beta, \gamma) & F(a'', b, c) & F(a'', b', c') & F(a'', b'', c'') \end{vmatrix} = 0.$$

Zwei entsprechende Identitäten (β) und (γ) ergeben sich, wenn wir die vier Funktionen von β, nämlich $F(\alpha, \beta, \gamma)$, $F(a, \beta, c)$, $F(a', \beta, c')$, $F(a'', \beta, c'')$ und die ähnlich gebildeten Funktionen von γ betrachten. Die Zeilen der zugehörigen Determinanten sind nach der aus (α) ersichtlichen Weise zu bilden.

Die drei Bedingungen (α), (β) und (γ) sind notwendig und hinreichend dafür, daß $F(\alpha, \beta, \gamma)$ sich in der Form (154) darstellen lasse, also durch eine geradlinige Netztafel abgebildet werden kann.

Weniger einfach ist die Herstellung der Form (154) selbst. Die Entwicklung der Determinante (α) nach den Elementen der ersten Zeile ergibt, daß $F(\alpha, b, c)$, $F(\alpha, b', c')$ und $F(\alpha, b'', c'')$ den gesuchten Funktionen $g_1(\alpha)$, $h_1(\alpha)$ und $k_1(\alpha)$ proportional sind. Das Entsprechende gilt für die Funktionen $g_2(\beta), \ldots$ und $g_3(\gamma), \ldots$ Es handelt sich also darum, konstante Faktoren λ, μ und ν so zu bestimmen, daß

$$F(\alpha, \beta, \gamma) \equiv \begin{vmatrix} \lambda \cdot F(\alpha, b, c) & \lambda' \cdot F(\alpha, b', c') & \lambda'' \cdot F(\alpha, b'', c'') \\ \mu \cdot F(a, \beta, c) & \mu' \cdot F(a', \beta, c') & \mu'' \cdot F(a'', \beta, c'') \\ \nu \cdot F(a, b, \gamma) & \nu' \cdot F(a', b', \gamma) & \nu'' \cdot F(a'', b'', \gamma) \end{vmatrix} \tag{155}$$

Die Aufgabe, Funktionen $g_1(\alpha) \ldots k_3(\gamma)$ zu finden, ist auf die einfachere zurückgeführt, konstante Faktoren $\lambda, \ldots \nu''$ zu bestimmen.

Die Gleichung (155) kann selbstverständlich keine eindeutige Lösung vermitteln. Jedes Tripel (a, b, c) ist durch Auswahl zweier Werte bestimmt, es bestehen also ∞^6 Möglichkeiten, den Ansatz der Determinante (155) vorzunehmen. Denken wir ferner die Faktoren λ, μ und ν mit irgend einer Zahl t, die Faktoren λ', μ' und ν' mit irgendeiner Zahl t' multipliziert, so

---

[1]) J. de math. pures et appl. Bd. 8 (6), S. 59. 1912.
[2]) Comptes Rendus 1898.

ist die Identität (155) mit jeder Wahl von t und t' doch immer noch vereinbar; denn wie die Entwicklung der Determinante nach den Elementen der dritten Spalte erkennen läßt, brauchen die Faktoren λ'', μ'' und ν'' nur durch $t \cdot t'$ dividiert zu werden, um die Identität wieder herzustellen. Es bieten sich demnach ∞^2 weitere Lösungsmöglichkeiten dar.

Der Ansatz (155) umschließt also ∞^8 Lösungen. Es stimmt dieses Ergebnis völlig mit unseren Erörterungen der projektiven Verzerrungen überein. Die ∞^8 projektiven Abbildungen einer speziellen Lösung sind wieder geradlinige Netztafeln, genügen also den Bedingungen der vorliegenden Aufgabe.

Im Zusammenhang mit der Diskussion der Gleichung (154) soll ein formaler Ausdruck der projektiven Verzerrung angegeben werden. Wir denken die Darstellung (154) entworfen und nehmen die Abbildung

$$|A| = \begin{vmatrix} A_{11} & A_{12} & A_{13} \\ A_{21} & A_{22} & A_{23} \\ A_{31} & A_{32} & A_{33} \end{vmatrix} \tag{156}$$

vor. Die Gerade $x \cdot g + y \cdot h + k = 0$ geht dann über in die Bildgerade

$$\xi(A_{11}g + A_{12}h + A_{13}k) + \eta(A_{21}g + A_{22}h + A_{23}k) + (A_{31}g + A_{32}h + A_{33}k) = 0.$$

Bezeichnen wir die Determinante (154) mit $|F(\alpha\beta\gamma)|$, so lautet nach dem Multiplikationssatz der Determinanten die Determinante der verzerrten Tafel:

$$|F(\alpha\beta\gamma)|' = |F(\alpha\beta\gamma)| \cdot |A|. \tag{157}$$

Aus einer Darstellung (154) werden sämtliche ∞^8 verschiedenen projektiven Bilder abgeleitet durch Multiplikation mit einer beliebigen nicht verschwindenden Determinante. (Vgl. § 35, 199.)

§ 30. Beispiele für die Typenbildung.

Lassen wir in der Determinante (154) bzw. (153) des § 29 eine der Funktionen verschwinden, so enthält die zugehörige Tafel eine Parallelschar oder ein Strahlenbüschel; beide Fälle gehen durch projektive Abbildung ineinander über. Wählen wir etwa $g_1(\alpha) = 0$, so ergibt sich bei der Entwicklung der Determinante

$$\frac{h_1(\alpha)}{k_1(\alpha)} = \frac{g_2 \cdot h_3 - g_3 \cdot h_2}{g_2 \cdot k_3 - g_3 \cdot k_2}.$$

Wenn wir ausdrücklich vorschreiben, daß g_2 und g_3 nicht verschwinden, so erhalten wir

$$\frac{h_1(\alpha)}{k_1(\alpha)} = \frac{\dfrac{h_2}{g_2} - \dfrac{h_3}{g_3}}{\dfrac{k_2}{g_2} - \dfrac{k_3}{g_3}}$$

§ 30. Beispiele für die Typenbildung. 141

und damit die **Grundform**:

$$F_1(\alpha) = \frac{F_2(\beta) + F_3(\gamma)}{G_2(\beta) + G_3(\gamma)}, \tag{158}$$

deren zugehöriger Ansatz lautet:

(z. B.) $\quad g_1 = 0, \quad h_1 = F_1(\alpha), \quad k_1 = 1,$
$\quad\quad\quad g_2 = 1, \quad h_2 = F_2(\beta), \quad k_2 = G_2(\beta),\quad$ (159)
$\quad\quad\quad g_3 = 1, \quad h_3 = -F_3(\gamma), \quad k_3 = -G_3(\gamma).$

Die Tafel enthält die zur x-Achse parallele Schar (α) und zwei allgemeine Geradenscharen (β) und (γ).

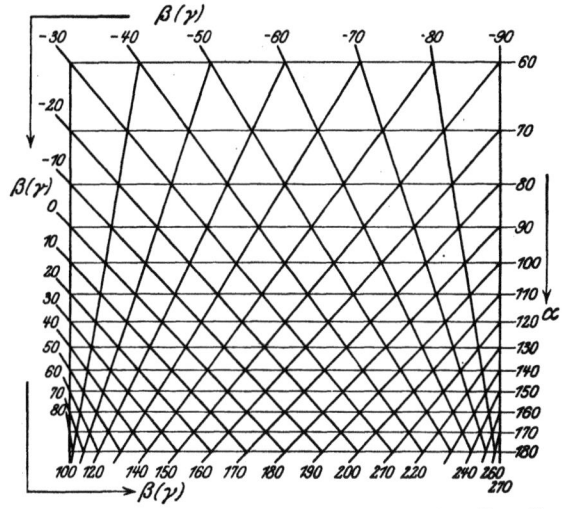

Abb. 72. $\alpha + \beta = \gamma$. (Tafel auf goniometrischer Grundlage).

Beispiel. Wenn $\alpha = \beta + \gamma$, so besteht die Identität

$$-\operatorname{tg}\frac{\alpha}{2} = \frac{\cos\beta - \cos\gamma}{\sin\beta - \sin\gamma},$$

die unmittelbar die Form (158) hat. Es bietet sich daher ohne weiteres der Ansatz dar:

$\quad g_1 = 0, \quad\quad h_1 = -\operatorname{tg}\frac{\alpha}{2}, \quad k_1 = 1,$
$\quad g_2 = 1, \quad\quad h_2 = \cos\beta, \quad\quad k_2 = \sin\beta,$
$\quad g_3 = 1, \quad\quad h_3 = \cos\gamma, \quad\quad k_3 = \sin\gamma.$

Demnach lauten die Bestimmungsgleichungen der zugehörigen Scharen:

$$y = \operatorname{ctg}\frac{\alpha}{2},$$

$$\begin{cases} x + y\cos\beta + \sin\beta = 0, \\ x + y\cos\gamma + \sin\gamma = 0, \end{cases} \quad \text{oder} \quad y = -\frac{1}{\cos\beta}x - \operatorname{tg}\beta.$$

Die Scharen (β) und (γ) fallen also zusammen; ihre gemeinsame Hüllkurve ist die gleichseitige Hyperbel $x^2 - y^2 = 1$.

Die Tafel stellt im wesentlichen keinen neuen Typus dar; sie gehört vielmehr der projektiven Gruppe der Tafeln für die quadratische Gleichung an (§ 28). Ihr Vorzug in praktischer Hinsicht besteht aber darin, daß ihre Herstellung an Hand der Tabellen für $\cos\alpha$ und $\text{tg}\,\alpha$ außerordentlich leicht vor sich geht. Noch ein anderer Umstand verdient hervorgehoben zu werden. Durchlaufen wir die Schar (β) bzw. (γ) von $-90°$ über $0°, \ldots, 90°$, $\ldots, 180°$ bis $270°$, so gelangen wir in die Ausgangslage $-90°$ zurück. Auf Grund der Periode der goniometrischen Funktionen läßt sich hieraus bei Verzifferungen Nutzen ziehen. Nur beiläufig sei darauf hingewiesen, daß jede Gerade (β) die x-Achse auf der Strecke -1 bis $+1$ schneidet, also jedenfalls erreichbar ist. Tafeln auf trigonometrischer Grundlage erscheinen in praktischer Hinsicht durchaus beachtenswert. In Abb. 72 ist ein Ausschnitt $x = -1 \ldots +1$, $y = 0 \ldots 1,7$ unter Anwendung der ursprünglichen Bezifferung $\alpha°$, $\beta°$ und $\gamma°$ wiedergegeben. Die Gleitkurve liegt außerhalb des Darstellungsbereiches.

Beispiel. Die Grundform (158) erscheint in zahlreichen Formeln der Statik, die sich auf Schwerpunktslagen und Trägheitsmomente beziehen. So gilt für die Lage des Schwerpunktes eines halbkreisförmigen Ringstückes in bekannter Bezeichnungsweise:

$$\frac{3}{4}\pi\varrho = \frac{R^3 - r^3}{R^2 - r^2}.$$

Es mögen die Bereiche

$$r = 0 \ldots 4$$
$$R = 5 \ldots 10$$

vorgeschrieben sein.

Aus (159) lassen sich die Gleichungen der drei Scharen ablesen:

Schar (R) bzw. (r):
$$x + y \cdot \lambda \cdot R^3 + \mu \cdot R^2 = 0,$$

Schar (ϱ):
$$\frac{3}{4}\pi \cdot y + \frac{\mu}{\lambda} \cdot \frac{1}{\varrho} = 0.$$

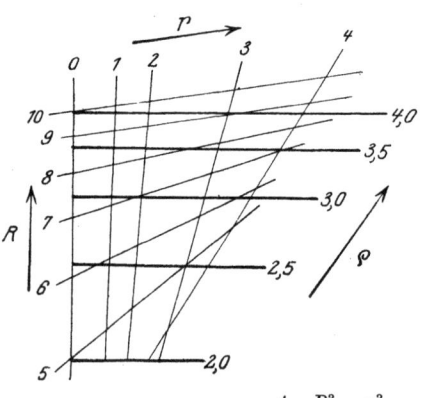

Abb. 73. Schema. $\varrho = \dfrac{4}{3\pi} \dfrac{R^3 - r^3}{R^2 - r^2}$.
Schwerpunkt eines halbkreisförmigen Ringstückes.

Wir erreichen eine günstige Darstellung der vorgelegten Bereiche, wenn wir $\lambda = -0{,}01$, $\mu = -0{,}1$ wählen. Abb. 73 zeigt den zugehörigen Entwurf der Tafel. — Da r und R auf Grund der praktischen Aufgabe dieselbe Bedeutung haben, gewährt die Darstellung der Werte r und R durch eine Schar eine besondere Ökonomie.

Der spezielle Ansatz
$$g_1 = 0, \quad h_2 = 0, \quad k_1 = k_2 = k_3 = 1$$

liefert die Grundform

$$\left| F_1(\alpha) = \frac{F_2(\beta) \cdot F_3(\gamma)}{F_2(\beta) + G_3(\gamma)} \right|. \tag{160}$$

Beispiel. Bei Anordnung von β Elementen gegebener Spannung e und konstanten inneren Widerstandes w in $\frac{\beta}{\gamma}$ Serien zu je γ Elementen beträgt im Schließungswiderstand R die Stromstärke $\alpha = \frac{e \cdot \beta \cdot \gamma}{R \cdot \beta + w \cdot \gamma^2}$. Es bietet sich gemäß (160) der Ansatz dar:

$$F(\alpha, \beta, \gamma) = \begin{vmatrix} 0 & \alpha & 1 \\ \beta & 0 & 1 \\ -w\beta^2 & e\beta & 1 \end{vmatrix} = 0.$$

Die soeben angedeuteten Darstellungsmöglichkeiten besonderer Funktionstypen durch geradlinige Netztafeln erweisen sich im allgemeinen nicht schmiegsam genug; erst die in § 29, 157 entwickelte Umformung gewährleistet die Anpassung an vorgeschriebene Bereiche der Veränderlichen. Wir wollen diesen Gegenstand hier jedoch nicht weiter erörtern, da sich für dieselben Funktionstypen elegantere Darstellungen in Fluchtlinientafeln ergeben (§ 36, § 37). Die dort entwickelten Verzerrungen können unmittelbar auf die hier gewählten Ansatzformen übertragen werden, wie in § 43 allgemein gezeigt wird.

§ 31. Dreieckskoordinaten.

Eine besondere Verzerrung des regelmäßigen Netzes leiten wir unmittelbar im Anschluß an ein gleichseitiges Dreieck $\mathfrak{A}\mathfrak{B}\mathfrak{C}$ ab (s. Abb. 74). Wir wählen zunächst im Innern des Dreiecks einen Punkt P und untersuchen seine Abstände $PA = x$, $PB = y$ und $PC = z$ von den drei Seiten. Bewegt sich P parallel zu einer Seite, etwa parallel zu $\mathfrak{B}\mathfrak{C}$ nach P_1, so ändert sich der Abstand PA nicht. Aus der Kongruenz der Dreiecke PP_1D und PP_1D_1 ergibt sich sofort, daß der Abstand PB um denselben Betrag abnimmt, um den PC wächst. Bei Bewegung des Punktes P parallel zu einer Seite ist die Summe der Abstände konstant.

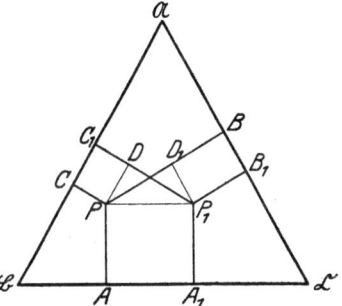

Abb. 74. Bewegung eines Punktes im gleichseitigen Dreieck.

Da wir nun jeden Punkt der gesamten Ebene durch zwei Parallelverschiebungen der angegebenen Art erreichen können, gilt demnach allgemein

$$x + y + z = \text{const.} \tag{161}$$

Es ist leicht ersichtlich, in welchem Sinne die Abstände zu messen sind, wenn P außerhalb des Dreiecks liegt. Zur Bestimmung der in (161) enthaltenen Konstanten bewegen wir P in eine Ecke des Dreieckes, etwa nach $\mathfrak{A}$; dort verschwinden y und z, und x wird gleich der Höhe c des Dreiecks:

$$\boxed{x + y + z = c}. \tag{162}$$

Das zugehörige, in Abb. 75 dargestellte Netz beruht auf Dreieckskoordinaten und wird oft van 't Hoffsches, Maxwellsches oder auch Newtonsches Dreieck genannt.

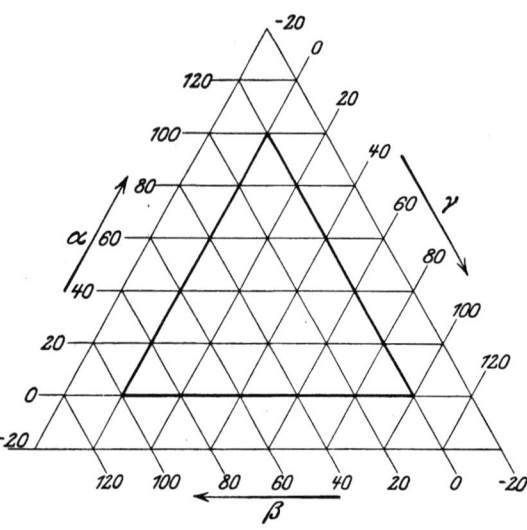

Abb. 75. Dreiecksnetz ($\alpha + \beta + \gamma = 100$).

In nomographischer Hinsicht erweist sich das Dreiecksnetz als Verzerrung eines regelmäßigen Netzes ($\alpha \beta$), das die Parallelschar

$$\alpha + \beta = c - \gamma$$

enthält. (Additionstypus der Lalanneschen Tafel). Wenn man vielfach das Dreiecksnetz der regelmäßigen Darstellung in der Grundebene vorzieht, so liegt der Grund darin, daß die drei in der Funktion (162) symmetrisch auftretenden Veränderlichen im Dreiecksnetz auch eine symmetrische Darstellung erfahren.

Beispiele. Dem sog. Newtonschen Farbendreieck liegt im wesentlichen der folgende Zusammenhang zugrunde. Jede Farbe F kann durch Mischung der Grundfarben

	Maxwell	Lord Rayleigh
R (rot)	$0{,}630\,\mu$	$0{,}643\,\mu$
G (grün)	$0{,}528\,\mu$	$0{,}525\,\mu$
B (blau)	$0{,}457\,\mu$	$0{,}467\,\mu$

hergestellt werden, wenn die Anteile x, y und z eingehen.
$$F = xR + yG + zB.$$

§ 31. Dreieckskoordinaten.

Die drei Zahlen x, y und z charakterisieren also eine vorgelegte Farbe F; da offenbar nur ihre Verhältniswerte von Bedeutung sind, können wir x, y und z in Prozenten angeben:
$$x + y + z = 100.$$
Wir gelangen auf diese Weise zu einer Darstellung der Farben im Dreiecksnetz. Erscheinen Farben in Abhängigkeit von e i n e r physikalischen Größe, so erfüllen ihre Bildpunkte eine Kurve. In dieser Weise hat Lord Rayleigh die Farben dünner Blättchen abhängig von der Dicke eines Blättchens dargestellt. Die Technik hat das Farbendreieck benutzt, um die Beschaffenheit der Lichtquellen in Vergleich zu setzen. So ergeben sich bei elektrischen Glühlampen Kurven der Farbänderung abhängig von der Fadentemperatur oder vom spezifischen Wattverbrauch[1]).

Ausgedehnte Anwendung hat das Dreiecksnetz zur Darstellung der Gleichgewichtszustände ternärer Systeme gefunden. Als unabhängige Veränderliche dient der Druck oder die Temperatur. Es wären in diesem Zusammenhange auch die Finsterwalderschen Darstellungen des Elastizitätsmoduls von Kristallen zu nennen[2]). Nicht ohne Interesse ist eine in den dreißiger Jahren des vorigen Jahrhunderts erfolgte, stark naturphilosophisch gefärbte Veröffentlichung von J. W. Schmidt: Erkenntnis der Seele aus der Gestalt und Beschaffenheit des Körpers (!). Die Seite $\mathfrak{A}\mathfrak{B}$ des Dreiecks ordnet der Körperbedeckung die Zahlen 1 bis 100 zu, die Seite $\mathfrak{A}\mathfrak{C}$ stellt die Kopfform und Gangweise zusammen, die Grundseite $\mathfrak{B}\mathfrak{C}$ schließlich gibt die Denkfähigkeit an. Im Felde des Dreiecks sind die Tiere an den zugehörigen Stellen abgebildet. Wir haben es uns nicht versagen können, diese Kuriosität hier zu erwähnen: ein Nomogramm aus dunkler Quelle.

Es möge eine elementargeometrische Anwendung des Dreiecksnetzes gegeben werden. Da in einem Dreieck ABC die Winkelsumme $\alpha + \beta + \gamma = 180°$ ist, können wir ein gegebenes Dreieck und alle ihm ähnlichen durch e i n e n Bildpunkt P im Netz $\mathfrak{A}\mathfrak{B}\mathfrak{C}$ darstellen (Abb. 76). Sämtliche gleichschenkligen Dreiecke werden dann in Punkte der drei Mittellote $\mathfrak{A}\mathfrak{D}$, $\mathfrak{B}\mathfrak{E},\mathfrak{C}\mathfrak{F}$ abgebildet, als Bild der gleichseitigen Dreiecke erscheint der Schwerpunkt. Die rechtwinkligen Dreiecke werden durch die Strecken $\mathfrak{D}\mathfrak{E}$, $\mathfrak{E}\mathfrak{F}$, $\mathfrak{F}\mathfrak{D}$ dargestellt; so ist beispielsweise Q Bildpunkt

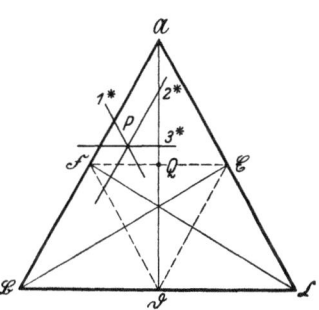

Abb. 76. Darstellung der Dreiecksformen. Bilder der Elementarwege.

---
[1]) Vgl. hierzu die Darstellungen in den folgenden Schriften: Bloch: ETZ. 1913, S. 1306. $\left(\text{Darstellung: Abszissen } \frac{\text{blau}}{\text{grün}}, \text{ Ordinaten } \frac{\text{rot}}{\text{grün}}\right)$. — Jane: ETZ. 1913, S. 1454. (Dreieck.) — Auerbach: Physik in graph. Darst. S. 190. — Pilgrim: Progr. d. Realsch. Cannstatt 1901. — Rood: Sill. Journ. Bd. 44, S. 264. 1892.

[2]) Münch. Berichte 1888, S. 257. — Vgl. Auerbach, S. 30.

von gleichschenklig-rechtwinkligen Dreiecken. Ausartungen der Dreiecke zu Strecken liegen auf dem Umfang von 𝔄𝔅ℭ.

Soweit handelt es sich zunächst nur um eine Darstellung. Wir gewinnen aber nomographisch interessante Ergebnisse, wenn wir die Wanderung der Bildpunkte P (Abb. 76) mit den Veränderungen des Dreiecks ABC in Beziehung setzen (s. Abb. 77); P ist der Bildpunkt des Dreiecks ABC. Wir halten die Ecken B und C fest und bewegen die freie Ecke A. Wandert A auf der Geraden 1, so bleibt β konstant, und der Bildpunkt P wandert auf der Bildgeraden 1^*, parallel zu 𝔄ℭ. Entsprechend durchläuft P die Gerade 2^* parallel zu 𝔄𝔅, wenn A auf dem festgehaltenen Schenkel 2 des Winkels γ wandert. Wird das gegebene

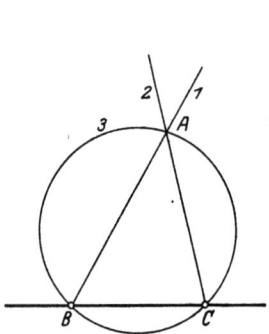
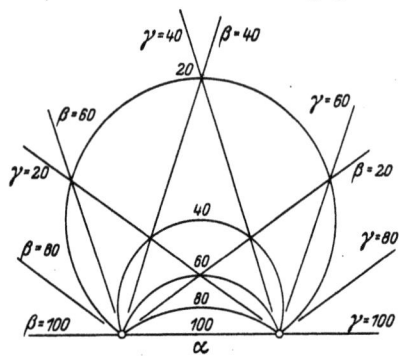

Abb. 77. Elementarwege einer Ecke.

Abb. 78. Verzerrung eines Dreiecksnetzes. (Vgl. Abb. 75.) (Rechentafel $\alpha + \beta + \gamma = 100$.)

Dreieck ABC schließlich derart verändert, daß A den Umkreis, 3, durchläuft, so bleibt α konstant; der Bildpunkt P bewegt sich daher auf einer Geraden $\alpha = $ const, (3^*), parallel zu 𝔅ℭ. Da auf Grund der Festsetzung, die Ecken B und C seien unveränderlich, das Dreieck ABC durch die Lage von A bestimmt ist, so können wir auch P als Bildpunkt des Punktes A ansehen. Die Zuordnung der in Abb. 77 und 76 dargestellten Ebenen ergibt dann eine bemerkenswerte Verzerrung. Solange A in der oberen Halbebene I wandert, bleibt P im Innern des Dreiecks 𝔄𝔅ℭ: die gesamte Halbebene I wird durch das Innere des Dreiecks abgebildet. Die Verzerrung der anderen Halbebene II ist an anderer Stelle ausführlich diskutiert worden[1]), sie hängt davon ab, auf welchem Wege A in II hineinwandert.

---

[1]) Röseler und Schwerdt: Bewegungsgeometrie. Berlin: Weidmann 1924. S. 128 und 41.

Bei der Verzerrung werden demnach alle Geraden *1* durch *B*, alle Strahlen *2* durch *C* und schließlich alle Kreise *3* durch *B* und *C* in gerade Linien abgebildet. Es kann Abb. 75 als Verzerrung des Netzes Abb. 78 gelten.

Aus dem Additionstyp der Dreiecksnetze gewinnen wir Multiplikationstafeln durch Übergang zu logarithmischen Teilungsfunktionen: $x = \log \alpha$, $y = \log \beta$, $z = \log \gamma$, $c = \log C$:

$$\boxed{\alpha \cdot \beta \cdot \gamma = C}. \tag{163}$$

Es bedarf keines Hinweises, daß die Funktionen $x = f(\alpha)$, $y = g(\beta)$, $z = h(\gamma)$ den Typus

$$\boxed{f(\alpha) + g(\beta) + h(\gamma) = \text{const.}} \tag{164}$$

darstellen. Vorgedruckte Dreiecksnetze sind im Handel erschienen; innerhalb eines ausgedehnten Netzes kann stets das zur Konstanten gehörige Dreieck abgegrenzt werden.

§ 32. Netztafeln für mehr als drei Veränderliche.

Die bisherigen Entwicklungen sind im wesentlichen unter der Voraussetzung entstanden, daß sich die Aufgabe der Darstellung auf Funktionen zwischen drei Veränderlichen bezieht. Wenn in früheren Beispielen vier Variable auftreten, so handelt es sich um die Überlagerung zweier Funktionsbilder mit je drei Veränderlichen. — Eine Verallgemeinerung des Schlüssels von Netztafeln auf *n* Variable ist ohne weiteres nicht möglich. Nehmen wir die Vorstellung einer Rechenfläche zu Hilfe, so führt zwar **jede** Funktion zwischen vier Veränderlichen auf eine Schar von Rechenflächen, die Projektion auf eine (oder mehrere) Tafeln erscheint aber praktisch undurchführbar; ob die Verwendung stereoskopischer Bilder nutzbringend ist, müßte erst die Praxis erweisen.

Funktionen zwischen *n* Veränderlichen können nur durch Reduktion auf Tafeln mit je drei Größen dargestellt werden. Es ist dazu nötig, daß die vorgelegte Funktion gewissen Bedingungen genügt: wenn sich

$$F(\alpha, \beta, \gamma, \delta) = 0 \tag{165}$$

durch die simultanen Funktionen

und
$$\left.\begin{array}{l} f(\alpha, \beta; t) = 0 \\ g(\gamma, \delta; t) = 0 \end{array}\right\} \tag{166}$$

ersetzen läßt, (die zusammen bei Elimination von t also $F = 0$ ergeben), so können wir in derselben Ebene (xy) eine Netztafel $f(\alpha, \beta, t) = 0$ und eine andere $g(\gamma, \delta, t) = 0$ derart entwerfen, daß beiden Tafeln die Hilfsschar (t) gemeinsam ist. (Schema Abb. 79a.) Da jede Funktion zwischen drei Veränderlichen stets in einem rechtwinkligen Netz darstellbar ist, so kann die Bedingung der Aufgabe leicht erfüllt werden, wenn wir $f = 0$ im

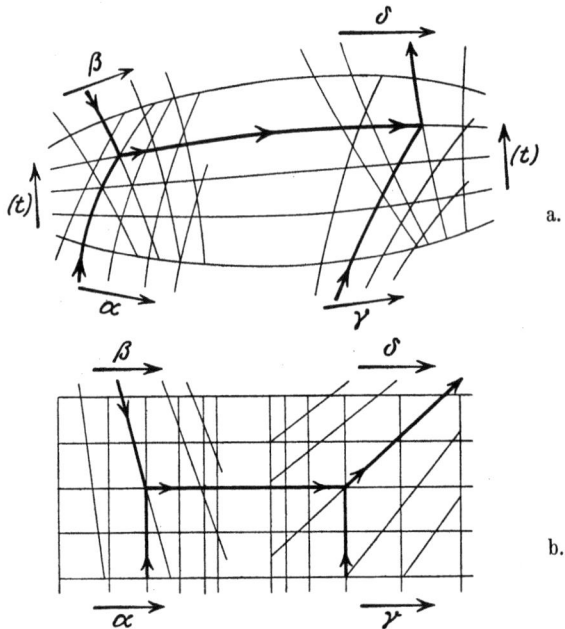

Abb. 79 a und b. Typus einer Netztafel für vier Veränderliche mit Rechenlinien (t).

Netz $x_1 = x_1(\alpha)$, $y_1 = t$ und $g = 0$ im Netz $x_2 = x_2(\gamma)$, $y_2 = t$ entwerfen (Abb. 79b; die Koordinaten x_1 und y_1 einerseits und x_2 und y_2 andererseits werden auf dasselbe System bezogen). Als Vorteil ergibt sich in diesem Falle, daß α und γ durch dieselbe Parallelschar abgebildet werden, wobei die Bezifferung die einzelnen Veränderlichen kenntlich macht. An Stelle der Parallelschar (t) läßt sich, etwa mittels projektiver Abbildung, leicht eine Strahlenschar einführen.

Die Kurven (t) heißen Rechenlinien, das Nomogramm selbst wird als mehrteilige Tafel bezeichnet [Werkmeister[1])].

---

[1]) Von Lacmann ist der Name „Mäandertafel" vorgeschlagen worden.

§ 32. Netztafeln für mehr als drei Veränderliche.

Es bedarf keines besonderen Hinweises, wie sich durch Benutzung mehrerer Hilfsgrößen $t, t', t'', \ldots$ Netztafeln aneinanderreihen lassen und damit die Möglichkeit gegeben wird, Funktionen zwischen 5, 6, ... Veränderlichen darzustellen. In jedem Falle ist die Lösbarkeit der Aufgabe jedoch an die Bedingung geknüpft, daß sich die gegebene Funktion $F(\alpha, \beta, \gamma, \delta, \varepsilon, \ldots) = 0$ durch ein simultanes System

$$\left.\begin{array}{ll} f(\alpha, \beta, t) = 0, & f(\alpha, \beta, t) = 0, \\ g(\gamma, \delta, t') = 0, & g(\gamma, \delta, t') = 0, \\ h(\varepsilon, t, t') = 0 & \text{oder} \quad h(\varepsilon, \zeta, t'') = 0, \\ & k(t, t', t'') = 0 \quad \ldots \end{array}\right\} \quad (167)$$

ersetzen lasse; die funktionalen Beziehungen, welche diesen Fall herbeiführen, sind allgemein noch nicht bekannt.

Wir beschränken uns auf Funktionen mit vier Veränderlichen. Entwerfen wir die Tafeln $f = 0$ und $g = 0$ unter den nomographischen Gesichtspunkten, die für Netztafeln oben entwickelt worden sind, so gelingt es nicht immer, die Schar (t) in beiden Teiltafeln identisch zu wählen. Wenn die Darstellung von $f = 0$ und $g = 0$ beispielsweise in geometrisch verzerrten Netzen besonders einfach erfolgen oder durch geradlinige Tafeln gegeben werden kann, wird man gewiß auf den Vorteil verzichten, den die Identität der Scharen (t) in beiden Teilnomogrammen bewirkt. Durch die Kurven (t_1) der Tafel $f = 0$ und die gleichbezifferten Linien (t_2) der Tafel $g = 0$ wird eine Kurve $[t]$ bestimmt, welche die Schnittpunkte der Kurven gleichen Parameterwertes t enthält. (Schema Abb. 80.) Ein Wertepaar $(\alpha\,\beta)$ definiert eine Linie t_1, die bis zur Kurve $[t]$ verfolgt wird; beim Durchlaufen der zugehörigen Linie t_2 gewinnen wir dann alle Wertepaare $(\gamma\,\delta)$, die auf Grund von $F = 0$ durch $(\alpha\,\beta)$ bestimmt sind. Die Punkte der Leiter $[t]$ stellen also Wertepaare dar, und zwar läßt sich $[t]$ als Doppelleiter $(\alpha\,\beta) \rightleftarrows (\gamma\,\delta)$ ansehen. Wir bezeichnen ein Element dieser Art als Paarleiter[1]).

Die in Abb. 80 schematisch dargestellte Tafelform ist insofern ausgezeichnet, als die Scharen (α) und (γ) einerseits und (β) und (δ) anderseits zusammenfallen. Dadurch, daß die vier Ränder einer Darstellung zur Beschriftung ausgenutzt werden, ist die Möglichkeit gegeben, die Bezifferungen der Scharen übersichtlich zu trennen. Es ist jedoch eine Forderung zu stellen:

---

[1]) (Lallemand). d'Ocagne bezeichnet jede Teiltafel als échelle binaire, die Punkte der Leiter (t) als points condensés. In Abb. 79 läßt sich jede Kurve, welche die Schar (t) schneidet, als Paarleiter $[t]$ ansehen.

durch die für α gewählte Schrittfolge ist der Aufbau der Schar $x_1 = x_1(\alpha)$ bestimmt; soll eine handliche Benutzung der Tafel erreicht werden, so müssen die vorhandenen Geraden (α) sich der Schrittfolge der Veränderlichen γ möglichst einfügen. Das Entsprechende gilt für die Scharen (β) und (δ).

Besonders einfache Typen ergeben sich, wenn in Abb. 80 die Scharen der Rechenlinien (t_1) und (t_2) zusammenfallen, d. h. wenn die Paarleiter $[t]$ nicht auftritt. Die Tafel $f(\alpha, \beta, t) = 0$ sei im Netz $x_1 = x_1(\alpha)$, $y_1 = y_1(\beta)$ entworfen, die Gleichung der Schar (t) laute $t = \varphi(x, y)$; die Darstellung von $g(\gamma, \delta, t) = 0$ im

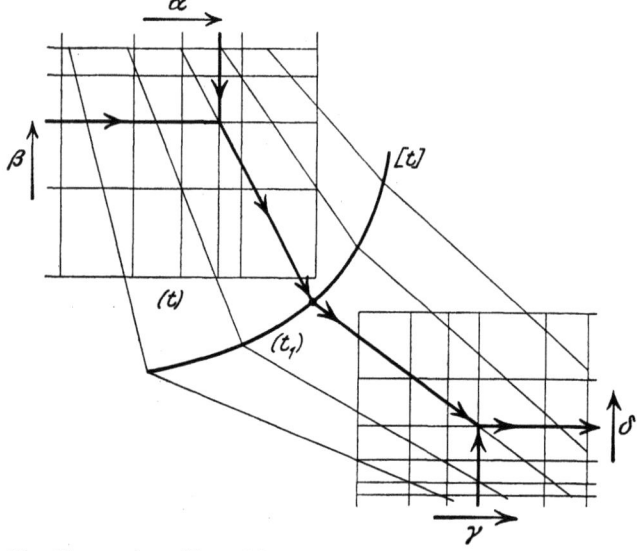

Abb. 80. Typus einer Netztafel für vier Veränderliche mit Paarleiter $[t]$.

Netz $x_2 = x_2(\gamma)$, $y_2 = y_2(\delta)$ werde durch die Schar $t = \psi(x, y)$ bewirkt. Beide Scharen sind identisch, wenn $\varphi \equiv \psi$, d. h., wenn die vorgelegte Funktion $F(\alpha, \beta, \gamma, \delta) = 0$ in die Form

$$\boxed{\varphi[x_1(\alpha),\ y_1(\beta)] = \varphi[x_2(\gamma),\ y_2(\delta)]} \tag{168}$$

gebracht werden kann. Dies ist außerordentlich oft der Fall. So können laufende Produkte stets in überlagerten Netztafeln mit einer Schar von Rechenlinien dargestellt werden:

$$\alpha^a \cdot \beta^b \cdot \gamma^c \cdot \delta^d = e\ (= \text{const}),$$

$$\alpha^a \cdot \beta^b = \frac{e}{\gamma^c} \cdot \frac{1}{\delta^d}.$$

§ 32. Netztafeln für mehr als drei Veränderliche.   151

Der Ansatz ist in mannigfacher Weise möglich und kann auf Teiltafeln nach Crépin, Chenevier oder Lalanne zurückgeführt werden. Als weitere Funktionsbilder könnten $x_1(\alpha) + y_1(\beta) = x_2(\gamma) + y_2(\delta)$, (z. B. $\alpha^2 + \beta^2 = \gamma + \delta$), $x_1(\alpha)^{y_1(\beta)} \cdot x_2(\gamma)^{y_2(\delta)} = \text{const}$, $\operatorname{tg}(\alpha + \beta) = \dfrac{x_1(\gamma) + y_1(\delta)}{1 - x_1(\gamma) \cdot y_1(\delta)}$ u. a. genannt werden.

Beispiel. Unter Verwendung eines Objektives der Brennweite f cm werde ein Diapositiv (Kante d cm) auf einem b cm vom Apparat entfernten Schirm abgebildet. Die genannten Daten stehen mit der Bildgröße s cm in der Beziehung:
$$\frac{s}{d} = \frac{b}{f} - 1. \tag{169}$$

Als Hilfsveränderliche bietet sich die lineare Vergrößerung $t = \dfrac{s}{d}$ dar, und wir erhalten an Stelle der vorgelegten Funktion (169) das System

$$t = \frac{s}{d}, \quad t = \frac{b}{f} - 1. \tag{170}$$

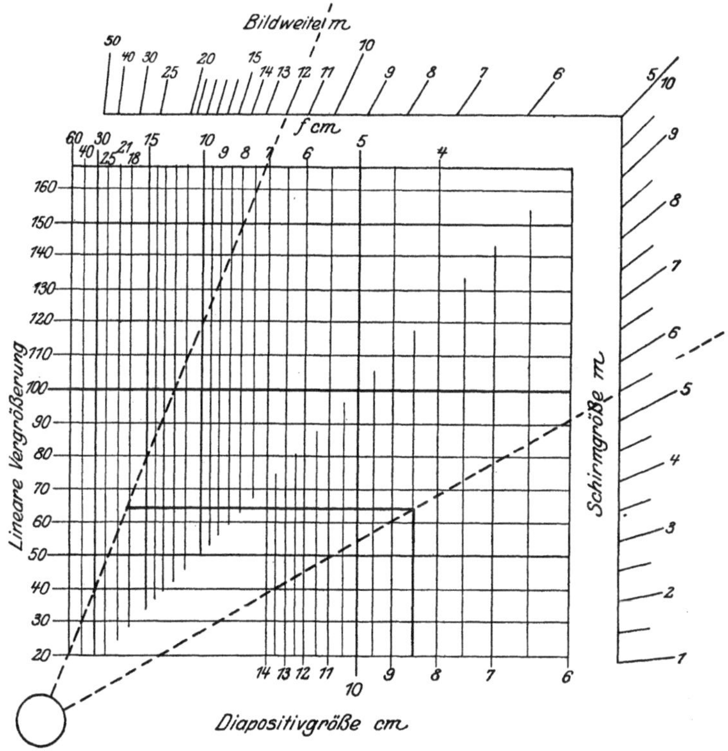

Abb. 81.   Strahlentafel für vier Veränderliche (Diapositiv, Bildgröße, Brennweite, Bildweite). Verkleinerung $^4/_9$.

Die praktisch gegebenen Bereiche:

$$s = 100 \ldots 1000 \text{ cm}, \quad b = 500 \ldots 5000 \text{ cm},$$
$$d = 6 \ldots 14 \text{ cm}, \quad f = 3 \ldots 60 \text{ cm}$$

lassen sich leicht in Teiltafeln nach Chenevier durch den Ansatz

$$x_1 = \frac{1}{d} \cdot 1000 \text{ mm}, \qquad x_2 = \frac{1}{f} \cdot 500 \text{ mm},$$
$$y_1 = \tfrac{3}{4} \cdot t \quad \text{,,} \cdot \qquad y_2 = \tfrac{3}{4} \cdot t \quad \text{,,} ,$$
$$z_1 = \tfrac{3}{4000} \cdot s \quad , \qquad z_2 = \tfrac{3}{2000} \cdot b \quad ,$$
$$\text{Schar: } y = x \cdot z \qquad \text{Schar: } y = x \cdot z - \tfrac{3}{4}$$

darstellen. Die erste Teiltafel enthält demnach ein Strahlenbüschel (s) mit dem 0-Punkt als Träger, die zweite Teiltafel die Strahlenschar (b) mit dem Träger $(0, -\tfrac{3}{4})$. Berücksichtigt man, daß auf Grund der vorgeschriebenen Bereiche das Tafelfeld verhältnismäßig weit vom 0-Punkt entfernt liegt, so darf man unter Vernachlässigung des Abschnittes $-\tfrac{3}{4}$ in ausreichender Näherung auch für die zweite Schar den 0-Punkt als Träger wählen. Dadurch wird der wesentliche Vorteil gewonnen, daß die Funktion nun in einer Strahlentafel dargestellt werden kann, deren Feld nur zwei Linienscharen enthält (s. Abb. 81). Durch die Wahl der Zeicheneinheiten haben wir erreicht, daß die beiden Scharen (s) und (b) sich nicht überdecken. Als Ablesebeispiel ist eingezeichnet: $d = 8{,}5$ cm, $s = 5{,}5$ m, $f = 18$ cm, $b = 12$ m.

Zu einer praktisch bedeutsamen Tafelform gelangen wir, wenn wir die Schar der Rechenlinien (t) in mathematischer Hinsicht einer Einschränkung unterwerfen: wir wollen diejenigen Tafeln untersuchen, bei denen die einzelnen Glieder der Schar (t) untereinander identisch sind. (Vgl. z. B. Abb. 79b und 81.) Wir sind in diesem Falle in der Lage, die Schar der Rechenlinien durch eine bewegbare Schablone oder mittels eines durchsichtigen Blattes zu realisieren. Zugleich wollen wir den Schlüssel abändern.

Die starre Rechenlinie werde auf ein Koordinatensystem (ξ, η) bezogen, das mit ihr fest verbunden ist, also an ihren Bewegungen teilnimmt (Abb. 82, gestrichelt); wir denken die Gleichung der Kurve in Parameterform gegeben:

$$\xi = \xi(t), \quad \eta = \eta(t). \quad (171)$$

Das Koordinatensystem (xy) trage zwei überlagerte Teiltafeln, I für die Variablen α und β (Koordinatenbezeichnung $x_1 y_1$), und II für die Veränderlichen γ und δ (Koordinatenbezeichnung $x_2 y_2$). Die Systeme (xy) und $(\xi\eta)$ seien

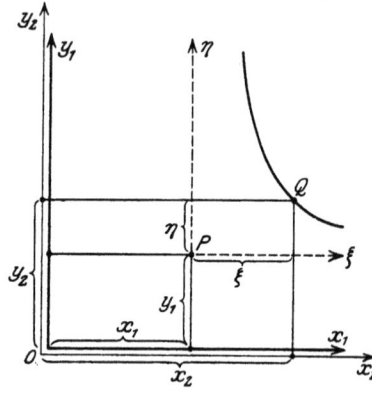

Abb. 82. Schema. Überlagerte Netztafeln mit beweglicher Rechenlinie.

§ 32. Netztafeln für mehr als drei Veränderliche. 153

äquivalent und parallel gestellt, und wir wollen als Bewegungen der Rechenlinie nur Parallelverschiebungen zulassen. Wir bringen nun den Anfangspunkt des beweglichen Systems (ξ, η) mit dem Punkt P der Tafel I zur Deckung, der das Wertepaar (α, β) darstellt: dann sollen die Punkte Q der Rechenlinie in der Tafel II zugehörige Wertepaare (γ, δ) bestimmen. So ist z. B. in Abb. 84 der durch eine Pfeilspitze gekennzeichnete Anfangspunkt des beweglichen Systems in den Punkt $\alpha = 2$, $\beta = 4$ der Tafel I verlegt, an der Rechenlinie ist in Tafel II der Punkt $\gamma = 3$, $\delta = 2$ hervorgehoben. Wir entnehmen der Abb. 82 ohne weiteres die Beziehungen $x_2 = x_1 + \xi$, $y_2 = y_1 + \eta$ und erhalten damit das simultane System

$$\begin{aligned} x_2(\gamma, \delta) - x_1(\alpha, \beta) &= \xi(t), \\ y_2(\gamma, \delta) - y_1(\alpha, \beta) &= \eta(t). \end{aligned} \quad (172)$$

Die dargestellte Funktion $F(\alpha, \beta, \gamma, \delta) = 0$ ergibt sich durch Elimination von t aus (172). Es zeigt sich nun, daß bei Anwendung des typenbildenden Verfahrens sich eine außerordentlich große Mannigfaltigkeit von Funktionsbildern darbietet, indem wir einmal besondere Annahmen über die Teiltafeln I und II treffen, zum anderen spezielle Rechenlinien auswählen können.

Legen wir der Darstellung geometrisch verzerrte Netze zugrunde, so erhalten wir aus (172) im besonderen:

$$\begin{aligned} x_2(\gamma) - x_1(\alpha) &= \xi(t), \\ y_2(\delta) - y_1(\beta) &= \eta(t); \end{aligned} \quad (173)$$

falls beide Netze identisch sind, d. h. $x_1 \equiv x_2$, $y_1 \equiv y_2$, ergibt sich der Typus

$$\begin{aligned} x(\gamma) - x(\alpha) &= \xi(t), \\ y(\delta) - y(\beta) &= \eta(t). \end{aligned} \quad (174)$$

Die letzte, immerhin sehr spezielle Auswahl läßt mit Rücksicht auf die Funktionen $\xi(t)$ und $\eta(t)$ doch noch eine Fülle von Tafeltypen zu. Die praktische Bedeutung der Untersuchungen, die sich an das System (174) anschließen lassen, beruht auf einer nun allgemeineren Verwendbarkeit vorgedruckter Funktionsnetze. Wir wissen, daß die Dispersionspapiere vorzugsweise für projektive Funktionen, die doppelt logarithmischen Netze für Potenzfunktionen geeignet sind; bei Einführung einer beweglichen Rechenlinie erschließen wir den Funktionsnetzen neue Typen und erweitern damit ihren Anwendungsbereich wesentlich.

Als Beispiel behandeln wir das doppelt logarithmische Papier: $x_1 = \log\alpha$, $y_1 = \log\beta$, $x_2 = \log\gamma$, $y_2 = \log\delta$, und entwickeln die Typen, die durch

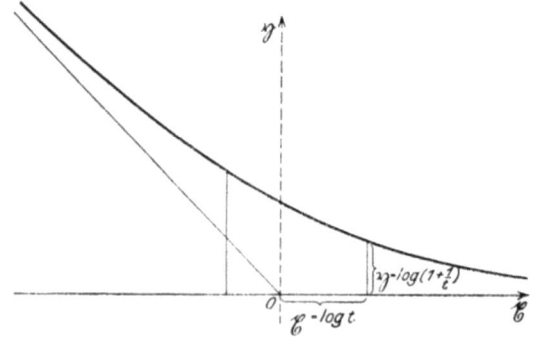

Abb. 83. Mehmkes Additionskurve. Verkleinerung $^4/_{10}$.

die Mehmkesche Additionskurve[1]) vermittelt werden. Abb. 83 gibt ein Bild dieser Kurve, deren Parameterdarstellung

$$\mathfrak{x} = \log t, \quad \mathfrak{y} = \log\left(1 + \frac{1}{t}\right) \quad (175)$$

lautet. Es bieten sich 8 Möglichkeiten dar, die Kurve derart in ein doppelt-logarithmisches Netz einzufügen, daß die Achsenrichtungen den Koordinatenlinien (x) und (y) parallel laufen. Für die in Abb. 84 gewählte Lage, die aus Abb. 83 durch Drehung um 90° im Sinne des Uhrzeigers hervorgeht, gilt:

$$\xi = \log\left(1 + \frac{1}{t}\right), \eta = -\log t, \quad (176)$$

und wir erhalten:

$$\left.\begin{aligned}&\frac{\gamma}{\alpha} = 1 + \frac{1}{t}, \quad \frac{\delta}{\beta} = \frac{1}{t}, \\ &\text{d. h.} \quad F(\alpha, \beta, \gamma, \delta) \\ &= \frac{\gamma}{\alpha} - \frac{\delta}{\beta} - 1 = 0.\end{aligned}\right\} \quad (177)$$

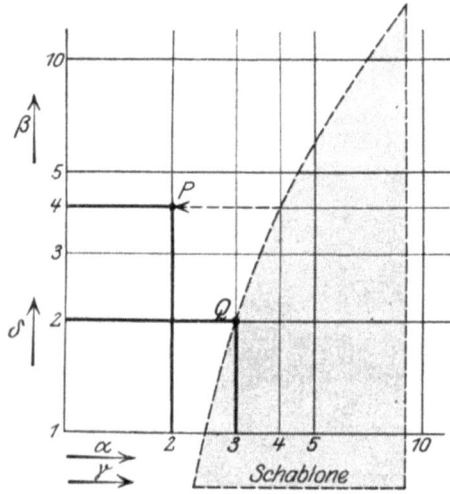

Abb. 84. Doppelt-logarithmisches Netz mit Additionskurve.

Typus: $\dfrac{\gamma}{\alpha} - \dfrac{\delta}{\beta} = 1$.

Anwendungen dieser Form sind in den Aufgaben 96 und 97 an-

---

[1]) Civilingenieur Bd. 35, S. 620. 1889. — Die fundamentale Bedeutung dieser Kurve hat Mehmke in seinem Leitfaden z. graph. Rechnen, Leipzig 1917, ausführlich dargelegt. Mit Hilfe dieser Kurve hat Verf. die Ermittlung empirischer Gleichungen in der Z. f. Vermessungsw. Bd. 49, S. 593 bis 633. 1920 durchgeführt.

§ 32. Netztafeln für mehr als drei Veränderliche.

gedeutet. Das Beispiel der Abbildung stellt die Wertegruppe $\alpha = 2$, $\beta = 4$, $\gamma = 3$, $\delta = 2$ dar: $\frac{3}{2} - \frac{2}{4} - 1 = 0$.

Zu allgemeineren Typen[1]) gelangen wir, wenn wir

$$\xi = \frac{1}{m} \cdot \log\left(a + \frac{1}{b \cdot t}\right), \qquad \eta = \frac{1}{n} \cdot \log\left(\frac{1}{t}\right) \tag{178}$$

setzen; wir erhalten dann das System

$$\left(\frac{\gamma}{\alpha}\right)^m = a + \frac{1}{b \cdot t}, \qquad \left(\frac{\delta}{\beta}\right)^n = \frac{1}{t},$$

d. h. $\quad\dfrac{1}{t} = b\left[\left(\dfrac{\gamma}{\alpha}\right)^m - a\right], \qquad \dfrac{1}{t} = \left(\dfrac{\delta}{\beta}\right)^n,$ (179)

und damit die Grundform:

$$A\left(\frac{\gamma}{\alpha}\right)^m - \left(\frac{\delta}{\beta}\right)^n = B.$$

Durch den Ansatz

$$\xi = \log f(t), \qquad \eta = \log g(t) \tag{180}$$

ergibt sich

$$\frac{\gamma}{\alpha} = f(t), \qquad \frac{\delta}{\beta} = g(t),$$

$$t = F\left(\frac{\gamma}{\alpha}\right), \qquad t = G\left(\frac{\delta}{\beta}\right). \tag{181}$$

Es können im doppelt logarithmischen Netz daher alle Funktionen

$$F\left(\frac{\gamma}{\alpha}\right) - G\left(\frac{\delta}{\beta}\right) = 0$$

dargestellt werden. Damit sind auch Summen in den Darstellungsbereich logarithmischer Papiere einbezogen.

Es bedarf keiner besonderen Erörterung, daß wir in jedem Nomogramm mit beweglicher Rechenlinie sowohl den Punkt P schon als Zwischenergebnis einer vorhergehenden Operation, als auch eine der Teilungen, etwa δ, als Paarleiter ansehen und durch Anfügen weiterer Teiltafeln die Darstellung von Funktionen mit mehr als vier Veränderlichen vornehmen können; aber auch hier muß sich die Nomographie zur Zeit darauf beschränken, durch Typenbildung eine Anzahl von Funktionsbildern für die Praxis vorzubereiten.

---

[1]) Bewegliche Additionskurven sind von Kretschmer vorgeschlagen und auf anderem Wege abgeleitet worden. Kretschmer hat damit den Gesichtspunkt in den Vordergrund gestellt, den Entwurf einer Rechentafel auf logarithmischem Papier zu leisten; er fügt also der Benutzung von Grundleitern die konsequente Anwendung von (logarithmischen) Grundnetzen hinzu; Tafeln dieser Art werden von ihm als Schiebkurvennomogramme bezeichnet. Das Verfahren ist wesentlich typenbildend.

Beim Entwurf von Tafeln im Anschluß an den Ansatz (173) muß es aus praktischen Gründen vermieden werden, Netze verschiedenen Aufbaues zu überlagern; es ist notwendig die Teiltafeln getrennt anzuordnen. Der dadurch bedingten, konstanten Koordinatenverschiebung entsprechend muß der in Abb. 84 durch einen Pfeil angedeutete Zeiger dann versetzt werden.

Wir sehen davon ab, die Diskussion unseres allgemeinen Ansatzes (172) in extenso durchzuführen, und überlassen es dem Leser, in verschiedenen Netzen geeignete Rechenlinien auszuwählen und die zugehörigen Funktionsformen aufzustellen. Auch die Einführung einer verschiebbaren und **drehbaren** Rechenlinie soll nicht behandelt werden; es lassen sich auf diese Weise zwar neue Typen ableiten, jedoch gewinnen wir keine wesentlich neuen Gesichtspunkte nomographischer Art. Es sei bemerkt, daß die Benutzung von Rechenlinien unter Umständen die Darstellung von Funktionen zwischen **drei** Veränderlichen erleichtert. Wählen wir eine der Veränderlichen, etwa δ, aus und ersetzen sie durch eine Konstante, so wird damit die Ablesung der dritten Variablen γ in eine bestimmte Stelle der Tafel verlegt; wir können auch statt δ eine Funktion einer der vorhergehenden Veränderlichen, etwa von α, einführen; die Berücksichtigung eines Wertes α kann in diesem Falle zwar nur durch zweifachen Eingang in das Tafelfeld erfolgen, es bietet sich aber dafür die Möglichkeit dar, in Grundnetzen auch verwickelte Funktionsbilder mit einfachsten Hilfsmitteln zu gewinnen[1]).

§ 33. Aufgaben.

Zu § 24.

77. In eine Crépinsche Tafel $x = \alpha \cdot 10$ mm, $y = \dfrac{10}{\beta}$ mm sind die Linien gleichen Ablesefehlers einzuzeichnen. Welcher Fehler ist bei Produkten der Größenordnung $\alpha = 5$, $\beta = 0{,}2$ zu erwarten?

78. Genauigkeitsuntersuchung der Tafel $x = \alpha \cdot l$ mm, $y = \beta \cdot l$ mm für die Funktion $\gamma = \sqrt{\alpha^2 + \beta^2}$.

Zu § 25.

79. Welche Kurven bilden sich bei der auf S. 116 angegebenen Verzerrung in die konzentrische Kreisschar $\xi^2 + \eta^2 = \varrho^2$ ab? Die Hüllkurve der Schar ist in der Grundebene zu untersuchen.

80. Die Schar der Wurfparabeln (S. 115) ist durch die Verzerrung $\xi = x$, $\eta = \dfrac{y}{x}$ darzustellen.

81. Der die Tageslänge bestimmende Stundenwinkel 2ϑ hängt mit der geographischen Breite $\varphi = -90° \ldots +90°$ und der Deklination der Sonne $\delta = -23\tfrac{1}{2}° \ldots +23\tfrac{1}{2}°$ zusammen: $-\cos\vartheta = \operatorname{tg}\delta \cdot \operatorname{tg}\varphi$. Darstellung im Netz $x = \operatorname{tg}\delta$, $y = -\cos\vartheta$. Bezifferung der x-Teilung nach dem Datum (vgl. Abb. 16), der y-Teilung nach Stunden. Wie zeigt die Tafel unlösbare Aufgaben an?

---

[1]) Bewegliche Rechenlinien wurden schon früher mehrfach in Vorschlag gebracht, zumeist in Darstellungen mit eigentlichen Niveaulinien. Vgl. Anmerkung auf S. 31 sowie die Angaben auf S. 41.

§ 33. Aufgaben.

Zu § 26.
82. Die auf S. 121 behandelte Tafel ist durch Einführung logarithmischer Funktionen in eine Multiplikationstafel zu verwandeln. Änderung der Bereiche.

Zu § 28.
83. Die Funktion $z^2 + \alpha z + \beta = 0$ soll im Anschluß an die Abb. 71 unter der Annahme $a = 1$ (vgl. S. 131) dargestellt werden.
84. Durch projektive Abbildung soll die Abb. 70 derart umgewandelt werden, daß sich als Hüllkurve die Hyperbel $\xi^2 - \eta^2 = 1$ ergibt.
85. Dieselbe Aufgabe ist an die Tafel Abb. 71 anzuschließen.

Zu § 30.
86. Die Tafel Abb. 73 ist der projektiven Verzerrung $(a) = \begin{pmatrix} 1 & 0 & 0 \\ 0 & 1 & 1 \\ 0 & 1 & 3 \end{pmatrix}$ zu unterwerfen. Zeicheneinheit der Bildebene 200 mm.
87. Es soll die für eine Elementenschaltung auf S. 143 angegebene Funktion im regulären Netz (β, γ) dargestellt werden. Wie bilden sich 1. die Parallelschaltung, 2. die Reihenschaltung, 3. die Maximalschaltung ab?
88. Die Funktion ist gemäß § 29, 148 zu reduzieren.
89. Bei orthogonaler (axonometrischer) Projektion $e_x : e_y : e_z = m : n : 1$ hängen die Achsenwinkel φ und ψ von m und n wie folgt ab:
$$\cos^2 \varphi = \frac{n^4 - (1 - m^2)^2}{4 m^2}, \quad \cos^2 \psi = \frac{m^4 - (1 - n^2)^2}{4 n^2}.$$
Welche Grundform läßt sich aus der Determinante § 29, 154 ableiten? Inwiefern sind beide Funktionen in einer Tafel darstellbar? Wie kommt die Nebenbedingung $m^2 + n^2 > 1$ in der Darstellung zum Ausdruck?
90. Zur Orientierung einer schiefen Parallelprojektion werden die simultanen Funktionen $\operatorname{tg}\alpha = m \cdot \cos\varphi$, $\sin\beta = \dfrac{m}{\sqrt{1 + m^2}} \sin\varphi$ gebraucht. Es ist eine geradlinige Netztafel α, β, m zu entwerfen und die Schar (φ) einzuzeichnen.
91. In einer Netztafel sind die drei Flächen-Krümmungsmaße derart darzustellen, daß die Umrechnung mit einer Ablesung erfolgen kann.
$$G = \frac{1}{R_1 \cdot R_2} \text{ (Gauß)}. \quad M = \frac{1}{2}\left(\frac{1}{R_1} + \frac{1}{R_2}\right) \text{ (Sophie Germain)}.$$
$$C = \frac{1}{2}\left(\frac{1}{R_1^2} + \frac{1}{R_2^2}\right) \text{ (Casorati)}.$$
Wie bilden sich abwickelbare Flächen ab?
92. Welche Funktion wird durch die drei Scharen $y = x \dfrac{\alpha}{\sqrt{1 - \alpha^2}}$, $x^2 + y^2 = \beta^2$ und $y = \gamma$ dargestellt? Ist die Ablesung des Ergebnisses γ als günstig zu bezeichnen?

Zu § 31.
93. Die Zustandsgleichung der Gase $pv = RT$ in einer logarithmischen Dreieckstafel darzustellen.

Zu § 32.
94. Zeichnung der Kurve $\mathfrak{x} = \log t$, $\mathfrak{y} = \log\left(1 + \dfrac{1}{t}\right)$.
95. Entwurf einer Tafel $\alpha^2 + \beta^2 = \gamma^2 + \delta^2$.
96. Darstellung aller Hyperbeln $\dfrac{\gamma^2}{\alpha^2} - \dfrac{\delta^2}{\beta^2} = 1$ im doppelt-logarithmischen Netz.

97. Im doppelt-logarithmischen Netz die Ellipsen $\frac{\gamma^2}{\alpha^2} + \frac{\delta^2}{\beta^2} = 1$ darzustellen.

98. Wie lauten die 8 Typen, die sich an die Mehmkesche Additionskurve anschließen?

99. Für ein einfach logarithmisches Netz ist der Typus
$$F\left(\frac{\gamma}{\alpha}\right) = G[y_2(\delta) - y_1(\beta)]$$
zu entwickeln.

100. In einem geometrisch verzerrten Netz ist die Rechenlinie $\xi = t$, $\eta = \frac{c}{t}$, (gleichseitige Hyperbel), zu verwenden. Typus?

101. Die Zustandsgleichung $\frac{p_2 \cdot V_2^n}{p_1 \cdot V_1^n} = 1$ soll mittels einer beweglichen Schar von Rechenlinien im doppelt logarithmischen Netz so entworfen werden, daß der Exponent n aus zwei beobachteten Zuständen 1 und 2 gefunden werden kann.

102. Die kubische Gleichung $\alpha^3 + \beta\alpha^2 + \gamma\alpha + \delta = 0$ soll im Netz $x_1 = -\frac{\beta}{2}$, $y_1 = \gamma - \frac{\beta^2}{4}$ (Schar der Parabeln $y = -x^2 + \gamma$) und $x_2 = \alpha$, $y_2 = -\frac{\delta}{\alpha}$ (Schar der gleichseitigen Hyperbeln $x \cdot y = -\delta$) unter Verwendung der Rechenlinie $\xi = t$, $\eta = t^2$ dargestellt werden.

103. Darstellung des Sinussatzes $\frac{\sin a}{\sin \alpha} = \frac{\sin b}{\sin \beta} = \frac{\sin c}{\sin \gamma}$.

104. Im doppelt-logarithmischen Netz ist die Funktion $\alpha^n = \beta^n + \gamma^n$ darzustellen; es ist der Ansatz (181) mit $\delta = \alpha$ zu benutzen.

V. Fluchtlinientafeln.

§ 34. Typen geradliniger Tafeln.

Allen Untersuchungen, die sich auf Fluchtlinientafeln beziehen, legen wir ein rechtwinkliges kartesisches Koordinatensystem zugrunde; es wird dann eine Leiter (α), die wir durch den Index 1 kennzeichnen, durch die Angabe der beiden Funktionen $x_1 = x_1(\alpha)$, $y_1 = y_1(\alpha)$ bestimmt; (s. § 16). Entsprechend stellen wir Leitern für β und γ durch die Funktionen $x_2 = x_2(\beta)$, $y_2 = y_2(\beta)$ und $x_3 = x_3(\gamma)$, $y_3 = y_3(\gamma)$ dar. Demnach ist ein Punkt $x_1 y_1$ als Bild einer Zahl α, ein Punkt $x_2 y_2$ als Bild einer Zahl β und $x_3 y_3$ als Bildpunkt von γ anzusehen. Der in § 8 eingeführte Schlüssel der Fluchtlinientafeln fordert, daß die drei Bildpunkte von Zahlen α, β und γ, die durch die Beziehung $F(\alpha, \beta, \gamma) = 0$ verbunden sind, auf einer Geraden liegen; es müssen also die Koordinaten $x_1 \ldots y_3$ einer linearen Gleichung $ux + vy + 1 = 0$ genügen:

$$u \cdot x_1 + v \cdot y_1 + 1 = 0,$$
$$u \cdot x_2 + v \cdot y_2 + 1 = 0,$$
$$u \cdot x_3 + v \cdot y_3 + 1 = 0.$$

§ 34. Typen geradliniger Tafeln.

Diese drei Gleichungen für u und v sind nur dann miteinander verträglich, wenn die Determinante des Systems verschwindet:

$$\begin{vmatrix} x_1 & y_1 & 1 \\ x_2 & y_2 & 1 \\ x_3 & y_3 & 1 \end{vmatrix} = 0 \,.^1) \qquad (182)$$

Die Entwicklung nach den Elementen der ersten bzw. der zweiten Spalte ergibt die handlichen Formen

$$\boxed{x_1(y_2 - y_3) + x_2(y_3 - y_1) + x_3(y_1 - y_2) = 0} \qquad (183)$$

$$\boxed{y_1(x_2 - x_3) + y_2(x_3 - x_1) + y_3(x_1 - x_2) = 0} \,. \qquad (184)$$

Hierin bedeuten die Koordinaten x_1 und y_1 Funktionen von α, x_2 und y_2 sowie x_3 und y_3 Funktionen von β bzw. von γ. Die Analogie zu dem Ansatz § 29, 153 wird uns weiter unten eingehend zu beschäftigen haben.

Wir wählen zur Auswertung des Ansatzes (182) zunächst den typenbildenden Weg, der im Gegensatz zu den Erörterungen des § 30 insofern durch eine besondere Anschaulichkeit ausgezeichnet ist, als jede spezielle Annahme einer der Funktionen $x_1 \ldots y_3$ sich unmittelbar in Gestalt oder Lage einer der Leitern $(\alpha) \ldots (\gamma)$ ausdrückt.

Bei Tafeln mit geradlinigen Leitern lassen sich vier Grundformen unterscheiden, die sich später (S. 174) unter mathematischen Gesichtspunkten auf zwei reduzieren werden:
I. drei Leitern sind parallel,
II. zwei Leitern sind parallel,
III. drei Leitern gehen durch einen Punkt,
IV. allgemeine Lage der drei Träger.
Da die Stellung der Tafel in bezug auf das Koordinatensystem ohne Bedeutung ist, dürfen wir ohne Einschränkung der Allgemein

---

[1]) Die Gleichung (182) ist die aus der analytischen Geometrie bekannte Bedingung dafür, daß drei Punkte auf einer Geraden liegen. Mit Rücksicht auf die grundlegende Bedeutung von (182) geben wir kurz eine andere Ableitung. Durch zwei Punkte $x_1 y_1$ und $x_2 y_2$ wird die Gerade $y - y_1 = \dfrac{y_2 - y_1}{x_2 - x_1}(x - x_1)$ bestimmt. Soll $x_3 y_3$ auf dieser Geraden liegen, so muß also die Gleichung $y_3 - y_1 = \dfrac{y_2 - y_1}{x_2 - x_1} \cdot (x_3 - x_1)$ bestehen, die sich nach Zusammenfassung gleichlautender Glieder in die Form $x_1(y_2 - y_3) + x_2(y_3 - y_1) + x_3(y_1 - y_2) = 0$ überführen läßt. Hieraus folgt unmittelbar (184).

gültigkeit einen Träger mit einer der Achsen zusammenfallen lassen. Wir verlegen im folgenden die Leiter (α) in die y-Achse: $x_1 = 0$.

I. Auf Grund der Annahme $x_1 = 0$ erhalten wir Tafeln mit drei parallelen Trägern durch den Ansatz $x_2 = a_2$.($= $ const), $x_3 = a_3$ ($=$ const), ($a_2 \neq a_3$); aus (184) folgt demnach unmittelbar:

$$y_1(a_2 - a_3) + y_2 \cdot a_3 - y_3 \cdot a_2 = 0; \tag{185}$$

wir gewinnen die Grundform

$$\boxed{f_1(\alpha) + f_2(\beta) + f_3(\gamma) = 0}, \tag{186}$$

wenn wir
$$\left. \begin{aligned} x_1 &= 0, & y_1 &= \frac{l}{a_2 - a_3} \cdot f_1(\alpha), \\ x_2 &= a_2 \cdot m, & y_2 &= \frac{l}{a_3} \cdot f_2(\beta), \\ x_3 &= a_3 \cdot m, & y_3 &= -\frac{l}{a_2} \cdot f_3(\gamma) \end{aligned} \right\} \tag{187}$$

setzen. Die Veränderung der Zeicheneinheiten m und l wirkt sich lediglich in speziellen affinen Verzerrungen aus; sehen wir diese Tafeln nicht als verschieden an und berücksichtigen wir, daß nur das Verhältnis $a_2 : a_3$ in die Formel (185) eingeht, so vermittelt der Ansatz (187) ∞^1 verschiedene Darstellungen der vorgelegten Funktion (186) auf parallelen Trägern. Es handelt sich darum, aus dieser Mannigfaltigkeit eine unter nomographischen Gesichtspunkten günstige Tafelform zu ermitteln. Wir müssen

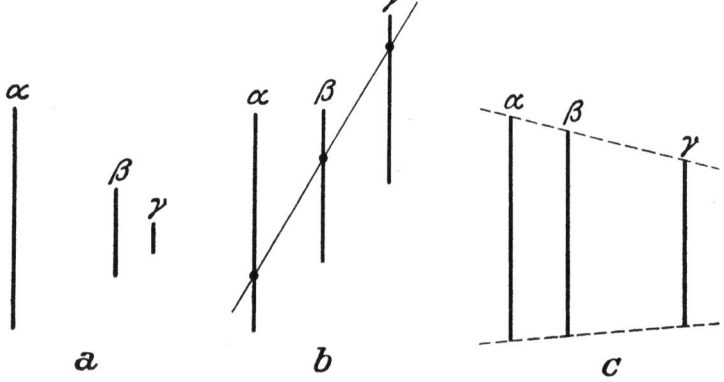

Abb. 85. a) Falsch (schlechte Ausnutzung der Teilungslängen). b) Falsch (ungünstige Schnittverhältnisse). c) Richtig.

§ 34. Typen geradliniger Tafeln.

erstens vermeiden, daß eine der Leitern in unhandlicher Zeicheneinheit entworfen werden müßte, und zweitens beachten, daß die gegebenen Bereiche in hinreichender Genauigkeit zur Geltung kommen. Um unseren Tafeln auch rein äußerlich eine gefällige Form zu geben, wollen wir fordern, daß die Teilungslängen, falls nicht besondere Gründe entgegenstehen, nach Möglichkeit gleiche Größe haben; wir erreichen günstige Schnittverhältnisse, wenn die Leiteranordnung der Gestalt gleichschenkliger Trapeze nahekommt (Abb. 85). Derjenigen Veränderlichen, die zumeist als Ergebnis auftritt, ordnen wir den mittleren Träger zu.

Beispiel. Die Zeicheneinheit E (reg α) hängt mit der Teilungslänge A und dem Bereich $B = |\alpha_2 - \alpha_1|$ zusammen: $B \cdot E = A$. (S. 4). Als Bereiche schreiben wir vor $B = 1 \ldots 10 \ldots 100 \ldots 1000$, $A = 50 \ldots 400$. Die logarithmische Form $\log E + \log B - \log A = 0$ weist auf den Ansatz

$$x_1 = 0, \qquad y_1 = \frac{l}{a_2 - a_3} \log E,$$

$$x_2 = a_2 \cdot m, \qquad y_2 = \frac{l}{a_3} \cdot \log B,$$

$$x_3 = a_3 \cdot m, \qquad y_3 = +\frac{l}{a_2} \cdot \log A.$$

Da der Bereich $\log B$ etwa dreimal so groß ist wie der Bereich $\log A$, erzielen wir durch die Wahl $a_2 = \frac{1}{3}$, $a_3 = -1$ annähernd gleiche Teilungslängen. Da $a_2 - a_3 = \frac{4}{3}$ ist, ergibt sich also der Ansatz ($l = 100$ mm):

$y_1 = \frac{3}{4} l \cdot \log E,$
$\quad = 75 \cdot \log E,$
$y_2 = -l \cdot \log B,$
$\quad = -100 \cdot \log B,$
$y_3 = +3 \cdot l \cdot \log A,$
$\quad = 300 \cdot \log A.$

(Abb. 86.) Dieser Ansatz ist zunächst noch unbrauchbar[1]); unter Festhaltung der Teilung A verschieben wir die Teilung B nach oben. Beträgt die Verschiebung $(300 + 510)$ mm, so liegen die praktisch gegebenen „Anfangs"-Punkte 50 und 1000 auf einer Horizon-

---

[1]) Es sei ausdrücklich bemerkt, daß die Abb. 86 lediglich als Skizze entworfen zu werden braucht; es ist hier nur aus methodischen Gründen eine weitergehende Beschriftung vorgenommen worden.

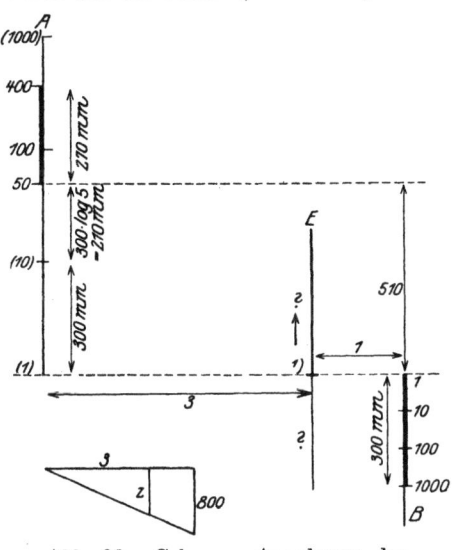

Abb. 86. Schema. Anordnung der Teilungslängen.

talen; da die Teilungslänge von B die von A übertrifft, nehmen wir die Verschiebung nur um 800 mm vor. Dadurch wird der Punkt $E=1$ um den Betrag Z nach oben verlegt: $Z : 800 = 3 : 4$, $Z = 600$. Auf der horizontalen Bezugslinie (600 mm über der gedachten x-Achse) liegen also die Punkte $A=100$, $E=1$, $B=100$. — Ein anderes, einfacheres Verfahren, die Teilungen anzuordnen, besteht darin, daß man durch numerische Nebenrechnung ein Wertetripel α, β, γ (ein Beispiel) ermittelt und die drei zugehörigen Bildpunkte auf eine günstig liegende Ablesegerade verlegt. Bei Berechnung einer Bezugslinie ist es jedoch leichter, die Gestaltung der Tafel vorher zu überschauen, und es läßt sich durch eine knappe Zeichenvorschrift die praktische Ausführung eines Nomogramms einem Zeichner übertragen, während die Beschreibung einer (zumeist schrägliegenden) zum Beispiel gehörenden Ablesegeraden nicht immer in einfachster Form gegeben werden kann. Die Tafel ist im Anhang II dargestellt. (Vgl. S. 38.)

Handelt es sich allgemein um die Funktion

$$F(\alpha, \beta, \gamma) = \alpha^a \cdot \beta^b \cdot \gamma^c - d = 0, \tag{188}$$

so läßt sich nach Logarithmierung

$$a \cdot \log \alpha + b \cdot \log \beta + c \cdot \log \gamma - \log d = 0$$

der Ansatz:

$$\left.\begin{aligned}
x_1 &= 0, & y_1 &= l \cdot \frac{a}{a_2 - a_3} \log \alpha - \frac{l}{a_2 - a_3} \log d, \\
x_2 &= a_2 \cdot m, & y_2 &= l \cdot \frac{b}{a_3} \log \beta, \\
x_3 &= a_3 \cdot m, & y_3 &= -l \cdot \frac{c}{a_2} \log \gamma
\end{aligned}\right\} \tag{189}$$

wählen. Bei der Ermittlung der Zeicheneinheiten kann auch hier die Forderung erfüllt werden, daß die Teilungslängen der Leitern (β) und (γ) annähernd übereinstimmen. Wenn sich der Bereich β von $\beta_1 \ldots \beta_2$ erstreckt, der Bereich γ von $\gamma_1 \ldots \gamma_2$, so ergibt sich

$$\left|\frac{a_2}{a_3}\right| \approx \left|\frac{c \cdot \log \dfrac{\gamma_2}{\gamma_1}}{b \cdot \log \dfrac{\beta_2}{\beta_1}}\right|.$$

Für a_2 und a_3 sind Näherungswerte zu wählen, damit $l \cdot \dfrac{b}{a_3}$ und $l \cdot \dfrac{c}{a_2}$ möglichst handliche Einheiten ergeben; die Vorzeichen werden so bestimmt, daß die Ergebnisleiter (α) zwischen den anderen Leitern liegt.

§ 34. Typen geradliniger Tafeln. 163

Tafeln mit reduzierten Zeicheneinheiten. Setzen wir $a_2 = -c$, $a_3 = +b$, so erscheinen die Leitern (β) und (γ) in derselben Zeicheneinheit l und entwickeln sich in derselben Richtung. Für (α) ergibt sich dann die Zeicheneinheit $-l \cdot \dfrac{a}{b+c}$; das auf S. 17 erwähnte Verfahren gestattet nun, auch die Leiter (α) auf dieselbe Zeicheneinheit $+l$ zu reduzieren (Abb. 87), indem wir sie von einem Projektionszentrum P aus auf einen parallelen Träger 4 projizieren. Die Abszissen q und p des neuen Trägers 4 und des Zentrums P genügen der Bedingung

$$\left(-l \cdot \frac{a}{b+c}\right) : (+l) = p : (p - q);$$

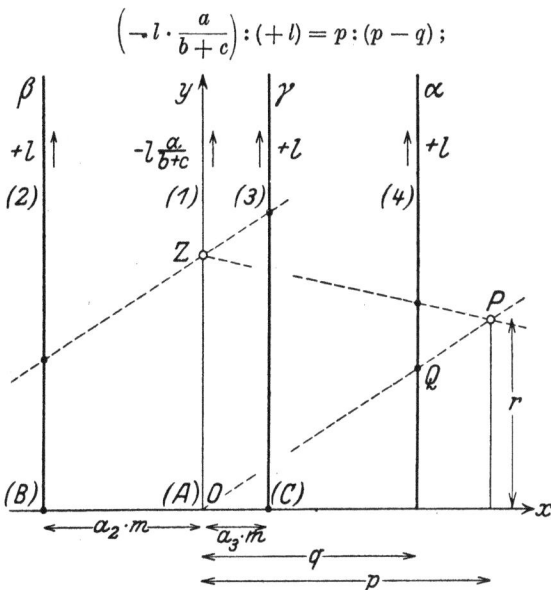

Abb. 87. Tafel mit reduzierten Zeicheneinheiten. (Entwurf im einfachen Funktionsnetz).

die Auflösung ergibt $p = a \cdot n$, $q = (a + b + c) \cdot n$; hierin kann die Einheit n unabhängig von m gewählt werden. Die Funktion (188) ist also stets durch Leitern derselben Zeicheneinheit l mm darstellbar. Wir machen von diesem Ergebnis eine Anwendung, indem wir die Fluchtlinientafel auf vorgedrucktem einfach-logarithmischem Papier mit logarithmischer Ordinate entwerfen. Die Träger 2, 3 und 4 sind dann sofort mit den logarithmischen Teilungen gleicher Zeicheneinheit versehen, wobei als Besonderheit hinzukommt, daß die genannten drei Leitern auf der horizontalen Bezugslinie, etwa der x-Achse, mit Zehnerpotenzen ansetzen. Dadurch wird für das Zentrum P eine bestimmte Ordinate r festgelegt. Wir ermitteln P auf folgendem Wege: Wir setzen für β und γ je die kleinste Zehnerpotenz B und C, die dem Bereich β und γ möglichst naheliegt, in die Funktion (188) ein und berechnen den zugehörigen Wert $\alpha = A$. (Methode des Beispieles.) Auf Grund des Schlüssels muß der Bildpunkt auf der unterdrückten Teilung 1 im 0-Punkt liegen. Wir suchen auf

11*

der ausgeführten Leiter 4 den Bildpunkt Q der Ergebniszahl A und finden somit P auf der Geraden OQ. Dieses Verfahren eignet sich in den Fällen, in denen die Konstante d mehrere (diskrete) Werte in beschränkter Anzahl annimmt, etwa wenn sie eine Materialkonstante bedeutet und die Darstellung sich nur auf einige Materialien bezieht. Eine Größe dieser Art nennen wir Begleitwert. Da die Abszisse q der Leiter 4 nur von a, b und c abhängt, können mehrere Werte d auf dem bleibenden Leitersystem 2, 3 und 4 durch Einführung neuer Punkte P Darstellung finden; die auf der Geraden $x = p$ liegenden Punkte P werden unmittelbar nach der Stoffbezeichnung o. dgl. beziffert. Der Träger 1, dessen Teilung unberücksichtigt bleibt, heißt Zapfenlinie. Wir können den Schlüssel für Tafeln dieser Art dahin formulieren: Die beiden Bildpunkte α und γ legen eine Ablesegerade fest, die den Zapfenpunkt Z auf 1 bestimmt; die Gerade ZP liefert auf 4 den Bildpunkt des Ergebnisses α. Es bedarf keiner ausführlichen Darstellung, daß sich das vorliegende Verfahren auf alle anderen Funktionspapiere sinngemäß übertragen läßt. (Siehe Aufgabe 106.)

Für den Typus der doppelt-logarithmischen Papiere hat Kretschmer[1]) die vereinfachte Konstruktion von Leitertafeln in anderer Weise entwickelt, indem er die Ergebnisleiter 4 in die horizontale Achse verlegt. Er erreicht die Reduktion der Zeicheneinheit $-l \cdot \dfrac{a}{b+c}$ auf die Grundeinheit $+l$ durch Einführung einer schrägen Zapfenlinie g unter dem Winkel φ

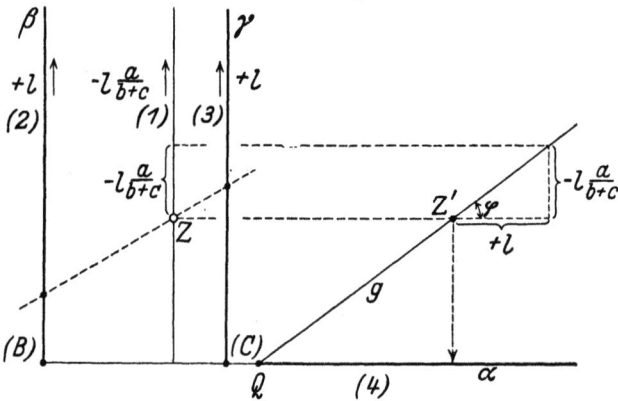

Abb. 88. Tafel mit reduzierten Zeicheneinheiten. (Entwurf im doppelten Funktionsnetz. Verfahren von Kretschmer).

(Abb. 88). Der Kretschmersche Schlüssel lautet wie folgt: Die Bildpunkte β und γ bestimmen den Zapfenpunkt Z; die durch Z gehende Horizontale wird bis g verfolgt, Zapfenpunkt Z', die Vertikale durch Z' liefert auf der (horizontalen) Leiter 4 das Ergebnis α. Man erkennt leicht, daß der Anstieg der Geraden g durch $\operatorname{tg}\varphi = -\dfrac{a}{b+c}$ bestimmt ist. Der

---

[1]) Werft Reederei Hafen Bd. 4, S. 35. 1923. Kretschmer geht dort von der Normalform $\alpha^a \cdot \beta^b = \left(\dfrac{\gamma}{d}\right)^c$ aus.

§ 34. Typen geradliniger Tafeln.

Punkt Q, in dem die schräge Zapfenlinie ansetzt, wird nach der Methode des Beispiels ermittelt. Es mögen B und C dieselbe Bedeutung haben wie oben; dann ist Q auf der ausgeführten Teilung 4 der Bildpunkt der zu B und C gehörigen Zahl $\alpha = A$.

Die beiden angeführten Verfahren geben zwar die Möglichkeit, mit geringstem Aufwand an Zeichenarbeit rasch eine Leitertafel zu entwerfen; bei ihrer Anwendung dürfen jedoch einige Schwächen nicht unbeachtet bleiben. Die Bereiche werden auf den festen Grundleitern ($l = 100$ mm) nicht immer in befriedigender Teilungslänge dargestellt, ungünstige Schnittverhältnisse müssen bisweilen hingenommen werden[1]), schließlich bringt die Operation, die nach Ermittlung des Zapfenpunktes Z vorzunehmen ist, bei der Benutzung einer Tafel gewisse Unbequemlichkeiten (vgl. d. Schlußwort). Da logarithmische Leitern in allen vorkommenden Zeicheneinheiten im Handel bezogen werden können, wird man für Gebrauchsnomogramme Tafeln mit günstig berechneten Zeicheneinheiten vorziehen; die Form mit reduzierten Zeicheneinheiten eignet sich für Hilfstafeln.

II. Die Tafeln mit zwei parallelen Trägern können wir im Koordinatensystem stets durch den Ansatz orientieren:

$$\left.\begin{aligned} x_1 &= 0, & y_1(\alpha); \\ x_2 &= \alpha, & y_2(\beta); \\ x_3(\gamma), & \quad y_3(\gamma), & y_3 = c \cdot x_3. \end{aligned}\right\} \quad (190)$$

Die Gleichung (182) geht dann in die besondere Form über:

$$y_1 \cdot (a - x_3) + y_2 \cdot x_3 - a \cdot c \cdot x_3 = 0,$$

$$y_1 \cdot \left(\frac{a}{x_3} - 1\right) + (y_2 - ac) = 0.$$

Wir erhalten demnach die Grundform:

$$\boxed{f_1(\alpha) \cdot f_3(\gamma) + f_2(\beta) = 0}, \quad (191)$$

wenn wir

$$\left.\begin{aligned} y_1(\alpha) &= l \cdot f_1(\alpha), \\ y_2(\beta) &= a \cdot c + l \cdot m \cdot f_2(\beta), \\ x_3(\gamma) &= \frac{\alpha}{1 + m \cdot f_3(\gamma)} \end{aligned}\right\} \quad (192)$$

setzen. Bei der Anordnung der Träger ist darauf zu achten, daß die Größe, die zumeist als Ergebnis auftritt, der „mittleren" Leiter zugeordnet wird.

---

[1]) Z. B. Bereiche: $\beta = 1 \ldots 3$, $\gamma = 3 \ldots 10$. Beachte die Anordnung der Teilungslängen auf Leiter 2 und 3. Die auf S. 67 entwickelte Verzifferung einer der beiden Leitern gestaltet die Anordnung günstiger.

66   Fluchtlinientafeln.

Beispiel. $\gamma = \dfrac{\beta}{\alpha}$.

Wir wählen die allgemeine Form $\alpha^n \cdot \gamma^n - \beta^n = 0$ (vgl. § 25) und die Einheiten $l = 100$, $m = 1$, $a = 100$, $c = 1$.

$$x_1 = 0, \quad y_1 = 100 \cdot \alpha^n,$$
$$x_2 = 100, \quad y_2 = 100 - 100 \cdot \beta^n,$$
$$x_3 = \frac{100}{1 + \gamma^n} = y_3.$$

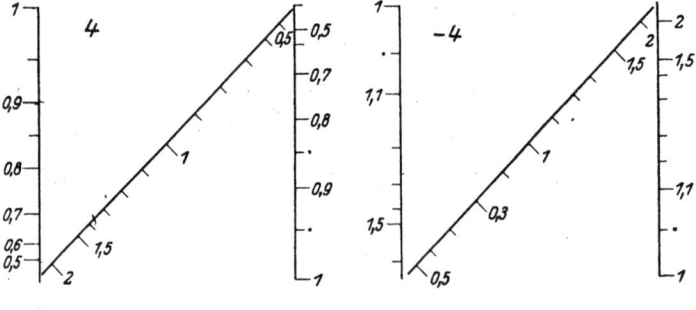

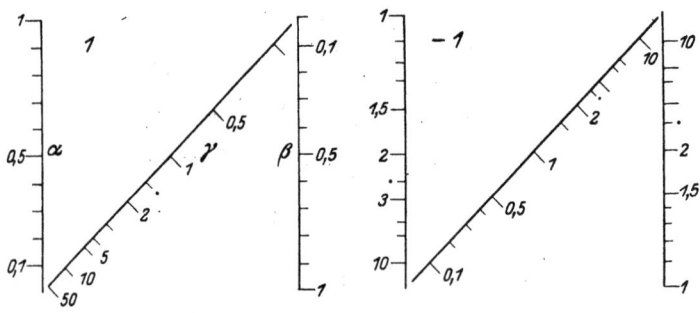

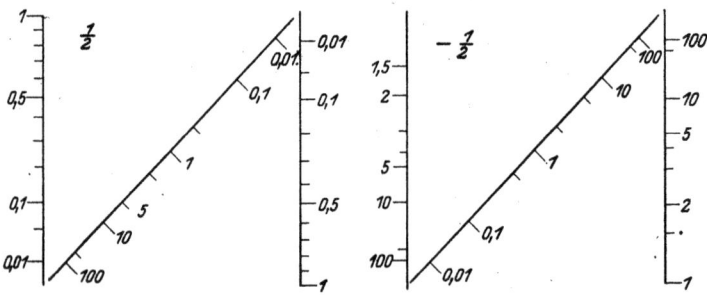

Abb. 89. Schema. $\gamma = \dfrac{\alpha}{\beta}$. Entwurf abhängig von n.

§ 34. Typen geradliniger Tafeln.

Die Leitern (α) und (β) sind kongruent und reine Potenzleitern (bei $n = 1$ also beide regulär); die Leiter (γ) kann stets durch Projektion in sich gefunden werden. Es ist hier die Möglichkeit gegeben, die besonderen Vorzüge der Potenzleitern, die wir in § 12 erörtert haben, auszuwerten: wir können die Leitertafel über einen großen Bereich α und β erstrecken und dabei doch je einen Teilbereich besonders hervortreten lassen. Die Leiter (γ)

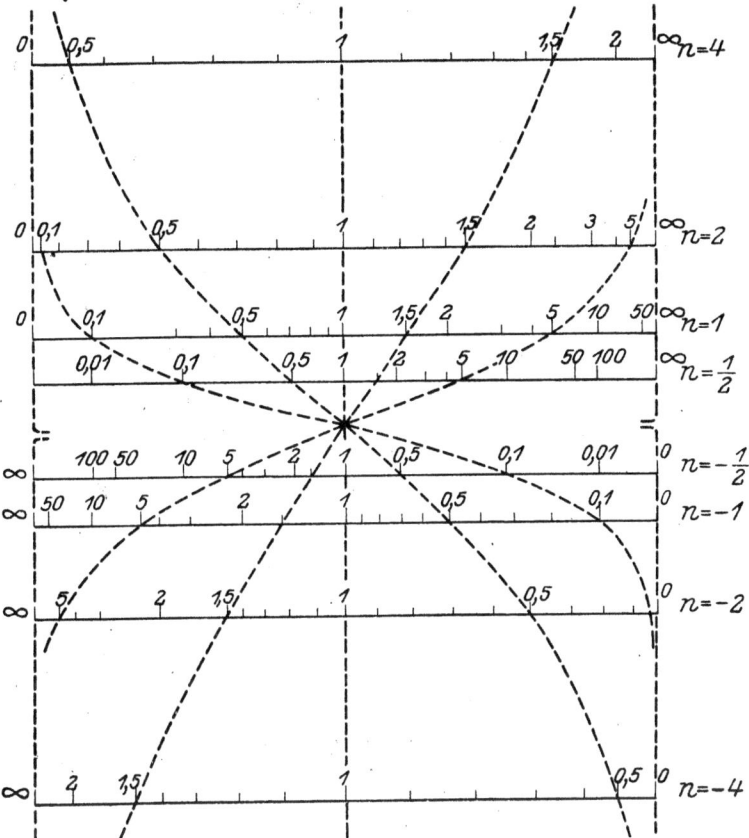

Abb. 90. Zu Abb. 89. Aufbau der Leiter (γ), abhängig von n.

enthält stets sämtliche Zahlen $\gamma = 0 \ldots \infty$; für $n < 0$ werden alle Zahlen α und $\beta > 1$ auf der Teilungslänge $y = 0 \ldots 100$, für $n > 0$ alle Zahlen α und $\beta < 1$ auf derselben Teilungslänge dargestellt. Abb. 89 gibt einige Tafelformen für verschiedene Exponenten schematisch wieder. Der Aufbau der kongruenten Leitern (α) und (β) kann aus Abb. 29 entnommen werden; für (γ) zeigt Abb. 90 die Anordnung der Bildpunkte.

Beispiel. In eine vorhandene Leitertafel vom Typus der in Abb. 24 dargestellten soll eine Leiter (δ) derart eingefügt werden, daß $\gamma = \alpha^\delta$ ist. Der Abstand a der Träger (α) und (γ) sowie die Zeicheneinheiten $E(\log \alpha) = l$, $E(\log \gamma) = \frac{1}{2}l$ liegen fest. — Aus $\gamma = \alpha^\delta$ folgt $\delta \cdot \log \alpha - \log \gamma = 0$, es bietet sich demnach der Ansatz dar:

$$\left.\begin{array}{ll} x_1 = 0, & y_1 = l \cdot \log \alpha, \\ x_2 = a, & y_2 = ac - l \cdot m \cdot \log \gamma, \\ x_3 = \dfrac{a}{1 + m\delta}, & y_3 = \dfrac{ac}{1 + m\delta}. \end{array}\right\} \quad (193)$$

Die Daten der Aufgabe erfordern $m = -\frac{1}{2}$; mit Rücksicht darauf, daß die logarithmische Leiter sich nach ganzen Vielfachen der Zeicheneinheit reproduziert, wählen wir

$$ac = k \cdot \frac{l}{2}, (k = \pm 1, 2, 3 \ldots).$$

Es werde in Abb. 91 der Ansatz $a \cdot c = \dfrac{l}{2}$ durchgeführt:

$$y_2 = \frac{l}{2} + \frac{l}{2} \log \gamma,$$

$$y_3 = \frac{l}{2 - \delta}, \quad c = \frac{l}{2a}.$$

Die Verschiebung der Leiter

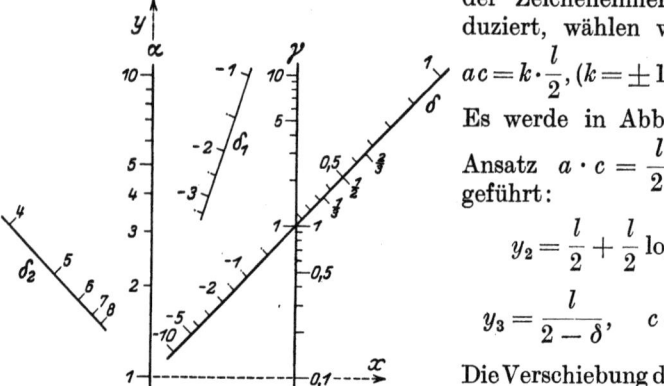

Abb. 91. $\gamma = \alpha^\delta$. Bei Benutzung der Leiter δ_1 (2) um den Betrag $+\dfrac{l}{2}$ (bzw. δ_2) ergibt die Tafel $10^2 \gamma$ (bzw. $10^{-2} \gamma$).

bewirkt, daß die vorhandenen Leiterpunkte $1, \ldots 10, \ldots 100$ nun den Werten $\gamma = 0{,}1 \ldots 1 \ldots 10$ zugeordnet sind; (Verzifferung). Es ist möglich, die Leiter (δ) rechnerisch oder aus drei bekannten Punkten $\delta = 0$, $y = \dfrac{l}{2}$; $\delta = 2$, $y = \infty$; $\delta = \infty$, $y = 0$ projektiv zu entwerfen. Der Bereich der Darstellung kann dadurch erweitert werden, daß mehrere Leitern (δ) mit $k = -1, +1, +3 \ldots$ entworfen werden; da x_3 von k unabhängig ist, ergibt sich dabei für die Konstruktion eine wesentliche Erleichterung. Die Bedeutung der Bildpunkte (γ) bei Verwendung der einzelnen Leitern (δ) kann in mannigfacher Weise gekennzeichnet werden. In Abb. 91 sind bei Benutzung der Leiter δ_1 die Werte γ mit 10^{-2} bei δ_2 mit 10^{+2} zu multiplizieren.

§ 34. Typen geradliniger Tafeln.

Wesentlich für die vorliegende Form von Produkttafeln ist der Umstand, daß einer der Faktoren und das Produkt in regelmäßiger Teilung oder reiner Potenzleiter erscheinen. Diese Eigenschaft wird sich später bei Überlagerung von Tafeln verschiedener Grundform als besonders wertvoll erweisen.

III. Die Orientierung der Tafeln mit drei durch einen Punkt gehenden Trägern nehmen wir derart vor, daß wir den Schnittpunkt in den 0-Punkt und die Leiter (1) in die x-Achse verlegen:

$$\left.\begin{array}{ll} x_1(\alpha), & y_1 = 0, \\ x_2(\beta), & y_2 = c_2 \cdot x_2, \\ x_3(\gamma), & y_3 = c_3 \cdot x_3. \quad (c_2 \neq c_3.) \end{array}\right\} \quad (194)$$

Die besondere Form der Gleichung (182)

$$c_2 x_2 (x_3 - x_1) + c_3 x_3 (x_1 - x_2) = 0$$

ergibt nach Division durch $x_1 x_2 x_3$

$$\frac{c_2 - c_3}{x_1} + \frac{c_3}{x_2} - \frac{c_2}{x_3} = 0$$

und damit die Grundform

$$\boxed{\frac{1}{f_1(\alpha)} + \frac{1}{f_2(\beta)} + \frac{1}{f_3(\gamma)} = 0}, \quad (195)$$

wenn wir $x_1 = (c_2 - c_3) \cdot f_1(\alpha)$, $x_2 = c_3 \cdot f_2(\beta)$, $x_3 = -c_2 \cdot f_3(\gamma)$ setzen.

Es mag zuerst scheinen, als ob die Form (195) von der früher abgeleiteten (186) sachlich nicht verschieden sei, da ja die Funktion (195) auch auf parallelen Trägern gemäß (186) dargestellt werden kann und auch die Analogie des Ansatzes klar hervortritt. Während aber eine Tafel mit parallelen Leitern die reziproken Funktionen $\frac{1}{f}$ tragen muß, enthält die Darstellung (195) die Funktionen f selbst. Unmittelbar ist dieser Vorzug augenscheinlich, wenn es sich etwa um die Funktion $\frac{1}{\alpha} + \frac{1}{\beta} = \frac{1}{\gamma}$ handelt; sie kann allein mit regulären Teilungen dargestellt werden. (Vgl. hierzu S. 35.)

Bei der Herstellung regelmäßiger Leitern ist es zumeist vorteilhaft, statt der Koordinaten x_n oder y_n unmittelbar auch die Teilungsstrecken z_n vom 0-Punkt aus zu benutzen. Aus elementargeometrischer Beziehung folgt sofort $z = \sqrt{x^2 + y^2} = \sqrt{1 + c^2} \cdot x$. Eine vielfach verwendete Tafelform benutzt den symmetrischen

Ansatz $c_3 = -c_2$. Die Leitern (β) und (γ) werden in diesem Falle in gleichen Zeicheneinheiten entworfen.

Beispiel. $p = \dfrac{a \cdot b}{a + b}$.[1])

Bereiche $a = 10 \ldots 100$, $b = 1 \ldots 150$.

Die Form $\dfrac{1}{a} + \dfrac{1}{b} - \dfrac{1}{p} = 0$ weist auf den Ansatz

$y_1 = 0$, $\quad z_1 = (x_1) = l \cdot (c_2 - c_3) \cdot a$,

$y_2 = c_2 x_2$, $\quad z_2 = l \cdot \sqrt{1 + c_2^2} \cdot c_3 \cdot b$,

$y_3 = c_3 x_3$, $\quad z_3 = l \cdot \sqrt{1 + c_3^2} \cdot c_2 \cdot p$.

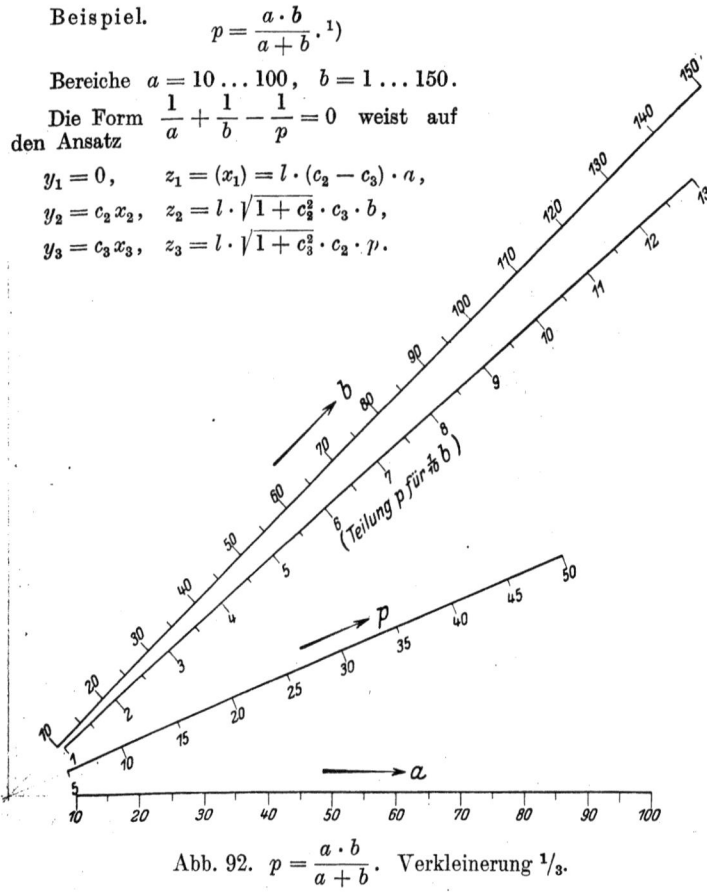

Abb. 92. $p = \dfrac{a \cdot b}{a + b}$. Verkleinerung $^1/_3$.

Wir wählen $c_2 = 1$ und nehmen eine Teilung des Bereiches b in die Teilbereiche $b = 1 \ldots 10$ und $b = 10 \ldots 150$ vor. Für den zweiten Bereich schreiben wir $c_2 - c_3 = \sqrt{1 + c_2^2} \cdot c_3$, für den ersten $c_2 - c_3 = \tfrac{1}{10}\sqrt{1 + c_2^2} \cdot c_3$ vor; dann können beide Teilbereiche b in einfacher Verzifferung überlagert werden. Im ersten Falle ergibt sich $c_3 = \dfrac{10}{10 + \sqrt{2}}$, im anderen $c_3 = \sqrt{2} - 1$. Die Zeicheneinheiten von a und b sind für den Bereich $b = 10 \ldots 100$

---

[1]) Vgl. hierzu die Zahlentafel von Wanach, B.: Veröffentl. d. preuß. geod. Inst. N. F. Bd. 46, 1910. Potsdam (Leipzig 1910).

untereinander gleich, im übrigen jedoch frei wählbar; die Zeicheneinheit für p auf den beiden Leitern (3) wird zweckmäßig nach der Methode des Beispiels ermittelt (Abb. 92).

IV. Tafeln der allgemeinen Form wollen wir an späterer Stelle aus der Grundform II. ableiten. Wir beschränken uns darauf, den Ansatz
$$x_1 = 0, \quad y_1(\alpha),$$
$$x_2(\beta), \quad y_2 = c_2 x_2,$$
$$x_3(\gamma), \quad y_3 = c_3 x_3 + b_3$$
anzugeben, der die Gleichung (182) in die folgende überführt,
$$x_2 = \frac{y_1 \cdot x_3}{(c_2 - c_3) x_3 + y_1 - b_3},$$
mithin eine Grundform
$$f_2(\beta) = \frac{f_1(\alpha) \cdot f_3(\gamma)}{f_1(\alpha) + A \cdot f_3(\gamma) + B}$$
vermittelt. Für $b_3 = 0$ geht sie in die behandelte Tafel III, für $c_2 = c_3$ in die Tafelform II über[1]).

§ 35. Projektive Verzerrungen von Fluchtlinientafeln.

Die Besonderheit der projektiven Abbildung, alle Geraden der Grundebene wieder in gerade Linien der Bildebene überzuführen, sichert die Erhaltung des Schlüssels von Fluchtlinientafeln, und es erweist sich daher als vorteilhaft, sie planmäßig zur Untersuchung von Leitertafeln heranzuziehen. Unterwerfen wir eine der geradlinigen Tafeln (§ 34) einer projektiven Verzerrung, so bleiben die Träger der Leitern geradlinig, wir erhalten also stets wieder eine Tafel der Formen I bis IV.

Unter diesem Gesichtspunkt tritt die Verwandtschaft zwischen den Tafeln I und III klar hervor. Der in I uneigentliche Schnittpunkt der drei Träger ($x = 0$, $y \to \infty$), wird durch projektive Verzerrung der Ebene in einen eigentlichen Punkt abgebildet: es ergibt sich aus I die Tafelform III. Wir denken die Tafel mit drei parallelen Trägern in der Grundebene (x, y), ihr projektives Bild in der Ebene (ξ, η), und nehmen die Verzerrung derart vor, daß der Träger (1) $x_1 = 0$, $y_1 = y_1(\alpha)$, d. h. $u_1 \to \infty$, $v_1 = 0$, in die ξ-Achse übergeht: $\xi_1 = \xi_1(\alpha)$, $\eta_1 = 0$, d. h. $U_1 = 0$, $V_1 \to \infty$, und daß der uneigentliche Punkt $x = 0$, $y \to \infty$ sich in den

---

[1]) Die Form IV läßt sich elementar mit Hilfe des Transversalensatzes von Menelaus behandeln. Tafeln dieser Art werden daher bisweilen Menelaustafeln genannt.

0-Punkt $\xi = 0$, $\eta = 0$ abbildet. Alle Verzerrungen, welche diesen Bedingungen genügen, haben die Form:

$$(a) = \begin{pmatrix} a_{11} & 0 & a_{13} \\ a_{21} & 0 & 0 \\ a_{31} & a_{32} & a_{33} \end{pmatrix}. \quad {}^1)\qquad(196)$$

Demnach gestaltet sich die Zuordnung der Tafeln in Grund- und Bildebene wie folgt:

Grundebene:

Leiter (1): Träger: $x_1 = 0$,

Teilung: $y_1 = y_1(\alpha)$.

Bildebene:

Träger: $\eta_1 = 0$,

Teilung: $\xi_1 = \dfrac{a_{13}}{a_{32} \cdot y_1(\alpha) + a_{33}}$.

Leiter (2) u. (3): Träger: $x = a$,

Teilung: y.

Träger: $\eta = \dfrac{a_{21} \cdot a}{a_{11} \cdot a + a_{13}} \cdot \xi$,

Teilung: $\xi = \dfrac{a_{11} a + a_{13}}{(a_{31} a + a_{33}) + a_{32} y}$,

oder $\eta = \dfrac{a_{21} \cdot a}{(a_{31} a + a_{33}) + a_{32} y}$.

Der Ansatz ist in dieser Gestalt erheblich allgemeiner, als er auf S. 169 angegeben werden kann. Da die Form (196) fünf wesentliche Parameter enthält, weist die Darstellung eine hohe Schmiegsamkeit auf. Ergebnis: Die Tafelform mit drei durch einen Punkt gehenden Trägern stellt die Funktionen $\dfrac{1}{f_1(\alpha)} + \dfrac{1}{f_2(\beta)} + \dfrac{1}{f_3(\gamma)} = 0$ durch projektive Leitern dar. Der auf S. 169 gefundene Ansatz beruht auf der besonderen Wahl $a_{31} = 0$, $a_{33} = 0$: $(a) = \begin{pmatrix} a_{11} & 0 & a_{13} \\ a_{21} & 0 & 0 \\ 0 & a_{32} & 0 \end{pmatrix}$ und führt auf reguläre Teilungen.

Wir erkennen sofort, daß die Tafelform IV aus der Tafel II mit zwei parallelen Trägern hervorgeht, dadurch, daß etwa mit Invarianz des 0-Punktes der uneigentliche Schnittpunkt der beiden Träger sich in einen eigentlichen Punkt abbildet. Dieses Ergebnis ist insofern von nomographischer Bedeutung, als es die Grundform der durch IV dargestellten Funktionen erkennen läßt. Der auf S. 171 gewonnene Ansatz gestattet nicht ohne weiteres, die Produktform der Funktion $F(\alpha, \beta, \gamma) = 0$ abzuleiten, wenigstens können dahin zielende Umformungen kaum als planmäßig bezeichnet werden. — Die Tafel II liege in der Grundebene (xy), die wir derart verzerren, daß (unter Erhaltung des 0-Punktes) die Träger (1) und (3) invariant bleiben; $x = 0$ soll

---

[1]) Vgl. hierzu § 21.

§ 35. Projektive Verzerrungen von Fluchtlinientafeln.

also $\xi = 0$, $\dfrac{y}{x} = c$ den Wert $\dfrac{\eta}{\xi} = c$ bewirken. Es läßt sich leicht ableiten, daß jede Verzerrung dieser Art die Form

$$(a) = \begin{pmatrix} 1 & 0 & 0 \\ 0 & 1 & 0 \\ a_{31} & a_{32} & a_{33} \end{pmatrix}, \quad (A) = \begin{pmatrix} a_{33} & 0 & -a_{31} \\ 0 & a_{33} & -a_{32} \\ 0 & 0 & 1 \end{pmatrix} \quad (197)$$

hat. Wir beziehen uns auf den in § 34 (192) gegebenen Ansatz und führen die Abbildung durch:

Funktion: $f_1(\alpha) \cdot f_3(\gamma) + f_2(\beta) = 0$.

Grundebene: \qquad Bildebene:

Leiter (1).
Träger: $x_1 = 0$, \qquad Träger: $\xi_1 = 0$,

Teilung: $y_1 = f_1(\alpha)$. \qquad Teilung: $\eta_1 = \dfrac{f_1(\alpha)}{a_{32} \cdot f_1(\alpha) + a_{33}}$.

Leiter (2).
Träger: $x_2 = a$,

$\left(u_2 = -\dfrac{1}{a},\ v_2 = 0 \right)$. Träger: $U_2 = -\dfrac{a_{33} + a_{31} \cdot a}{a}$, $V_2 = -a_{32}$,

daher Gleichung $U_2 \xi + V_2 \eta + 1 = 0$:

$$\eta_2 = -\dfrac{a_{33} + a_{31} a}{a_{32} \cdot a} \cdot \xi_2 + \dfrac{1}{a_{32}}.$$

Teilung: $y_2 = ac + f_2(\beta)$. \qquad Teilung: $\xi_2 = \dfrac{a}{a_{32} f_2(\beta) + [a_{32} a c + a_{31} a + a_{33}]}$.

Leiter (3).
Träger: $y_3 = c \cdot x_3$. \qquad Träger: $\eta_3 = c \cdot \xi_3$.

Teilung: $x_3 = \dfrac{a}{1 + f_3(\gamma)}$. \qquad Teilung: $\xi_3 = \dfrac{a}{a_{33} f_3(\gamma) + [a_{32} a c + a_{31} a + a_{33}]}$.

Bei der Herstellung einer Tafel geht man zweckmäßig vom Bildträger (2) aus, dem man zunächst eine günstige Lage gibt. Wir wählen als einfaches Beispiel $a = 1$ und $c = 1$ und konstruieren die Verzerrung:

$$(a) = \begin{pmatrix} 1 & 0 & 0 \\ 0 & 1 & 0 \\ -1 & 1 & \tfrac{1}{2} \end{pmatrix}.$$

$\xi_1 = 0;$ \qquad $\eta_1 = \dfrac{2 \cdot f_1(\alpha)}{2 \cdot f_1(\alpha) + 1}$.

$\eta_2 = \tfrac{1}{2} \xi_2 + 1;$ \qquad $\xi_2 = \dfrac{2}{2 \cdot f_2(\beta) + 1}$.

$\eta_3 = \xi_3;$ \qquad $\xi_3 = \dfrac{2}{f_3(\gamma) + 1}$.

In Abb. 93 ist das Beispiel $\beta = \alpha\gamma$, ($f_1 = \alpha$, $f_2 = -\beta$, $f_3 = \gamma$) behandelt. Es ist an früheren Stellen ausführlich dargelegt worden, in welcher Weise die projektiven Leitern aus regulären Teilungen des Netzes (ξ, η) gewonnen werden; nach Konstruktion einer Leiter finden wir die anderen durch Projektion in sich. Die Eigentümlichkeit projektiver Teilungen, auch negative Argumente darzustellen, kann in projektiven Tafeln ausgenutzt werden; das Beispiel $3 = 1{,}5 \cdot 2$ ist an zwei Stellen der Tafel eingezeichnet.

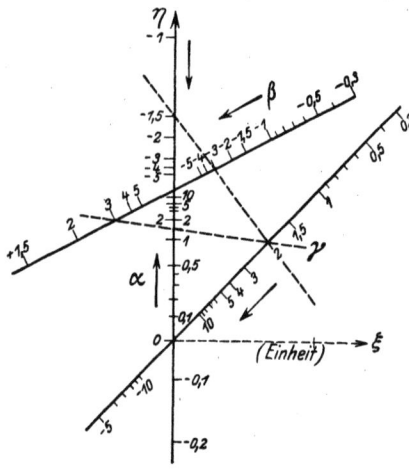

Abb. 93. Allgemeine geradlinige Leitertafel (Menelaustafel).
Beispiel: $\beta = \alpha \cdot \gamma$. Verkleinerung $^4/_{10}$.

Die geradlinigen Leitertafeln lassen mithin zwei Typen hervortreten, die Multiplikationsform, wenn die Träger drei verschiedene Schnittpunkte haben, die Additionsform, wenn diese drei Punkte zusammenfallen; dabei kann jedesmal ein Schnittpunkt uneigentlich werden.

Eine in der Grundebene durch den Ansatz

$$\begin{vmatrix} x_1 & y_1 & 1 \\ x_2 & y_2 & 1 \\ x_3 & y_3 & 1 \end{vmatrix} = 0 \qquad (198)$$

gegebene Fluchtlinientafel geht bei projektiver Abbildung allgemein in die Tafel

$$\begin{vmatrix} \xi_1 & \eta_1 & 1 \\ \xi_2 & \eta_2 & 1 \\ \xi_3 & \eta_3 & 1 \end{vmatrix} = \begin{vmatrix} \dfrac{a_{11}x_1 + a_{12}y_1 + a_{13}}{a_{31}x_1 + a_{32}y_1 + a_{33}}, & \dfrac{a_{21}x_1 + a_{22}y_1 + a_{23}}{a_{31}x_1 + a_{32}y_1 + a_{33}}, & 1 \\ \dfrac{a_{11}x_2 + a_{12}y_2 + a_{13}}{a_{31}x_2 + a_{32}y_2 + a_{33}}, & \dfrac{a_{21}x_2 + a_{22}y_2 + a_{23}}{a_{31}x_2 + a_{32}y_2 + a_{33}}, & 1 \\ \dfrac{a_{11}x_3 + a_{12}y_3 + a_{13}}{a_{31}x_3 + a_{32}y_3 + a_{33}}, & \dfrac{a_{21}x_3 + a_{22}y_3 + a_{23}}{a_{31}x_3 + a_{32}y_3 + a_{33}}, & 1 \end{vmatrix} = 0$$

über. In dieser Determinante lassen sich leicht die Nenner beseitigen, und wir erhalten auf Grund des Multiplikationssatzes der Determinanten:

$$\begin{vmatrix} \xi_1 & \eta_1 & 1 \\ \xi_2 & \eta_2 & 1 \\ \xi_3 & \eta_3 & 1 \end{vmatrix} = \begin{vmatrix} x_1 & y_1 & 1 \\ x_2 & y_2 & 1 \\ x_3 & y_3 & 1 \end{vmatrix} \cdot \begin{vmatrix} a_{11} & a_{12} & a_{13} \\ a_{21} & a_{22} & a_{23} \\ a_{31} & a_{32} & a_{33} \end{vmatrix}. \qquad (199)$$

(Vgl. hierzu § 29, 157.) Diese Beziehung gilt allgemein, welche Annahmen wir auch über die Funktionen $x_1 \ldots y_3$ treffen mögen: durch Multiplikation mit einer beliebigen, nicht verschwindenden Determinante können aus einer speziellen Leitertafel ∞^8 projektive Bilder gewonnen werden.

Es soll in diesem Zusammenhang eine praktische Frage erörtert werden. Man hat vielfach die Befürchtung geäußert, Lichtpausen von Fluchtlinientafeln könnten durch die beim Wässern der Kopien und beim Trocknen entstehenden Verzerrungen des Papiers unzuverlässig werden. Bei sorgfältiger Behandlung der Abzüge lassen sich Verbeulungen des Papiers stets vermeiden. Selbst wenn die Veränderungen des Schichtträgers in erster Näherung durch projektive Verzerrungen dargestellt werden müßten, wäre die Zuverlässigkeit einer Pause gesichert. Versuche haben aber gezeigt, daß die Schwindungen innerhalb der Schwelle s durch ganze lineare Funktionen ausdrückbar, also affiner Natur sind. Es ist bekannt, in welcher Weise eine Pause nach der Trocknung gedehnt werden kann. Die Versuche, die sich auf verschiedene Papiersorten erstreckt haben, wurden mit ungedehnten und gedehnten Streifen und Quadraten vorgenommen; sie haben im wesentlichen zu folgendem Ergebnisse geführt: 1. Die durchschnittliche Schwindung eines ungedehnten Streifens beträgt 0,8%. 2. Die Schwindung steht in keiner merklichen Abhängigkeit von der Streifenbreite. 3. Streifen, deren Längsrichtung senkrecht zur Rollenachse liegt, sind bei geringer Breite zuverlässiger als Streifen parallel zur Rollenachse. 4. In Richtung parallel zur Achse der Papierrolle läßt sich das Papier durch Dehnen auf die Originalmasse strecken, während in Richtung senkrecht zur Achse beim Dehnungsversuch ein abermaliger Schwund von etwa 0,2% eintritt. Innerhalb hinreichender Genauigkeitsgrenzen ist in Lichtpausen der lineare Verlauf der Verzerrungen und damit die Gültigkeit des Schlüssels von Fluchtlinientafeln gesichert; ob es sich dabei um einfachste oder um überlagerte Tafeln handelt, ist daher ohne Einfluß.

§ 36. Tafeln mit zwei geradlinigen Trägern.

Auch bei Herstellung von allgemeineren Fluchtlinientafeln mit krummlinigen Trägern erweist sich das typenbildende Verfahren als vorteilhaft. Wir wollen zunächst Tafelformen mit zwei geraden Leitern und einer krummlinigen Teilung suchen. Durch projektive Verzerrung ist es stets möglich, die beiden geraden Träger in eine besondere Lage überzuführen, ohne daß dabei eine Änderung des dargestellten Funktionstypes eintritt.

Für parallele Träger bietet sich der einfache Ansatz dar: $x_1 = 0$, $x_2 = 1$; die Schlüsselgleichung (§ 34, 182) geht dann in die besondere Form über:

$$y_3 - y_1 + x_3(y_1 - y_2) = 0,$$

$$y_1 = \frac{y_2 - \dfrac{y_3}{x_3}}{1 - \dfrac{1}{x_3}};$$

wir erhalten die **Grundform**:

$$\boxed{F_1(\alpha) = \frac{F_2(\beta) + F_3(\gamma)}{G_3(\gamma)}}, \qquad (200)$$

wenn wir

$$\left.\begin{array}{ll} x_1 = 0, & y_1 = F_1(\alpha), \\ x_2 = 1, & y_2 = l \cdot F_2(\beta), \\ 1 - \dfrac{1}{x_3} = l \cdot G_3(\gamma), & \dfrac{y_3}{x_3} = -l \cdot F_3(\gamma), \\ \text{d. h.} \quad x_3 = \dfrac{1}{1 - l \cdot G_3(\gamma)}, & y_3 = \dfrac{-l \cdot F_3(\gamma)}{1 - l \cdot G_3(\gamma)} \end{array}\right\} \qquad (201)$$

setzen. Die Gleichung des Trägers (γ) erscheint in Parameterdarstellung, sie läßt sich durch Elimination von γ aus x_3 und y_3 gegebenenfalls in geschlossener Form herstellen. (Vgl. S. 70.)

Es sei nur beiläufig bemerkt, daß die Grundform (200) auch in anderer Gestalt gegeben werden kann, z. B. $g(\alpha) \cdot G(\gamma) + h(\beta) H(\gamma) + K(\gamma) = 0$, (§ 29, 142), $h_1(\alpha) + h_2(\beta) \cdot h_3(\gamma) + H_3(\gamma)$ u. dgl.

Gehen wir von der besonderen Lage aus, in der die beiden geraden Träger mit den Achsen zusammenfallen, $x_1 = 0$, $y_2 = 0$, so ergibt sich aus der Schlüsselgleichung:

$$\frac{1}{y_1} = \frac{-\dfrac{1}{x_2} + \dfrac{1}{x_3}}{\dfrac{y_3}{x_3}};$$

wir erhalten dieselbe Grundform (200), wenn wir

$$\left.\begin{array}{ll} x_1 = 0, & y_1 = \dfrac{1}{F_1(\alpha)}, \\ x_2 = -\dfrac{1}{l \cdot F_2(\beta)}, & y_2 = 0, \\ x_3 = \dfrac{1}{l \cdot F_3(\gamma)}, & y_3 = \dfrac{G_3(\gamma)}{F_3(\gamma)} \end{array}\right\} \qquad (202)$$

wählen.

Dieselbe besondere Lage läßt sich leicht auf die Grundform

$$F_1(\alpha) = \frac{F_2(\beta) \cdot F_3(\gamma)}{F_2(\beta) + G_3(\gamma)}$$

zurückführen.

Beide Ansätze (201) und (202) sind im allgemeinen nicht schmiegsam genug, die vorgelegten Bereiche der Veränderlichen befriedigend darzustellen. Wir denken eine Tafel gemäß (201) entworfen und nehmen projektive Verzerrungen dieser Grundtafel vor, wobei wir ohne Einschränkung der Allgemeingültigkeit

§ 36. Tafeln mit zwei geradlinigen Trägern.

die Invarianz des Trägers (α), $x_1 = 0$, fordern dürfen. Abbildungen dieser Art sind durch $a_{12} = a_{13} = 0$ ausgezeichnet. Es werde zunächst die Form der Tafel mit zwei parallelen Leitern beibehalten; die Invarianz der Parallelität beider Träger ist nur mit affinen Verzerrungen: $a_{31} = a_{32} = 0$, $a_{33} = 1$, vereinbar. Wir erhalten demnach den Ansatz der Bildtafel:

$$\begin{vmatrix} 0, & F_1(\alpha), & 1 \\ 1, & l \cdot F_2(\beta), & 1 \\ 1, & -l \cdot F_3(\gamma), & 1 - l \cdot G_3(\gamma) \end{vmatrix} \cdot \begin{vmatrix} a_{11} & 0 & 0 \\ a_{21} & a_{22} & a_{23} \\ 0 & 0 & 1 \end{vmatrix}$$

$$= \begin{vmatrix} 0, & a_{22} \cdot F_1(\alpha) + a_{23}, & 1 \\ a_{11}, & a_{22} l \cdot F_2(\beta) + (a_{21} + a_{23}), & 1 \\ a_{11}, & -a_{22} l \cdot F_3(\gamma) - a_{23} l \cdot G_3(\gamma) + (a_{21} + a_{23}), & 1 - l \cdot G_3(\gamma) \end{vmatrix},$$

mithin:

$$\left.\begin{aligned}
\xi_1 &= 0, & \eta_1 &= a_{22} F_1(\alpha) + a_{23}, \\
\xi_2 &= a_{11}, & \eta_2 &= a_{22} l \cdot F_2(\beta) + (a_{21} + a_{23}), \\
\xi_3 &= \frac{a_{11}}{1 - l \cdot G_3(\gamma)}, & \eta_3 &= \frac{-a_{22} l \cdot F_3(\gamma) - a_{23} l \cdot G_3(\gamma) + (a_{21} + a_{23})}{1 - l \cdot G_3(\gamma)}.
\end{aligned}\right\} \quad (203)$$

Dies ist der allgemeinste Ansatz für die Darstellung der Funktion (200) durch eine Fluchtlinientafel mit zwei parallelen Trägern (α) und (β). Sehen wir von den metrischen Ausmaßen der Tafel ab (z. B. $a_{11} = 1$, $a_{22} = 1$), so läßt die Tafelform ∞^3 verschiedene Darstellungen der Funktion (200) zu, und zwar folgendermaßen: die Funktionen $F_1(\alpha)$ und $F_2(\beta)$ können in beliebigen Zeicheneinheiten und mit beliebigen Anfangspunkten auf den parallelen Trägern entworfen werden.

Erst der allgemeine Ansatz (203) liefert praktisch brauchbare Darstellungen. Während bei einfachen geradlinigen Leitertafeln eine günstige Anordnung der Teilungen nach der Methode des Beispiels erreicht werden kann, versagt dieses Hilfsmittel hier, weil jede Lageänderung einer geraden Teilung eine Gestaltsänderung des krummlinigen Trägers nach sich zieht.

Die allgemeine projektive Verzerrung ergibt:

$$\begin{vmatrix} 0, & F_1(\alpha), & 1 \\ 1, & l \cdot F_2(\beta), & 1 \\ 1, & -l \cdot F_3(\gamma), & 1 - l \cdot G_3(\gamma) \end{vmatrix} \cdot \begin{vmatrix} a_{11} & 0 & 0 \\ a_{21} & a_{22} & a_{23} \\ a_{31} & a_{32} & a_{33} \end{vmatrix}$$

$$= \begin{vmatrix} 0, & a_{22} F_1(\alpha) + a_{23}, & a_{32} \cdot F_1(\alpha) + a_{33} \\ a_{11}, & a_{22} l \cdot F_2(\beta) + (a_{21} + a_{23}), & a_{32} \cdot l \cdot F_2(\beta) + (a_{31} + a_{33}) \\ a_{11}, & \begin{aligned}&-a_{22} l \cdot F_3(\gamma) \\ &- a_{23} l \cdot G_3(\gamma) + (a_{21} + a_{23}),\end{aligned} & \begin{aligned}&-a_{32} l \cdot F_3(\gamma) \\ &- a_{33} l \cdot G_3(\gamma) + (a_{31} + a_{33})\end{aligned} \end{vmatrix},$$

Schwerdt, Nomographie.

mithin den Ansatz:

$$\begin{aligned}
\xi_1 &= 0, \\
\xi_2 &= \frac{a_{11}}{a_{32} l \cdot F_2(\beta) + (a_{31} + a_{33})}, \\
\xi_3 &= \frac{a_{11}}{- a_{32} l \cdot F_3(\gamma) - a_{33} l \cdot G_3(\gamma) + (a_{31} + a_{33})}, \\
\eta_1 &= \frac{a_{22} F_1(\alpha) + a_{23}}{a_{32} F_1(\alpha) + a_{33}}, \\
\eta_2 &= \frac{a_{22} \cdot l \cdot F_2(\beta) + (a_{21} + a_{23})}{a_{32} \cdot l \cdot F_2(\beta) + (a_{31} + a_{33})}, \\
\eta_3 &= \frac{- a_{22} \cdot l \cdot F_3(\gamma) - a_{23} \cdot l \cdot G_3(\gamma) + (a_{21} + a_{23})}{- a_{32} \cdot l \cdot F_3(\gamma) - a_{33} \cdot l \cdot G_3(\gamma) + (a_{31} + a_{33})}.^{1)}
\end{aligned} \quad (204)$$

Der Ansatz (204) enthält sämtliche Darstellungen der Funktion (200); sehen wir wiederum von den Ausmaßen der Tafel ab, so ergeben sich ∞^4 verschiedene Lösungsmöglichkeiten. Die besondere Form (202) geht aus (201) hervor durch die Abbildung

$$(a) = \begin{pmatrix} -1 & 0 & 0 \\ -1 & 0 & 1 \\ 0 & 1 & 0 \end{pmatrix}.$$

Es ist leicht zu erkennen, daß die soeben behandelten Tafeln sämtliche in § 34 angegebenen Typen mit umfassen. Die Additionsform ergibt sich, wenn $G_3 \equiv 1$, die Multiplikationsform, wenn $F_3 \equiv 0$ ist. Insofern kann (204) auch als allgemeinster Ansatz für § 34 gelten.

Anwendung auf die quadratische Gleichung.

Die algebraische Gleichung $\gamma^m + \alpha \cdot \gamma^n + \beta = 0$, $(m > n)$, zeigt unmittelbar die Gestalt (200), wenn wir $F_1(\alpha) = -\alpha$, $F_2(\beta) = \beta$, $F_3(\gamma) = \gamma^m$, $G_3(\gamma) = \gamma^n$ setzen. Auf Grund des Ansatzes (203) folgern wir sofort, daß jede Gleichung der gegebenen Form mit Hilfe (paralleler) regulärer Teilungen (α) und (β) dargestellt werden kann, wobei die Zeicheneinheiten und Anfangspunkte willkürlich wählbar sind, den vorgeschriebenen Bereichen der Koeffizienten also jeweils angepaßt werden können. Für den Fall der quadratischen Gleichung $m = 2$, $n = 1$ ergibt sich als Träger (γ) stets ein Kegelschnitt. — Wir geben die Konstruktion einer Tafel unter Vorschrift der Bereiche $\alpha = -10 \ldots +10$, $\beta = 0 \ldots -100$ an. Als Zeicheneinheit werde 1 cm zugrunde gelegt. Die Leitern

---

[1]) Vgl. als Beispiel Aufgabe 62, § 17.

§ 36. Tafeln mit zwei geradlinigen Trägern. 179

(α) und (β) treten in brauchbarer Anordnung und Ausdehnung auf, wenn wir in (203) $a_{22} = 1$, $a_{23} = 0$, $l = \frac{1}{5}$, $a_{21} = 10$, $a_{11} = 20$ setzen:

$$x_1 = 0, \qquad y_1 = -\alpha,$$
$$x_2 = 20, \qquad y_2 = 10 + \tfrac{1}{5}\beta,$$
$$x_3 = \frac{100}{5-\gamma}, \qquad y_3 = \frac{50 - \gamma^2}{5-\gamma}.$$

Gleichung des Trägers (γ): $x^2 - 4xy + 40x - 400 = 0$. (S. Abb. 94). Die Tafel liefert innerhalb des zugänglichen Zeichenfeldes zu-

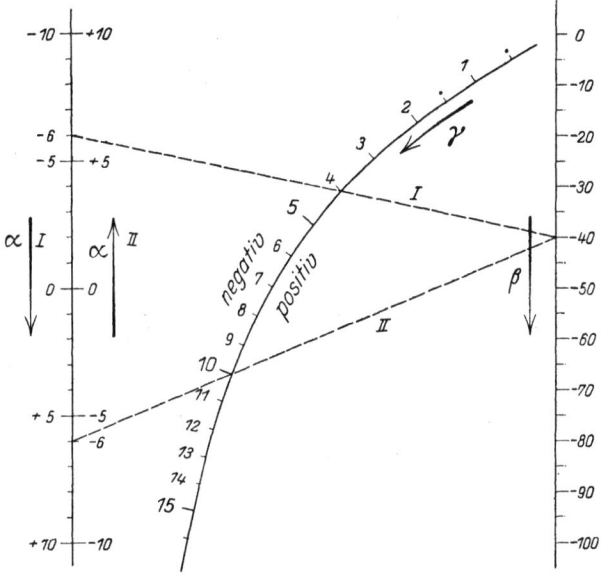

Abb. 94. $\gamma^2 + \alpha\gamma + \beta = 0$. Darstellung mit hyperbolischem γ-Träger. Beispiel: $\alpha = -6$, $\beta = -40$. I liefert $\gamma_1 = -4$, II liefert $\gamma_2 = +10$.

nächst nur die negative Wurzel. Wählen wir einen zweiten Entwurf ($a_{22} = -1$, $l = -\frac{1}{5}$),

$$x_1 = 0, \qquad y_1 = +\alpha,$$
$$x_2 = 20, \qquad y_2 = 10 + \tfrac{1}{5}\beta,$$
$$x_3 = \frac{100}{5+\gamma}, \qquad y_3 = \frac{50 - \gamma^2}{5+\gamma},$$

so lassen sich beide Tafeln leicht überlagern, und wir können, allerdings mit einer anderen Einstellung der Ablesegeraden, sofort auch die positive Wurzel finden. (Es entspricht dies der

12*

Tatsache, daß der Zeichenwechsel von α den Zeichenwechsel der Wurzeln γ bedingt.) In Abb. 94 ergibt die links angeordnete α-Teilung (I) die negative Wurzel, die rechts angeschriebene Bezifferung (II) die positive Wurzel. Beispiel: $\gamma^2 - 6\gamma - 40 = 0$, $\gamma_1 = -4$, $\gamma_2 = +10$.

Nehmen wir eine projektive Abbildung der Darstellung vor, so geht der Träger (γ) stets wieder in einen Kegelschnitt über; es muß daher möglich sein, Tafeln mit parabolischem oder elliptischem γ-Träger anzugeben.

Wir beziehen uns auf den Ansatz (202)

$$\left.\begin{aligned} x_1 &= 0, & y_1 &= -\frac{1}{\alpha}, \\ x_2 &= -\frac{1}{l \cdot \beta}, & y_2 &= 0, \\ x_3 &= \frac{1}{l \cdot \gamma^2}, & y_3 &= \frac{1}{\gamma}. \end{aligned}\right\} \quad (205)$$

Als Träger (γ) ergibt sich die Parabel $y^2 = l \cdot x$. (Vgl. Aufg. 63, § 17.) Unter der Annahme $l = 0{,}5$ zeigt Abb. 95 einen Entwurf dieser Tafel. Beispiel: $\gamma^2 + 1{,}5\gamma - 4{,}5 = 0$; $\gamma_1 = +1{,}5$, $\gamma_2 = -3$.

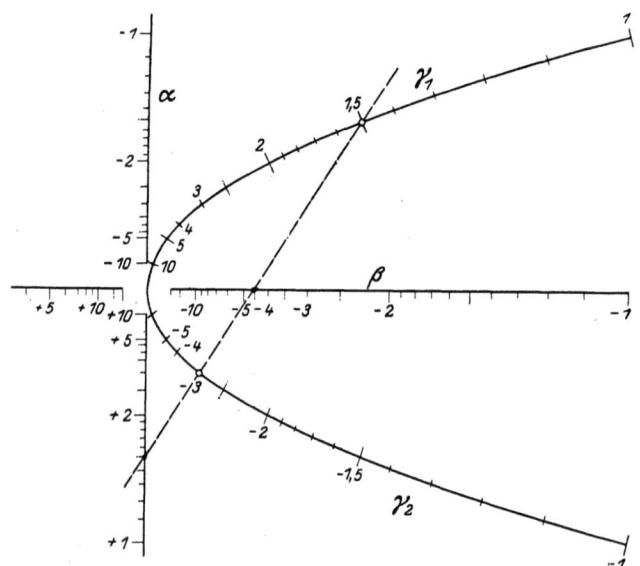

Abb. 95. $\gamma^2 + \alpha\gamma + \beta = 0$. Verzerrung der Abb. 94. Darstellung mit parabolischem γ-Träger. Beispiel: $\alpha = +1{,}5$, $\beta = -4{,}5$.

§ 36. Tafeln mit zwei geradlinigen Trägern.

Wir wissen, daß die reine reziproke Teilung im allgemeinen wenig schmiegsam ist. Die Darstellung läßt sich daher verbessern, wenn durch projektive Abbildung projektive Teilungsfunktionen eingeführt werden. Es werde eine Tafel nach Art der Abb. 95 ($l=1$) unter Erhaltung des 0-Punktes abgebildet: $a_{12}=0$, $a_{13}=0$, $a_{21}=0$, $a_{23}=0$:

$$\begin{vmatrix} 0 & y_1 & 1 \\ x_2 & 0 & 1 \\ x_3 & y_3 & 1 \end{vmatrix} \cdot \begin{vmatrix} a_{11} & 0 & 0 \\ 0 & a_{22} & 0 \\ a_{31} & a_{32} & a_{33} \end{vmatrix} = \begin{vmatrix} 0 & a_{22}y_1, & a_{32}y_1 + a_{33} \\ a_{11}x_2, & 0, & a_{31}x_2 + a_{33} \\ a_{11}x_3, & a_{22}y_3, & a_{31}x_3 + a_{32}y_3 + a_{33} \end{vmatrix}. \quad (206)$$

Die Parabel (γ) geht also in den Kegelschnitt

$$\left.\begin{array}{l} \xi_3 = \dfrac{a_{11}x_3}{a_{31}x_3 + a_{32}y_3 + a_{33}} = \dfrac{a_{11}}{a_{33}\gamma^2 + a_{32}\gamma + a_{31}}, \\[2mm] \eta_3 = \dfrac{a_{22}y_3}{a_{31}x_3 + a_{32}y_3 + a_{33}} = \dfrac{a_{22}\gamma}{a_{33}\gamma^2 + a_{32}\gamma + a_{31}} \end{array}\right\} \quad (207)$$

über (vgl. Aufg. 62, § 17), dessen Gleichung in geschlossener Form

$$a_{31}\xi^2 + a_{32}\frac{a_{11}}{a_{22}}\xi\eta + a_{33}\frac{a_{11}^2}{a_{22}^2}\eta^2 - a_{11}\xi = 0 \quad (208)$$

lautet. Die Determinante dieses Kegelschnittes hat den Wert $-\dfrac{1}{4}\dfrac{a_{11}^4 a_{33}}{a_{22}^2}$; da a_{11}, a_{22} und a_{33} nie verschwinden können, ist das Ergebnis der Abbildung stets ein **eigentlicher Kegelschnitt**; sein Charakter wird durch das Vorzeichen der Diskriminante $4a_{31}a_{33} - a_{32}^2$ bestimmt:

$$4a_{31}a_{33} - a_{32}^2 > 0, \text{ Ellipse},$$
$$= 0, \text{ Parabel},$$
$$< 0, \text{ Hyperbel}.$$

Die vorgelegte Funktion kann also auf senkrechten Trägern (α) und (β) durch einen Kegelschnitt jeder Art dargestellt werden. (Vgl. hierzu Aufg. 114 und 115.) Wir wollen an dieser Stelle die Tafeln mit kreisförmigen (γ)-Träger ableiten. Der Kegelschnitt (γ) geht in einen Kreis über, wenn der Koeffizient von $\xi\eta$ verschwindet und die Koeffizienten von ξ^2 und η^2 übereinstimmen. Wegen $a_{11} \neq 0$ ist die erste Bedingung nur durch $a_{32}=0$ erfüllbar; schreiben wir als Bildkurve den besonderen Kreis $\xi^2 + \eta^2 = \xi$ vor, so erfährt das System

$$a_{31} = a_{33} \cdot \frac{a_{11}^2}{a_{22}^2} = a_{11}$$

eine Lösung durch $a_{11}=1$, $a_{31}=1$, $a_{32}=a$, $a_{33}=a^2$. Der Ansatz

$$\begin{vmatrix} 0 & y_1 & 1 \\ x_2 & 0 & 1 \\ x_3 & y_3 & 1 \end{vmatrix} \cdot \begin{vmatrix} 1 & 0 & 0 \\ 0 & a & 0 \\ 1 & 0 & a^2 \end{vmatrix} = 0$$

vermittelt demnach ∞^1 verschiedene Lösungen, erweist sich daher als hinreichend schmiegsam. Sämtliche Lösungen „liegen" auf demselben Trägersystem; indem wir die Träger doppelt beziffern, erlangen wir eine Erweiterung des Darstellungsbereiches.

$$\left. \begin{aligned} \xi_1 &= 0, & \eta_1 &= -\frac{1}{a \cdot \alpha}, \\ \xi_2 &= \frac{1}{1-a^2\beta}, & \eta_2 &= 0, \\ \xi_3 &= \frac{1}{1+a^2\gamma^2}, & \eta_3 &= \frac{a\gamma}{1+a^2\gamma^2}. \end{aligned} \right\} \quad (209)$$

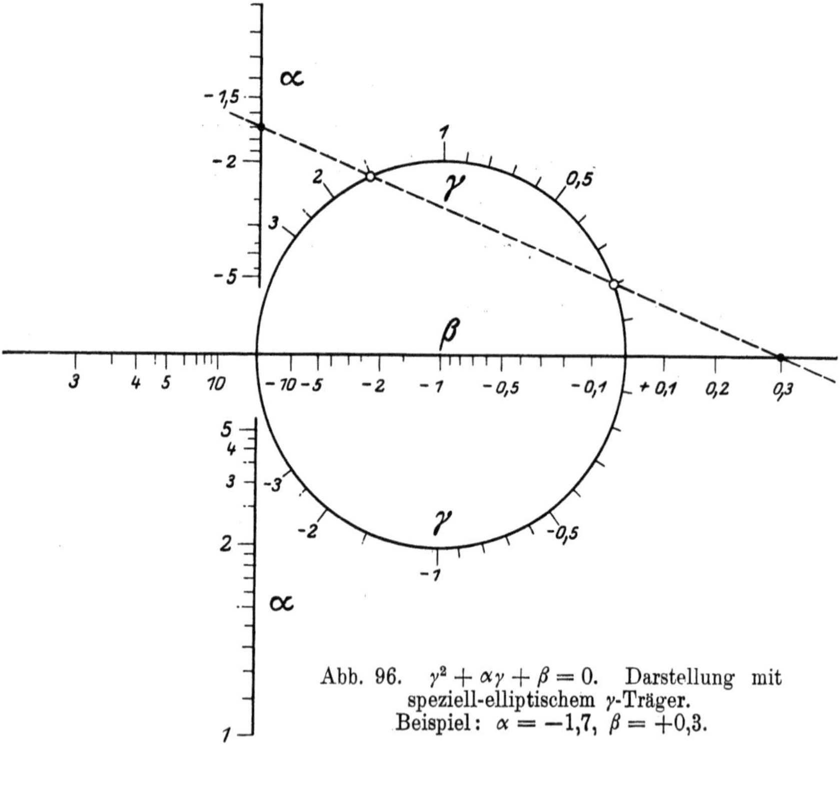

Abb. 96. $\gamma^2 + \alpha\gamma + \beta = 0$. Darstellung mit speziell-elliptischem γ-Träger.
Beispiel: $\alpha = -1{,}7$, $\beta = +0{,}3$.

§ 36. Tafeln mit zwei geradlinigen Trägern. 183

Der Kreis $\xi^2 + \eta^2 = \xi$ trägt eine stereographische Teilung. (S. 70.) Abb. 96 ist unter der Annahme $a = 1$ entworfen. Die projektiven Teilungen (α) und (β) können ohne Rechnung rein konstruktiv gewonnen werden. Dabei ist wesentlich, daß für (α) und (γ) dieselbe erzeugende Teilung reg α bzw. reg γ benutzt werden kann.

Die Bedeutung der Tafeln Abb. 94—96 ist nicht etwa auf die quadratische Gleichung beschränkt. Bei Unterdrückung der Leiter (α) stellt das System (β) — (γ) eine Multiplikationstafel dar, bei Unterdrückung der Leiter (β) ergibt (α) — (γ) eine Additionstafel. (Vgl. S. 133. Anwendung S. 192.)

Beispiel. Für eine elektrische Maschine, bei der die Wärmeabgabe im wesentlichen durch Leitung vor sich geht, gilt bei konstanter Energiezufuhr $T = T_\infty (1 - e^{-bt})$; hierin bedeutet t eine Zeit, T die Übertemperatur gegen die Umgebung zur Zeit t, T_∞ die stationäre Endtemperatur. Die elektrischen und kalorischen Konstanten sind in b zusammengefaßt. Die in zwei Zeitpunkten $t_1 < t_2$ gemessenen Temperaturen T_1 und T_2 genügen der Bedingung

$$\frac{t_2}{t_1} = \frac{\ln(T_\infty - T_2) - \ln T_\infty}{\ln(T_\infty - T_1) - \ln T_\infty}.$$

Wird die Versuchsanordnung so getroffen, daß die zweite Messung nach doppelter Zeit erfolgt wie die erste, $t_2 = 2 \cdot t_1$, so ergibt sich nach einfacher Umformung der Typus der quadratischen Gleichung:

$$\frac{1}{T_\infty} = \frac{2T_1 - T_2}{T_1^2}. \tag{210}$$

Da die Funktion (210) die den Einzelvorgang bestimmende Konstante b nicht mehr enthält, eignet sie sich besonders als Grundlage für eine allgemeine Tafel; da sie ferner in bezug auf die Temperaturen homogen ist und die Zeit nicht eingeht, wird eine Tafel dieser Funktion weitgehende Verzifferungen zulassen.

$$F_1(\alpha) = \frac{1}{T_\infty}, \quad F_2(\beta) = -T_2, \quad F_3(\gamma) = 2T_1, \quad G_3(\gamma) = T_1^2.$$

Bereiche: T_1 und $T_2 = 2° \ldots 30°$, $T_\infty = 5° \ldots 100°$.
Ansatz gemäß (203) $a_{21} = a_{23} = 0$, $a_{11} = 1$:

$$x_1 = 0, \quad y_1 = a_{22} \cdot \frac{1}{T_\infty},$$

$$x_2 = 1, \quad y_2 = -a_{22} l \cdot T_2,$$

$$x_3 = \frac{1}{1 - l \cdot T_1^2}, \quad y_3 = \frac{-a_{22} l \cdot 2 \cdot T_1}{1 - l T_1^2}.$$

Die Gleichung des Trägers (T_1) lautet in geschlossener Form:

$$x^2 - \frac{1}{4 l \cdot a_{22}^2} y^2 = x.$$

Wir sind also durch geeignete Wahl von a_{22} und l in der Lage, die Darstellungsaufgabe mit einem kreisförmigen Träger (T_1) zu erledigen, wenn wir $4\,l \cdot a_{22}^2 = -1$ setzen. Unter den ∞^1 möglichen Lösungen dieser Art treffen wir die Auswahl mit Rücksicht auf die Bereiche T_2 und T_∞. Es bietet sich $a_{22} = 5$, mithin $l = -\tfrac{1}{100}$ dar:

$$x_1 = 0, \qquad y_1 = \frac{5}{T_\infty},$$

$$x_2 = 1, \qquad y_2 = \tfrac{1}{20} \cdot T_2,$$

$$x_3 = \frac{100}{100 + T_1^2}, \qquad y_3 = \frac{10\,T_1}{100 + T_1^2} \qquad \text{(stereographische Teilung)}.$$

Träger (T_1): $x^2 + y^2 = x$. Als Zeicheneinheit legen wir 20 cm zugrunde. Die in Abb. 97 innerhalb des Kreises gelegenen Kurven werden auf S. 207 behandelt.

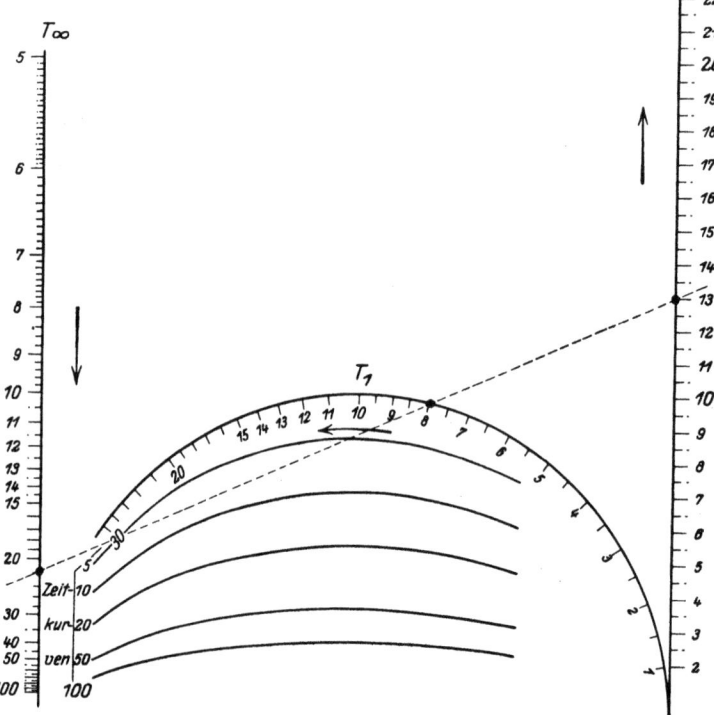

Abb. 97. Erwärmung elektrischer Maschinen bei gleichmäßiger Energiezufuhr. Beispiel: Nach 1 Stunde Übertemperatur $T_1 = 8°$, nach 2 Stunden $T_2 = 13°$. Stationäre Temperatur $T_\infty = 22°$. Verkleinerung $^1/_3$.

§ 36. Tafeln mit zwei geradlinigen Trägern. 185

Beispiel. Ein bei der Temperatur $t°$ C und beim Barometerstande H mm Hg gemessenes Gasvolumen V ccm wird mit Hilfe des Reduktionsfaktors

$$f = \frac{H - p(t)}{760 \cdot (1 + \alpha t)} \tag{211}$$

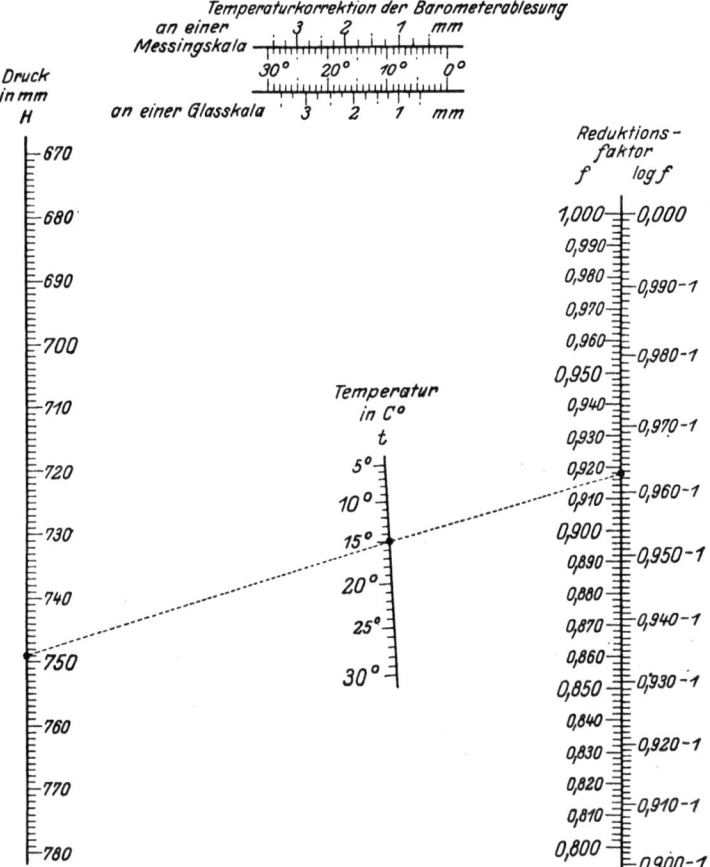

Abb. 98. Volum-Reduktion von Gasen. Sperrflüssigkeit: Wasser.
Beispiel: H (korrigiert) $= 749$ mm Hg, $t = 15°$ C. Ergebnis: $V_0 = 0{,}918\ V$.

reduziert, $V_0 = f \cdot V$, wobei $p(t)$ den Dampfdruck der Sperrflüssigkeit bedeutet. Die Funktion (211) hat die Form (200). Während in den bisherigen Anwendungen die Tafel allein durch Projektion in sich konstruiert werden kann, muß hier die Teilung (t) berechnet werden, da $p(t)$ nur als empirische Funktion bekannt ist.

Bereiche: $H = 670 \ldots 780$ mm, $t = 5° \ldots 30°$, $f = 0{,}800 \ldots 1{,}000$.
Die Ablesung von f muß $0{,}001$ gewährleisten.

Wir wählen den Ansatz (203), (Zeicheneinheit 1 mm).

$$\left.\begin{aligned} x_1 &= 0, & y_1 &= 1000 \cdot f, \\ x_2 &= a_{11}, & y_2 &= 2 \cdot (1180 - H), \\ x_3 &= \frac{a_{11}}{1{,}52(1+\alpha t)+1}, & y_3 &= \frac{2[1180 - p(t)]}{1{,}52(1+\alpha t)+1}. \end{aligned}\right\} \quad (212)$$

(Siehe Abb. 98.) Beim Entwurf der Tafel für Wasser als Sperrflüssigkeit wurden die Dampfdrucktabellen von Scheel und Heuse[1]) zugrunde gelegt; die Benutzung einer Näherungsfunktion[2]) wäre ohne Vorteil. Für die praktische Anwendung der Tafel fügt man zweckmäßig eine Doppelleiter zur Skalenkorrektion der Barometerablesung bei und versieht die f-Leiter mit einer Teilung $\log f$, da vielfach die logarithmische Weiterrechnung bevorzugt wird. Für eine andere Sperrflüssigkeit ergibt sich, abhängig von deren Konzentration, im bleibenden Leitersystem $(H) - (f)$ ein anderer Träger (t) und eine andere Teilungsfunktion. Bei KOH von 0 bis 30% Konzentration weichen die zugehörigen Träger auf Grund der besonderen Parameterwahl in (212) um weniger als $0{,}002 \cdot a_{11}$ vom vorhandenen Träger (t, Wasser) ab, sie dürfen daher praktisch überlagert werden. Durch eine Netztafel lassen sich die Temperaturen t_k^0 bei $k\%$ auf t° für Wasser reduzieren[3]).

§ 37. Tafeln mit einem geradlinigen Träger.

Die Annahme $x_1 = 0$ führt die Schlüsselgleichung in die besondere Form über:

$$x_2(y_3 - y_1) + x_3(y_1 - y_2) = 0,$$

$$y_1 = \frac{\dfrac{y_2}{x_2} - \dfrac{y_3}{x_3}}{\dfrac{1}{x_2} - \dfrac{1}{x_3}},$$

sie ergibt die Grundform:

$$\boxed{F_1(\alpha) = \frac{F_2(\beta) + F_3(\gamma)}{G_2(\beta) + G_3(\gamma)}}, \qquad (213)$$

wenn wir

$$\left.\begin{aligned} x_1 &= 0, & y_1 &= F_1(\alpha), \\ x_2 &= \frac{1}{G_2(\beta)}, & y_2 &= \frac{F_2(\beta)}{G_2(\beta)}, \\ x_3 &= -\frac{1}{G_3(\gamma)}, & y_3 &= \frac{F_3(\gamma)}{G_3(\gamma)} \end{aligned}\right\} \quad (214)$$

---

[1]) Ann. Phys. Bd. 29, S. 732. 1909. — Kohlrausch: Prakt. Phys. Tab. 13 u. 15.
[2]) Vgl. S. 64. Ferner Wertheimer: Verh. d. Dt. Phys. Ges. 1919, S. 692.
[3]) Vgl. Chem.-Ztg. 1920, Nr. 132.

§ 37. Tafeln mit einem geradlinigen Träger.

setzen. Um diesen Ansatz schmiegsamer zu gestalten, fügen wir wie oben die projektive Abbildung $a_{12} = a_{13} = 0$ hinzu:

$$\begin{vmatrix} 0 & F_1(\alpha) & 1 \\ 1 & F_2(\beta) & G_2(\beta) \\ -1 & F_3(\gamma) & G_3(\gamma) \end{vmatrix} \cdot \begin{vmatrix} a_{11} & 0 & 0 \\ a_{21} & a_{22} & a_{23} \\ a_{31} & a_{32} & a_{33} \end{vmatrix}$$

$$= \begin{vmatrix} 0, & a_{22}F_1(\alpha) + a_{23}, & a_{32}F_1(\alpha) + a_{33} \\ a_{11}, & a_{22}F_2(\beta) + a_{23}G_2(\beta) + a_{21}, & a_{32}F_2(\beta) + a_{33}G_2(\beta) + a_{31} \\ -a_{11}, & a_{22}F_3(\gamma) + a_{23}G_3(\gamma) - a_{21}, & a_{32}F_3(\gamma) + a_{33}G_3(\gamma) - a_{31} \end{vmatrix}.$$

Es ergibt sich mithin der allgemeine Ansatz:

$$\left. \begin{aligned} \xi_1 &= 0, & \eta_1 &= \frac{a_{22}F_1 + a_{23}}{a_{32}F_1 + a_{33}}, \\ \xi_2 &= \frac{a_{11}}{a_{32}F_2 + a_{33}G_2 + a_{31}}, & \eta_2 &= \frac{a_{22}F_2 + a_{23}G_2 + a_{21}}{a_{32}F_2 + a_{33}G_2 + a_{31}}, \\ \xi_3 &= \frac{-a_{11}}{a_{32}F_3 + a_{33}G_3 - a_{31}}, & \eta_3 &= \frac{a_{22}F_3 + a_{23}G_3 - a_{21}}{a_{32}F_3 + a_{33}G_3 - a_{31}}. \end{aligned} \right\} \quad (215)$$

Beispiel. Die auf S. 54 behandelte Funktion

$$n = \frac{\log[\log \alpha_2] - \log[\log \alpha_1]}{-\log \alpha_2 + \log \alpha_1}$$

gehört dem Typus (213) an, wobei die Besonderheit besteht, daß die Funktionen F_2 und F_3 sowie G_2 und G_3 (abgesehen vom Vorzeichen) übereinstimmen.

$$F_2 = \log[\log \alpha_2], \quad G_2 = -\log \alpha_2,$$
$$F_3 = -\log[\log \alpha_1], \quad G_3 = \log \alpha_1.$$

Ansatz: $\begin{pmatrix} -0{,}8 & 0 & 0 \\ 0{,}8 & 0 & 2 \\ -1 & +1 & -1 \end{pmatrix}$

$$\left. \begin{aligned} \xi_1 &= 0, & \eta_1 &= \frac{2}{n-1}, \\ \xi_2 &= \frac{-0{,}8}{\log[\log \alpha] + \log \alpha - 1}, & \eta_2 &= \frac{0{,}8 - 2\log \alpha}{\log[\log \alpha] + \log \alpha - 1}, \end{aligned} \right\} \quad (216)$$

Träger und Teilungen (α_1) und (α_2) fallen zusammen (Abb. 30).

Beispiel. In § 30 wurde die Identität

$$-\operatorname{tg}\frac{\alpha}{2} = \frac{\cos\beta - \cos\gamma}{\sin\beta - \sin\gamma}, \quad (\alpha = \beta + \gamma)$$

benutzt. $F_2 = \cos\beta, G_2 = \sin\beta; F_3 = -\cos\gamma, G_3 = -\sin\gamma; F_1 = -\operatorname{tg}\frac{\alpha}{2}$.

Ansatz: $\begin{pmatrix} +1 & 0 & 0 \\ 0 & 0 & 1 \\ 0 & 1 & 0 \end{pmatrix}$, also $\xi_1 = 0$, $\quad \eta_1 = -\operatorname{ctg}\dfrac{\alpha}{2}$,

$$\xi_2 = \frac{1}{\cos\beta}, \quad \eta_2 = \operatorname{tg}\beta,$$

$$\xi_3 = \frac{1}{\cos\gamma}, \quad \eta_3 = \operatorname{tg}\gamma.$$

Die Träger (β) und (γ) fallen wiederum zusammen; es ergibt sich die gleichseitige Hyperbel $\xi^2 - \eta^2 = 1$. (Vgl. Aufgabe 61, § 17 und den Ansatz auf S. 141!). In Abb. 99 bezieht sich die dünnliegende Bezifferung auf den

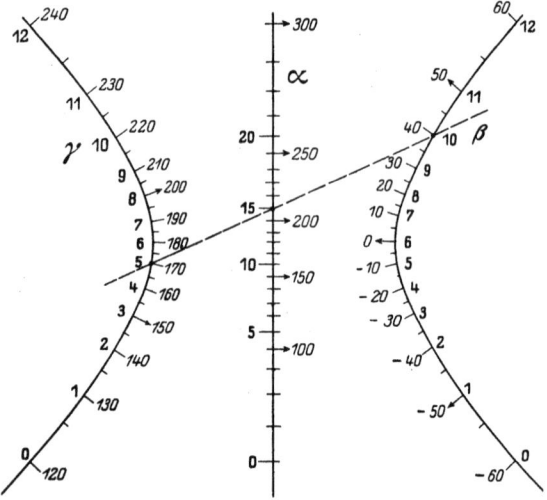

Abb. 99. Additionstafel mit hyperbolischem Träger. Beispiel für Verzifferung. ($\alpha = \beta + \gamma$, $\beta = 10$, $\gamma = 5$, $\alpha = 15$.)

goniometrischen Ansatz, wobei mit Rücksicht auf die Periode mannigfache Variationen möglich sind; die fett stehenden Zahlen geben ein Beispiel von Verzifferung.

§ 38. Mehrteilige Tafeln mit Zapfenlinie.

Man wird versuchen, auch Fluchtlinientafeln von Funktionen mit mehr als drei Veränderlichen unter den Gesichtspunkten zu entwerfen, die in § 32 für Netztafeln entwickelt worden sind: die Darstellung wird auf Tafeln mit drei Variablen reduziert, wenn die vorgelegte Funktion $F(\alpha, \beta, \gamma, \delta) = 0$ durch Einführung einer Hilfsgröße t auf das System $f(\alpha, \beta, t) = 0$, $g(\gamma, \delta, t) = 0$ zurückgeführt werden kann. Eine kurze Überlegung zeigt aber, daß die Verhältnisse in Leitertafeln bei weitem nicht so einfach

§ 38. Mehrteilige Tafeln mit Zapfenlinie. 189

liegen wie in Netztafeln. Wenn die Zerlegung von $F = 0$ in $f = 0$ und $g = 0$ durchführbar ist, besteht noch keine Sicherheit, daß die Teilfunktionen f und g durch Fluchtlinientafeln dargestellt werden können; und selbst wenn diese zweite Bedingung erfüllt ist, bietet sich u. U. eine neue Schwierigkeit dar. Eine Überlagerung der Tafeln f und g ist ohne weiteres nur dann möglich, wenn die Hilfsvariable t in beiden Teiltafeln in derselben Leiter auftritt; es müssen also Träger (t) und Teilungsfunktion (t) beiden Tafeln gemeinsam sein. — Die Darstellbarkeit einer Funktion zwischen drei Veränderlichen durch eine Fluchtlinientafel werden wir im § 43 untersuchen. Hinsichtlich der Forderungen, die an die Beschaffenheit der Leiter (t) geknüpft werden, können wir uns auf die bisherigen Ergebnisse beziehen. Wir haben für ein und denselben Funktionstyp verschiedene Tafelformen entwickelt, derart, daß die Veränderlichen in regulären Skalen, Potenzleitern, projektiven, logarithmischen oder goniometrischen Teilungen auf geraden oder krummen Leitern erscheinen; wir verfügen also über eine große Mannigfaltigkeit von Darstellungsmöglichkeiten, so daß für die Erfüllung der Bedingungen, denen die (t)-Leiter genügen muß, ein verhältnismäßig weiter Spielraum bleibt. Dennoch sind unsere bisher gewonnenen Hilfsmittel nicht immer ausreichend, und es bietet sich hier der Anlaß, neue Darstellungselemente einzuführen. Wir skizzieren die Überlagerung von Teiltafeln zunächst an einigen Beispielen.

Der Spannungsabfall $p\%$ in einer elektrischen Leitung hängt mit den Daten der Betriebsart und den Konstanten der Leitung wie folgt zusammen:

$$q = \frac{W \cdot l \cdot n}{E^2 \cdot k \cdot p}. \qquad (217)$$

Netzspannung $\quad E = 20 \ldots 400$ Volt, $\qquad$ Schaltungsfaktor:

Wattbedarf $\quad V = 100 \ldots 30\,000$ Watt, $\qquad n = 200,$

Leitungslänge $\quad l$ m, $\qquad\qquad\qquad\qquad = 100,$

Leitfähigkeit $\quad k = 7 \ldots 56{,}2, \qquad\qquad\quad = 50,$

Querschnitt (gesucht) $q = \; 1 \ldots 95$ mm², $\qquad = \frac{100}{3}$.

Unter den sieben Veränderlichen halten wir l fest, indem wir den Spannungsabfall auf eine konstante Leitungslänge, etwa 10 m, beziehen. Da in praxi nur einige Materialien in Betracht kommen (Cu, Fe, Zn, Al), erscheint die Behandlung jedes Materials in einer besonderen Tafel angezeigt: $k = $ const. Nutzen wir ferner die Möglichkeit aus, Leitern doppelt zu beziffern, so können wir in einer Tafel zwei Betriebsarten darstellen; es verbleiben mithin vier Veränderliche:

$$q = \frac{W}{E^2 \cdot p} \cdot c, \qquad \left(c = \frac{l \cdot n}{k} = \text{const}\right). \tag{218}$$

Bei der Einführung der Hilfsgröße t haben wir völlige Freiheit, wir können also die praktischen Erfordernisse berücksichtigen: Im einzelnen Falle liegen E und W fest, die durch (E, W) bestimmten Wertepaare (q, p) werden bei der Projektierung einer Anlage derart variiert, daß ein technisch vorhandener Querschnitt q der Funktion (217) genügt; dabei ist die Kenntnis des zugehörigen Spannungsabfalles p wesentlich. Wir werden also auf die Zerlegung

$$t = \frac{W}{E^2}, \qquad t = \frac{p \cdot q}{c} \tag{219}$$

geführt. Die Darstellung beider Teilfunktionen in logarithmischen Tafeln mit parallelen Trägern (S. 162) bietet die Möglichkeit, die Leiter (t) beide Male in derselben Zeicheneinheit anzusetzen. Da die Kenntnis des Wertes t selbst ohne Belang ist, wird man auf die Ausführung der Teilung (t) verzichten, die Leiter (t) erscheint als Zapfenlinie[1]). Bei der Überlagerung der Teiltafeln kann die Zusammengehörigkeit der Leitern ($E - W - t$) einerseits und ($t - p - q$) andererseits in mannigfacher Weise durch verschiedene Farbengebung, Strichdicke, Art der Beschriftung o. dgl. kenntlich gemacht werden. Abb. 100 behandelt den Spannungsabfall in Zinkleitungen ($k = 16$) bei Drehstrom ($n_1 = 100$, $n_2 = \frac{100}{3}$). Beispiel: Bei 120 Volt und 800 Watt finden wir den Zapfenpunkt 9,75; die Drehung des Lineals um diesen Punkt liefert stets zusammenhängende Werte (p, q); es sei der Spannungsabfall 0,31% auf 10 m als zulässig vorgeschrieben, dann ergibt sich bei Sternschaltung ein Querschnitt von 4 mm², bei Dreieckschaltung 10 mm² $< q <$ 16 mm². Die Leiter (q) ist nur nach technisch vorhandenen Werten beziffert; durch Drehung des Lineals ermitteln wir sofort, um welchen Betrag sich p ändert, wenn q durch den nächst größeren oder nächst kleineren Wert ersetzt wird.

Die Überlagerung von gleichartigen Tafelformen bereitet im allgemeinen keine Schwierigkeiten, es handelt sich jeweils nur darum, geeignete Zeicheneinheiten zu wählen. Sobald aber die Aufgabe besteht, Tafeln verschiedenen Funktionstypes zusammenzusetzen, bedarf die Auswahl der Tafelform und damit der Leitergattung einer sorgsamen Überlegung.

Beispiel: Bei statistischen Untersuchungen spielt die Funktion

$$\delta = \frac{D}{\sqrt{m_1^2 + m_2^2}} \tag{220}$$

---

[1]) Um die Festhaltung eines Zapfenpunktes in praktischer Hinsicht zu erleichtern, versieht man die Zapfenlinie zweckmäßig mit einer beliebigen, am besten regelmäßigen Einteilung. Pirani benutzt zur Festhaltung des Zapfenpunktes ein mit einem Zeiger versehenes Bleigewicht, das dem Ablesungslineal bei der Drehung zur Führung dient. (Pirani: S. 85.)

§ 38. Mehrteilige Tafeln mit Zapfenlinie.

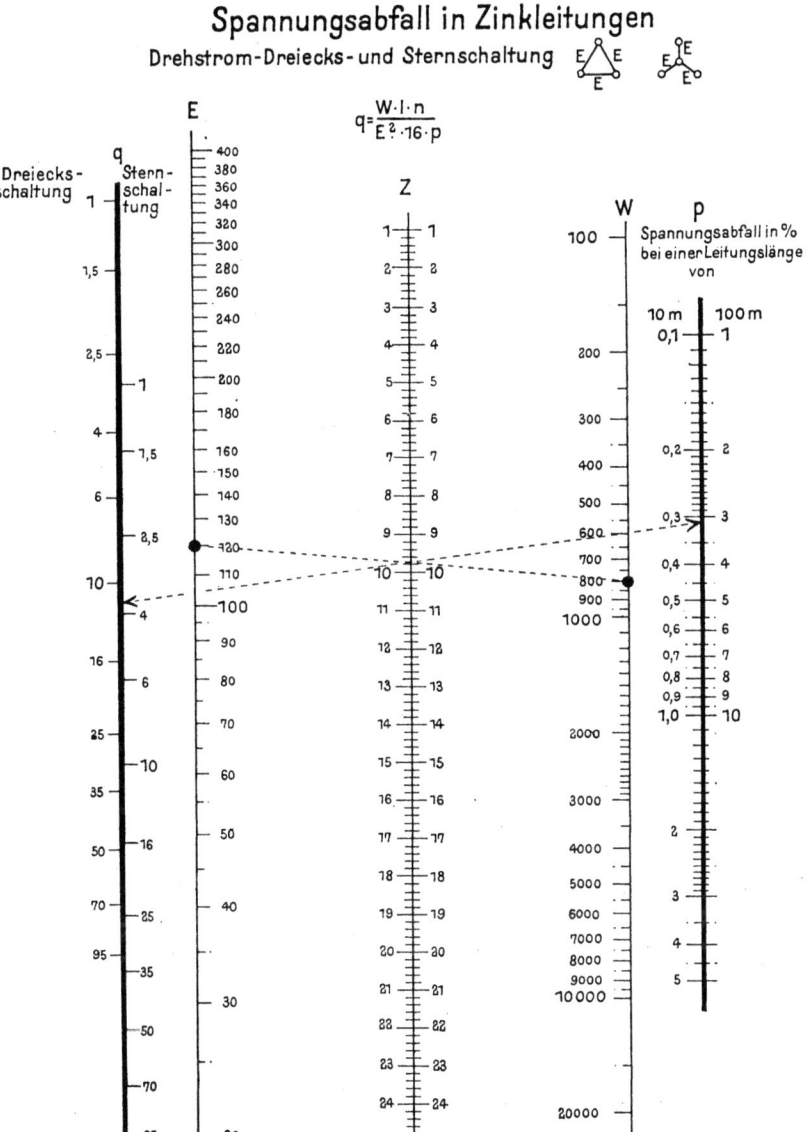

Abb. 100. Überlagerung von Leitertafeln. Zapfenlinie.

eine Rolle[1]). Die Bereiche sind verhältnismäßig weit ausgedehnt, zeichnen sich aber durch bevorzugte Teilbereiche aus:

$m_1, m_2 = 0{,}01 \ldots 1,$ Schwerpunkt zwischen $0{,}1 \ldots 0{,}5.$
$\delta = 0{,}5 \ldots 4,$ „ „ $2 \ldots 3.$
$D = 0{,}2 \ldots 2.$

Es ist ferner erforderlich, daß auch Werte $D = 0{,}01 \ldots 0{,}2$ und $2 \ldots 20$ einer Abschätzung von δ zugänglich gemacht werden. Diese besonderen Vorschriften weisen auf die Verwendung projektiver Tafeln hin, da sie einerseits außerordentlich schmiegsam sind, andererseits in einer Tafelform sowohl Produkt- als auch Summentypen enthalten. Als Hilfsgröße führen wir m_D derart ein, daß

$$m_D = \pm \sqrt{m_1^2 + m_2^2}, \qquad (221)$$

$$m_D \cdot \frac{1}{D} = \frac{1}{\delta}; \qquad (222)$$

die Hilfsveränderliche m_D selbst hat eine sachliche Bedeutung, so daß eine Darstellung von (221) und (222) durch besondere Ökonomie ausgezeichnet ist.

Wir beziehen uns auf den Ansatz § 36, 206 (S. 181) für die quadratische Gleichung $\gamma^2 + \alpha \gamma + \beta = 0$; werden die beiden Wurzeln mit γ_1 und γ_2 bezeichnet, so vermittelt $\gamma_1 = -\alpha - \gamma_2$ eine Lösung von (221)[2]):

$$\gamma_1 = m_D^2, \qquad \alpha = -m_1^2, \qquad \gamma_2 = -m_2^2.$$

Aus $\xi_1 = 0$, $\eta_1 = \dfrac{a_{22}}{a_{32} - a_{33}\alpha}$ folgt: $\xi_1 = 0$, $\eta_1 = \dfrac{a_{22}}{a_{32} + a_{33} m_1^2}$.

Da der ausgezeichnete Bereich m^2 zwischen 0,01 und 0,25 liegt, muß a_{33} groß gewählt werden; als brauchbar erweist sich der Ansatz:

$$\xi_1 = 0, \qquad \eta_1 = \frac{10}{5 + 100\, m^2};$$

die typische Determinante lautet demnach $\begin{vmatrix} a_{11} & 0 & 0 \\ 0 & 10 & 0 \\ a_{31} & 5 & 100 \end{vmatrix}$. Wir schreiben als Träger (m_2) bzw. (m_D) eine Ellipse vor, deren Achsen unter $45°$ gegen das Koordinatensystem geneigt sind. (Vgl. § 36, 208.) Allgemein ergibt sich

der Achsenwinkel φ aus $\operatorname{tg} 2\varphi = \dfrac{a_{32} \cdot \dfrac{a_{11}}{a_{22}}}{a_{31} - a_{33} \cdot \dfrac{a_{11}^2}{a_{22}^2}}; \quad \varphi = 45°,$ wenn

$a_{31} \cdot a_{22}^2 - a_{33} \cdot a_{11}^2 = 0$; $a_{31} = a_{11}^2$; wir wählen $a_{11} = 1$. Demnach legen wir der Darstellung den Ansatz:

$$\begin{vmatrix} 1 & 0 & 0 \\ 0 & 10 & 0 \\ 1 & 5 & 100 \end{vmatrix}$$

---

[1]) An Stelle von δ wird vielfach eine tabellarisch festliegende Funktion von δ benötigt; durch nachträgliche Verzifferung lassen sich diese Funktionswerte leicht in die Rechentafel einführen.

[2]) Diese Form bewirkt, daß nun das Zwischenergebnis m_D auf der „mittleren" Teilung erscheint.

§ 38. Mehrteilige Tafeln mit Zapfenlinie. 193

zugrunde, und wir erhalten:
$$\xi_3 = \frac{1}{100\,m_2^4 - 5\,m_2^2 + 1}, \qquad \eta_3 = \frac{-10\,m_2^2}{100\,m_2^4 - 5\,m_2^2 + 1},$$
$$\xi_3^* = \frac{1}{100\,m_D^4 + 5\,m_D^2 + 1}, \qquad \eta_3^* = \frac{+10\,m_D^2}{100\,m_D^4 + 5\,m_D^2 + 1},$$

als gemeinsamen Träger die Ellipse mit dem Mittelpunkt $\mathfrak{x} = \tfrac{8}{15}$, $\mathfrak{y} = -\tfrac{2}{15}$ und den Halbachsen $\tfrac{4}{15}\sqrt{5}$ und $\tfrac{4}{15}\sqrt{3}$. [Abb. 101[1]).]

Die Beziehung (222) gestalten wir schmiegsamer durch Einführung eines freien Parameters l:

$$(m_D^2) \cdot \left(\frac{-1}{l \cdot D^2}\right) = \left(\frac{-1}{l \cdot \delta^2}\right). \quad (223)$$

Auf Grund der Regel $\gamma_1 \gamma_2 = \beta$ kann die Funktion (223) auf demselben Trägersystem dargestellt werden. (Vgl. hierzu S. 181):

ξ_3^* und η_3^* sind vorhanden,

$$\xi_3 = \frac{1}{\dfrac{100}{l^2 \cdot D^4} - \dfrac{5}{l \cdot D^2} + 1},$$

$$\eta_3 = \frac{-10 \cdot \dfrac{1}{l \cdot D^2}}{\dfrac{100}{l^2 D^4} - \dfrac{5}{l \cdot D^2} + 1},$$

$$\xi_2 = \frac{1}{1 + \dfrac{100}{l \cdot \delta^2}}. \qquad \eta_2 = 0.$$

Für l ermitteln wir ein Optimum, indem wir die Teilungslänge $A = \xi_2(3) - \xi_2(2)$ des bevorzugten Bereiches $\delta = 2 \ldots 3$ zu einem Maximum machen:

$$A = \frac{500 \cdot l}{36 \cdot l^2 + 1300\,l + 10000};$$
$$\frac{dA}{dl} = 0, \text{ wenn } l = \frac{100}{6}.$$

Das Maximum A bei $l = \tfrac{100}{6}$ ist sehr flach, und zwar be-

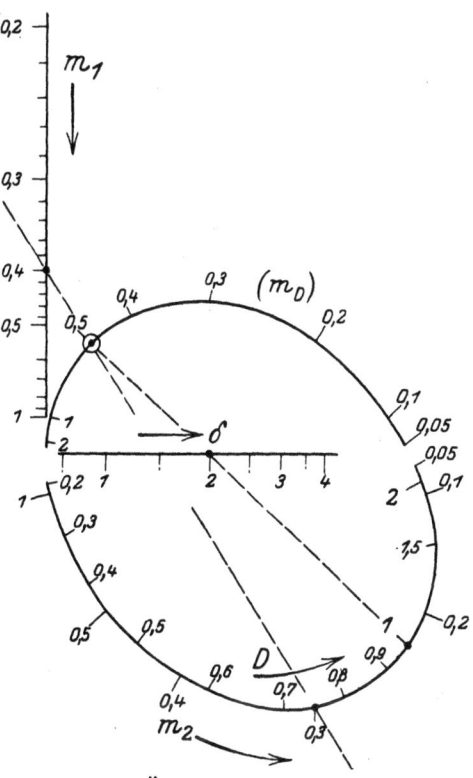

Abb. 101. Überlagerung von Teiltafeln.
$$\delta = \frac{D}{\sqrt{m_1^2 + m_2^2}}.$$
Es gehören zusammen: $m_1 \to m_2 \to (m_D)$
und $(m_D) \to D \to \delta$.
Beispiel: $m_1 = 0{,}4$, $m_2 = 0{,}3$, $D = 1$.

---

[1]) Die Herstellung gestaltet sich insofern sehr einfach, als nur wenige Werte berechnet werden müssen; im übrigen werden die Teilungen durch Projektion in sich entworfen.

sonders in der Richtung $l > \frac{100}{6}$. Wir führen daher zur Erleichterung der Rechnung statt $\frac{100}{6}$ den glatten Wert $l = 20$ ein, der A gegen das Optimum nur um 0,5% verkleinert. Mithin lautet der Ansatz für die zweite Teiltafel:

$$\xi_3^*, \quad \eta_3^* \text{ vorhanden,}$$

$$\xi_3 = \frac{4D^4}{1 - D^2 + 4D^4}, \qquad \eta_3 = \frac{-2D^2}{1 - D^2 + 4D^4},$$

$$\xi_2 = \frac{\delta^2}{\delta^2 + 5}, \qquad \eta_2 = 0. \qquad \text{(Abb. 101.)}$$

Die auf S. 163 entwickelte Konstruktion erscheint unter dem Gesichtspunkt dieses Paragraphen als Sonderfall einer allgemeinen Darstellung $\alpha^a \beta^b \gamma^c = \delta$; falls die oben als Begleitwert auftretende Größe d kontinuierliche Veränderungen erfährt, erfüllen die Projektionszentren P eine Leiter (δ).

Schon bei Behandlung mehrteiliger Netztafeln (S. 156) haben wir darauf hingewiesen, daß die Einführung von Hilfsveränderlichen u. U. auch für Funktionen zwischen drei Veränderlichen vorteilhaft ist, wobei allerdings die Veränderlichen an mehreren Stellen der Tafel abgelesen werden müssen.

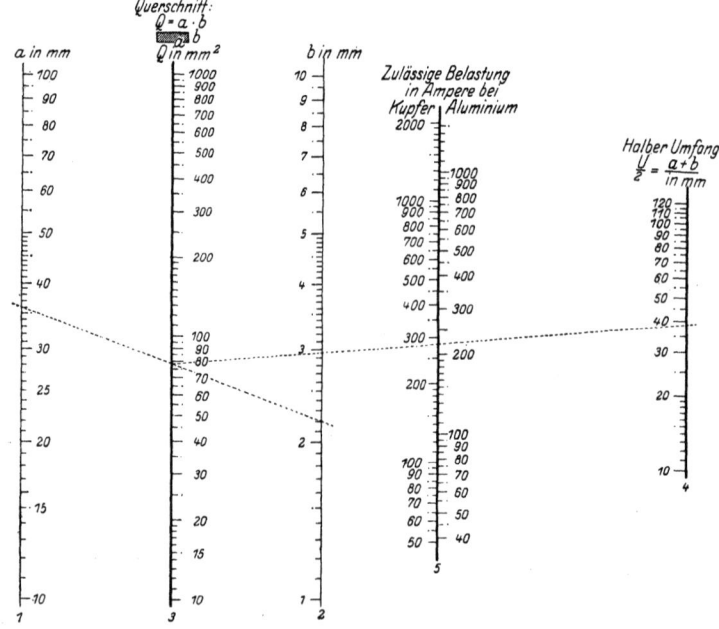

Abb. 102. Mehrteilige Tafel für drei Veränderliche. Belastbarkeit von Flachmaterial (Cu und Al) bei zulässiger Übertemperatur von 30° C.

§ 38. Mehrteilige Tafeln mit Zapfenlinie.

Beispiel. Die elektrische Belastbarkeit i Amp. von Flachmaterial wurde bei zulässiger Übertemperatur 30°C für verschiedene Querschnitte und Querschnittsformen experimentell untersucht; die Ergebnisse lassen sich nach den in § 19 entwickelten Methoden für rechteckigen Querschnitt a mm $\times$ b mm durch die Funktion

darstellen:
$$i = [2 \cdot a \cdot b \cdot (a+b)]^{0,485} \cdot m \qquad (224)$$

	Cu	Al	Zn	Fe
$m =$	3,7	3,0	2,0	1,5

Wir führen den Querschnitt $Q = a \cdot b$ und den Umfang $u = 2(a+b)$ ein; der Wert $\frac{u}{2} = a + b$ wird ohne Schwierigkeit durch Nebenrechnung ermittelt. Es werden die Teiltafeln $Q = a \cdot b$ und $i = (Q \cdot u)^{0,485} \cdot m$ mit der Zapfenlinie (Q) überlagert. Abb. 102 zeigt den Entwurf für Kupfer und Aluminium, wobei die Zusammengehörigkeit der Leitern durch das eingezeichnete Beispiel kenntlich gemacht ist.

In neuerer Zeit hat man vielfach den Funktionstyp
$$F_1(\alpha) \cdot F_2(\beta) + F_3(\gamma) \cdot F_4(\delta) = \text{const} \qquad (225)$$
erörtert. Bei Einführung von $t = F_1(\alpha) \cdot F_2(\beta)$, $t' = F_3(\gamma) \cdot F_4(\delta)$ handelt es sich um die Darstellung von $t + t' = \text{const}$. Eine Überlagerung der beiden Teiltafeln ist ohne weiteres möglich, wenn sie die Hilfsveränderlichen t bzw. t' in regelmäßiger Teilung enthalten; wir haben also einen Ansatz § 34, II heranzuziehen.

In Abb. 103 ist das Beispiel $\alpha \cdot \beta + \gamma \cdot \delta = 1$ behandelt. Die linke Teiltafel $\alpha \to \beta$ enthält eine regelmäßige Teilung (t) auf der Zapfenlinie Z, wobei der Punkt P zu $t = 0$, der Punkt Q zu $t = 1$ gehört. Die andere Teiltafel $\gamma \to \delta$ wird in völlig gleicher Weise entworfen, jedoch so gestellt, daß die Teilungen (t) und (t') sich in entgegengesetzten Richtungen entwickeln. Verlegen wir den Punkt $t' = 0$ in den Punkt Q, $t = 1$, und den Bildpunkt $t' = 1$ nach P, $t = 0$, so ist überall die Bedingung $t + t' = 1$ erfüllt. Das ein-

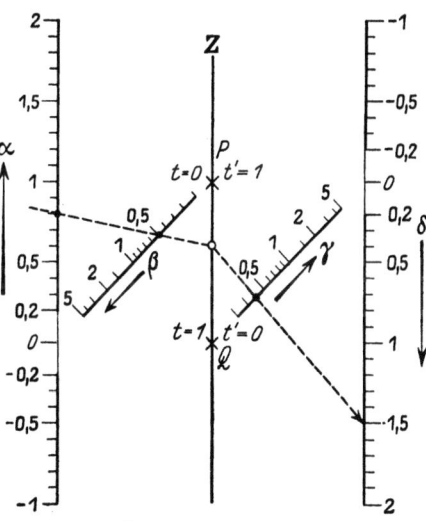

Abb. 103. Überlagerung: $\alpha\beta + \gamma\delta = 1$.
$\alpha \cdot \beta = t$, $\gamma \cdot \delta = t'$, $t + t' = 1$.
Beispiel: $\alpha = 0,8$, $\beta = 0,5$, $\gamma = 0,4$, $\delta = 1,5$.

13*

gezeichnete Ablesebeispiel entspricht den Werten $\alpha = 0{,}8$, $\beta = 0{,}5$, $\gamma = 0{,}6$ und ergibt $\delta = 1{,}5$. Hinsichtlich der Benutzung negativer Funktionswerte verweisen wir auf S. 174.

Wenn sich auch gezeigt hat, daß Produkt- und Summenformen bei Benutzung projektiver Entwürfe leicht überlagert werden können, so ist die Aufgabe damit praktisch doch nicht immer befriedigend gelöst. Besonders, wenn es sich um Produkte von Potenzen handelt, gewährt die logarithmische Tafelform vor der projektiven gewisse Vorzüge; da aber die Darstellung von Summen in logarithmischen Typen nicht ohne weiteres möglich ist, bietet sich eine neue Aufgabe dar.

Beispiel. Der Übergang von kartesischen Koordinaten A, B eines Punktes zu Polarkoordinaten R, φ:

$$A + Bi = R \cdot e^{i\varphi}, \qquad (226)$$

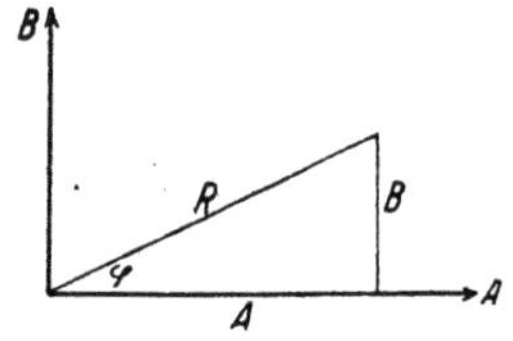

kann gemäß Abb. 104 durch das System:

$$A^2 + B^2 = R^2, \qquad (227)$$

$$\frac{A^2}{B^2} = \operatorname{ctg}^2 \varphi \qquad (228)$$

vollzogen werden. Führen wir die Bezeichnung $\operatorname{ctg}^2 \varphi = n$ ein, so ergibt sich aus

$$A^2 + B^2 = B^2 \left(1 + \frac{A^2}{B^2}\right)$$

Abb. 104. Schema. Koordinatentransformation.

und aus (228) das System:

$$B^2(1+n) = R^2, \qquad (229)$$
$$B^2 \cdot n = A^2. \qquad (230)$$

Beide Funktionen (229) und (230) zeigen besondere Ähnlichkeit; sie sind nur dadurch unterschieden, daß im einen Falle n, im anderen $(n+1)$ als Faktor auftritt. Wir können daher (229) und (230) auf demselben Trägersystem mit übereinstimmenden Teilungsfunktionen darstellen, wenn wir nur auf der n-Leiter den Sprung um Eins berücksichtigen. In Abb. 105 ist eine Tafel auf logarithmischer Grundlage B (links) $\rightarrow A$ (Mitte) $\rightarrow n$ (rechts) entworfen, wobei die Leiter (n) zugleich die Teilung (φ) trägt; Ansatz gemäß S. 162. Die logarithmische Tafel $B \rightarrow R \rightarrow (n+1)$ bedarf nun keiner Konstruktion mehr, Träger und Teilungen sind vorhanden. Der Rechnungsgang gestaltet sich wie folgt: Aus A und B finden wir φ und zugleich einen Wert n (Beispiel $n = 3$, untere Ablesegerade), der Wert $n+1$ (im Beispiel der Wert 4, obere Ablesegerade) bestimmt mit B den Radius R. Es ist leicht ersichtlich, wie sich die Lösung gestaltet, wenn R und φ gegeben sind. Für die Bedürfnisse der Wechselstromtechnik sind die Bereiche A, R und φ durch Konstruktion einer weiteren Tafelgruppe $B \rightarrow A' \rightarrow n'(\varphi')$ und $B \rightarrow R' \rightarrow (n'+1)$ zu erweitern[1]).

Das Verfahren kann ohne weiteres auf die Funktionen

$$F_1(\alpha) \cdot F_2(\beta) + F_3(\gamma) \cdot F_4(\delta) = \operatorname{const}$$

ausgedehnt werden. Durch Übertragung auf Funktionen zwischen drei

---

[1]) Vgl. ETZ. Bd. 43, S. 780. 1922; Bd. 42, S. 1225. 1921.

§ 38. Mehrteilige Tafeln mit Zapfenlinie.

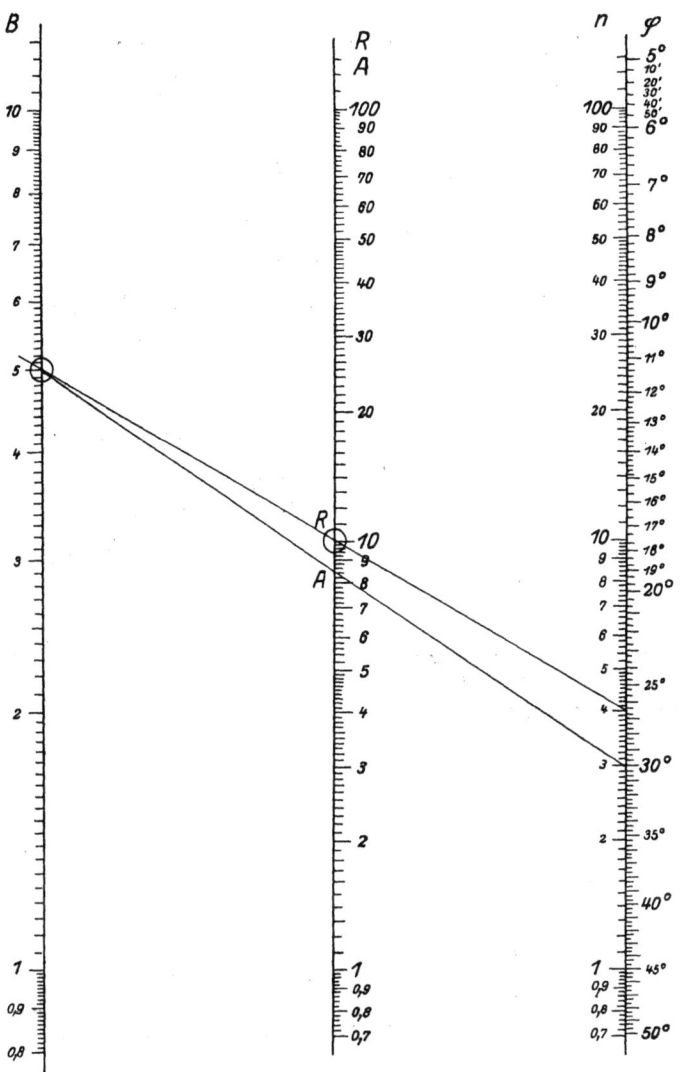

Abb. 105. Mehrteilige Tafel mit Sprung von t auf $(t+1)$. (Koordinatentransformation: $A + Bi = R \cdot e^{i\varphi}$).

Veränderlichen hat Hak[1]) die Darstellung eines besonderen Funktionstyps in logarithmischen Tafeln gewonnen:

$$\alpha = a_1 \cdot \beta^{m_1} \cdot \gamma^{n_1} + a_2 \cdot \beta^{m_2} \cdot \gamma^{n_2}, \qquad (a_2 > 0), \qquad (231)$$

$$= |a_1| \cdot \beta^{m_1} \cdot \gamma^{n_1} \left(\frac{a_2}{|a_1|} \cdot \beta^{m_2-m_1} \cdot \gamma^{n_2-n_1} \pm 1 \right), \qquad \left(\begin{matrix} +1, \\ -1, \end{matrix} \text{ wenn } a_1 \begin{matrix} >0 \\ <0 \end{matrix} \right).$$

Wir führen die Hilfsgröße

$$t = \frac{a_2}{|a_1|} \cdot \beta^{m_2-m_1} \cdot \gamma^{n_2-n_1} \qquad (232)$$

ein, so daß sich

$$\alpha = |a_1| \cdot \beta^{m_1} \cdot \gamma^{n_1} (t \pm 1) \qquad (233)$$

ergibt. Es werde nun irgendeine logarithmische Leitertafel A für (232) entworfen (Abb. 106a), so daß die Zeicheneinheiten der Leitern (β) und (γ) sowie die Abstände c_1 und c_2 festliegen. Die Darstellung von (233) wird durch Zerlegung:

$$|a_1| \cdot \beta^{m_1} \cdot \gamma^{n_1} = t_1, \qquad (234\text{a})$$

$$\alpha = t_1 \cdot (t \pm 1) \qquad (234\text{b})$$

geleistet. Der Entwurf B von (234a) kann stets derart vorgenommen werden, daß die Zeicheneinheiten der Leitern (β) und (γ) dieser Tafel mit denen der vorhandenen Tafel (A) übereinstimmen, und es läßt sich erreichen, daß $d_1 = c_1 + c_2$ wird. Bei Überlagerung der Tafeln (A) und (B) fallen die Leitern (β) und (γ) zusammen. Der Ansatz (234a) legt die Zeicheneinheit und Lage der Leiter (t_1) fest. Für die Konstruktion von (234b) treffen wir die Vorschrift, daß die Zeicheneinheit der Leiter $(t \pm 1)$ mit der Einheit der vorhandenen Leiter (t) in (A) übereinstimmt, und da nur das Verhältnis $e_1 : e_2$ eingeht, können wir den Träger $(t \pm 1)$ mit dem Träger (t) zur Deckung bringen (Abb. 106b). Auf diese Weise erreichen wir, daß dieselbe Einstellung der Ablesegeraden $(\beta \to \gamma)$ zugleich t und t_1 ergibt. Der Schlüssel gestaltet sich wie folgt: Aus β und γ finden wir t und t_1; wir bilden $t + 1$ (bzw. $t - 1$) und ermitteln mit $(t + 1)$ und t_1 das Ergebnis α. Die Zapfenlinie t muß beziffert werden, während die Teilung (t_1) unterdrückt wird.

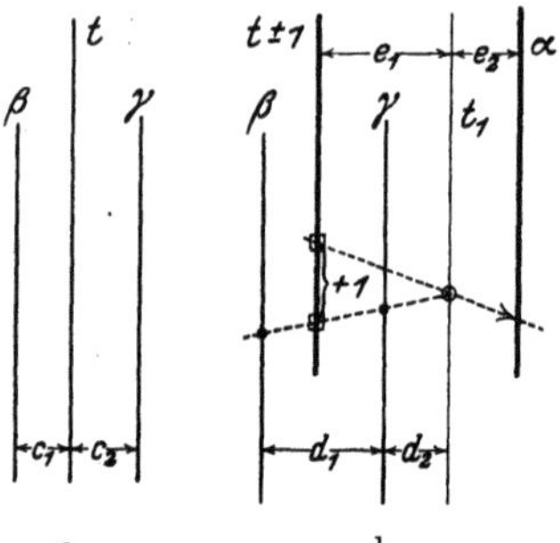

Abb. 106. Sprung von t auf $(t \pm 1)$, Verfahren von Hak. Typus: $\alpha = a_1 \cdot \beta^{m_1} \cdot \gamma^{n_1} + a_2 \cdot \beta^{m_2} \cdot \gamma^{n_2}$.

Die Umformung einer Summe $\gamma = \alpha + \beta$ in das Produkt $\alpha \left(1 + \frac{\beta}{\alpha}\right)$ läßt deutlich den Zusammenhang mit den Gaußschen Additionslogarithmen hervortreten, die wir bereits oben in logarithmischen Netzen bei Einführung der Mehmkeschen Additionskurve benutzt haben. In der Gaußschen Schreibweise ist

$$\log \beta - \log \alpha = A,$$
$$\log \gamma - \log \alpha = B.$$

Die Ausführung des Sprunges um Eins auf einer logarithmischen Teilung kann mithin vermieden werden. Die Tafel $(\alpha \to \beta)$ enthält eine reguläre

---
[1]) Z. ang. Math. Mech. Bd. 1, S. 154. 1921.

Leiter A, die zugleich die Funktionsteilung $B(A)$ trägt. Der Schlüssel erfährt dann folgende Änderung: α und β bestimmen einen Punkt A auf reg(A), der gleichbezifferte Punkt $B(A)$ ergibt mit α die Summe γ. Das Verfahren kann allgemein auf den Typus $F_1(\alpha) = F_2(\beta) + F_3(\gamma)$ übertragen werden.

§ 39. Gleitkurventafeln[1]).

Wenn die auf S. 189 eingeführten Teiltafeln $f = 0$ und $g = 0$ nicht mit übereinstimmenden Leitern (t) entworfen werden können, bietet sich zunächst die Möglichkeit dar, in der Tafel $f = 0$ den aus α und β resultierenden Wert t abzulesen und von neuem auf der t-Leiter in $g = 0$ aufzusuchen. Dieses Verfahren ist insofern wenig befriedigend, als die zweimalige Ablesung einer Größe erforderlich ist, die mit der dargestellten Funktion $F(\alpha, \beta, \gamma, \delta) = 0$ häufig in keinem sachlichen Zusammenhang steht; da die Größe t zudem auf Leitern verschiedener Struktur auftritt, gestaltet sich die Benutzung einer Tafel dieser Art unhandlich. Dies gilt in gewisser Beziehung auch für den Sprung um Eins.

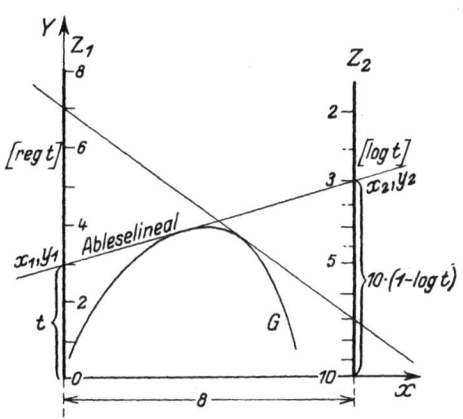

Abb. 107. Übergang zwischen Leitern reg t und log t durch eine Gleitkurve.

Zu einem neuen Darstellungsmittel gelangen wir auf folgendem Wege. In Abb. 107 sind Ausschnitte aus den parallel liegenden Leitern $z_1 = $ reg t und $z_2 = $ log t wiedergegeben, wobei die Zeicheneinheiten zunächst belanglos sind. Wir denken nun eine Gerade (das Ableselineal) derart bewegt, daß sie auf beiden Seiten jeweils die gleichen Argumentwerte t bestimmt. In der Zeichnung sind die Einzellagen für $t = 3$ und $t = 7$ festgehalten. Dann wird die Schar sämtlicher erzeugten Einzellagen von einer Kurve G umhüllt, die wir gemäß der auf S. 130 gegebenen Erklärung als Gleitkurve der Ablesegeraden zu bezeichnen haben.

---

[1]) Die Gleitkurventafeln sind 1922 vom Verf. eingeführt und zugleich mit der nomographischen Entwicklung der dualen Abbildung (Abschn. VI) im Berliner Ausschuß f. wirtschaftl. Festigung vorgetragen worden. Vgl. Anmerkung auf S. 130.

Wenn nur den (gegebenenfalls auch krummlinigen) Teilungen z_1 und z_2 stetige Teilungsfunktionen zugrunde liegen, ergibt sich auch in allgemeineren Fällen stets eine wohldefinierte Hüllkurve, wie bekannte Überlegungen aus der Bewegungslehre zeigen. Wir gewinnen damit ein neues Darstellungselement: „Eine Gleitkurve vermittelt den Übergang von einer Leiter $z_1 = f_1(t)$ zu einer anderen $z_2 = f_2(t)$."

Auf Grund der angegebenen Bewegungsvorschrift läßt sich die Gleitkurve in manchen Fällen sehr einfach durch Tangentenkonstruktion herstellen. So hat in dieser Weise Ferner eine Tafel über Rohrgewichte entworfen: $G = \frac{\pi}{4}(D^2 - d^2) \cdot \gamma$, von der Abb. 108 einen Ausschnitt darstellt. Zwischen den aufeinander senkrechten Trägern $I(d)$ und A wird ein bewegliches, metrisch geteiltes Lineal der Länge D eingepaßt; aus einfachen Beziehungen folgt dann, daß auf der ungeteilten Zapfenlinie A die Strecke $t = \sqrt{D^2 - d^2}$ abgeschnitten wird. Für die Produktbildung $G = \frac{\pi}{4} \cdot t^2 \cdot \gamma$, die in einer logarithmischen Tafel erledigt werden soll, benötigt man aber log t. Dieser Wert findet auf dem Träger B Berücksichtigung. Es handelt sich also um die eingangs erörterte Aufgabe, die Tei-

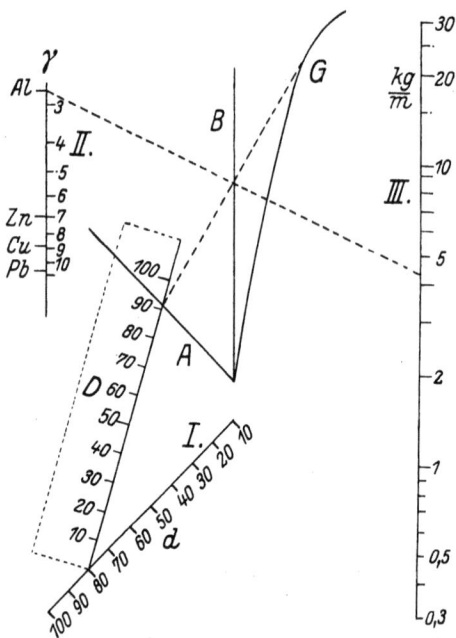

Abb. 108. Rohrgewichte pro Meter:
$$G = \frac{\pi}{4}(D^2 - d^2) \cdot \gamma.$$
Darstellung mit Paarleiter (S. 208) und Gleitkurve. (Nach einem Entwurf von E. Ferner.)

lung reg t in die Teilung log t überzuführen, wobei die Träger A und B eine besondere Lage haben. Man denke sich die Teilungen auf A und B wirklich ausgeführt; dann ergibt die Tangentenkonstruktion die Gleitkurve G. Im fertigen Tafelbilde werden die Teilungen wieder unterdrückt. Das System $II(\gamma) \to B \to III\left(\frac{\text{kg}}{\text{m}}\right)$ stellt eine einfache Leitertafel vom Typus § 34, 188 dar. — Beispiel: Es seien für Aluminiumrohr der Außendurchmesser $D = 92$ mm und die lichte Weite $d = 80$ mm gegeben. Auf $I(d)$ wählt man den Punkt 80, paßt von hier aus zwischen I und A eine Strecke der Länge 92 ein. Dadurch wird auf A ein Punkt bestimmt,

§ 39. Gleitkurventafeln.

um den das Ableselineal gedreht wird, bis es die Gleitkurve G berührt. Der nun auf B ermittelte Punkt dient als Zapfen, der mit Hilfe der Teilung $II(\gamma)$ die zugehörige Gewichtsangabe auf III ergibt.

Was die Konstruktion einer Kurve aus Tangenten anbetrifft, so ist hier die Geschicklichkeit des Zeichners von derselben Bedeutung wie bei der Zeichnung von glatten Punktkurven. Nach elementaren Erfahrungen ist der Verlauf einer Kurve sogar mit erhöhter Sicherheit gegeben, wenn ihre Tangenten festliegen. Dennoch bleibt die rein konstruktive Herstellung auf einfachste Fälle beschränkt; für den planmäßigen Entwurf einer Rechentafel ist es erforderlich, die Gleichung der Gleitkurve in Punktkoordinaten zu kennen.

Die im Beispiel der Abb. 107 dargestellten Leitern werden durch die Angaben bestimmt:

Leiter z_1: Träger: $x_1 = 0$,   Leiter z_2: Träger: $x_2 = 8$,

Teilung: $y_1 = t$.   Teilung: $y_2 = 10 \cdot (1 - \log t)$.

Demnach ergibt die Gleichung der beweglichen Ablesegeraden $(y - y_1) \cdot (x_2 - x_1) = (y_2 - y_1) \cdot (x - x_1)$ unter Berücksichtigung der besonderen Werte $x_1 \ldots y_2$:

$$F(x, y; t) = \frac{10(1 - \log t) - t}{8} x - y + t = 0. \qquad (235)$$

Man erhält die Hüllkurve der Schar (235) in bekannter Weise durch Bildung der Ableitung

$$\frac{\partial F}{\partial t} = -\frac{x}{8}\left(\frac{10 \cdot \log e}{t} + 1\right) + 1 = 0. \qquad (236)$$

Durch Elimination von t aus (235) und (236) ergibt sich die Gleichung der Gleitkurve in geschlossener Form; lösen wir nach x und y auf, so erhalten wir eine Parameterdarstellung:

$$x = \frac{8 \cdot t}{t + 4{,}34}, \qquad y = \frac{14{,}34 \cdot t - 10 \cdot t \cdot \log t}{t + 4{,}34}. \qquad (237)$$

Im allgemeinen Falle gestaltet sich der Rechnungsgang wie folgt:

Leiter 1. $x_1 = x_1(t)$,   Leiter 2. $x_2 = x_2(t)$,

$y_1 = y_1(t)$. $y_2 = y_2(t)$.

Aus der Gleichung der beweglichen Geraden

$$F(x, y; t) = x(y_1 - y_2) - y(x_1 - x_2) + (x_1 y_2 - x_2 y_1) = 0 \qquad (238)$$

und der Ableitung

$$\frac{\partial F}{\partial t} = x(y_1' - y_2') - y(x_1' - x_2') + (x_1' y_2 - x_2' y_1 + x_1 y_2' - x_2 y_1') = 0 \qquad (239)$$

gewinnen wir durch Auflösung nach x und y eine Parameterdarstellung
$$x = x(t), \qquad y = y(t), \qquad (240)$$
die u. U. in die geschlossene Form überführt werden kann.

Nur beiläufig sei erwähnt, daß in der auf S. 17 behandelten Reduktion der Zeicheneinheit das Projektionszentrum C als Ausartung einer Gleitkurve angesehen werden kann. Aus der projektiven Geometrie ist bekannt, daß die Gleitkurve, die den Übergang zwischen projektiv verwandten Leitern vermittelt, ein Kegelschnitt ist; dieser artet in einen Punkt aus, wenn die projektiven Leitern in perspektivische Lage gebracht werden. Hierauf beruht die projektive Konstruktion (S. 60).

Wenn einzelne Teile einer Gleitkurve in ein Gebiet weit außerhalb des Zeichenblattes fallen, also nicht herstellbar sind, so läßt sich die Ablesegerade durch Richtungslinien praktisch hinreichend festlegen. In Abb. 109, in der die Gleitkurve den Übergang zwischen den Leitern t^2

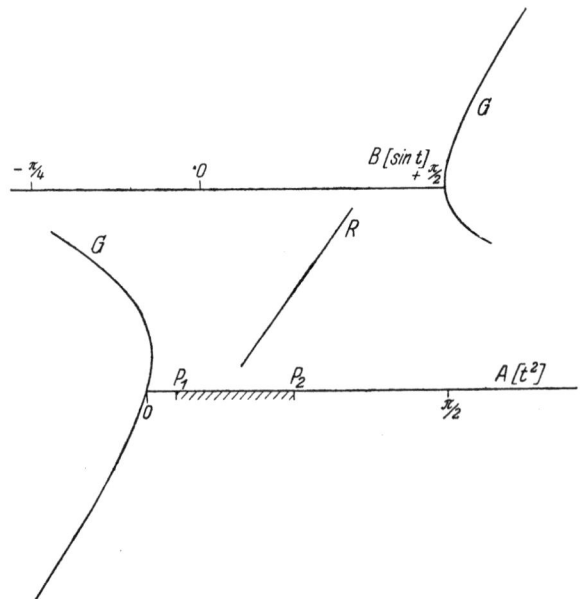

Abb. 109. Übergang zwischen t^2 und $\sin t$. Gleitkurve G und Richtungslinie R.

und $\sin t$ vermittelt, kann für die Punkte (t^2) etwa zwischen P_1 und P_2 der Bildpunkt des positiven Wertes $\sin t$ nicht einwandfrei gefunden werden; die Richtungslinie R gewährt in diesem Bereich genügende Sicherheit. Wir werden dieses Hilfsmittel jedoch auf einzelne Stellen einer Darstellung beschränken. Falls größere Abschnitte einer Kurve unzugänglich sind, und zwar derart, daß eine größere Anzahl von Richtungslinien notwendig wird, können wir eine günstige Lage stets durch geeignete Anordnung der zugehörigen Leitern erreichen. Wird unter Festhaltung der einen Leiter die andere (etwa $x_2 y_2$) zunächst verschoben und gedreht, so haben wir beim Ansatz der Gleichung (238) statt der Werte $x_2 y_2$ die Funktionen

$$\mathfrak{x}_2 = x_2(t) \cdot \cos\varphi + y_2(t) \cdot \sin\varphi + a,$$
$$\mathfrak{y}_2 = -x_2(t) \cdot \sin\varphi + y_2(t) \cdot \cos\varphi + b$$

zu berücksichtigen; in Gleichung (240) gehen dann die drei freien Parameter a, b und φ ein, so daß sich ∞^3 Möglichkeiten bieten, Gestalt und Lage der Gleitkurve zu beeinflussen. Für die Praxis erweist sich dieses Verfahren als zu schwerfällig; es handelt sich zumeist um parallel gestellte Träger, und wir werden zeigen, daß allein durch Maßstabsänderung der einen Leiter eine günstige Gebietsverteilung erreicht werden kann.

Abb. 110 stelle in der linken unteren Ecke einen Teil einer Leitertafel dar; $x_1 = 0$, y_1; $x_2 = 1$, y_2; im ersten Oktanten sind durch die Geraden $x = 1, 2, 3, 5, 10$ und $y = 1, 2, 3, 5, 10$ die mit 1 bis 14 bezeichneten Gebiete entstanden. Die Leiter $x_1 = 0$, y_1 werde festgehalten, die Leiter $x_2 = 1$, y_2 einer Maßstabsänderung unterworfen. Dies kann stets durch projektive Verzerrung der Ebene erreicht werden. Wir beschränken uns auf die Diskussion von zwei besonderen Fällen.

Soll die Leiter 2 in der halben Zeicheneinheit entworfen werden, so handelt es sich darum, die Grundtafel

$$x_1 = 0, \quad y_1; \qquad x_2 = 1, \quad y_2$$

in die Bildtafel

$$\xi_1 = 0, \quad \eta_1 = y_1; \qquad \xi_2 = 1, \quad \eta_2 = \tfrac{1}{2} y_2$$

überzuführen; es ergibt sich die Verzerrung

$$\xi = \frac{2x}{x+1}, \quad \eta = \frac{y}{x+1}.$$

Durch Abbildung der Koordinatenlinien (x) und (y) erhalten wir die in Fig. 111[1]) dargestellte Anordnung, aus der hervorgeht, daß unzugänglich liegende Gebiete durch Reduktion einer Zeicheneinheit leicht in erreichbare Lage gebracht werden können.

Bedeutsamer als die Maßstabsänderung ist die Umkehrung einer Leiter auf ihrem festen Träger. Wir wollen die Grundtafel

$$x_1 = 0, \quad y_1; \qquad x_2 = 1, \quad y_2$$

in die Bildtafel

$$\xi_1 = 0, \quad \eta_1 = y_1; \qquad \xi_2 = 1, \quad \eta_2 = 1 - y_2$$

umwandeln:

$$\xi = \frac{x}{2x-1}, \quad \eta = \frac{x-y}{2x-1}.$$

[Gebietsanordnung Fig. 112[1]).] Die Abbildung vertauscht die innerhalb und außerhalb des Parallelstreifens $x = 0$ bis $x = 1$

---

[1]) Die Figuren 111 und 112 mußten in größerem Maßstab als Abb. 110 entworfen werden.

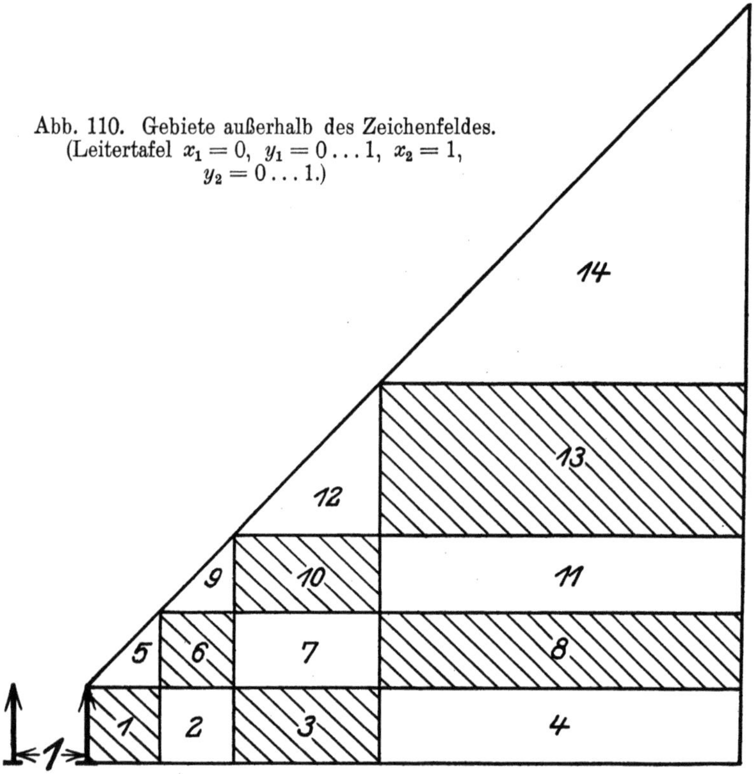

Abb. 110. Gebiete außerhalb des Zeichenfeldes.
(Leitertafel $x_1 = 0$, $y_1 = 0 \ldots 1$, $x_2 = 1$, $y_2 = 0 \ldots 1$.)

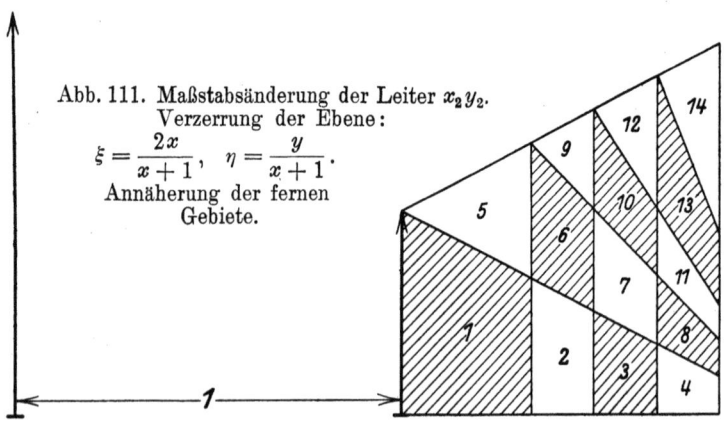

Abb. 111. Maßstabsänderung der Leiter $x_2 y_2$. Verzerrung der Ebene:
$$\xi = \frac{2x}{x+1}, \quad \eta = \frac{y}{x+1}.$$
Annäherung der fernen Gebiete.

§ 39. Gleitkurventafeln. 205

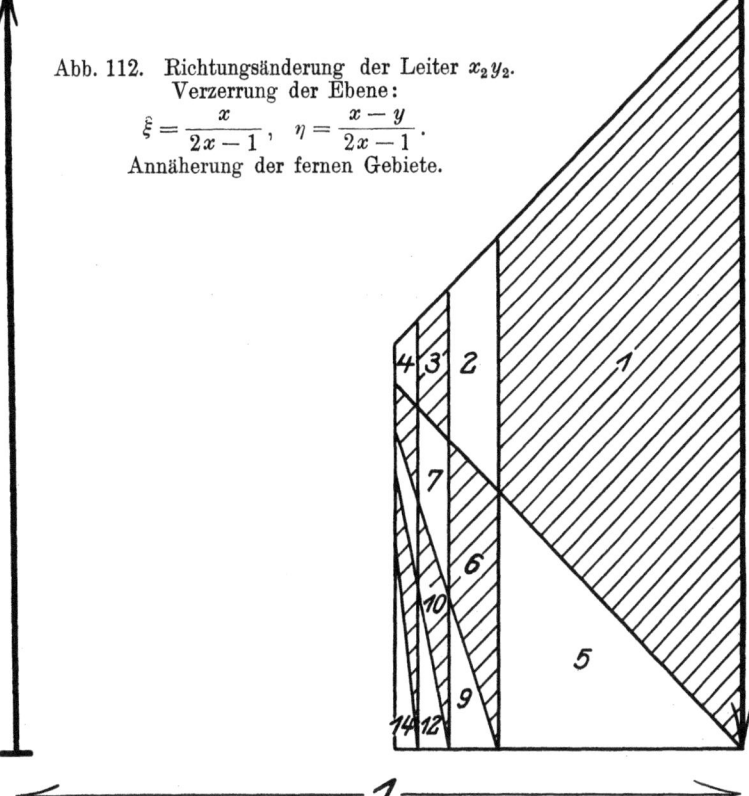

Abb. 112. Richtungsänderung der Leiter $x_2 y_2$.
Verzerrung der Ebene:
$$\xi = \frac{x}{2x-1}, \quad \eta = \frac{x-y}{2x-1}.$$
Annäherung der fernen Gebiete.

liegenden Punkte, es ist also stets möglich, außerhalb des Parallelstreifens verlaufende Gleitkurvenzüge in den Parallelstreifen zu verlegen. Die Durchführung einer Verzerrung erübrigt sich im einzelnen Falle, Maßstabsänderung oder Umkehrung führen allein zum Ziel.

Die zuletzt behandelte Abbildung $(a) = \begin{pmatrix} 1 & 0 & 0 \\ 1 & -1 & 0 \\ 2 & 0 & -1 \end{pmatrix}$ ist, wie aus $(A) = \begin{pmatrix} 1 & 1 & 2 \\ 0 & -1 & 0 \\ 0 & 0 & -1 \end{pmatrix}$ hervorgeht, ihre eigene Umkehrung; wir können daher den Figuren 110 und 112 zugleich die Abbildung des Parallelstreifens entnehmen.

In Fig. 107 wird der Umstand, daß die Ablesung des Argumentes auf der Leiter z_1 mit der Ablesung des Argumentes auf z_2 identisch ist, durch die Beschaffenheit der Gleitkurve G bedingt. Wir können nun eine andere Gleitkurve G' derart bestimmen, daß sich auf Grund der Bewegungsvorschrift zur Ablesung t auf z_1 der Wert t^2 auf z_2 ergibt. Dies läßt sich leicht verallgemeinern und führt zu einem praktisch bedeutungsvollen Ergebnis: auf **beliebigen Leitern** $z_1(\alpha)$ **und** $z_2(\beta)$ **läßt sich jede Funktion** $\beta = f(\alpha)$ **mit Hilfe einer Gleitkurve darstellen.** Es enthalte f einen Parameter γ, dann ist die Gestalt und Lage der Gleitkurve von α und β unabhängig; ändert sich dagegen γ, so erfährt auch die Gleitkurve Änderungen, und wir erhalten in der Ebene der Leitern z_1 und z_2 eine Schar von Gleitkurven G_1, $G_2, \ldots$, wenn γ die Werte $\gamma_1, \gamma_2, \ldots$ durchläuft.

Jede Funktion $K(\alpha, \beta, \gamma) = 0$ **kann in einer Leitertafel mit beliebig unterteilten und gestalteten Leitern** (α) **und** (β) **und einer Gleitkurvenschar** (γ) **dargestellt werden.** Wir nennen Tafeln dieser Art **Gleitkurventafeln**.

Die theoretische Bedeutung dieses Satzes wird an späterer Stelle (S. 228) klar hervortreten; sein praktischer Wert läßt sich dahingehend kennzeichnen: für die Darstellung der Funktion $K(\alpha, \beta, \gamma) = 0$ schlechthin verfügen wir über genug brauchbare Tafeltypen, so daß kein zwingender Anlaß vorliegt, Gleitkurventafeln heranzuziehen. Es handelt sich aber vielfach um eine besondere Aufgabe. Für die Funktion

$$H(\alpha, \beta, \delta, \ldots) = 0 \qquad (241)$$

sei eine brauchbare Leitertafel entworfen, und zugleich werde die Lösung

$$K(\alpha, \beta, \gamma) = 0 \qquad (242)$$

verlangt. Es ist dann möglich, daß sich bei dem für $H = 0$ notwendigen Aufbau der Leitern die Funktion $K = 0$ nicht darstellen läßt, oder daß sich für $K = 0$ überhaupt keine Leitertafel im engeren Sinne ergibt. Die Notwendigkeit, in derartigen Fällen eine besondere Darstellung $K = 0$ zu entwerfen, wird in Gleitkurventafeln vermieden. Wir können $K = 0$ stets im Rahmen einer vorhandenen Leitertafel $H = 0$ mit Hilfe einer Gleitkurvenschar derart darstellen, daß $K = 0$ durch dieselbe Lage der Ablesegeraden bestimmt wird, die für $H = 0$ gilt. In diesem Ergebnis wirkt sich die wesentliche Bedeutung der neuen Methode aus. — Zumeist liegen in der Praxis die Verhältnisse derart, daß $H = 0$ als Hauptfunktion, der Parameter γ in $K = 0$ als Begleitwert anzusehen ist. Dies bedeutet aber, daß der Wertevorrat von γ im allgemeinen auf wenige, diskrete Werte beschränkt bleibt, zwischen denen eine Interpolation nicht immer notwendig ist. Die Gleitkurvenschar wird also häufig nur wenige Glieder enthalten müssen.

Beispiel. Bei der auf S. 184 ausgeführten Darstellung
$$T = T_\infty (1 - e^{-bt}) \tag{243}$$
ist es wünschenswert, die Zeitkonstante $\frac{1}{b}$ zu berücksichtigen, um auf diese Weise zu einer Abschätzung der Zeit t_∞ zu gelangen, nach der sich der stationäre Zustand merklich einstellt. Wir setzen t_∞ gleich der n-fachen Zeitkonstanten und messen t_∞ in γ Zeiteinheiten t_2:
$$t_\infty = \frac{n}{b} = \gamma \cdot t_2 . \tag{244}$$
Setzen wir ferner $\quad z^2 = 1 - e^{-\frac{n}{\gamma}}$, so folgt aus (243):
$$\boldsymbol{T_2 = T_\infty \cdot z^2}. \tag{245}$$
In der vorhandenen Darstellung (243) soll durch jede Lage $T_1 \to T_2 \to T_\infty$ des Ableselineals zugleich der aus (245) folgende Begleitwert z (bzw. γ) ermittelt werden. Aus formalen Gründen wählen wir das folgende Koordinatensystem:
Leiter (T_∞): $\quad x_1 = -1, \qquad$ Leiter (T_2): $\quad x_2 = +1,$
$$y_1 = \frac{10}{T_\infty}, \qquad\qquad\qquad y_2 = \frac{T_2}{10}.$$
Unter Berücksichtigung von (245) lautet die Gleichung (238) der beweglichen Geraden nach einigen Umformungen:
$$F = 0{,}1 \cdot T_2^2 (x + 1) - 2y \cdot T_2 - 10 z^2 (x - 1) = 0. \tag{246}$$
Für einen bestimmten Wert γ ist z konstant, daher ist für eine Gleitkurve (γ) die Größe T_2 als Parameter der Tangentenschar anzusehen:
$$\frac{\partial F}{\partial T_2} = 0{,}2 \cdot T_2 \cdot (x + 1) - 2y = 0. \tag{247}$$
Die Elimination von T_2 ist leicht durchführbar und ergibt die Gleichung der Gleitkurve (γ) in geschlossener Form:
$$\frac{x^2}{1} + \frac{y^2}{z^2} = 1. \tag{248}$$
Eine Gleitkurve für den festen Wert z ist demnach eine zwischen den Leitern T_∞ und T_2 gelegene Ellipse mit den Halbachsen 1 und z. Bei Veränderung von z ergibt sich eine Ellipsenschar mit gemeinsamer Hauptachse. Die Bezifferung wird naturgemäß unmittelbar nach γ vorgenommen[1]). Gleitet für eine Ablesung $T_1 \to T_2 \to T_\infty$ das Lineal an der Kurve γ, so tritt die stationäre Temperatur merklich nach der Zeit $t_\infty = \gamma \cdot t_2$ ein. (Siehe Abb. 97 auf S. 184; der Darstellung liegt $n = 7$ zugrunde.)

§ 40. Fluchtlinientafeln mit Paarleitern.

Wir haben noch den auf S. 189 angegebenen Fall zu erörtern, in dem eine der Teilfunktionen, $g = 0$, nicht durch eine Leitertafel dargestellt werden kann oder aus praktischen Gründen in

---
[1]) Alle Ellipsen (248) lassen sich leicht durch affine Konstruktion aus dem vorhandenen Halbkreis, dem Träger (T_1), ableiten.

einer Netztafel erscheinen soll. Die in $f = 0$ aus α und β gefundene Größe t repräsentiert eine Folge von Wertepaaren (γ, δ), die Leiter (t) erweist sich demnach (wie jede Zapfenlinie) als **Paarleiter**. Für die Tafel $g = 0$ liegt der Aufbau der Teilung (t) fest; da wir jede Funktion $G(\gamma, \delta, t) = 0$ in jedem beliebig verzerrten Funktionsnetz, z. B. (t, γ) darstellen können, bereitet der Entwurf im vorliegenden Falle keinerlei Schwierigkeiten. Es sei bemerkt, daß für die Konstruktion der Tafel $g = 0$ mit vorgeschriebener Teilung (t) die im Abschnitt IV entwickelten Gesichtspunkte Platz greifen.

Als Beispiel kann die auf S. 185 behandelte Tafel zur Volumreduktion von Gasen dienen. Legen wir als Sperrflüssigkeit KOH von $k\%$ Konzen-

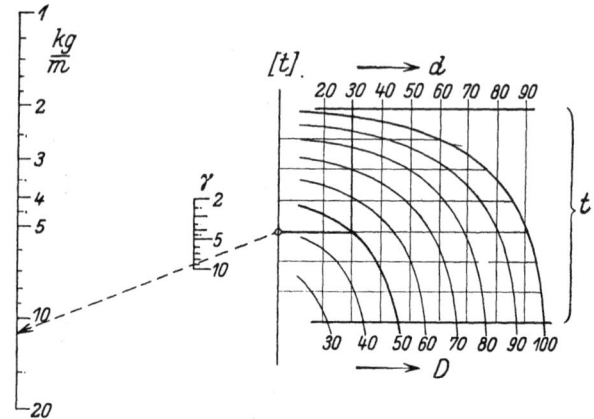

Abb. 113. Rohrgewichte pro Meter. Darstellung in vereinigter Netz- und Leitertafel.

tration zugrunde, so ist den Veränderlichen f, H und t die vierte Variable k hinzugefügt. Die Netztafel $t_{\text{Wasser}} - t_k - k$, die wir auf S. 186 als besondere Darstellung angegeben haben, kann unmittelbar an der vorhandenen Leiter t_{Wasser} angeordnet werden. — Auch der Entwurf von Ferner kann im Teile $I \to A$ als Netztafel ausgebildet werden, so daß die Zapfenlinie A als Paarleiter auftritt. Es ist daher ohne weiteres möglich, in Abb. 108 die Zapfenlinie B unmittelbar als Paarleiter herzustellen (s. Abb. 113). Aus methodischen Gründen ist der Netztafelteil $d \to D \to t$ nach außen verlegt; dadurch ergibt sich für γ eine ungünstige Zeicheneinheit. In anderer Anordnung werden die Ausmessungen der Tafel kaum vergrößert, und wir erhalten $E(\log \gamma) = E(\log G)$.

Bei sorgfältiger Herstellung in Form eines Recheninstrumentes können die Tafeln mit Paarleiter eine sehr handliche Ausführung erfahren. Halten wir in Abb. 113 einen Wert d fest,

§ 41. Erweiterung der Methode der fluchtrechten Punkte.

etwa $d = 50$, und verändern lediglich D, so liegen sämtliche Bildpunkte (d, D) auf der Geraden $d = 50$; die Linien (D) bestimmen eine gerade Leiter, und die Rechenlinien (t) haben allein die Aufgabe, den „Leiterpunkt" D auf den Träger $[t]$ der Paarleiter zu verlegen. Diese Operation können wir mechanisch ausführen, indem wir die Netztafel $d \to D \to t$ parallel verschiebbar anordnen. Die Scharen (d) und (t) werden unterdrückt, da die Ablesung unter einem festen Zeiger (Faden) erfolgen kann und die Einstellung d zweckmäßig längs einer geraden Teilung an einem Index vorgenommen wird. (S. Abb. 114.) Falls der Wertevorrat d auf wenige diskrete Glieder beschränkt ist, kann es sich

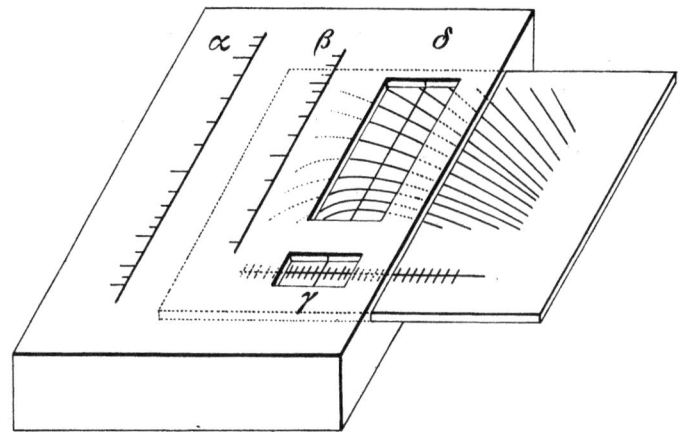

Abb. 114. Schema. Recheninstrument mit variabler Leiter (γ, δ).

empfehlen, an Stelle der Kurven (D) die Leitern (D) abhängig von d wirklich auszuführen. Daß u. U. auch die Anordnung auf einer Walze in Frage kommen kann, sei nur beiläufig erwähnt. Parallaktische Ablesefehler lassen sich in mannigfacher Weise vermeiden.

Da jede Funktion $g(\gamma, \delta; t) = 0$ in jedem beliebigen Funktionsnetz (γ, t) darstellbar ist, kann das Verfahren auch im allgemeinen Falle Platz greifen, auch dann, wenn der Träger $[t]$ krummlinig ist. Auf die Möglichkeiten, Leitern in ihrem eigenen Träger verschieblich anzuordnen, wollen wir im einzelnen nicht weiter eingehen, da die zugehörigen Funktionsformen ohne Schwierigkeit sofort angegeben werden können.

§ 41. Erweiterung der Methode der fluchtrechten Punkte.

Die Vorteile, welche die Methode der fluchtrechten Punkte gewährt, haben wir in den vorhergehenden Ausführungen noch keineswegs erschöpfend ausgenützt. Bei Auswertung der Schlüsselgleichung (§ 34, 182) haben wir die Koordinaten $x_i\, y_i$ stets nur als Funktionen **einer** Veränderlichen angesetzt; diese Beschränkung können wir fallen lassen. Setzen wir $x_1 = x_1(\alpha_1, \alpha_2)$, $y_1 = y_1(\alpha_1, \alpha_2)$, so erhalten wir ein Netz von Kurven (α_1) und Kurven (α_2); jeder Punkt des Netzes ist Bildpunkt eines Wertepaares (α_1, α_2), wobei α_1 und α_2 unabhängig voneinander sind. In die graphische Rechenvorschrift fügt sich ein Netzpunkt α_1, α_2 ebenso ein wie ein Leiterpunkt.

Wir wählen beim Ansatz der Schlüsselgleichung die Koordinaten x_1 und y_1 in der soeben angegebenen Weise, $x_2 y_2$ und $x_3 y_3$ jedoch so, daß sich eigentliche Leitern ergeben; wir erhalten dann eine Tafelform, wie sie in Abb. 115a schematisch dargestellt ist. Der Übergang zu Funktionstypen zwischen fünf Veränderlichen, $\alpha_1, \alpha_2, \alpha_3, \alpha_4, \beta$, kann nun leicht in der Weise erfolgen, daß auch x_2 und y_2 als Funktionen je zweier Veränderlichen gewählt werden (Abb. 115b). Im allgemeinen Falle

$$\begin{vmatrix} x_1(\alpha_1, \alpha_2) & y_1(\alpha_1, \alpha_2) & 1 \\ x_2(\alpha_3, \alpha_4) & y_2(\alpha_3, \alpha_4) & 1 \\ x_3(\alpha_5, \alpha_6) & y_3(\alpha_5, \alpha_6) & 1 \end{vmatrix} = 0 \qquad (249)$$

ergibt sich eine Tafelform (Abb. 115c) für gewisse Funktionen zwischen sechs Variablen.

Auch hier hat sich das typenbildende Verfahren als vorteilhaft erwiesen; dabei können wir unsere Untersuchung an jede der oben hergeleiteten Grundformen anschließen. Beziehen wir uns beispielsweise auf die Gleichung § 36, 200, so führt der Ansatz

$$\left.\begin{aligned} x_1 &= 0, & y_1 &= F_1(\alpha), \\ x_2 &= 1, & y_2 &= l \cdot F_2(\beta), \\ x_3 &= \frac{1}{1 - l \cdot G_{3,4}(\gamma, \delta)}, & y_3 &= \frac{-l \cdot F_{3,4}(\gamma, \delta)}{1 - l \cdot G_{3,4}(\gamma, \delta)} \end{aligned}\right\} \qquad (250)$$

auf eine Darstellung der Funktionsform:

$$F_1(\alpha) = \frac{F_2(\beta) + F_{3,4}(\gamma, \delta)}{G_{3,4}(\gamma, \delta)}. \qquad (251)$$

Es versteht sich von selbst, daß an Stelle von (250) der allgemeine projektive Ansatz (§ 36, 204) treten kann. Da $F_{3,4}$ und $G_{3,4}$ beliebige Funktionen sein können, ist in (251) ein hoher Grad von Allgemeinheit erreicht. Wir haben jedoch eine Bedingung aus-

§ 41. Erweiterung der Methode der fluchtrechten Punkte. 211

drücklich festzustellen: die Funktion $F_{3,4}$ und $G_{3,4}$ müssen **unabhängig** voneinander sein, $F_{3,4} \neq \varphi(G_{3,4})$; andernfalls wird durch x_3, y_3 eine Kurve definiert, während unser Ansatz auf der Voraussetzung beruht, daß sich als Träger der Bildpunkte (γ, δ)

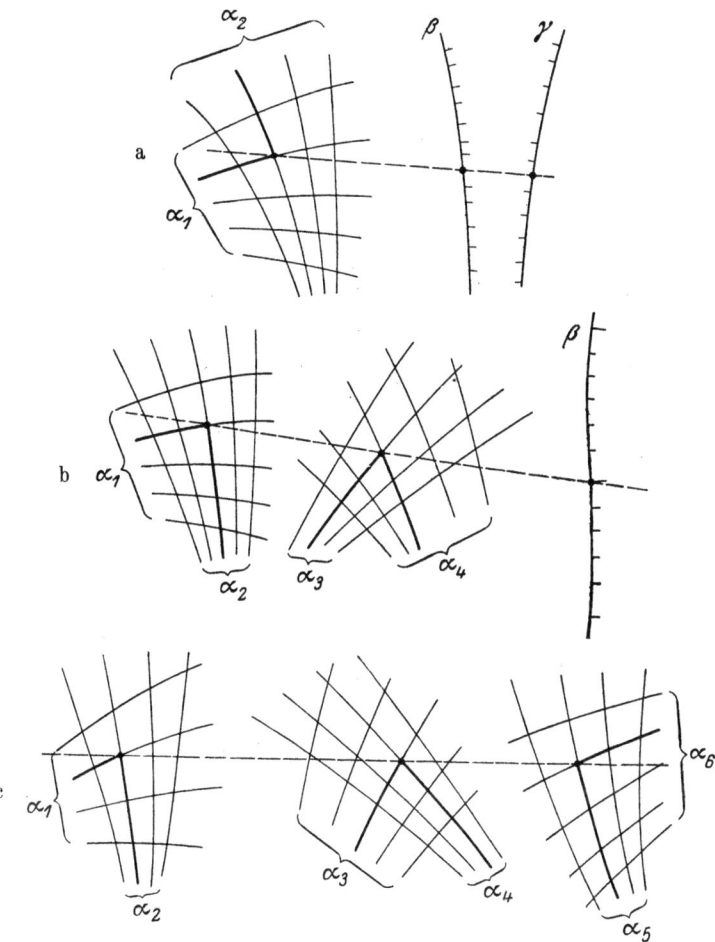

Abb. 115 a, b, c. Schema. Typen für vier, fünf und sechs Veränderliche.

ein Netz ergibt. So fallen z. B. die Funktionen (251), in denen
$F_{3,4} = \gamma + \delta$, $G_{3,4} = \gamma^2 + 2\gamma\delta + \delta^2$, $(F_{3,4} = +\sqrt{G_{3,4}})$, oder
$F_{3,4} = e^\gamma \cdot e^\delta$, $G_{3,4} = \dfrac{1}{\gamma + \delta}$, $\left(\ln F_{3,4} = \dfrac{1}{G_{3,4}}\right)$, nicht in die

14*

Gruppe der durch (250) darstellbaren Funktionen. Die Bedingung $F_{3,4} \neq \varphi(G_{3,4})$ läßt sich leicht prüfen:

$$\boxed{\frac{\dfrac{\partial F}{\partial \gamma} : \dfrac{\partial F}{\partial \delta}}{\dfrac{\partial G}{\partial \gamma} : \dfrac{\partial G}{\partial \delta}} \neq 1} \ . \tag{252}$$

Beispiel.

$F_{3,4} = \gamma + \delta$; $G_{3,4} = \gamma^2 + 2\gamma\delta + \delta^2$. $\dfrac{\partial F}{\partial \gamma} = 1$, $\dfrac{\partial F}{\partial \delta} = 1$; $\dfrac{\partial G}{\partial \gamma} = 2(\gamma + \delta)$,

$\dfrac{\partial G}{\partial \delta} = 2(\gamma + \delta)$; $\left(\dfrac{\partial F}{\partial \gamma} : \dfrac{\partial F}{\partial \delta}\right) : \left(\dfrac{\partial G}{\partial \gamma} : \dfrac{\partial G}{\partial \delta}\right) = 1$. Nicht darstellbar.

$$F_{3,4} = \gamma + \delta, \quad G_{3,4} = \gamma \cdot \delta.$$

$\dfrac{\partial F}{\partial \gamma} : \dfrac{\partial F}{\partial \delta} = 1$, $\dfrac{\partial G}{\partial \gamma} = \delta$, $\dfrac{\partial G}{\partial \delta} = \gamma$; $\left(\dfrac{\partial F}{\partial \gamma} : \dfrac{\partial F}{\partial \delta}\right) : \left(\dfrac{\partial G}{\partial \gamma} : \dfrac{\partial G}{\partial \delta}\right) = \dfrac{\gamma}{\delta}$.

Darstellbar.

Als einfaches Beispiel behandeln wir die Funktion

$$\alpha = \frac{\beta + \gamma + \delta}{\gamma - \delta} \tag{253}$$

nach dem Ansatz (250) mit $l = 1$; $\left(\dfrac{\partial F}{\partial \gamma} : \dfrac{\partial F}{\partial \delta}\right) : \left(\dfrac{\partial G}{\partial \gamma} : \dfrac{\partial G}{\partial \delta}\right) = -1$.

$x_1 = 0$,
$x_2 = 1$,
$x_3 = \dfrac{1}{1 - \gamma + \delta}$,
$y_1 = \alpha$,
$y_2 = \beta$,
$y_3 = \dfrac{-\gamma - \delta}{1 - \gamma + \delta}$.

Aus x_3 und y_3 folgern wir:

$$\gamma + \delta = -\frac{y_3}{x_3},$$

$$\gamma - \delta = 1 - \frac{1}{x_3},$$

mithin

$$y_3 = (1 - 2\gamma) \cdot x_3 - 1;$$
$$y_3^* = -(1 + 2\delta)x_3^* + 1.$$

Die Scharen (γ) und (δ) können mit Hilfe regulärer Teilungen entworfen werden (Abb. 116).

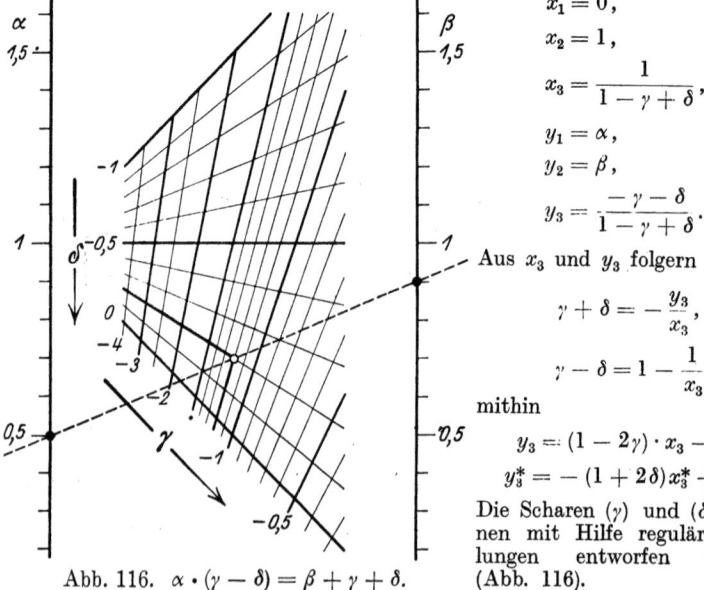

Abb. 116. $\alpha \cdot (\gamma - \delta) = \beta + \gamma + \delta$.

§ 41. Erweiterung der Methode der fluchtrechten Punkte.

Man hat Darstellungen nach Art der Abb. 116 als vereinigte Netz- und Leitertafeln bezeichnet. Es können in der Tat die beiden folgenden Auffassungen Platz greifen: das Primäre ist die Leitertafel $\alpha \to \beta$, die Bildpunkte (γ, δ) erscheinen auf einer verallgemeinerten Leiter mit netzförmigem Träger, oder, es liegt eine Netztafel mit den Scharen (γ), (δ) und der Schar der Ablesegeraden vor; die zweifache Schar der Ablesegeraden wird auf den beiden Leitern (α) und (β) „beziffert". Die Gleichberechtigung beider Auffassungen wird auf S. 233 im allgemeinen Zusammenhang hervortreten.

Wir haben oben mehrfach Typen der Form

$$F_1(\alpha) \cdot F_3(\gamma) = F_2(\beta) + F_4(\delta)$$

untersucht (z. B. Abb. 101, 105, 108, 113); diese lassen sich leicht im Anschluß an den Ansatz § 34, 190 darstellen[1]):

$$\left.\begin{aligned}
x_1 &= 0, & y_1 &= F_1(\alpha), \\
x_2 &= 1, & y_2 &= l \cdot F_2(\beta), \\
x_3 &= \frac{1}{1 - l \cdot F_3(\gamma)}, & y_3 &= z_4(\delta) \cdot x_3, \\
& & z_4 &= -l F_4(\delta).
\end{aligned}\right\} \quad (254)$$

Auch hier wird erst durch projektive Verzerrung

$$(a) = \begin{pmatrix} a_{11} & 0 & 0 \\ a_{21} & a_{22} & a_{23} \\ a_{31} & a_{32} & a_{33} \end{pmatrix}$$

die Allgemeinheit des Ansatzes erreicht:

$$\left.\begin{aligned}
x_1 &= 0, \\
x_2 &= \frac{a_{11}}{a_{32} l F_2(\beta) + (a_{31} + a_{33})}, \\
x_3 &= \frac{a_{11}}{-a_{33} l F_3(\gamma) - a_{32} l F_4(\delta) + (a_{31} + a_{33})}, \\
y_1 &= \frac{a_{22} F_1(\alpha) + a_{23}}{a_{32} F_1(\alpha) + a_{33}}, \\
y_2 &= \frac{a_{22} l F_2(\beta) + (a_{21} + a_{23})}{a_{32} l F_2(\beta) + (a_{31} + a_{33})}, \\
y_3 &= \frac{-a_{23} l F_3(\gamma) - a_{22} l F_4(\delta) + (a_{21} + a_{23})}{-a_{33} l F_3(\gamma) - a_{32} l F_4(\delta) + (a_{31} + a_{33})}.
\end{aligned}\right\} \quad (255)$$

---

[1]) An Stelle des dort eingeführten konstanten Anstieges c tritt die Funktion $z_4(\delta)$.

Durch Elimination von F_4 bzw. F_3 erhalten wir die Gleichungen der Scharen:

(γ) $\qquad x[A_{11}(1 - l \cdot F_3(\gamma)) - A_{13}] + a_{11}a_{32}y - a_{11}a_{22} = 0$,

(δ) $\qquad x^*(A_{11} \cdot lF_4(\delta) + A_{12}) + a_{11}a_{33}y^* - a_{11}a_{23} = 0$.

Beispiel. In der Höhe $h = 0 \ldots 10000$ m über dem Meeresspiegel wird bei der virtuellen Mitteltemperatur $t = -50° \ldots +30°$ C der Luftdruck b mm Hg gemessen. Die Reduktion auf Meeresniveau und $0°$ C ergibt $B = 700 \ldots 800$ mm:

$$\log B - \log b = \frac{h}{18387} \cdot \frac{1}{1 + \alpha t}. \tag{256}$$

Die Übereinstimmung zwischen (256) und der unter (254) behandelten Grundform kann in mannigfacher Weise hergestellt werden, für die Auswahl einer Zuordnung der Funktionen F sind allein praktisch-sachliche Gesichtspunkte maßgebend; wir wählen

$$F_1(t) = \frac{1}{1 + \alpha t}, \qquad F_2(B) = \log B,$$

$$F_3(h) = \frac{h}{18387}, \qquad F_4(b) = -\log b.$$

Die Darstellung soll in einer Tafel mit parallelen Trägern (t) und (B) geleistet werden: $a_{31} = a_{32} = 0$, $a_{33} = 1$; $A_{13} = 0$. Für die übrigen Parameter sind die vorgeschriebenen Bereiche bestimmend. Da der Bereich $\log B$ außerordentlich klein ist, muß $a_{22} \cdot l$ sehr groß gewählt werden; mit Rücksicht auf den Bereich t setzen wir $a_{22} = -400$, $l = -10$, so daß sich für $\log B$ die Zeicheneinheit 4000 mm ergibt. Um bei der Konstruktion zu einer günstig liegenden Bezugsachse zu gelangen, nehmen wir $a_{23} = 400$. Durch den Abstand der Leitern (t) und (B) ist a_{11} festgelegt, wir wählen $a_{11} = 200$. Es kommt noch darauf an, die Teilungslängen von (t) und (B) gemäß Abb. 85 günstig anzuordnen. Das an Hand der Abb. 86 beschriebene Verfahren ergibt $a_{21} = -11920$. Es handelt sich also um den Entwurf

$$(a) = \begin{pmatrix} 200 & 0 & 0 \\ -11920 & -400 & 400 \\ 0 & 0 & 1 \end{pmatrix}:$$

$x_1 = 0 \qquad y_1 = \left(\dfrac{-400}{1 + \alpha t} + 400\right)$ mm,

$x_2 = 200$ mm, $\qquad y_2 = (4000 \cdot \log B - 11520)$ mm,

$x_3 = \dfrac{200 \text{ mm}}{1 + 0{,}000543\, t}$.

Schar (b): ($A_{11} = -400$; $A_{12} = 11920$);

$$y_3^* = 0{,}02\, x_3 [1000 \cdot \log b - 2980] + 400.$$

(Siehe Abb. 117.) Da die Scharen (h) und (b) sich unter verhältnismäßig spitzen Winkeln schneiden, sieht man zweckmäßig davon ab, das Netz (h, b)

§ 41. Erweiterung der Methode der fluchtrechten Punkte.

herzustellen; man führt einzelne Leitern (b) abhängig von h aus. Demzufolge werden wir die Gleichung y^* nicht als Gleichung der Schar (b) lesen, sondern für die Teilung log b die Zeicheneinheit $0,02\, x^* \cdot 1000$ ansetzen. Die einzelnen Leitern (b) werden nach dem auf S. 17 beschriebenen Reduktionsverfahren mit Hilfe verschiedener Projektionszentren abgeleitet[1]).

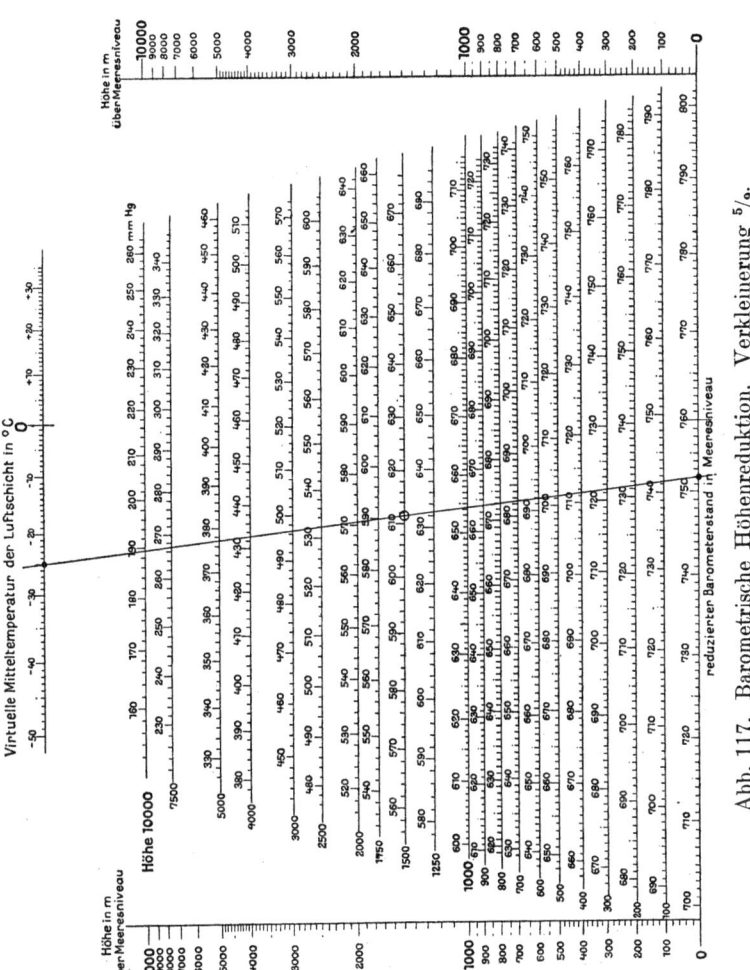

Abb. 117. Barometrische Höhenreduktion. Verkleinerung $^5/_9$.

Beispiel. $h = 1500$ m, $t = -25°$, $b = 612$ mm. Ergebnis $B = 752$ mm. Durch dieselbe Einstellung des Ableselineals können die Werte b in anderen Höhen h abgelesen werden. (Hinaufreduzieren).

---
[1]) Meteorol. Z. 1921, S. 139ff.

Bei der Diskussion der logarithmischen Leiter haben wir die Zeicheneinheit l mm aus gegebener Teilungslänge A mm und dem Numerusbereich $\alpha_1 \ldots \alpha_2$ ermittelt (S. 67, § 15, 33):

$$\frac{1}{l} \cdot A = \log \alpha_2 - \log \alpha_1.$$

Bereiche: $l = 50 \ldots 500$ mm, $A = 20 \ldots 300$ mm,
$\alpha_1 = 0{,}1 \ldots 5$, $\alpha_2 = 0{,}5 \ldots 50$.

Ansatz: $x_1 = 0$, $\quad y_1 = \dfrac{1000}{l}$,

$x_2 = 20$, $\quad y_2 = 10 + 10 \cdot \log \alpha_1$,

$x_3 = \dfrac{2000}{A + 100}$, $\quad y_3^* = x_3^*(\tfrac{1}{2}\log\alpha_2 + \tfrac{1}{2})$. (Zeicheneinheit 1 cm).

Die Ableitung aus (255) sei dem Leser überlassen; die Tafel ist im Anhang III wiedergegeben.

§ 42. Aufgaben.

Zu § 34.

105. Der Widerstand R Ohm pro Meter eines kreisrunden Drahtes soll abhängig vom spezifischen Widerstand σ und vom Drahtdurchmesser d mm in einer Tafel mit parallelen Trägern dargestellt werden: $R = \dfrac{4c}{\pi d^2}$.
Bereiche: $d = 0{,}03 \ldots 3$ mm, $\sigma = 0{,}01 \ldots 1$.

106. In einem Sinuspapier, x beliebig, $y = l \cdot \sin\varphi$, soll die Funktion $a \cdot \sin\alpha + b \cdot \sin\beta + c \cdot \sin\gamma + 1 = 0$ durch eine Leitertafel mit reduzierten Zeicheneinheiten wiedergegeben werden (a, b, c konstant).

107. Darstellung der Funktion $a = b^n$ durch den Ansatz $x_1 = 0$, $y_1 = l \cdot \log a$; $x_2 = d$, $y_2 = -\dfrac{l}{2}\log b$; $y_3 = 0$. $x_3 = ?$

108. $\varepsilon = t \cdot 0{,}00016\,p$ in einer Tafel mit zwei parallelen Trägern zu entwerfen. (Temperaturkorrektion einer Barometerablesung.) Bereich: $p = 100 \ldots 800$ mm, $t = 5 \ldots 50°$, $\varepsilon = 0 \ldots 5$ mm. Anleitung: $x_1 = 0$, $y_1 = l_1 \cdot p$; $x_2 = a_2$, $y_2 = b_2 - l_2\varepsilon$, $y_3 = \dfrac{b_2}{a_2}x_3$.

109. Bei pyrometrischen Messungen handelt es sich häufig um die Auswertung der Funktion $\alpha \cdot \log A = \log A'$. Bereiche A und $A' = 0{,}01 \ldots 1$, $\alpha = 0{,}5 \ldots 1{,}5$. Darstellung in einer Tafel III. Anleitung: Die Leitern A und A' sollen sich in entgegengesetzten Richtungen entwickeln (warum?): $x_1 = 0$, $y_1 = l \cdot \log A$; $x_2 = a$, $y_2 = l(4 - \log A')$; $y_3 = -\dfrac{2l}{a}x_3$.

110. Die in § 12 (16) angegebene Beziehung $\alpha_2 = \alpha_1 \cdot 2^{\frac{1}{1-n}}$ soll in einer Leitertafel (α_1), (α_2), (n) mit parallelen Trägern dargestellt werden. Bereiche: $\alpha_1 = 1 \ldots 10$, $\alpha_2 = 0{,}2 \ldots 150$, $n = 0{,}25 \ldots 0{,}75$, $1{,}5 \ldots 10$, $0{,}25 \ldots -10$.

111. Bei der Kritik von Versuchsreihen handelt es sich um die Ermittlung des Wertes $m = \sqrt{\dfrac{p_1 \cdot p_2}{N}}$, wobei $p_1 + p_2 = 100$. Bereiche: Anzahl der Beobachtungen $N = 50 \ldots 10\,000$, $p_1 = 0{,}25 \ldots 50\%$.

Zu § 36.

112. Die Gleichung des Trägers (β) in Ansatz (204) anzugeben.
113. Welche Abbildung führt den Träger (β) in die Lage $\eta_2 = \xi_2$ über?
114. Die quadratische Gleichung $\gamma^2 + \alpha\gamma + \beta = 0$ soll durch den Ansatz

$$\begin{vmatrix} 0 & -\dfrac{1}{\alpha} & 1 \\ -\dfrac{1}{\beta} & 0 & 1 \\ \dfrac{1}{\gamma^2} & \dfrac{1}{\gamma} & 1 \end{vmatrix} \cdot \begin{vmatrix} 1 & 0 & 0 \\ 0 & a & 0 \\ 1 & 1{,}2\,a & a^2 \end{vmatrix} = 0$$

dargestellt werden. Entwurf der Tafel.
115. Der Ansatz (205) § 36, $l = 1$, soll derart abgebildet werden, daß der Träger (γ) in eine Parabel übergeht, deren Achse unter $45°$ gegen die ξ-Achse ansteigt. Wenn eine feste Parabel gewählt worden ist, läßt die Aufgabe noch ∞^1 verschiedene Lösungen zu. Wie kann dieses Ergebnis nomographisch ausgewertet werden?
116. Eine Freileitung der Spannweite $A = 20 \ldots 100$ mm, der Drahtlänge $l = 20 \ldots 100$ m hat den Durchhang $d = 0{,}1 \ldots 2$ m:

$$A^2 - l \cdot A + \tfrac{8}{3} d^2 = 0 .$$

(Es kommt nur die positive Wurzel A in Betracht; wie wird dieser Umstand nomographisch ausgenützt?). Entwurf der Tafel. Gesucht sind l oder d.
117. Darstellung des Ansatzes (209) mit $a = 1$ und $a = 0{,}1$.
118. Es ist zu untersuchen, durch welche Verzifferungen die in Abb. 97 dargestellte Tafel erweitert werden kann.
119. Bei der rechtwinkligen Parallelprojektion nach axonometrischer Methode (S. 26): $e_x : e_y : e_z = m : n : 1$, $e_z : e = a$, $m^2 + n^2 + 1 = \dfrac{2}{a}$, gilt die Beziehung $\cos\varphi = \dfrac{1}{2m}\sqrt{n^4 - (1 - m^2)^2}$, $\cos\psi = \dfrac{1}{2n}\sqrt{m^4 - (1 - n^2)^2}$.
Darstellung durch Ansatz (203). Bereiche: m und $n = \tfrac{1}{3} \ldots 1$, $\varphi = 30 \ldots 90°$; der Schwerpunkt des Bereiches (φ) liegt zwischen 60 und $90°$.
120. Die in 119 angegebene Funktion soll mit einem kreisförmigen Träger (m) dargestellt werden $(\xi^2 + \eta^2 = \xi)$.

Zu § 37.

121. Wenn sich zwischen zwei Flüssigkeiten der Temperatursprung von t' bis t'' ändert, ist die übergehende Wärmemenge Q proportional $\dfrac{t' - t''}{\ln t' - \ln t''}$. Bereich: $t' : t'' = 1 \ldots 100$.
122. Darstellung der auf S. 142 angegebenen Schwerpunktsformel.
123. Für Klemmgesperre gilt $\gamma < \gamma_0$, $\operatorname{tg}\gamma_0 = \dfrac{\mu}{\sin\alpha + \mu\cos\alpha}$. $\mu = 0{,}10 \ldots 0{,}50$; $\gamma_0 = 10 \ldots 25°$.
124. Das Widerstandsmoment eines hohlen quadratischen Querschnittes beträgt bei Auflage einer Kante $W_1 = \dfrac{1}{6} \cdot \dfrac{H^4 - h^4}{H}$, bei Auflage einer Diagonale $W_2 = \dfrac{1}{12}\sqrt{2} \cdot \dfrac{H^4 - h^4}{H}$. Darstellung in einer Tafel.
125. $\alpha = \dfrac{\beta^2 - \gamma^2}{\beta \pm \gamma}$.

126. Es ist der Ansatz $x_1 = 0$; $y_1(\alpha)$; $x_2^2 = y_2 - y_2^2$, $y_2(\beta)$; $x_3^2 = y_3 - y_3^2$, $y_3(\gamma)$ zu untersuchen. Anleitung: $y_2 = \dfrac{1}{F_2(\beta) + 1}$, $y_3 = \dfrac{1}{F_3(\gamma) + 1}$; $y_1 = ?$. Typus?

127. Typenbildung auf $x_1 = 0$, $x_2 y_2 = c$, $x_3 y_3 = d$. ($d = c$).

Zu § 38.

128. Darstellung von $\alpha \cdot \beta = \gamma + \delta$ auf geraden Trägern.

129. $\dfrac{1}{\alpha} + \dfrac{1}{\beta} + \dfrac{1}{\gamma} + \dfrac{1}{\delta} = 0$. 130. $\alpha^a \cdot \beta^b \cdot \gamma^c \cdot \delta^d \cdot \varepsilon^e \cdots = $ const.

131. $\alpha\beta = \gamma^c \cdot \delta^d$.

132. Inwiefern enthält die Funktion (226) nur zwei unabhängige Veränderliche?

133. Darstellung der Funktion (226) nach dem auf S. 195 angegebenen Verfahren.

134. $\mathfrak{Tg}(\beta + i\alpha) = M \cdot e^{i\varphi}$. Zerlegung in Teilfunktionen.

135. Der Hauptwert $A + Bi = \mathrm{Log}(\alpha + i\beta)$ ist darzustellen. Warum ist die logarithmische Tafelform vorzuziehen?

136. $H = \dfrac{10^6 \cdot z}{(x^2 + z^2)^{\frac{3}{2}}}$; Helligkeit eines wagerechten Flächenelementes, x horizontale, z vertikale Entfernung von der Lichtquelle 100 HK. Darstellung nach § 36 und nach dem Verfahren von Hak.

137. $H = 0{,}00277 \cdot \left(\dfrac{U}{R}\right)^2 + 0{,}6 \cdot U^{0,4}$. (Formel von Reiche.)

138. $\mathfrak{Cos}(\alpha + i\beta) = A + Bi$. — 139. $\mathfrak{Sin}(\alpha + i\beta) = A + Bi$.

Zu § 39.

140. Die Gleitkurve ist durch Tangentenkonstruktion zu ermitteln, die den Übergang von $x_1 = 0$, $y_1 = \sin t$ zu $x_2 = 1$, $y_2 = t^2$ bewirkt. Wie ändert sich die Kurve, wenn $x_2 = 1$, $y_2 = -t^2$ zugrunde gelegt wird?

141. Bei der Berechnung von (rohen) Zahnrädern tritt die Funktion auf:

$$t = \dfrac{51{,}71}{\sqrt[3]{D \cdot n}} \cdot \sqrt{\dfrac{N \cdot t}{B}}. \quad \text{Begleitwert} \quad \beta = \dfrac{B}{t} = 2{,}5, = 3, = 4.$$

Darstellung in projektiver und logarithmischer Tafelform.

Zu § 41.

142. $G = \dfrac{\pi}{4}(D^2 - d^2)\gamma$. 143. $D^2 \cdot \dfrac{1}{\delta^2} = m_1^2 + m_2^2$.

144. Darstellung der barometrischen Höhenreduktion auf parallelen Leitern (b) und (h), auf parallelen Leitern (B) und (h), sowie auf dem parallelen System (b) und (t). Aus welchen Gründen ist die in Abb. 117 gegebene Darstellung vorzuziehen?

145. $\cos a = \cos b \cos c + \sin b \sin c \cos \alpha$. Anleitung: $x_1 = 0, y_1 = \cos \alpha$. $x_2 = 1$, $y_2 = l \cdot \cos a$. Warum ist $l < 0$ empfehlenswert? Diskussion des Netzes (b, c) abhängig von l.

146. $z^3 + \alpha z^2 + \beta z + \gamma = 0$. Anleitung: I. $x_1 = 0$, $y_1 = -\beta$; $x_2 = 1$; $y_2 = -\gamma$. II. $x_1 = 0$, $y_1 = -\alpha$; $x_2 = 1$; $y_2 = -\beta$.

VI. Duale Abbildung einer Ebene.

§ 43. Die spezielle Dualität.

Die Untersuchungen des Abschnittes V haben gezeigt, dass die Fluchtlinientafeln in bemerkenswerter Analogie zu den geradlinigen Netztafeln stehen (Abschnitt IV). Die Übereinstimmung wesentlicher Ergebnisse, die am deutlichsten in den dargestellten Funktionstypen zum Ausdruck kommt, liegt in der Gleichartigkeit der Schlüsselgleichungen begründet. Beim Entwurf einer geradlinigen Netztafel handelt es sich darum (§ 29, 153), die Linienkoordinaten u und v von Geraden so zu bestimmen, daß der Ansatz

$$\begin{vmatrix} u_1 & v_1 & 1 \\ u_2 & v_2 & 1 \\ u_3 & v_3 & 1 \end{vmatrix} = 0 \qquad (257)$$

erfüllt ist; die Konstruktion einer Fluchtlinientafel (§ 34, 182) erfordert die Bestimmung von Punktkoordinaten x und y von Leiterpunkten im Rahmen der Determinante:

$$\begin{vmatrix} x_1 & y_1 & 1 \\ x_2 & y_2 & 1 \\ x_3 & y_3 & 1 \end{vmatrix} = 0. \qquad (258)$$

Die Schlüsselgleichungen stimmen in beiden Fällen formal überein, und wir erhalten verschiedene Darstellungsarten nur dadurch, daß wir den (veränderlichen) Elementen der Determinante verschiedene geometrische Deutungen geben. Wir sind daher in der Lage, jeden vorgelegten Entwurf einer geradlinigen Netztafel in eine Leitertafel zu „übersetzen", indem wir statt der Linienkoordinaten u_i, v_i die Punktkoordinaten x_i, y_i einzeichnen, und umgekehrt jede Fluchtlinientafel in eine geradlinige Netztafel umzuwandeln. Es kann daher auch die Untersuchung der wichtigen Frage, unter welchen Bedingungen die Darstellung von $F(\alpha, \beta, \gamma) = 0$ in einer Fluchtlinientafel möglich sei, auf die für geradlinige Netztafeln vorgenommene Untersuchung reduzibler Funktionen zurückgeführt werden (§ 29).

Die Zuordnung zwischen den Größen u_i, v_i einerseits und x_i, x_i anderseits heißt Dualität, sie bezieht sich nicht allein auf die Determinanten (257) und (258), sondern stellt ein allgemeingültiges geometrisches Prinzip dar.

Ersetzen wir die Linienkoordinaten u, v durch Punktkoordinaten x, y, so tritt an Stelle einer geraden Linie L ein Punkt P, und wir haben demzufolge einem Punkte P eine Gerade L zuzuordnen. Wir erkennen dies leicht, wenn wir von der Gleichung

$$u \cdot x + v \cdot y + 1 = 0 \tag{259}$$

ausgehen. Sind u und v konstant, $u = A$, $v = B$, so stellt

$$A \cdot x + B \cdot y + 1 = 0 \tag{260}$$

eine Gerade dar; die Bildpunkte sämtlicher Wertepaare (x, y), die (260) genügen, liegen auf dieser Geraden. Werden dagegen x und y festgehalten, und zwar $x = A$, $y = B$, so ist

$$A \cdot u + B \cdot v + 1 = 0 \tag{261}$$

die Gleichung eines Punktes; die Bildgeraden der Wertepaare (u, v), die (261) genügen, gehen sämtlich durch diesen Punkt. Die Gerade (260) und der Punkt (261) heißen duale Elemente; im vorliegenden Falle besteht die Besonderheit, daß jedes Element seinem dualen Element selbst wieder dual ist.

Jeder Rechnung mit Punktkoordinaten entspricht eine formal gleiche Rechnung mit Linienkoordinaten und umgekehrt; wir können deshalb jedem geometrischen Satz, der sich zunächst nur auf gerade Linien und Punkte (in dieser Reihenfolge) beziehen möge, einen dualen Satz gegenüberstellen, der dieselbe Aussage in bezug auf Punkte und gerade Linien (in dieser Reihenfolge) enthält. So sei etwa an die Sätze von Ceva und Menelaus, von Pascal und Brianchon erinnert.

Einfachste Beispiele, die wir nomographisch auswerten wollen, stellen die folgenden Sätze dar:

Durchläuft ein Punkt seinen (geradlinigen) Träger, so dreht sich seine duale Gerade um den dualen Punkt des Trägers.	Dreht sich eine Gerade um ihren (punktförmigen) Träger, so wandert ihr dualer Punkt auf der dualen Geraden des Trägers.
Liegen drei Punkte auf einer Geraden, so gehen die drei dualen Geraden durch einen Punkt.	Gehen drei gerade Linien durch einen Punkt, so liegen ihre drei dualen Punkte auf einer Geraden.

Der letzte Satz enthält die Dualität der für (geradlinige) Netztafeln und für Leitertafeln gültigen Schlüssel; bezeichnen wir einen Punkt mit P, eine Gerade mit L, so lautet der Schlüssel in

§ 43. Die spezielle Dualität. 221

Netztafeln:

Die Gerade $L(\alpha)$ und die Gerade $L(\beta)$ bestimmen einen Bildpunkt $P(\alpha,\beta)$, die durch P hindurchgehende Gerade $L(\gamma)$ zeigt das Ergebnis γ an.

$$\left.\begin{array}{l}L(\alpha)\\L(\beta)\end{array}\right\} P \to L(\gamma).$$

Leitertafeln:

Die Leiterpunkte $P(\alpha)$ und $P(\beta)$ bestimmen eine Ablesegerade $L(\alpha,\beta)$, der auf L liegende Leiterpunkt $P(\gamma)$ zeigt das Ergebnis γ an.

$$\left.\begin{array}{l}P(\alpha)\\P(\beta)\end{array}\right\} L \to P(\gamma).$$

Wir wollen die Zuordnung zwischen geradlinigen Netz- und Leitertafeln an einigen Beispielen veranschaulichen.

Eine Tafel vom Lalanneschen Typus mit drei Parallelscharen ist dadurch ausgezeichnet, daß erstens jede Schar $L(\alpha)$, $L(\beta)$, $L(\gamma)$ einen punktförmigen Träger hat, und daß zweitens allen drei Scharen ein Element gemeinsam ist, nämlich die uneigentliche Gerade ($u=0$, $v=0$). Diese Angaben reichen aus, den Aufbau der dualen Leitertafel zu „konstruieren": Den punktförmigen Trägern der Scharen $L(\alpha)$, $L(\beta)$ und $L(\gamma)$ entsprechen gerade Träger der Punktreihen $P(\alpha)$, $P(\beta)$ und $P(\gamma)$, die duale Fluchtlinientafel enthält nur geradlinige Leitern, und da die drei Geradenscharen der Netztafel ein gemeinsames Element haben, müssen die drei Träger der Leitertafel durch einen Punkt hindurchgehen (§ 34, Typ I und III).

Für eine Strahlentafel vom Typus der Crépinschen gilt die Zuordnung:

Scharen $L(\alpha)$ und $L(\beta)$ je mit einem punktförmigen Träger.

Schar $L(\gamma)$ mit punktförmigem Träger.

Die Schar $L(\gamma)$ hat mit $L(\alpha)$ ein Element gemeinsam (nämlich die Ordinatenachse), und mit $L(\beta)$ ein Element gemeinsam (nämlich die Abszissenachse). Beide Elemente liegen notwendig verschieden.

Träger $P(\alpha)$ und $P(\beta)$ gerade.

Träger $P(\gamma)$ gerade.

Der Träger $P(\gamma)$ schneidet die Träger $P(\alpha)$ und $P(\beta)$. Beide Schnittpunkte liegen notwendig getrennt. (§ 34, Typ II und IV).

Besitzt eine Geradenschar einer Netztafel einen krummlinigen Träger (Hüllkurve), so erfüllen die dualen Punkte eine krummlinige Leiter, und zwar derart, daß einem Träger n-ter Klasse ein Träger n-ter Ordnung entspricht. Die Tafeln für die quadratische Gleichung enthalten beispielsweise Hüllkurven zweiter Klasse (Kegelschnitte); demzufolge ist in einer Leitertafel für die quadratische Gleichung ein Träger stets ein eigentlicher Kegelschnitt.

Die Darstellung der Funktion $F(\alpha, \beta, \gamma, \delta) = 0$ in geradlinigen Teiltafeln bedient sich einer Schar von Rechenlinien (t). Setzen wir voraus, daß die Schar (t) nur gerade Linien enthält, so entsprechen mehrteiligen Tafeln dieser Art Leitertafeln mit Zapfenlinie. Schließlich sei noch der Fall mehrteiliger geradliniger Netztafeln mit Paarleiter [t] erwähnt; den Punkten [t] sind gerade Linien, Einzellagen der Ablesegeraden, dual, die eine Gleitkurve bestimmen.

Die bisherigen Erörterungen, die lediglich als ein Programm angesprochen werden mögen, sind in zweifacher Hinsicht unbefriedigend. Wir wollen die duale Zuordnung auf anschaulicher Grundlage entwickeln; nach vorbereitenden Konstruktionen im § 44 werden wir die Dualität als besondere Art einer Abbildung kennzeichnen und durchführen. Zum anderen erscheint die Vertauschung von u, v und x, y für die Praxis nicht schmiegsam genug; wir wissen, daß die grundlegenden Eigenschaften sowohl der geradlinigen Netztafeln als auch der Leitertafeln bei projektiven Verzerrungen keine Änderung erfahren, und es handelt sich darum, zu untersuchen, in welcher Weise die duale Zuordnung von diesen Verzerrungen betroffen wird. Die vorliegende Vertauschung von u, v und x, y heißt die spezielle Dualität; ihre geometrische Deutung erfolgt im § 44.

§ 44. Pol und Polare.

Eine Erweiterung der dualen Zuordnung gewinnen wir auf einfachem und anschaulichem Wege, wenn wir auf die Beziehungen zwischen Pol und Polare in bezug auf einen Kegelschnitt zurückgreifen. Liegt ein Punkt P außerhalb des Kegelschnittes k (Abb. 118), so definieren wir seine Polare L als die Berührungssehne der von P an k gelegten Tangenten. Für alle Pole P auf der Linie k ist die Polare die Tangente an k in P. Die Dualität kommt in den beiden Sätzen zum Ausdruck:

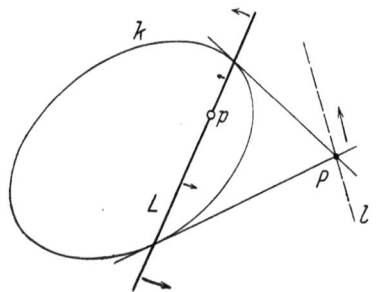

Abb. 118. Pol und Polare in bezug auf k.

Wandert ein Punkt P auf einer Geraden l, so dreht sich seine Polare L um den Pol p dieser Geraden.

Dreht sich eine Gerade L um einen ihrer Punkte (p), so wandert ihr Pol P auf der Polaren l dieses Punktes[1]).

Durch Anwendung dieser Sätze gelingt es, auch für Punkte p im Inneren des Kegelschnittes die Polare zu konstruieren.

Wir sind nunmehr in der Lage, irgendeinen gegebenen Entwurf einer geradlinigen Netztafel in eine Leitertafel umzuwandeln: wir wählen einen Kegelschnitt k und konstruieren die Pole der gegebenen Geraden.

---

[1]) Die Sätze lassen sich kurz zusammenfassen: Bewegt sich ein Element auf seinem Träger, so bewegt sich sein polares Element auf dem Pol des Trägers.

§ 44. Pol und Polare. 223

Abb. 119 zeigt den Entwurf einer Strahlentafel nach Chenevier (S. 108). Es ist als besonderer Kegelschnitt der Kreis K um O_2 gewählt. Die Geraden (α) laufen parallel, gehen also durch einen uneigentlichen Punkt; daher müssen die Pole (α) auf einem Durchmesser des Kreises K liegen; das Entsprechende gilt für die Geraden und Pole (γ). Die Pole (β) erfüllen die Polare des Punktes O_1, des Trägers der Strahlenschar (β). Somit erhalten wir eine Leitertafel mit geraden Trägern in allgemeiner Lage

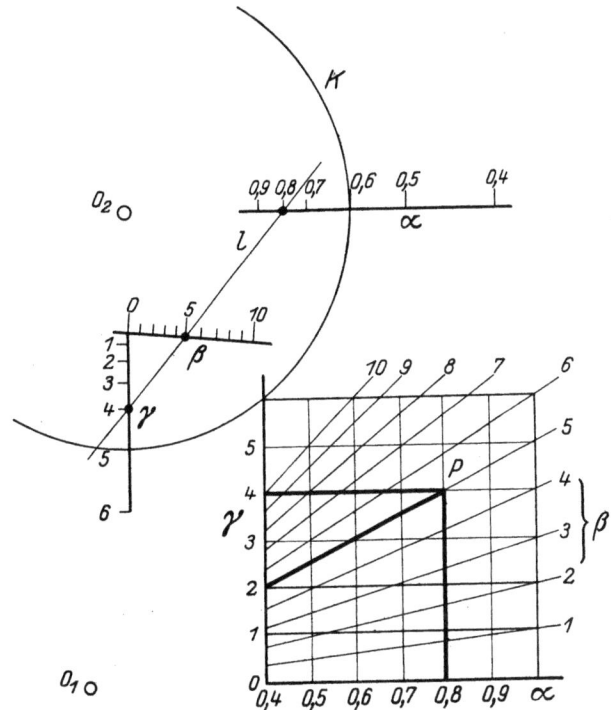

Abb. 119. Überführung einer Strahlentafel (Chenevier) in eine Leitertafel durch Polkonstruktion in bezug auf einen Kreis. Beispiel: Dem Punkt $P : 0{,}8 \cdot 5 = 4$ entspricht die Ablesegerade $l : 0{,}8 \cdot 5 = 4$.

(§ 34, Typ IV), welche dieselbe Funktion $\gamma = \alpha \cdot \beta$ darstellt wie die gegebene Netztafel. Der Schlüssel $4 = 0{,}8 \cdot 5$ ist als Beispiel in beiden Tafeln hervorgehoben: die Geraden $L(\alpha)$, $L(\beta)$ und $L(\gamma)$ gehen durch einen Punkt P, die Pole $P(\alpha)$, $P(\beta)$, $P(\gamma)$ liegen auf einer Ablesegeraden l.

Das konstruktive Verfahren reicht in vielen Fällen durchaus hin, den Entwurf einer Leitertafel aus gegebener Netztafel durchzuführen; dabei brauchen die Konstruktionsdaten der Netztafel in keiner Weise bekannt zu sein. Es bietet sich daher hier die

Möglichkeit, empirische Netztafeln in Leitertafeln zu verwandeln (vgl. § 47).

Die Zusammenhänge gewinnen an Anschaulichkeit, und wir gelangen dabei zugleich zu einer Vereinfachung der Ausdrucksweise, wenn wir in der Zuordnung der dualen Elemente eine **Abbildung** sehen. Jede gerade Linie innerhalb der Netztafel wird in einen Punkt der Leitertafel abgebildet, und jeder Punkt der Netztafel hat eine Gerade der Leitertafel zum Bilde. Die vorher erwähnten und benutzten Sätze der dualen Zuordnung erscheinen

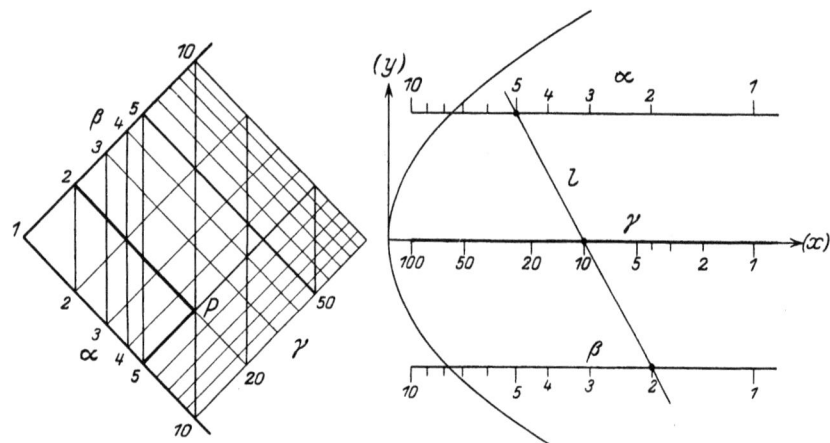

Abb. 120. Überführung einer Lalanneschen Tafel in eine Netztafel durch Polkonstruktion in bezug auf eine Parabel. Beispiel: Dem Punkt $P: 5 \cdot 2 = 10$ entspricht die Ablesegerade $l: 5 \cdot 2 = 10$.

nun in der einfachen Form: „Originale und Bilder liegen entsprechend."

Die duale Abbildung gestaltet sich besonders handlich, wenn sie durch eine Parabel bewirkt wird, da in diesem Falle die bekannten Eigenschaften der Subtangente und Scheiteltangente konstruktiv ausgenützt werden können. Die Parabel ist ferner typisch für die Abbildung eines geometrisch verzerrten (rechtwinkligen) Netzes in zwei parallele Leitern. (Abb. 120.)

Das Beispiel der Fig. 120 soll dazu dienen, die Abbildung rechnerisch durchzuführen. Die Lalannesche Tafel ($10 \cdot \log \alpha$, $10 \cdot \log \beta$) werde in bezug auf die Abbildungsparabel

$$y^2 = 10 \cdot x, \quad (p = 5), \tag{262}$$

derart gelagert, daß der Punkt $\alpha = 1$, $\beta = 1$ auf der Achse der Parabel um 15 Einheiten nach links verschoben und das Netz um 45° gedreht ist.

§ 44. Pol und Polare.

Im Koordinatensystem (X, Y), das dem System (x, y) überlagert ist, sind die Geradenscharen durch die folgenden Gleichungen bestimmt:

$$\left.\begin{aligned}\text{Schar}(\alpha): \quad & Y_1 = X_1 - (10 \cdot \sqrt{2} \cdot \log \alpha - 15), \\ \text{Schar}(\beta): \quad & Y_2 = -X_2 + (10 \cdot \sqrt{2} \cdot \log \alpha - 15), \\ \text{Schar}(\gamma): \quad & X_3 = 5 \cdot \sqrt{2} \cdot \log \gamma - 15.\end{aligned}\right\} \quad (263)$$

Die Beziehung zwischen Pol und Polare in bezug auf (262) lautet

$$Y \cdot y = 5 \cdot (X + x). \tag{264}$$

Sehen wir hierin X und Y als laufende Koordinaten an, so bedeuten x und y die Koordinaten des Poles der Geraden (264). Um die Bilder (Punktreihen) der Geradenscharen (α), (β) und (γ) zu erhalten, haben wir also

$$Y = \frac{5}{y} \cdot X + \frac{5x}{y} \tag{265}$$

der Reihe nach mit den Gleichungen (α), (β), (γ) unter (263) in Übereinstimmung zu bringen:

Schar (α): \qquad\qquad Bildebene:

$$\left.\begin{aligned}\frac{5}{y_1} &= +1, \\ \frac{5x_1}{y_1} &= 15 - 10 \cdot \sqrt{2} \cdot \log \alpha,\end{aligned}\right\} \quad \text{Träger: } y_1 = +5; \quad \text{Teilung: } x_1 = 15 - 10 \cdot \sqrt{2} \cdot \log \alpha.$$

Schar (β):

$$\left.\begin{aligned}\frac{5}{y_2} &= -1, \\ \frac{5x_2}{y_2} &= 10 \cdot \sqrt{2} \cdot \log \alpha - 15,\end{aligned}\right\} \quad \text{Träger: } y_2 = -5, \quad \text{Teilung: } x_2 = 15 - 10 \cdot \sqrt{2} \cdot \log \beta.$$

Schar (γ): $X = \frac{y_3}{5} \cdot Y - x_3$,

$$\left.\begin{aligned}\frac{y_3}{5} &= 0, \\ -x_3 &= 5 \cdot \sqrt{2} \cdot \log \gamma - 15,\end{aligned}\right\} \quad \text{Träger: } y_3 = 0, \quad \text{Teilung: } x_3 = 15 - 5 \cdot \sqrt{2} \cdot \log \gamma.$$

Sehen wir von der konstanten Verschiebung um 15 ab, so erkennen wir, daß unter Vertauschung der Koordinatenachsen der Ansatz § 34, I (S. 162) vorliegt.

Wir können nunmehr auch angeben, welche Abbildung der speziellen Dualität zugrunde liegt. Wir wählen als Abbildungskurve den Kreis $x^2 + y^2 = r^2$, dann wird die Zuordnung zwischen Pol und Polare durch

$$X \cdot x + Y \cdot y - r^2 = 0 \tag{266}$$

gegeben: (x, y) ist der Bildpunkt der Geraden (266). Die Linienkoordinaten dieser Geraden sind $U = \dfrac{x}{-r^2}$ und $V = \dfrac{y}{-r^2}$; da die spezielle Dualität auf der Beziehung $U = x$, $V = y$ beruht, wird die Abbildung also durch den Kreis $-r^2 = 1$, d. h. durch den imaginären Kreis $x^2 + y^2 = -1$ mit dem Radius i bedingt.

§ 45. Die allgemeine Dualität.

Die durch einen Kegelschnitt k bewirkte Abbildung eines Punktes in seine Polare und einer Geraden in ihren Pol führt zwar in vielen Fällen auf einfachem Wege zu brauchbaren Ergebnissen, das konstruktive Verfahren ist jedoch nicht so schmiegsam, wie es auf den ersten Blick scheinen könnte. Der Aufbau des dualen Bildes hängt von Lage und Beschaffenheit des Abbildungskegelschnittes ab, und es läßt sich von vornherein nicht immer überschauen, durch welche Auswahl k das Bild günstige Anordnung seiner Elemente erhält. Wir haben ferner einen anderen Umstand zu berücksichtigen. Entsprechend der Anzahl von fünf wesentlichen Konstanten vermittelt die Zuordnung von Pol und Polare ∞^5 duale Bilder. Denken wir nun eine gegebene Netztafel durch die spezielle Dualität in eine Leitertafel abgebildet, so können wir durch projektive Verzerrungen der Leitertafel ∞^8 Bilder ableiten, die der Netztafel sämtlich dual sind. Wir werden daher den allgemeinen analytischen Ansatz nicht an die zwar anschauliche, immerhin aber besondere Zuordnung von Pol und Polare anlehnen, sondern in Analogie zur projektiven Abbildung entwickeln.

Wir orientieren die Elemente der Grundebene E auf ein rechtwinkliges, kartesisches Koordinatensystem, in dem wir die Punktkoordinaten X, Y, die Linienkoordinaten U, V bestimmen. Die Bildebene e werde durch die Punktkoordinaten x, y und die Linienkoordinaten u, v orientiert. Wenn wir die Grundebene zunächst einer projektiven Verzerrung

$$(a) = \begin{pmatrix} a_{11} & a_{12} & a_{13} \\ a_{21} & a_{22} & a_{23} \\ a_{31} & a_{32} & a_{33} \end{pmatrix}, \quad (A) = \begin{pmatrix} A_{11} & A_{12} & A_{13} \\ A_{21} & A_{22} & A_{23} \\ A_{31} & A_{32} & A_{33} \end{pmatrix} \quad (267)$$

unterwerfen und dann die spezielle Dualität eintreten lassen, erhalten wir die Abbildungsgleichungen

$$\left. \begin{aligned} u &= \frac{a_{11}X + a_{12}Y + a_{13}}{a_{31}X + a_{32}Y + a_{33}}, \\ v &= \frac{a_{21}X + a_{22}Y + a_{23}}{a_{31}X + a_{32}Y + a_{33}}, \end{aligned} \right\} (268) \quad \left. \begin{aligned} x &= \frac{A_{11}U + A_{12}V + A_{13}}{A_{31}U + A_{32}V + A_{33}}, \\ y &= \frac{A_{21}U + A_{22}V + A_{23}}{A_{31}U + A_{32}V + A_{33}}, \end{aligned} \right\} (269)$$

und ihre Umkehrungen

$$\left. \begin{aligned} U &= \frac{a_{11}x + a_{21}y + a_{31}}{a_{13}x + a_{23}y + a_{33}}, \\ V &= \frac{a_{12}x + a_{22}y + a_{32}}{a_{13}x + a_{23}y + a_{33}}, \end{aligned} \right\} (270) \quad \left. \begin{aligned} X &= \frac{A_{11}u + A_{21}v + A_{31}}{A_{13}u + A_{23}v + A_{33}}, \\ Y &= \frac{A_{12}u + A_{22}v + A_{32}}{A_{13}u + A_{23}v + A_{33}}. \end{aligned} \right\} (271)$$

§ 45. Die allgemeine Dualität.

Da die Gerade $UX + VY + 1 = 0$ der Grundebene in den Punkt $ux + vy + 1 = 0$ der Bildebene übergeht, ergibt sich aus (268) sofort (269); die Umkehrung von (268) liefert (271), die von (269) sofort (270), wenn in jedem Falle der Satz von Jacobi (S. 89) benutzt wird[1]).

Es werde zunächst die Abbildung einer Parallelschar (α) der Grundebene durchgeführt, wobei die Bezeichnungen der Fig. 49 (S. 93) benutzt werden. Als Träger der Schar ist der Punkt $X \to \infty$, $Y \to \infty$, $X:Y \to -\operatorname{tg}\varphi$ anzusehen, wir erhalten daher in der Bildebene als Träger der Punktreihe die Gerade [vgl. (268)]:

$$u = \frac{a_{11} \sin\varphi - a_{12}\cos\varphi}{a_{31}\sin\varphi - a_{32}\cos\varphi}, \quad v = \frac{a_{21}\sin\varphi - a_{22}\cos\varphi}{a_{31}\sin\varphi - a_{32}\cos\varphi}. \quad (272)$$

Die einzelnen Glieder der Schar (α) sind gemäß Abb. 49 durch die Koordinaten

$$U = -\frac{1}{f(\alpha)}\cos\varphi, \quad V = -\frac{1}{f(\alpha)}\sin\varphi$$

gekennzeichnet. Demnach ergibt sich in der Bildebene die Teilung [vgl. (269)]:

$$\left. \begin{aligned} x &= \frac{A_{13}f(\alpha) - (A_{11}\cos\varphi + A_{12}\sin\varphi)}{A_{33}f(\alpha) - (A_{31}\cos\varphi + A_{32}\sin\varphi)}, \\ y &= \frac{A_{23}f(\alpha) - (A_{21}\cos\varphi + A_{22}\sin\varphi)}{A_{33}f(\alpha) - (A_{31}\cos\varphi + A_{32}\sin\varphi)}. \end{aligned} \right\} \quad (273)$$

Die Ergebnisse (272) und (273) gestatten unmittelbar, das Bild eines geometrisch verzerrten Netzes $f(\alpha), g(\beta)$ anzugeben: für die Schar (α) gilt dann nämlich $\varphi = 0$, für die Schar (β) der Wert $\varphi = \frac{\pi}{2}$.

Bildebene:

$$\left. \begin{aligned} &\text{Schar }(\alpha)\text{: Träger: } u = \frac{a_{12}}{a_{32}}, \quad v = \frac{a_{22}}{a_{32}}. \\ &\qquad\text{Teilung: } x = \frac{A_{13}f(\alpha) - A_{11}}{A_{33}f(\alpha) - A_{31}}, \quad y = \frac{A_{23}f(\alpha) - A_{21}}{A_{33}f(\alpha) - A_{31}}. \\ &\text{Schar }(\beta)\text{: Träger: } u = \frac{a_{11}}{a_{31}}, \quad v = \frac{a_{21}}{a_{31}}. \\ &\qquad\text{Teilung: } x = \frac{A_{13}g(\beta) - A_{12}}{A_{33}g(\beta) - A_{32}}, \quad y = \frac{A_{23}g(\beta) - A_{22}}{A_{33}g(\beta) - A_{32}}. \end{aligned} \right\} \quad (274)$$

---

[1]) Auf Zeilen und Spalten achten! (Gedächtnisregel: Beim Übergang zur Bildebene liegt die Matrix (267) vor, beim Übergang zur Grundebene sind Zeilen und Spalten vertauscht.)

Es soll im folgenden die Schar (α) stets auf den Träger $u \to \infty$, $v = 0$, d. h. in die y-Achse abgebildet werden[1]); Abbildungen dieser Art sind durch $a_{22} = a_{32} = 0$ ausgezeichnet.

Zu einer Klassifikation der dualen Abbildungen eines rechtwinkligen Netzes gelangen wir dadurch, daß wir 1. die Lage der Träger besonders vorschreiben, 2. die Bildgerade eines Originalpunktes in besonderer Lage wählen.

Durch Vorschrift der Träger sind zwischen den Elementen der Matrix (267) vier Gleichungen gegeben; eine Zuordnung zwischen Bild und Original fügt zwei weitere Gleichungen hinzu, so daß dann noch zwei wesentliche Parameter der Abbildung verbleiben In der nebenstehenden Tabelle beziehen sich die Spalten auf die Lage der Träger, die Zeilen auf das Bild des 0-Punktes ($X = 0$, $Y = 0$), das man als 0-Gerade bezeichnet.

Es läßt sich nun leicht überschauen, wie sich die Umwandlung einer allgemeinen geometrisch verzerrten Netztafel in eine Gleitkurventafel vollzieht. Gehen wir zunächst von einer einfachen Kurvendarstellung aus, wie wir sie in § 2—6 behandelt haben, so gehen die Koordinatenlinien in Leiterpunkte, die Kurvenpunkte in Geraden über, welche die Gleitkurve umhüllen. Um die Gleichung der Gleitkurve in Punktkoordinaten zu erhalten, sehen wir die Originalkurve $Y = \psi(X)$ als Hüllkurve ihrer Tangenten an; die Linienkoordinaten der Tangenten sind

$$U = \frac{\psi'(X_1)}{\psi(X_1) - X_1 \cdot \psi'(X_1)}, \quad V = \frac{-1}{\psi(X_1) - X_1 \cdot \psi'(X_1)};$$

hierin erscheint X_1 als Parameter der Geradenschar. Wenn die Abbildung des Koordinatennetzes bewirkt ist, die Elemente der Matrix (a) also bekannt sind, kann auf Grund der Abbildungsformeln die Gleichung der Gleitkurve sofort hingeschrieben werden. — Handelt es sich um eine Darstellung mit Kurvenscharen, so ergibt sich in der Bildebene eine Gleitkurvenschar.

Es sei nur beiläufig skizziert, in welcher Weise sich die Dualität von Pol und Polare der allgemeinen Dualität einordnet. Mit der dualen Abbildung (268), (269) hängt der Kegelschnitt

$$\begin{vmatrix} A_{11} & A_{12} & A_{13} & x \\ A_{21} & A_{22} & A_{23} & y \\ A_{31} & A_{32} & A_{33} & 1 \\ x & y & 1 & 0 \end{vmatrix} = 0 \qquad (275)$$

zusammen. Bild und Original liegen polar in bezug auf (275), wenn die Matrix (A) symmetrisch ist.

---

[1]) Vgl. hierzu S. 160 und 175.

Duale Abbildungen eines rechtwinkligen Netzes $f(x)$, $g(\beta)$.

Nullgerade:	Allgemeine Lage der Träger $u_1 \to \infty, v_1 = 0, a_{12} \neq 0$.	Die Träger sind parallel. $v_2 = 0$.	Die Träger gehen durch den Nullpunkt der Bildebene $u_2 \to \infty, v_2 \to \infty$.	Die Träger fallen mit den Koordinatenachsen (x, y) zusammen. $u_2 = 0, v_2 \to \infty$.
Allgemeine Lage. $u_0 = \frac{a_{13}}{a_{33}}, v_0 = \frac{a_{23}}{a_{33}}$	$(a) = \begin{pmatrix} a_{11} & a_{12} & a_{13} \\ a_{21} & 0 & a_{23} \\ a_{31} & 0 & a_{33} \end{pmatrix}$	*) $(a) = \begin{pmatrix} a_{11} & a_{12} & a_{13} \\ 0 & 0 & a_{23} \\ a_{31} & 0 & a_{33} \end{pmatrix}$ $y_1 = -\frac{A_{23}}{A_{31}}f(\alpha) + \frac{A_{21}}{A_{31}}$, $y_2 = -\frac{A_{23}}{A_{32}}g(\beta) + \frac{A_{22}}{A_{32}}$.	$(a) = \begin{pmatrix} a_{11} & a_{12} & a_{13} \\ a_{21} & 0 & a_{23} \\ 0 & 0 & a_{33} \end{pmatrix}$	*) $(a) = \begin{pmatrix} 0 & a_{12} & a_{13} \\ a_{21} & 0 & a_{23} \\ 0 & 0 & a_{33} \end{pmatrix}$ $y_1 = -\frac{A_{21}}{A_{33}f(\alpha)} - A_{31}$, $x_2 = -\frac{A_{12}}{A_{33}g(\beta)} - A_{32}$.
Nullgerade uneigentlich. $u_0 = 0, v_0 = 0$.	$(a) = \begin{pmatrix} a_{11} & a_{12} & 0 \\ a_{21} & 0 & 0 \\ a_{31} & 0 & a_{33} \end{pmatrix}$	Abbildung existiert nicht.	$(a) = \begin{pmatrix} a_{11} & a_{12} & 0 \\ a_{21} & 0 & 0 \\ 0 & 0 & a_{33} \end{pmatrix}$	$(a) = \begin{pmatrix} 0 & a_{12} & 0 \\ a_{21} & 0 & 0 \\ 0 & 0 & a_{33} \end{pmatrix}$ $y_1 = -\frac{A_{21}}{A_{33}f(\alpha)}$, $x_2 = -\frac{A_{12}}{A_{33}g(\beta)}$.
Nullgerade liegt in der x-Achse. $u_0 = 0, v_0 \to \infty$	$(a) = \begin{pmatrix} a_{11} & a_{12} & 0 \\ a_{21} & 0 & a_{23} \\ a_{31} & 0 & 0 \end{pmatrix}$	$(a) = \begin{pmatrix} a_{11} & a_{12} & 0 \\ 0 & 0 & a_{23} \\ a_{31} & 0 & 0 \end{pmatrix}$ $y_1 = -\frac{A_{23}}{A_{31}}f(\alpha)$, $y_2 = -\frac{A_{23}}{A_{32}}g(\beta)$.	Abbildungen existieren nicht.	
		*) Satz I. Ein rechtwinkliges Netz (f, g) wird auf zwei parallele Träger mit frei wählbarem Abstande abgebildet, indem die Funktionsleitern $f(\alpha)$ und $g(\beta)$ in beliebigen Zeicheneinheiten mit frei wählbaren Anfangspunkten auf den Trägern entworfen werden. Nach Wahl des Trägerabstandes verbleiben ∞^4 Abbildungen[1]).		*) Satz II. Ein rechtwinkliges Netz (f, g) wird auf zwei senkrechte Träger abgebildet, indem in beliebigen Zeicheneinheiten die reziproken Teilungen $(f + \text{const.})$ und $(g + \text{const.})$ auf den Trägern entworfen werden. Es gibt ∞^4 Abbildungen dieser Art.

[1]) Vgl. hierzu den Ansatz auf S. 179.

§ 46. Anwendung auf vorhandene Typen.

Wenn wir die soeben entwickelte Abbildung auf bekannte Netztafeln übertragen, werden wir zu keinen wesentlich neuen Ergebnissen gelangen, da die Darstellung der Abschnitte IV und V schon unter dualen Gesichtspunkten erfolgt ist. Es dürfte sich jedoch aus methodischen Gründen empfehlen, einige Beispiele gerade an bekannte Typen anzulehnen.

I. Strahlentafeln.

Die Funktion $\beta^n = \alpha^n \gamma^n$ kann im Netz $X = \alpha^n$, $Y = \beta^n$ durch das Strahlenbüschel $Y = (\gamma^n) \cdot X$ dargestellt werden. Wir haben die Aufgabe, die Glieder der Scharen in Linienkoordinaten zu fixieren.

Grundebene:

Schar (α): Träger: $Y_1 \to \infty$.

Glieder: $U_1 = -\dfrac{1}{\alpha^n}$, $V_1 = 0$.

Schar (β): Träger: $X_2 \to \infty$.

Glieder: $U_2 = 0$, $V_2 = -\dfrac{1}{\beta^n}$.

Schar (γ): Träger: $X_3 = 0$, $Y_3 = 0$,

Glieder: $U_3 \to \infty$, $V_3 \to \infty$, $\lim \dfrac{U}{V} = -\gamma^n$.

Wir nehmen die Abbildung auf parallele Träger vor,

$$(a) = \begin{pmatrix} a_{11} & a_{12} & a_{13} \\ 0 & 0 & a_{23} \\ a_{31} & 0 & a_{33} \end{pmatrix},$$

und wählen den Abstand der Träger gleich 1, d. h. $u_2 = -1$, $a_{11} = -a_{13}$; die 0-Gerade soll durch den Koordinatenanfangspunkt gehen und den Anstieg 1 haben:

$\dfrac{u_0}{v_0} = -1$, $u_0 \to \infty$, $v_0 \to \infty$, d. h. $a_{33} = 0$, $a_{13} = -a_{23}$.

Mithin ergibt sich die Abbildung

$$(a) = \begin{pmatrix} -1 & a & -b \\ 0 & 0 & b \\ 1 & 0 & 0 \end{pmatrix}, \quad (A) = \begin{pmatrix} 0 & b & 0 \\ 0 & b & a \\ ab & b & 0 \end{pmatrix}.$$

Bildebene (vgl. § 45, [268], [269]).

Leiter (α): Träger: $u_1 \to \infty$, $v_1 = 0$.

Teilung: $y_1 = -\dfrac{1}{b}\alpha^n$. $\quad (x_1 = 0)$

Leiter (β): Träger: $u_2 = -1$, $v_2 = 0$.

Teilung: $y_2 = 1 - \dfrac{a}{b} \cdot \beta^n$. ($x_2 = 1$).

Leiter (γ): Träger: $u_3 \to \infty$, $v_3 \to \infty$; $\dfrac{u_3}{v_3} = -1$.

Teilung: $x_3 = \dfrac{1}{1 - a\gamma^n}$, $y_3 = \dfrac{1}{1 - a\gamma^n}$. ($y_3 = x_3$).

Die besonderen Werte $a = b = -1$ führen auf den Ansatz, der den Figuren 89 zugrunde liegt. (Vgl. S. 166.)

II. Tafeln der quadratischen Gleichung.

Die in Abb. 70 dargestellte Netztafel für die quadratische Gleichung
$$z^2 + \alpha z + \beta = 0$$
(S. 129) gehört dem folgenden Ansatz zu:

Grundebene:

Schar (α): Träger: $Y_1 \to \infty$.

Glieder: $U_1 = -\dfrac{1}{\alpha}$, $V_1 = 0$.

Schar (β): Träger: $X_2 \to \infty$.

Glieder: $U_2 = 0$, $V_2 = -\dfrac{1}{\beta}$. (276)

Schar (z): Die Gleichung lautet in Punktkoordinaten
$$z^2 + Xz + Y = 0,$$

daher ergeben sich die Linienkoordinaten für die Glieder:

$$U_3 = \dfrac{1}{z}, \quad V_3 = \dfrac{1}{z^2}.$$

Wir wollen die Abbildung auf parallele und dann auf senkrechte Träger vornehmen.

1. Parallele Träger.

$$(a) = \begin{pmatrix} a_{11} & a_{12} & a_{13} \\ 0 & 0 & a_{23} \\ a_{31} & 0 & a_{33} \end{pmatrix}; \quad (A) = \begin{pmatrix} 0 & A_{12} & 0 \\ A_{21} & A_{22} & A_{23} \\ A_{31} & A_{32} & 0 \end{pmatrix}.$$

Aus der tabellarischen Übersicht (S. 229) wissen wir, daß die Leitern (α) und (β) gewiß regulär sind; es ist daher nur von

Interesse, den Träger und die Teilung (z) zu untersuchen. Es ergibt sich in der

Bildebene (vgl. § 45, [269]):
$$x_3 = \frac{A_{12}}{A_{31}z + A_{32}}; \quad y_3 = \frac{A_{23}z^2 + A_{21}z + A_{22}}{A_{31}z + A_{32}}.$$

Die Elimination von z führt auf die Gleichung des Trägers:
$$x^2(A_{23}A_{32}^2 - A_{21}A_{31}A_{32} + A_{22}A_{31}^2)$$
$$- A_{12}A_{31}^2 xy + x(A_{12}A_{21}A_{31} - 2A_{12}A_{23}A_{32}) + A_{12}^2 A_{23} = 0,$$

der sich bei wesentlich negativer Diskriminante stets als **Hyperbel** erweist. Die Determinante des Kegelschnittes ist $\dfrac{A_{12}^4 \cdot A_{23} \cdot A_{31}^4}{4}$, mit Rücksicht auf die Beschaffenheit der Elemente A also von Null verschieden, so daß sich stets eine eigentliche Hyperbel ergibt. — Wir erkennen, daß das Ergebnis mit dem auf S. 179 entwickelten Ansatz übereinstimmt ($A_{21} = 0$).

2. Senkrechte Träger.

$$(a) = \begin{pmatrix} 0 & a_{12} & a_{13} \\ a_{21} & 0 & a_{23} \\ 0 & 0 & a_{33} \end{pmatrix}; \quad (A) = \begin{pmatrix} 0 & A_{12} & 0 \\ A_{21} & 0 & 0 \\ A_{31} & A_{32} & A_{33} \end{pmatrix}. \quad (277)$$

Auch hier wollen wir lediglich die Teilung (z) diskutieren.

Bildebene:
$$x_3 = \frac{A_{12}}{A_{33}z^2 + A_{31}z + A_{32}}, \quad y_3 = \frac{A_{21}z}{A_{33}z^2 + A_{31}z + A_{32}}.$$

In geschlossener Form ergibt sich die Gleichung
$$A_{21}^2 A_{32} x^2 + A_{12}A_{21}A_{31} x \cdot y + A_{12}^2 A_{33} y^2 - A_{12}A_{21}^2 x = 0. \quad (278)$$

Die Diskriminante $\varDelta = A_{12}^2 \cdot A_{21}^2 \left(A_{32}A_{33} - \dfrac{A_{31}^2}{4} \right)$ kann positive, negative Werte annehmen und auch gleich Null werden, die Abbildung führt daher auf Ellipse, Hyperbel oder Parabel als Träger (z). (Vgl. hierzu den Ansatz § 36, [207].)

Beispiel. Die Abbildung auf senkrechte Träger soll derart vorgenommen werden, daß der Kegelschnitt (278) eine Parabel wird, deren Achse unter 45° gegen die x-Achse ansteigt.

Als erste Bedingung haben wir
$$A_{31}^2 = 4A_{32}A_{33}, \qquad (\varDelta = 0), \qquad (279)$$

zu erfüllen. Nach bekannter Beziehung sind die Achsen eines Kegelschnittes unter $45°$ gegen die Achsen des Koordinatensystems geneigt, wenn die Koeffizienten von x^2 und y^2 einander gleich sind:
$$A_{21}^2 \cdot A_{32} = A_{12}^2 \cdot A_{33}. \tag{280}$$
Über ein Element A dürfen wir willkürlich verfügen; mit $A_{33} = 1$ ergibt sich $A_{31}^2 = 4 A_{32}$, und die Bedingungsgleichungen (279) und (280) lassen sich leicht durch $A_{21} = a$, $A_{32} = b^2$ erfüllen:
$$(A) = \begin{pmatrix} 0 & ab & 0 \\ a & 0 & 0 \\ 2b & b^2 & 1 \end{pmatrix} \qquad (a \neq 0, \ b \neq 0) \tag{281}$$

Leiter (α): $x_1 = 0$, $y_1 = \dfrac{-a}{\alpha - 2b}$.

Leiter (β): $x_2 = \dfrac{-ab}{\beta - b^2}$, $y_2 = 0$.

Leiter (z): Träger: $(x_3 + y_3)^2 = \dfrac{a}{b}x$,

Teilung: $x_3 = \dfrac{ab}{z^2 + 2bz + b^2} = \dfrac{ab}{(z+b)^2}$; $y_3 = \dfrac{az}{(z+b)^2}$.

Es ist hier der Ort, zwei früher gegebene Darstellungen kritisch zu beleuchten. Die Tafel der barometrischen Höhenreduktion (Fig. 117, S. 215) enthält zwei Leitern, (B) und (t), und ein geradliniges Netz (b, h); durch duale Abbildung ist es möglich, einen Entwurf mit geraden Leitern (b) und (h) und einem geradlinigen Netz (B, t) herzustellen. Die Entscheidung zwischen beiden Tafelformen wird unter praktischen Gesichtspunkten getroffen. Wir erkennen, daß die in Abb. 117 gewählte Anordnung den physikalischen Zusammenhang hervortreten läßt, indem die nach der Höhe bezifferten Luftdruckleitern sich räumlich äquivalent schichten, ein Vorzug, der dem dualen Bilde offenbar nicht anhaftet. — Für die im Anhang III gegebene Tafel zur Bestimmung von $E(\log \alpha)$ läßt sich ein duales Bild derart entwerfen, daß die Leitern (l) und (α_2) erscheinen und ein Netz (E, α_1) auftritt. Die Forderung, das Ergebnis besonders hervorzuheben, gibt Anlaß, den dargestellten Entwurf zu bevorzugen. — Diese Erörterungen zeigen, daß die duale Abbildung auch eine Klasse von Leitertafeln in weitgehendem Maße umzuformen gestattet, und daß die auf S. 213 mitgeteilte Auffassung, Darstellungen dieser Art seien vereinigte Netz- und Leitertafeln, auch sachlich zu Recht besteht.

§ 47. Darstellung empirischer Funktionen in Leitertafeln.

Die Möglichkeit, aus jeder geradlinigen Netztafel durch duale Abbildung eine Leitertafel zu gewinnen, ist auf dem Gebiete der empirischen Funktionen bedeutungsvoll. Dabei ist es häufig nicht nötig, die Abbildung auch konstruktiv wirklich durchzuführen oder einen Ansatz (a) auszuwählen, da die auf S. 229 entwickelten Abbildungssätze sich als ausreichend erweisen.

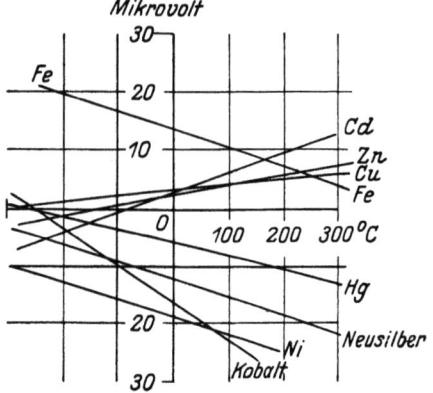

Abb. 121. Thermoelektrische Kraft gegen Blei.

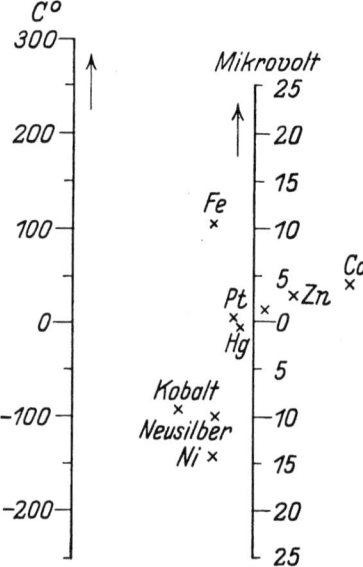

Abb. 122. Duales Bild der Abb. 121.

Abb. 121 zeigt die von Noll[1]) angestellten Messungen der thermo-elektrischen Kraft gegen Blei abhängig von der Temperaturdifferenz. Im regelmäßigen Netz ($t°$, e Mikrovolt) ergibt sich für jedes Metall (innerhalb der erreichten Genauigkeit) eine Gerade. Wir beziehen uns nun auf den Satz I (S. 229): Ein duales Bild kann auf parallelen Trägern (t) und (e) gewonnen werden, wenn in beliebigen Zeicheneinheiten und mit frei wählbaren Anfangspunkten die regulären Teilungen (t) und (e) entworfen werden (s. Abb. 122). Wenn wir die parallelen, regelmäßigen Leitern herstellen, brauchen wir die Elemente a_{ik}, welche die Abbildung vermitteln, selbst nicht zu kennen. In der Grundebene (Abb. 121) ist eine Gerade durch zwei Punkte, d. h. durch zwei Wertepaare bestimmt, z. B. Fe durch $t_1 = -200$, $e_1 = 20$; $t_2 = +100$, $e_2 = 10$[2]). Den dualen Bildpunkt Fe in Abb. 122 können wir dementsprechend durch zwei Lagen des Ableselineals einzeichnen: Fe ist der Schnittpunkt der Geraden $t = -200$, $e = 20$ und $t = +100$, $e = 10$. Ein Vergleich zwischen beiden Darstellungen fällt unbedingt zugunsten der Leitertafel aus, besonders im Gebiet $t = -100\ldots -300$. Die Leitertafel vermag ferner noch zahlreiche Materialien aufzunehmen, während der Netztafel hier bald praktische Grenzen gesetzt sind.

In völlig gleicher Weise läßt sich die projektive Konstruktion (§ 13) als duales Bild eines projektiven Netzes auffassen, und die

---

[1]) Wied. Ann. Bd. 53, S. 874. 1894. — Auerbach: Physik, S. 150.
[2]) Wir geben hier nur Näherungswerte an.

§ 47. Darstellung empirischer Funktionen in Leitertafeln. 235

in Aufg. 52 (§ 17) behandelte Konstruktion Piranis erscheint einer Darstellung im Hartmannschen Dispersionsnetz dual zugeordnet.

Wenn auch die Berechtigung der soeben erläuterten Konstruktionen in der dualen Abbildung eines geradlinigen Netzes liegt, ist es in praxi nicht notwendig, auf einen Entwurf in einer Grundebene zurückzugreifen. Sobald wir überhaupt nur wissen, daß eine Versuchsreihe im Funktionsnetz $f(\alpha)$, $g(\beta)$ durch eine Gerade dargestellt wird, können wir unmittelbar ein paralleles Leitersystem $f(\alpha)$, $g(\beta)$ benutzen. Jedes Wertepaar (α, β) stellt sich als gerade Linie dar, und sämtliche Einzelgeraden müssen durch einen Punkt hindurchgehen. Der Entwurf in der Grundebene ist überflüssig.

Es bietet sich nun hier eine neue nomographische Aufgabe dar. Wenn nämlich die Beobachtungen mit „Fehlern" behaftet sind, können die Bildgeraden der n Wertepaare nicht einen punktförmigen Träger haben, sie bestimmen im allgemeinen $\frac{n}{2}(n-1)$ Punkte, und es handelt sich darum, den wahrscheinlichsten Bildpunkt zu finden. Die Aufgabe steht in Analogie zu der in § 19 behandelten; ihre Lösung erfolgt durch duale Abbildung der dort entwickelten Konstruktionsschritte. Wir werden uns darauf beschränken, die Abbildung mit parallelen Trägern zu erörtern, da nur in diesem Falle die metrischen Beziehungen in ganzer linearer Form erscheinen. (S. Abb. 123.)

In der Grundebene gehen alle Geraden, die der Bedingung $\sum z = 0$ genügen, durch den Schwerpunkt S der n Beobachtungspunkte, wobei die in § 19 entwickelten Gewichtssätze zu berücksichtigen sind. Dementsprechend liegen in der dualen Leitertafel alle Zapfen, für die $\sum z = 0$ gilt, auf einer Geraden s, der Schwergeraden;

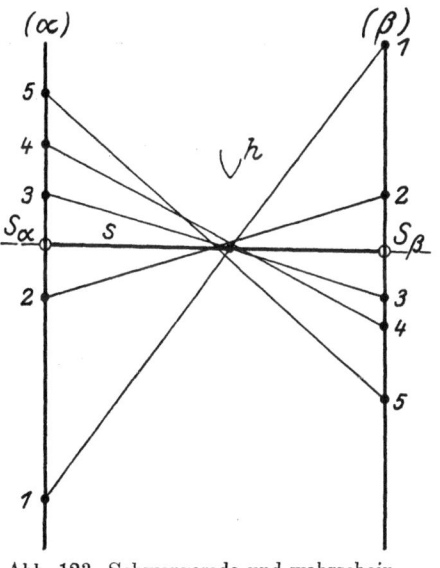

Abb. 123. Schwergerade und wahrscheinlichster Zapfen in Fluchtlinientafeln.

diese ist das duale Bild des Schwerpunktes S. Wir bestimmen auf der Leiter (α) den Schwerpunkt S_α der Punktfolge α, auf der Leiter (β) den Schwerpunkt S_β der Folge β; dann ist die Gerade $S_\alpha S_\beta$ die gesuchte Schwergerade, wie aus den Abbildungsgleichungen des Satzes I auf S. 229 sofort abgelesen werden kann. Wenn wir auf s eine Anzahl von Zapfen auswählen und für jeden einzelnen den Wert $\sum z^2$ ermitteln, läßt sich der Punkt angeben, für den $\sum z^2$ zu einem Minimum wird. Die zugehörige Hilfskurve h, die im Falle der Abb. 123 ein ausgeprägtes Minimum zeigt, kann in unmittelbarer Anlehnung an s entworfen werden. Nach den ausführlichen Darlegungen des § 19 ist ohne weiteres ersichtlich, wie sich die Ausgleichungskonstruktion in Leitertafeln mit Funktionsleitern gestaltet.

Als Beispiel für den graphischen Rechnungsgang wählen wir die Ermittlung von Kapillaritätskonstanten. Der bekannte Demonstrationsapparat, der die Steighöhe einer benetzenden Flüssigkeit zwischen geneigten Glasplatten zeigt, ist von Grunmach zu einem Meßinstrument für die Kapillaritätskonstante ausgebildet worden[1]). In der Entfernung x mm von der Kante ergibt sich die Steighöhe y mm; Neigungswinkel φ, Dichte σ,

Kapillaritätskonstante $\alpha = x \cdot y \cdot \sigma \cdot \operatorname{tg} \dfrac{\varphi}{2} \left(\operatorname{gr} \cdot \operatorname{cm}^{-1}\right)$.

Schema des Protokolls für Alkohol (99,54 Gew.-Proz., $\sigma = 0{,}791$):

Versuchsreihe 8		9		10		11 usw.	
$\operatorname{tg}\varphi = \dfrac{0{,}242}{95{,}5}$		$\dfrac{0{,}492}{95{,}5}$		$\dfrac{0{,}742}{95{,}5}$		$\dfrac{0{,}992}{95{,}5}$	
x	y	x	y	x	y	x	y
35	59,4	20	51,8	20	34,4	20	26,0
40	52,1	25	41,7	25	27,8	25	20,7
45	46,3	30	34,8	30	23,0	30	17,4

usw.

Im regelmäßigen Netz (x, y) ergeben sich gleichseitige Hyperbeln (φ), im logarithmischen Netz $(\log x, \log y)$ parallele Geraden (φ). Wir gewinnen daher eine Leitertafel, wenn wir auf parallelen Trägern (x) und (y) die Funktionsteilungen $\log x$ und $\log y$ (hier zweckmäßig in gleichen Zeicheneinheiten) mit beliebigen Anfangspunkten entwerfen (Abb. 124). Die Grunmachschen Versuchsreihen tragen die Nummern 8 bis 13; am Beispiel der Reihe 13 ist gezeigt, wie der Bildpunkt P_{13} der Folge (x, y) entsteht. Sämtliche Bildpunkte $P_8 \ldots P_{13}$ liegen auf einem geraden Träger, dessen Teilung $[\tfrac{1}{2} \cdot \log(xy)]$ wir unterdrücken. (Die Ausgleichungskonstruktionen sind in der Abbildung nicht angedeutet.) Auf einer weiteren parallelen Geraden tragen wir den Zähler von $\operatorname{tg}\varphi$ (Plattenabstand) in logarithmischer Teilung auf, wobei lediglich die Versuchsnummern $Q_8 \ldots Q_{13}$ bezeichnet zu werden brauchen. Die Geraden PQ bestimmen einen wahr-

---

[1]) Phys. Z. Bd. 11, S. 980. 1910.

§ 47. Darstellung empirischer Funktionen in Leitertafeln. 237

scheinlichsten Punkt R auf einer den vorhandenen Leitern parallelen logarithmischen Teilung, deren Anfangspunkt und Zeicheneinheit leicht zu ermitteln ist. R zeigt unmittelbar das Hauptmittel α an. Der Wert der vorliegenden Konstruktion tritt erst durch Vergleich mit numerischen oder anderen graphischen Verfahren hervor. Die Darstellung in einer Lalanneschen Netztafel führt nach erfolgter Ausgleichung der einzelnen Versuchsreihen auf eine Geradenschar, deren Glieder infolge der Beobachtungsfehler nicht parallel verlaufen; eine Ausgleichung und Ermittlung der wahrscheinlichsten ,,Richtung" dieser Schar kann nicht in einfacher Weise geleistet werden. Das ursprüngliche Verfahren, die Kurven (φ) mit Hilfe einer durchsichtigen Hyperbeltafel auszuwerten, gewährleistet nur geringe Sicherheit.

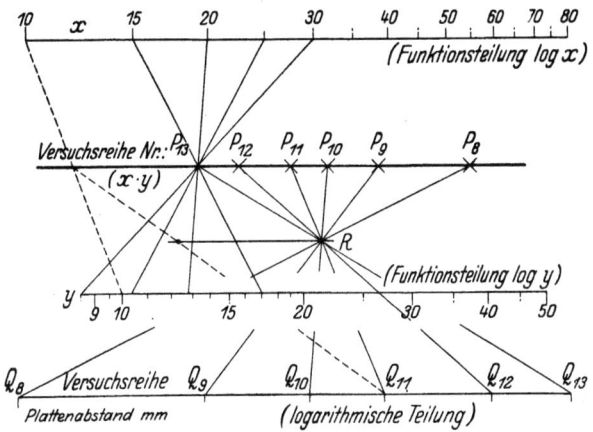

Abb. 124. Graphische ,,Rechnung": $\alpha = x \cdot y \cdot \sigma \cdot \operatorname{tg} \frac{\varphi}{2}$.

Die duale Abbildung kann mit besonderem Erfolge auf empirische Kurvenscharen übertragen werden, wenn die Netztafel der Grundebene empirischen Verzerrungen unterworfen wird, wie sie an Hand der Figuren 11 und 12 auf S. 19 erwähnt worden sind. Das Ziel derartiger Konstruktionen ist nicht die Ermittlung einer Näherungsfunktion, es handelt sich vielmehr darum, durch Verwandlung des Kurvenbildes in eine Fluchtlinientafel die Vorzüge dieser Darstellungsart zu gewinnen.

Beispiel. Beim Bohren von Nietlöchern (Durchmesser α mm) in Blech (Stärke β mm) ergeben sich nach Beobachtungen von Schachenmeier[1]) Stundenanfälle γ, die in Abb. 125 im regelmäßigen Netz (β, α) durch eine Kurvenschar 1 ... 10 dargestellt sind. Es gelingt im vorliegenden Falle leicht, sämtliche zehn Glieder der Schar (γ) zu strecken, wenn unter Festhaltung der Schar (β) der Parallelstreifen $\alpha = 13 \ldots$ etwa 16 eine Dehnung, der Streifen $\alpha =$ etwa 20 ... 26 eine Drängung erfährt. In der

---
[1]) Eisner hat die Versuchsanordnung u. a. in Bauingenieur Bd. 4, 1923 beschrieben. Vgl. ferner Maschinenbau Bd. 1, S. 17. 1922.

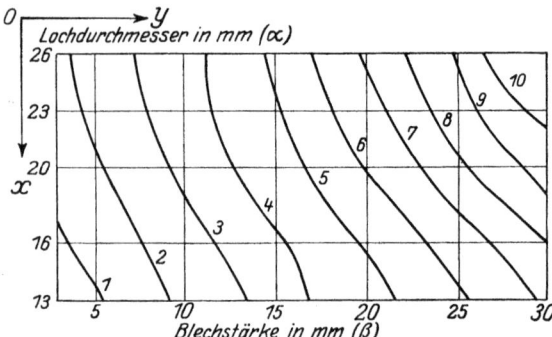

Abb. 125. Empirische Netztafel. Kurven gleicher Stundenanfälle beim Bohren mit gewöhnlicher Bohrmaschine. (Das Achsenkreuz ist in der oberen linken Ecke angedeutet.)

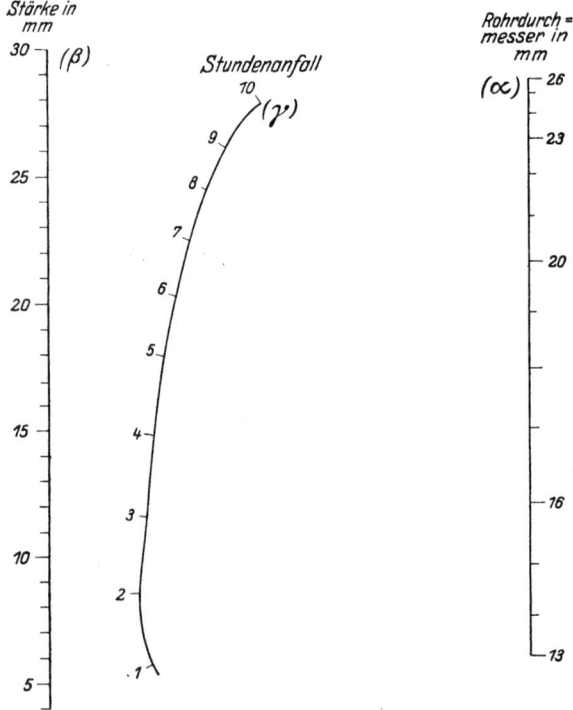

Abb. 126. Aus Abb. 125 abgeleitete Fluchtlinientafel Stundenanfälle beim Bohren.

§ 47. Darstellung empirischer Funktionen in Leitertafeln. 239

verzerrten Darstellung wählen wir ein den Scharen (α) und (β) parallel gestelltes, im übrigen aber beliebiges Koordinatensystem $X = f(\alpha)$, $Y = g(\beta)$. Die Ordinatenteilung ist regelmäßig, $g(\beta) = \text{reg}\,\beta$, die Abszissenteilung durch eine empirische Funktion gegeben, deren analytischer Ausdruck für uns ohne Belang ist. Auf Grund des Abbildungssatzes I, S. 229, können wir nun eine Leitertafel entwerfen, indem wir zwei parallele Träger (α) und (β) wählen; der Träger (β) erhält eine beliebige regelmäßige Teilung, während auf Träger (α) einfach die Abszissenteilung $X = f(\alpha)$ kopiert wird. Die Bildpunkte der Geraden $\gamma = 1 \ldots 10$ können aus je zwei Wertepaaren (α, β) konstruiert werden, wie oben (S. 234) angegeben. Es ist nun leicht möglich, die zehn Bildpunkte $\gamma = 1 \ldots 10$ zu einer (krummlinigen) Teilung (γ) zusammenzufassen (Abb. 126). Damit haben wir gezeigt, daß die Herstellung der Fluchtlinientafel auf rein konstruktivem Wege durchführbar ist.

Zum Vergleich geben wir in Kürze die Abbildung an, die der Zuordnung zwischen den Figuren 125 und 126 zugrunde liegt. Durch Messung in der verzerrten Grundebene stellen wir eine Funktionstabelle der Abszissenteilung $X = f(\alpha)$ auf (Tab. I) und bestimmen die Linienkoordinaten U und V der Geraden (γ) (Tab. II).

Als Zeicheneinheit diene in Grund- und Bildebene 1 cm.

Tabelle I.

Lochdurchmesser α mm	Abszisse $x = f(\alpha)$
26	0,6
25	0,9
24	1,3
23	1,8
22	2,5
21	3,3
20	4,2
19	5,2
18	6,3
17	7,5
16	9,0
15	10,2
14	11,2
13	12,0

Tabelle II.

Kurvennummer γ	U	V
1	$-0{,}675$	$+1{,}250$
2	$+0{,}128$	$-0{,}278$
3	075_8	143
4	050_5	093_4
5	044_0	070_8
6	043_7	059_9
7	044_3	052_0
8	045_2	046_0
9	046_5	041_5
10	050_8	047_9

Ordinate $Y = g(\beta)$, $g(\beta) = \beta$.

Die Abbildung $(A) = \begin{pmatrix} 0 & -40 & 0 \\ -30 & 0 & -2 \\ -1 & 2 & 0 \end{pmatrix}$ ergibt auf Grund der in § 45 (269) und (274) mitgeteilten Beziehungen den Ansatz:

Leiter (α): Träger: $x_1 = 0$, $\quad y_1 = 30 - 2 \cdot f(\alpha)$.

Leiter (β): Träger: $x_2 = -20$, $\quad y_2 = \beta$.

Leiter (γ): $\quad x_3 = \dfrac{40V}{U - 2V}$, $\quad y_3 = \dfrac{30U + 2}{U - 2V}$.

Besonders für die Einzeichnung der Leiterpunkte $\gamma = 1$ und 10 gewährt die Berechnung der Koordinaten Vorteile, da die Konstruktion dieser Punkte nicht hinreichend sicher sein dürfte.

Gelingt es nicht, in der Grundebene sämtliche Kurven zu strecken, so führt die duale Abbildung auf eine Gleitkurventafel, deren Ansatz wir auf S. 228 angegeben haben. Es kann sich u. U. empfehlen, den Entwurf in der Grundebene in Teildarstellungen zu zerlegen, da die Streckung innerhalb kleiner Gebiete erfahrungsgemäß leichter durchführbar ist.

Zusammenfassung.

Wir haben die engen Beziehungen zwischen Netz- und Leitertafeln entwickelt und gezeigt, daß die duale Abbildung in mannigfacher Weise erfolgen kann durch Konstruktion von Pol und Polare, durch analytischen Ansatz oder in einfachster Form auf Grund des Abbildungssatzes I (S. 229). In theoretischer Hinsicht sind Netz- und Leitertafeln unter den gleichen Gesichtspunkten zu betrachten. Die Erweiterung der Fluchtlinientafeln zu Gleitkurventafeln und die Möglichkeit, in Leitertafeln eine Ausgleichung nach den Methoden der kleinsten Quadratsumme vorzunehmen, erschließen nun auch den Fluchtlinientafeln weitgehende Anwendbarkeit bei Darstellung empirischer Zusammenhänge. Besonders auf betriebstechnischen Gebieten, bei Untersuchungen von Arbeitsvorgängen, wirtschaftlichen Kalkulationen können wir zur Zusammenfassung der Ergebnisse Fluchtlinientafeln heranziehen, die ihres übersichtlichen Schlüssels und ihrer zeichnerisch einfachen Herstellbarkeit wegen vor Netztafeln vielfach den Vorzug verdienen.

§ 48. Aufgaben.

Zu § 43.

147. Warum kann eine Chenevieritafel nicht durch spezielle Dualität abgebildet werden?
148. Welche Netztafel ist der Leitertafel Abb. 99 speziell dual?
149. Speziell dualer Entwurf der in Abb. 72 dargestellten Netztafel.

Zu § 44.

150. Konstruktion eines dualen Bildes der Abb. 73 mit Hilfe eines Kreises. Was läßt sich schon vor der Konstruktion über die Gestalt des Bildes aussagen?

Zu § 47.

151. Die Leitfähigkeit λ der Legierungen Sn — Pb, Cd — Pb, Cd — Sn, Zn — Sn, Zn — Cd ist in hoher Annäherung linear abhängig von der prozentualen Zusammensetzung:

100°/₀	Pb	Sn	Cd	Zn	Ag (Zum Vergleich)
λ	7,5	11,5	21	27	100

Unmittelbarer Entwurf einer Fluchtlinientafel: Legierung → % → λ. Inwiefern lassen sich jeder der genannten Legierungen zwei Bildpunkte zuordnen?

VII. Rechentafeln mit besonderen Schlüsseln.

§ 49. Geradlinige Ablesevorrichtungen.

Die bisher entwickelten Darstellungsweisen sind in mannigfacher Hinsicht erweitert worden, im wesentlichen durch besondere Auswahl neuer Ablesevorrichtungen. Als Beispiel könnte die in § 32 behandelte Tafelform mit beweglicher Rechenlinie dienen, da es leicht möglich ist, die Rechenlinie als besondere Ablesevorrichtung anzusehen. Wir werden im § 51 zeigen, daß sich eine Fülle von Möglichkeiten darbietet, Tafeln mit neuen Schlüsseln zu entwickeln, und wir können uns daher nur darauf beschränken, einige Beispiele hervorzuheben, die hier oder da Verwendung gefunden haben.

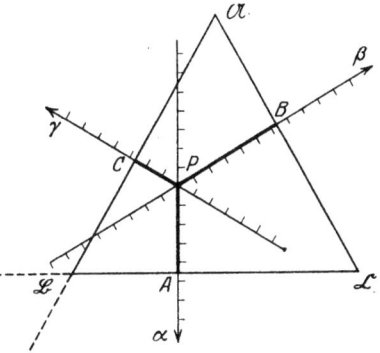

Abb. 127. Dreiecksnetz. Unterdrückung der Scharen (α), (β) und (γ). Ablesung mit Hilfe eines beweglichen Dreistrahls. $z_1(\alpha) + z_2(\beta) + z_3(\gamma) = c$.

Das Netz der Dreieckskoordinaten (§ 31) lehnt sich an ein gleichseitiges Dreieck $\mathfrak{A}\mathfrak{B}\mathfrak{C}$ an und ist dadurch ausgezeichnet, daß für jeden Punkt P der Ebene die Summe der Abstände von den Dreiecksseiten, $PA + PB + PC$, konstant, und zwar gleich der Höhe des Dreiecks ist. (Abb. 127.) Die Herstellung des zugehörigen Netzes (Abb. 75) kann nun vermieden werden, wenn wir in den Punkt P, in dem eine Ablesung erfolgen soll, ein System von drei Strahlen $P\alpha$, $P\beta$, $P\gamma$ legen, die miteinander die Winkel 120° bilden, Teilungen (α), (β), (γ) tragen und die Dreiecksseiten senkrecht schneiden. Aus praktischen Gründen ist es naheliegend, die drei durch P gehenden Geraden auf der festen Unterlage zu entwerfen und das Dreieck auf durchsichtigem Blatt als Index auszubilden. Tragen die Geraden die Teilungen $z_1(\alpha)$, $z_2(\beta)$ und $z_3(\gamma)$, so stellt eine Tafel der beschriebenen Art demnach die Funktion

$$z_1(\alpha) + z_2(\beta) + z_3(\gamma) = c$$

dar. Durch Veränderung des gleichseitigen Dreiecks $\mathfrak{A}\mathfrak{B}\mathfrak{C}$ erreichen wir eine Änderung der Konstanten c. Unter Festhaltung der durch $\mathfrak{B}\mathfrak{C}$ und $\mathfrak{B}\mathfrak{A}$ bestimmten Geraden können wir die Seite $\mathfrak{A}\mathfrak{C}$ parallel verschieben, bis $\mathfrak{A}$ und $\mathfrak{C}$ zugleich in $\mathfrak{B}$ zusammen-

Schwerdt, Nomographie. 16

fallen; das Dreieck artet in ein System von drei durch einen Punkt (Q) gehenden Geraden aus. (Abb. 128.) Mit Rücksicht auf die Form, die man dem Index gibt, heißen Nomogramme dieser Art **Hexagonaltafeln**, sie stellen den Typus

$$z_1(\alpha) + z_2(\beta) + z_3(\gamma) = 0$$

dar.

Bei der Herleitung der Tafeln mit einem Dreieck als Ablesevorrichtung müssen wir fordern, daß die Seiten des Dreiecks die Leitern $P\alpha$, $P\beta$ und $P\gamma$ senkrecht schneiden; für Hexagonaltafeln mit ausgeartetem Index ($c = 0$) ist diese Bedingung nicht wesent-

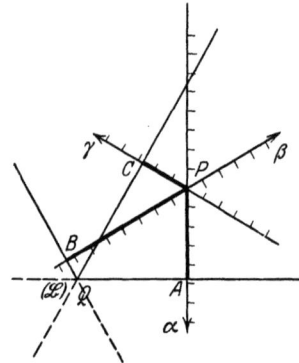
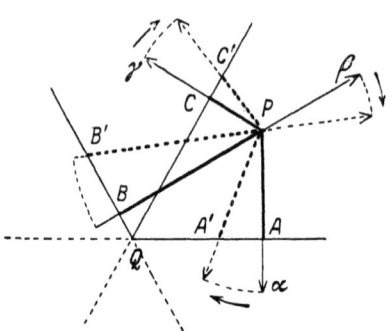

Abb. 128. Ausartung des Dreiecks, $c = 0$. Schema einer Haxagonaltafel.

Abb. 129. Schema einer Hexagonaltafel. Drehung der Ablesevorrichtung.

lich. Als erster dürfte Lacmann diesen Umstand ausdrücklich bemerkt haben; sein analytischer Beweis läßt sich leicht durch die folgende Bewegungsdiskussion ersetzen (Abb. 129). Für jede durch die Punkte P und Q bestimmte Lagezuordnung von Leitersystem und Index verschwindet die Summe der Abstände, wenn die Richtung dieser Strecken auf ihren Trägern berücksichtigt wird:

$$PA + PB + PC = 0.$$

Unter Festhaltung des Index drehen wir das Leitersystem um P, und zwar um den beliebigen Betrag φ; in der Endlage bestimmt der Index dann die Strecken $PA' = \dfrac{PA}{\cos \varphi}$, $PB' = \dfrac{PB}{\cos \varphi}$ und $PC' = \dfrac{PC}{\cos \varphi}$, es ergibt sich also auch

$$PA' + PB' + PC' = 0.$$

§ 49. Geradlinige Ablesevorrichtungen. 243

Die Hexagonaltafel leistet daher auch bei beliebiger Lage von Leitersystem und Ablesevorrichtung stets die Darstellung der Funktion
$$z_1(\alpha) + z_2(\beta) + z_3(\gamma) = 0.$$

In der Praxis haben Hexagonaltafeln, wenigstens in Deutschland, keine nennenswerte Verbreitung erfahren; die Ablesung ist mit gewissen Unbequemlichkeiten verknüpft, die auch nicht durch den Umstand aufgewogen zu werden scheinen, daß die Schnittverhältnisse für jedes Wertetripel (α, β, γ) stets ein Optimum sind. Die Theorie dieser Tafeln ist in den letzten Jahren wesentlich erweitert worden[1]).

Eine gewisse äußere Ähnlichkeit mit der soeben behandelten Tafelform weist eine Darstellung auf, die sich an das Quadrat als Leiterträger anlehnt. Die Seiten eines Quadrates mögen die Funktionsteilungen $z_1(\alpha), z_2(\beta), z_3(\gamma), z_4(\delta)$ in der Weise tragen, wie es Abb. 130 hervortreten läßt; als Index benutzen wir ein rechtwinkliges Kreuz[2]). Aus der Kongruenz der schraffierten Dreiecke ergibt sich, daß in jeder Lage des Index die Funktion

$$z_1(\alpha) + z_2(\beta) = z_3(\gamma) + z_4(\delta)$$

Darstellung findet, unabhängig von der Länge der Quadratseite.

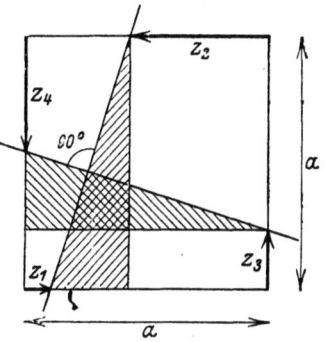

Abb. 130. Schema einer Quadrattafel. $z_1(\alpha) + z_2(\beta) = z_3(\gamma) + z_4(\delta)$.

Wir erkennen, daß eine Quadrattafel eine Fluchtlinientafel mit Zapfenlinie ersetzt, allerdings erfordert die Ablesung größere Sorgfalt beim Einstellen der Ablesevorrichtung. Wie bei Fluchtlinientafeln ist eine besondere Zuordnung der Wertepaare innerhalb der Gruppe $\alpha, \beta, \gamma, \delta$ wesentlich: wenn α und β (bzw. γ und δ) als erstes gegebenes Paar auftreten, ist die Ablesung sämtlicher abhängigen Paare möglich, sie gestaltet sich ohne weiteres jedoch nicht besonders handlich.

Das rechtwinklige Kreuz als Index vermittelt eine Produktform zwischen vier Funktionen, wenn die Leitern $z_1(\alpha), z_2(\beta),$

---

[1]) Die Erfindung der Hexagonaltafeln geht auf Ch. Lallemand zurück, 1885. Mit der Theorie dieser Tafeln beschäftigen sich die Berichte in den Comptes Rendus Bd. 174, S. 82, 146, 253, (1664). 1922.

[2]) Der rechte Winkel als „Ablesekurve" wurde an Stelle der Fluchtgeraden bei Leitertafeln von Goedseels benutzt; die Ablesung einer Veränderlichen erfolgt im Scheitelpunkt des rechten Winkels.

$z_3(\gamma)$, $z_4(\delta)$ nach Art der Abb. 131 von einem festen, rechtwinkligen Kreuz getragen werden:

$$\frac{z_1(\alpha)}{z_2(\beta)} = \frac{z_3(\gamma)}{z_4(\delta)}.$$

Derselbe Typus kann durch die in Abb. 132 entworfene Anordnung der Seiten dargestellt werden, wenn als Ablesevorrichtung ein Parallellineal benutzt wird, wie es bei nautischen Konstruktionen Verwendung findet[1]). Im Prinzip sind die Typen Abb. 131 und 132 nicht verschieden.

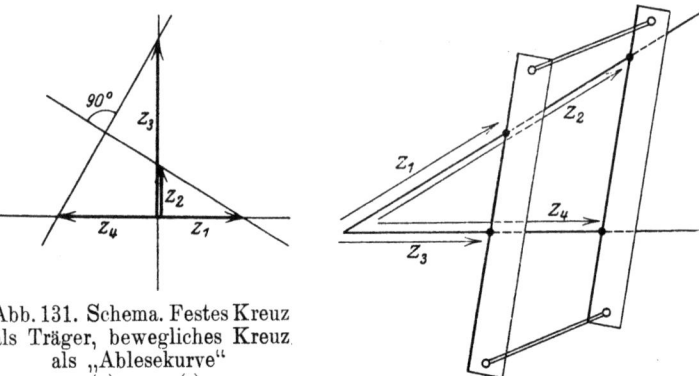

Abb. 131. Schema. Festes Kreuz als Träger, bewegliches Kreuz als „Ablesekurve"
$$\frac{z_1(\alpha)}{z_2(\beta)} = \frac{z_3(\gamma)}{z_4(\delta)}.$$

Abb. 132. Paralleltafel.

Die Reihe dieser Beispiele mag genügen, um darzulegen, in welcher Richtung sich die Erweiterungen unserer Darstellungsformen erstrecken. Wir haben die wesentlichen Schlüsselformen an elementar-geometrische Sätze angelehnt, und es bereitet keine Schwierigkeiten, zahlreiche andere Schlüssel auf diesem Wege zu entwickeln. Als Leitgedanke tritt bei Versuchen dieser Art in erster Linie der hervor, die Darstellung mit einfachsten konstruktiven Mitteln zu leisten. Während wir bei den klassischen Tafelformen unsere Aufgabe darin gesehen haben, die Genauigkeit der Darstellung, die Ausdehnung der Bereiche, Anordnung der Träger und Struktur der Scharen oder Leitern durch Abbildungen zu verändern und besonderen Verhältnissen schmiegsam anzupassen, tritt dieser Gesichtspunkt hier zurück; es dürfte sogar bei diesen, aus einzelnen geometrischen Beziehungen erwachsenen Tafelformen nicht immer möglich sein, Verzerrungen anzugeben, denen die Invarianz des Schlüssels eigentümlich ist; eine Veränderung der Tafel kann zumeist nur formal nach dem Verfahren der freien Parameter erfolgen.

Für jeden der neu eingeführten Schlüssel läßt sich durch Wahl allgemeinerer Träger der Anwendungsbereich erweitern; durch Typenbildung können mannigfache Funktionsformen gewonnen werden.

---

[1]) Tafeln dieser Art wurden von Beghin angeregt.

§ 50. Der Kreis als Ablesekurve.

Die Leichtigkeit, mit der ein Kreis auf durchsichtigem Blatt oder mittels des Zirkels realisiert werden kann, gibt Anlaß, Tafeln mit kreisförmiger Ablesevorrichtung zu untersuchen. Wir können Darstellungen dieser Art an die Behandlung von Netztafeln anschließen, indem wir den Kreis als Rechenlinie ansehen, und es ist möglich, auf Leitertafeln zurückzugreifen, wobei wir Kurven oder Netze als Träger der Teilungen voraussetzen.

Ein Kreis ist durch drei Punkte bestimmt. Entwerfen wir auf einem durchsichtigen Blatt eine (konzentrische) Kreisschar, so können wir durch drei Leiterpunkte $x_1(\alpha_1, \alpha_2)$, $y_1(\alpha_1, \alpha_2)$; $x_2(\alpha_3, \alpha_4)$ $y_2(\alpha_3, \alpha_4)$; $x_3(\alpha_5, \alpha_6)$, $y_3(\alpha_5, \alpha_6)$ einen dieser Kreise festlegen und auf der Kreislinie ein viertes Wertepaar (α_7, α_8) ablesen. Die Bedingung, daß vier Punkte auf einem Kreise liegen, läßt sich in der Form schreiben

$$\begin{vmatrix} x_1^2 + y_1^2 & x_1 & y_1 & 1 \\ x_2^2 + y_2^2 & x_2 & y_2 & 1 \\ x_3^2 + y_3^2 & x_3 & y_3 & 1 \\ x_4^2 + y_4^2 & x_4 & y_4 & 1 \end{vmatrix} = 0. \quad (282)$$

Auf typenbildendem Wege können daher Funktionsbilder für vier, fünf, ..., acht Veränderliche gewonnen werden.

Besondere Bedeutung dürften diejenigen Darstellungen besitzen, bei denen eine Ablesung in den Mittelpunkt des (veränderlichen) Kreises verlegt wird; als Ablesevorrichtung dient dann der Zirkel. Die Punkte $(x_2 y_2)$ und $(x_3 y_3)$ liegen auf einem Kreise mit dem Mittelpunkt (x_1, y_1), wenn die Bedingung

$$(x_2 - x_1)^2 + (y_2 - y_1)^2 = (x_3 - x_1)^2 + (y_3 - y_1)^2 \quad (283)$$

erfüllt ist. In welcher Weise das typenbildende Verfahren an die Schlüsselgleichung (283) angeschlossen werden kann, soll an einem Beispiel entwickelt werden.

Wir wählen die Träger $(x_1 y_1)$ und $(x_2 y_2)$ geradlinig, etwa $x_1 = 0$, $y_1 = y_1(\alpha)$, $x_2 = x_2(\beta)$, $y_2 = 0$; dann geht (283) in die besondere Form über:

$$x_3^2 + y_3^2 = x_2^2 + 2 y_1 \cdot y_3. \quad (284)$$

Es ist nun naheliegend, $x_3^2 + y_3^2 = r^2$, $r = r(\delta)$ zu setzen, so daß wir die Grundform

$$\boxed{F_4(\delta) = F_2(\beta) + F_1(\alpha) \cdot F_3(\gamma)} \quad (285)$$

erhalten. Wir haben damit keinen neuen Typus der Darstellung zugänglich gemacht, jedoch vermittelt die zugehörige Kreistafel vor früher entwickelten Tafelformen gewisse Vorzüge bei der Benutzung.

Beispiel. Bei der Berechnung von Trägheitsmomenten führt der Huygenssche Satz auf die Beziehung

$$J = J_s + e^2 \cdot M. \tag{286}$$

Durch Vergleich mit (285) [bzw. (284)] ergibt sich der Ansatz:

$$x_1 = 0, \quad y_1 = \lambda \cdot e^2,$$
$$x_2 = \mu \cdot \sqrt{J_s}, \quad y_2 = 0,$$
$$x_3^2 + y_3^2 = r^2,$$
$$r = \mu \sqrt{J}, \quad y_3 = \nu \cdot M, \quad \text{wenn} \quad \mu^2 = 2 \cdot \lambda \cdot \nu.$$

Handelt es sich um kleine Massen M, so wird man ν verhältnismäßig groß wählen; in Abb. 133 ist der Entwurf $\lambda = 1, \mu = 1, \nu = \tfrac{1}{2}$ wiedergegeben. Wird M in gr, e in cm gemessen, so bestimmen sich die Trägheitsmomente in gr·cm²; in der Tafel sind die Benennungen unterdrückt. Für $M = 15$, $J_s = 65$, $e = 3$ gestaltet sich die Ablesung wie folgt: Eine der Zirkelspitzen wird in $e = 3$ eingesetzt, der durch $J_s = 65$ bestimmte Kreis

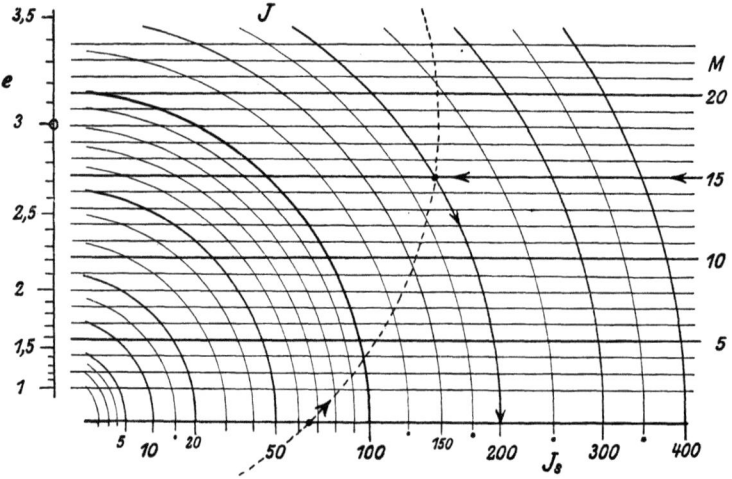

Abb. 133. Kreistafel für den Huygensschen Satz $J = J_s + e^2 \cdot M$
Beispiel: Gegeben $e = 3$, $J_s = 65$, $M = 15$; gesucht $J = 200$.
Verkleinerung $^4/_9$.

gibt auf der Geraden $M = 15$ das Ergebnis $J = 200$ an. Es ist ohne weiteres ersichtlich, wie sich die Lösung gestaltet, wenn J_s oder M gesucht sind; die Frage nach e erübrigt sich aus praktischen Gründen.

Eine Besonderheit aller Kreistafeln bedarf der Erwähnung. Es ist ein Nachteil, daß sich u. U. keine reellen Schnittpunkte ergeben, während eine der Schnittpunktskoordinaten reell ist.

§ 50. Der Kreis als Ablesekurve.

So gehört im letzten Beispiel zu $e = 1$, $J_s = 20$, $M = 20$ der Wert $J = 40$, der durch e und J_s bestimmte Ablesekreis schneidet die Gerade $M = 20$ jedoch nicht; die Tafel versagt also im vorliegenden Falle.

Aus der Gleichung des Ablesekreises $x^2 + (y-1)^2 = 21$ und der Gleichung der Geraden $M = 20$, $y = 10$, erhalten wir die Abszissen der Schnittpunkte $x = \pm\sqrt{60} \cdot i$. Wir suchen nun den Kreis $x^2 + y^2 = J_s$, der durch $x = +\sqrt{60} \cdot i$, $y = 10$ hindurchgeht: $J_s = 40$. Die Kreistafel liefert eine reelle Lösung in geometrisch imaginärer Gestalt. Durch geeignete Wahl der freien Parameter λ, μ, ν ist es stets möglich, den Bereich der geometrisch unlösbaren Aufgaben einzuschränken.

Vorteilhafter lassen sich Kreistafeln anwenden, wenn die vorgelegte Funktion (285) quadratische Glieder enthält, da wir in derartigen Fällen auf regelmäßige Teilungen zurückgehen können.

Beispiel. Die auf S. 200, 208 u. w. behandelte Formel für Rohrgewichte weist in der Gestalt

$$D^2 = d^2 + \frac{4}{\pi} G \cdot \gamma \tag{287}$$

auf einen Ansatz gemäß (284):

$$x_1 = 0, \qquad y_1 = \lambda \cdot \frac{1}{\gamma},$$
$$x_2 = \mu \cdot d, \qquad y_2 = 0,$$
$$x_3^2 + y_3^2 = r^2,$$
$$r = \mu \cdot D, \qquad y_3 = \nu \cdot G, \quad \text{wenn} \quad \mu^2 = \frac{\pi}{2} \cdot \lambda \cdot \nu.$$

Wir wählen dieselben Bereiche wie in Abb. 108:
$$D \text{ und } d = 10 \ldots 100,$$
$$\gamma = 2{,}5 \ldots 11.$$

Mit $\mu = 2$, $\lambda = \dfrac{1200}{\pi}$, daher $\nu = \dfrac{1}{150}$ ergibt sich der in Abb. 134 dargestellte Entwurf. Da es sich in praxi niemals darum handelt, γ zu ermitteln, ist die Zuordnung der „Mittelpunktsleiter" zum Wertevorrat γ gerechtfertigt. Ablesebeispiel: Gegeben $D = 55$ mm, $d = 40$ mm, $\gamma = 7$; der Kreis um $\gamma = 7$, der durch $d = 40$ bestimmt ist, schneidet den Kreis $D = 55$ auf der Geraden $G = 8$; Ergebnis: $8\dfrac{\text{kg}}{\text{m}}$.

Tafeln mit Ablesekreis können auf planmäßigem Wege schmiegsam gestaltet werden, da sich Verzerrungen angeben lassen, denen gegenüber der Schlüssel invariant bleibt. Wir denken in einer Grundebene E eine Kreistafel entworfen und wählen eine Kugel, welche die Grundebene in einem beliebigen Punkte berührt. In bekannter Weise können wir nun durch stereographische Projektion die Ebene in die Kugelfläche abbilden, wobei alle Kreise der Ebene wieder in Kreise der Kugel übergehen. Wenn wir, abermals durch stereographische Projektion, jedoch nach Wahl eines neuen Augenpunktes die Kugel auf eine neue Ebene, die Bildebene E, projizieren, gewinnen wir eine Abbildung von E auf E, bei der alle Kreise der Ebene E in der Bildebene E wieder als

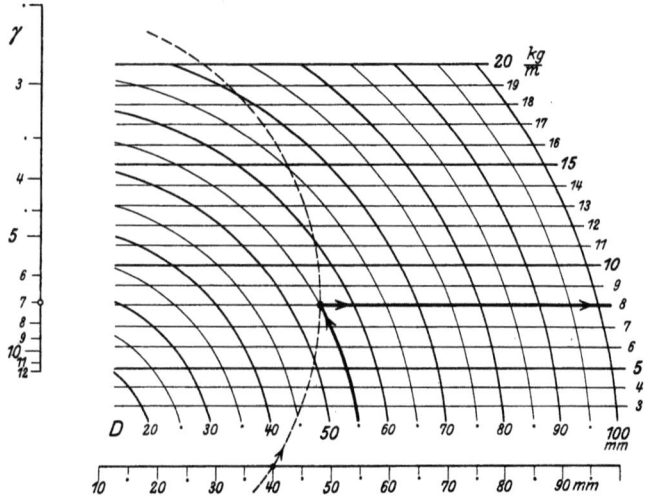

Abb. 134. Kreistafel für Rohrgewichte. Beispiel: Gegeben $D = 55$ mm, $d = 40$ mm, $\gamma = 7$; gesucht $G = 8 \frac{\text{kg}}{\text{m}}$. Verkleinerung $^4/_{10}$.

Kreise erscheinen. Abbildungen dieser Art sind konform; wir sind daher nicht in der Lage, die Schnittverhältnisse einer Darstellung auf diesem Wege zu verändern, wohl aber gelingt es, den Aufbau der Leitern und Scharen wesentlich zu beeinflussen.

Der analytische Ansatz von Verzerrungen, welche alle Kreise als solche erhalten, gestaltet sich einfach. Setzen wir $x + iy = z$, $\xi + i\eta = \zeta$, so vermittelt die bekannte konforme Abbildung

$$\zeta = \frac{1}{z} \tag{288}$$

folgende Beziehung zwischen den Koordinaten:

$$\left.\begin{aligned} \xi &= \frac{x}{x^2 + y^2}, \\ \eta &= \frac{-y}{x^2 + y^2}, \end{aligned}\right\} \text{bzw.} \left.\begin{aligned} x &= \frac{\xi}{\xi^2 + \eta^2}, \\ y &= \frac{-\eta}{\xi^2 + \eta^2}. \end{aligned}\right\} \tag{289}$$

Jeder Kreis $(x-a)^2 + (y-b)^2 = r^2$ der Grundebene bildet sich gemäß (289) in die Kurve

$$\frac{\xi^2 + \eta^2}{(\xi^2 + \eta^2)^2} - \frac{2a\xi - 2b\eta}{\xi^2 + \eta^2} + (a^2 + b^2 - \varrho^2) = 0,$$

d. h. also wieder in einen Kreis ab. — Die Verzerrung (289) enthält keine freien Parameter; um sie schmiegsamer zu gestalten, denken wir die Darstellung in der Grundebene Verschiebungen, Drehungen und Ähnlichkeitstransformationen unterworfen, bevor die Verzerrung vorgenommen wird. Damit erhalten wir das allgemeinere System

$$\left.\begin{aligned} x' &= a_{11}x + a_{12}y + a_{13}, \\ y' &= -a_{12}x + a_{11}y + a_{23}, \end{aligned}\right\} \quad \left.\begin{aligned} \xi &= \frac{x'}{x'^2 + y'^2}, \\ \eta &= \frac{-y'}{x'^2 + y'^2}. \end{aligned}\right\} \quad (290)$$

Da den Kreistafeln in der Praxis wenigstens zur Zeit nur beschränkte Bedeutung zukommt, verzichten wir darauf, die Verzerrungen im einzelnen durchzuführen. Es sei aber bemerkt, daß bei einem systematischen Aufbau der Kreistafeln die Abbildungen (290) dieselbe Rolle spielen wie die projektiven Verzerrungen in der Theorie der Fluchtlinientafeln.

§ 51. Das Fürlesche System.

Wir haben die Theorie und den praktischen Ansatz von Netz- und Leitertafeln stets an ein kartesisches, rechtwinkliges Koordinatensystem angeschlossen; die Vorteile dieses Verfahrens sind an den entscheidenden Stellen hervorgetreten. Es hat sich aber bei gewissen Tafelformen auch gezeigt, daß eine Erweiterung des Koordinatenbegriffes u. U. von Nutzen ist. So gestaltet sich der Entwurf einer Doppel-Strahlentafel sehr einfach, wenn wir die Strahlen der beiden Büschel als Koordinatenlinien ansehen (S. 124), die im § 49 behandelten Typen bedürfen überhaupt nicht der Orientierung in einem der bekannten Koordinatensysteme; schließlich können die im § 47 entwickelten Konstruktionen an parallelen Leitern als Beispiel herangezogen werden, die Teilungsstrecken auf den parallelen Trägern haben durchaus die Bedeutung von Linienkoordinaten, da sie die Lage einer Bildgeraden völlig festlegen.

Der Grundgedanke, nomographische Darstellungen als Konstruktionen in allgemeinen Koordinatensystemen anzusehen, ist zum ersten Male von Fürle[1]) entwickelt worden; er vermittelt eine besondere glückliche Ordnung der Darstellungen von Funktionen mit n Veränderlichen.

Als Koordinaten (φ, ψ) eines Punktes der Ebene bezeichnen wir solche Größen, welche die Lage des Punktes eindeutig oder auch endlichfach mehrdeutig festlegen; im letzten Falle gelingt es durch Gebietsbeschränkungen zumeist, die Eindeutigkeit herzustellen. Wählen wir als Bezugselemente zwei diskrete Punkte P und Q, so können als Koordinaten die Abstände eines Punktes von P und Q gelten; bei Beschränkung auf eine Halbebene ist das System eindeutig. Es ist auch möglich, die Abstandssumme, Abstandsdifferenz, das Produkt der Abstände oder irgendeine andere Funktion als Koordinate φ einzuführen. — Diese Beispiele zeigen, wie sich Koordinatensysteme an andere Bezugselemente, Punkt und Gerade, Gerade und Gerade, Punkt und Kreis u. dgl. anlehnen lassen. Daß unter dem vorliegenden Gesichtspunkt auch Polarkoordinaten, elliptische u. a. krummlinige Koordinaten mit einzubegreifen sind, versteht sich von selbst.

In jedem allgemeinen System (φ, ψ) stellt $f(\varphi, \psi; \alpha) = 0$ eine nach dem Parameter α bezifferte Kurvenschar dar. Wir definieren nun n Kurvenscharen

$$f_1(\varphi_1, \psi_1; \alpha_1) = 0, \quad f_2(\varphi_2, \psi_2; \alpha_2) = 0, \quad \ldots, \quad f_n(\varphi_n, \psi_n; \alpha_n) = 0,$$

wobei die Koordinaten $\varphi_i \psi_i$ völlig verschiedenen Systemen zugehören können. Soll eine Funktion $F(\alpha_1, \alpha_2, \ldots, \alpha_n) = 0$ aus den n gegebenen Funktionen $f_1, \ldots f_n$ ermittelt werden, so sind $(n+1)$ Bedingungsgleichungen zwischen den Koordinaten $\varphi_i \psi_i$ erforderlich:

$$M_1 = 0, \ M_2 = 0, \ \ldots, \ M_n = 0, \ M_{n+1} = 0.$$

Es ist notwendig, die nomographische Bedeutung dieser Bedingungsgleichungen kurz zu erörtern. Liegt beispielsweise $M_1(\varphi_1, \psi_1) = 0$ vor, so stellt $M_1 = 0$ eine Kurve dar, die mit der Schar $f_1 = 0$ zusammen eine Leiter (α_1) definiert; die Funktionen M bedingen also den Aufbau einer Tafel. Inwiefern durch $M_1 = 0, \ldots, M_{n+1} = 0$ auch der Schlüssel bestimmt ist, soll an einem Beispiel $n=3$ gezeigt werden. Durch f_1, f_2 und f_3 sind drei Kurvenscharen festgelegt. Wir fordern, daß die drei Punkte $(\varphi_1 \psi_1)$, $(\varphi_2 \psi_2)$ und $(\varphi_3 \psi_3)$ stets ein gleichseitiges Dreieck mit der Seite a bilden, (drei Bedingungen), und daß der Schwerpunkt des Dreiecks auf einer festen Kurve verbleibe (vierte Be-

---

[1]) Rechenblätter, Progr. d. 9. Realschule, Berlin O, 1902, Nr. 131. Ferner Progr. d. 9. Realschule, Berlin O, 1910.

dingung). Wir erkennen, daß sich auf diesem Wege zahllose Möglichkeiten darbieten, besondere Schlüsselformen zu entwickeln.

Fürle zeigt zunächst, daß jede Funktion $F = 0$ durch jeden vorgeschriebenen Ansatz $f_1 \ldots f_n$ darstellbar ist. Wählen wir nämlich n Bedingungsgleichungen $M = 0$, so können wir aus den $(2n + 1)$ Gleichungen $F = 0$, $f_1 = 0$, $\ldots$, $f_n = 0$, $M_1 = 0$, $\ldots$, $M_n = 0$ die Veränderlichen $\alpha_1 \ldots \alpha_n$ eliminieren, und es ergibt sich die fehlende Bedingung $M_{n+1} = 0$. Es ist dagegen nicht allgemein möglich, nach erfolgter Vorschrift sämtlicher Bedingungen $M = 0$ den Ansatz $f_1 = 0 \ldots$, $f_n = 0$ zu bilden, wie sich leicht nachweisen läßt. Demnach gilt nicht nur für Fluchtlinientafeln, sondern auch für Tafelformen anderer Art, daß sie bestimmten Funktionstypen eigentümlich sind. Die praktische Ausführbarkeit der Operationen bleibt im einzelnen Falle jedoch dahingestellt.

In den „Rechenblättern" hat Fürle eine Fülle von Tafeln mit besonderen Schlüsseln entworfen; die Veröffentlichung scheint, da sie an wenig zugänglicher Stelle erfolgt ist, leider wenig Beachtung gefunden zu haben.

Schlußwort.

Praktische Fragen. Bei Untersuchung verschiedener Tafelformen hat sich gezeigt, daß gewisse Funktionstypen wiederholt auftreten; wir sind in zahlreichen Fällen in der Lage, eine vorgelegte Funktion in mannigfacher Weise nomographisch darzustellen. Die nach ihrer Form verschiedenen Lösungen einer Aufgabe haben wir in theoretischer Hinsicht dadurch unter einheitlichem Gesichtspunkt betrachten können, daß wir sie sämtlich als Abbildungen einer einzigen, in einer Grundebene gelegenen Darstellung angesehen und entwickelt haben. Auf diesem Wege war es auch möglich, die besonderen Eigenschaften jeder speziellen Abbildung durch Vergleich mit denen anderer Darstellungen hervorzuheben. Dieses Ergebnis hat unmittelbar praktische Bedeutung: die Nomographie soll nicht Rechentafeln konstruieren, die einem Funktionstyp schlechthin eigentümlich sind, ihre wesentliche Aufgabe besteht vielmehr darin, die geeignete Darstellung unter Berücksichtigung der Bedingungen auszuwählen, die der sachliche Zusammenhang in der Ausdehnung und Struktur der Bereiche, ihrem Schwerpunkt, der Ablesegenauigkeit, der Reihenfolge und Wertigkeit der veränderlichen Größen in jedem einzelnen Falle besonders zum Ausdruck bringt. Ferner haben wir als wesentliches Moment den Zweck zu berücksichtigen, dem eine Rechentafel dienen soll. Handelt es sich darum, für eine vorübergehend benötigte Rechnung eine Hilfe zu schaffen, so wird ohne

Frage nur ein Tafeltyp herangezogen werden, der die Darstellung mit einfachsten Mitteln leistet und den geringsten Aufwand an zeichnerischer oder rechnerischer Nebenarbeit erforderlich macht. Anders liegen dagegen die Verhältnisse bei Nomogrammen, die ein für allemal entworfen werden. Tafeln, die im Betrieb Verwendung finden oder für einen größeren Kreis von Benutzern, vielleicht auch für die Hand des Nichtfachmannes bestimmt sind, bedürfen besonderer Durcharbeitung hinsichtlich ihres äußeren Aufbaues; keinesfalls darf hier die leichte Herstellbarkeit des Entwurfes bei der Auswahl leitend sein, vielmehr kommt es darauf an, die Benutzung der fertigen Darstellung besonders handlich zu gestalten. Einzelne Richtlinien seien nur kurz skizziert. Die Rechentafel soll möglichst wenig Beschriftung, nur die unbedingt notwendigen Angaben enthalten, jedoch müssen Bezifferungen und Benennungen klar hervortreten. Bei Anordnung der Teilungen ist darauf zu achten, daß sie während der Benutzung der Tafel vom „Rechner" nicht in größeren Abschnitten verdeckt werden müssen. In mehrteiligen Tafeln sollte die Zusammengehörigkeit von Teilungen durch gleichartige Beschriftung gekennzeichnet werden, ein Wechsel des Schlüssels schon in der Art der Zeichnung zum Ausdruck kommen. Jedenfalls handelt es sich darum, auch durch geeignete Gestaltung der Rechentafel eine größtmögliche Mechanisierung der Rechnung zu erreichen und alle Umstände zu vermeiden, welche die Aufmerksamkeit des Benutzers unnötig belasten. Man hat es unternommen, derartige **Hemmungen** psychologisch zu untersuchen; diese Fragen, an deren Bearbeitung u. a. **Ferner** einen wesentlichen Anteil hat, sind aber noch nicht hinreichend weit geklärt, so daß wir darauf verzichten müssen, hier weiter auf diesen Gegenstand einzugehen.

Anhang I.
Multiplikationstafel nach Lalanne.

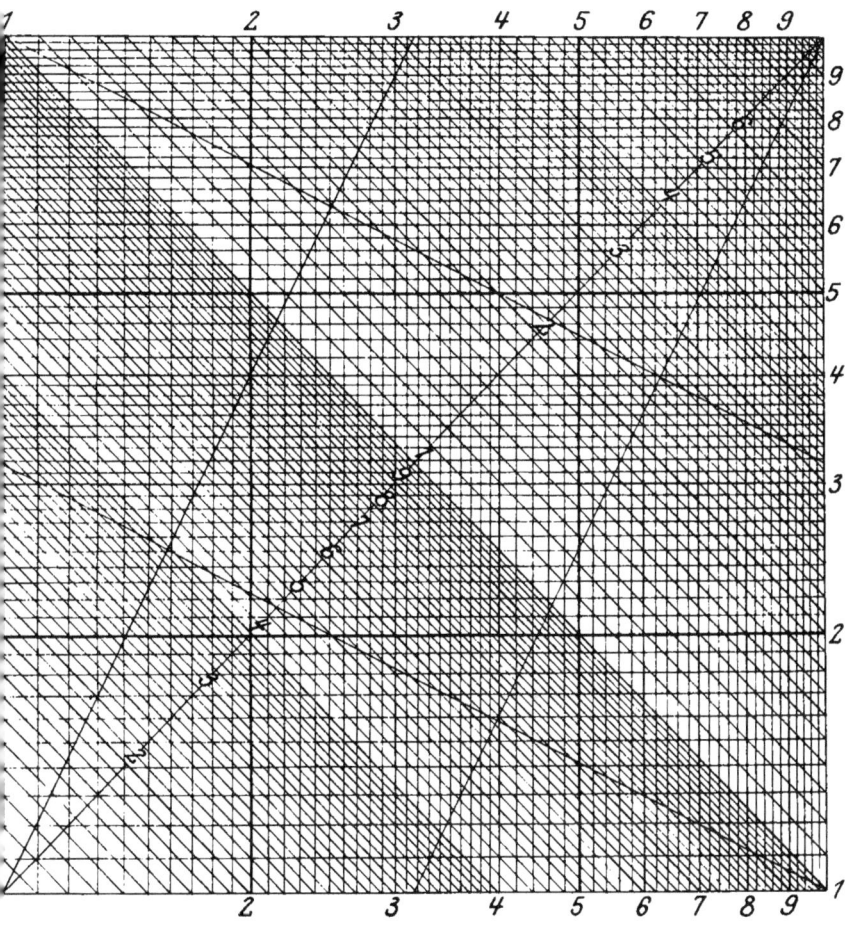

Abb. 135. Die von der unteren linken Ecke (1) nach der Mitte der oberen Seite (3,16) erlaufende Gerade dient zur Bildung der Quadrate; ihre Fortsetzung geht von der Mitte der unteren Seite (3,16) zur oberen rechten Ecke. (Überlagerung vgl. S. 7, Abb. 3.) Bei der Ablesung ist die Zehnerpotenz zu berücksichtigen.

Entsprechend stellen die schräg nach rechts unten verlaufenden Geraden die Werte $\dfrac{1}{\sqrt{x}}$ dar.

In zahlreichen Veröffentlichungen finden sich besondere Rechenlinien für die Funktionen $x^3, \sqrt[3]{x}$ usw.

Anhang II.

Zeicheneinheit E für reg α.

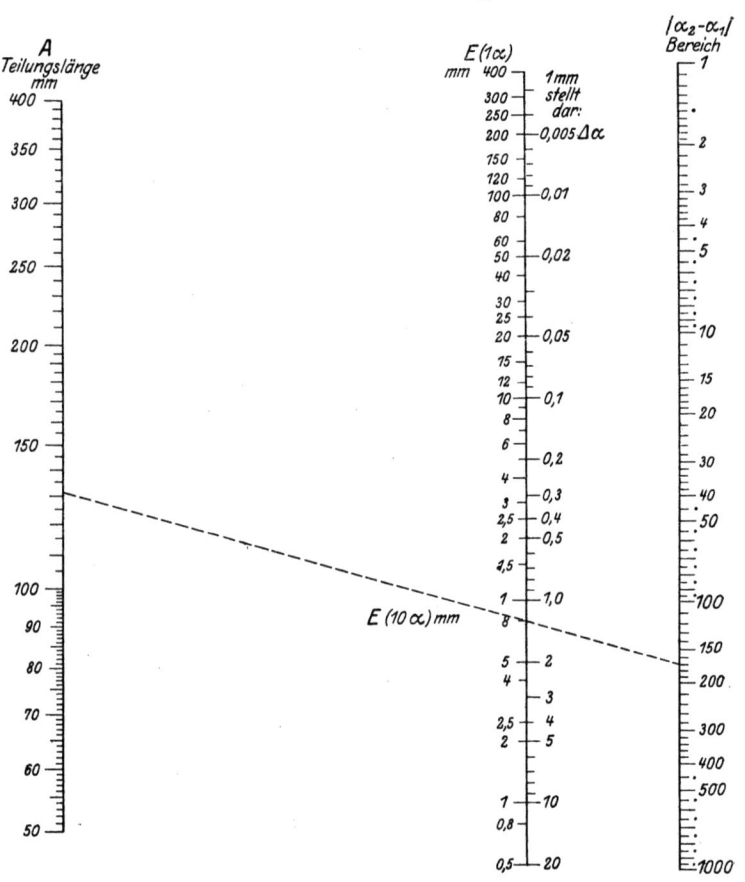

Abb. 136. Vgl. hierzu S. 4, 38 und 161.

Anhang III.
Zeicheneinheit E für $\log \alpha$.

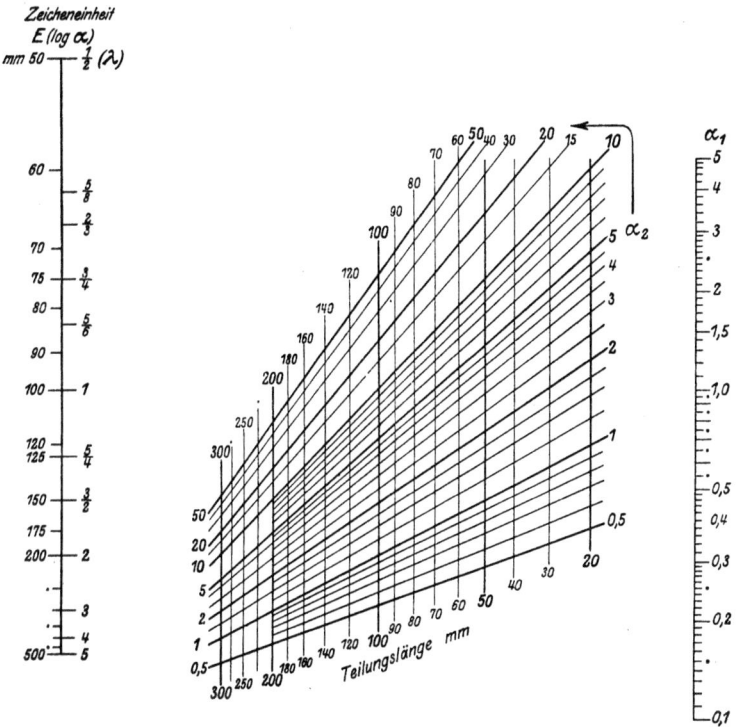

Abb. 137. Vgl. hierzu S. 67, 216 und 233.

Anhang IV.
Multiplikation von Determinanten.

$$\lambda \cdot \begin{vmatrix} a_{11} & a_{12} & a_{13} \\ a_{21} & a_{22} & a_{32} \\ a_{31} & a_{32} & a_{33} \end{vmatrix} = \begin{vmatrix} \lambda \cdot a_{11} & a_{12} & a_{13} \\ \lambda \cdot a_{21} & a_{22} & a_{23} \\ \lambda \cdot a_{31} & a_{32} & a_{33} \end{vmatrix}. \tag{291}$$

$$\begin{vmatrix} a_{11} & a_{12} & a_{13} \\ a_{21} & a_{22} & a_{23} \\ a_{31} & a_{32} & a_{33} \end{vmatrix} \cdot \begin{vmatrix} b_{11} & b_{12} & b_{13} \\ b_{21} & b_{22} & b_{23} \\ b_{31} & b_{32} & b_{33} \end{vmatrix} = $$
$$\begin{vmatrix} a_{11}b_{11}+a_{12}b_{12}+a_{13}b_{13}, & a_{11}b_{21}+a_{12}b_{22}+a_{13}b_{23}, & a_{11}b_{31}+a_{12}b_{32}+a_{13}b_{33} \\ a_{21}b_{11}+a_{22}b_{12}+a_{23}b_{13}, & a_{21}b_{21}+a_{22}b_{22}+a_{23}b_{23}, & a_{21}b_{31}+a_{22}b_{32}+a_{23}b_{33} \\ a_{31}b_{11}+a_{32}b_{12}+a_{33}b_{13}, & a_{31}b_{21}+a_{32}b_{22}+a_{33}b_{23}, & a_{31}b_{31}+a_{32}b_{32}+a_{33}b_{33} \end{vmatrix} \cdot \tag{292}$$

Anhang V.
Hinweise für die Lösungen der Aufgaben.
Zu § 10.

1. $E = 0,9$ mm. — **2.** $E(1 \text{ Stunde}) = 1$ mm, $E(1 \text{ mm Hg}) = 4$ mm. — **3.** Teilungslänge 200 mm; es werden die α-Bereiche $20 \cdot 0,01$ überlagert. — **4.** $\beta_1 = 4 \cdot \beta$. — **5.** Geglättete Werte: $\alpha_1 = 1$, $\lambda_1 = 1,5$, $\alpha_2 = 2$, $\lambda_2 = 2$, $\alpha_3 = 3$, $\lambda_3 = 4$, $\alpha_4 = 5$, $\lambda_4 = 8$, $\alpha_5 = 10$. — **6.** $\mathfrak{M}(\lambda) = \dfrac{1}{3 \cdot \alpha_1 \cdot \alpha_2}$. — **7.** $\mathfrak{M}(\lambda) = \dfrac{1}{n(n-2)(\alpha_2 - \alpha_1)} \cdot \left(\dfrac{1}{\alpha_1^{n-2}} - \dfrac{1}{\alpha_2^{n-2}} \right)$. — **8.** $\alpha = 1 \ldots 2$; $\mathfrak{M}(\lambda) = 1,5$. $\alpha = 2 \ldots 3$; $\mathfrak{M}(\lambda) = 2,5$. $\alpha = 3 \ldots 5$; $\mathfrak{M}(\lambda) = 4$. $\alpha = 5 \ldots 10$; $\mathfrak{M}(\lambda) = 7,5$. — **9.** Van Horn: Good Lighting Bd. 7, S. 234. 1912. $E(0,001 \text{ sec}) = 1$ mm, $E(1\%) = 1$ mm. Aus dem Anstieg A der Kurve folgt, daß $\varDelta\beta = \dfrac{A}{\lambda} \varDelta\alpha$ zwischen $500 \varDelta\alpha$ und $2000 \varDelta\alpha$ liegt. — **13.** H. Spoerry: Tables de tir graphiques pour l'artillerie de campagne. Revue d'art. (43). Bd. 86, S. 400–411. 1920. — **14.** $x(\alpha) = \sqrt{10\alpha - \alpha^2}$. — **15.** $y(\beta) = 5 \pm \sqrt{25 - \beta^2}$. Jeder Wert β wird zweimal dargestellt. — **16.** Kreis, Radius 120 mm. — **17.** Gerade $y = -0,9x + 90$ (mm). — **18.** Gerade $y = x$. — **19.** $y = \tfrac{5}{4} x$. — **20.** $y = -6x + 119,4$ (mm). Die Bereiche $\beta = 0,1 \ldots 1$, $1 \ldots 10$, $10 \ldots 100$ können überlagert werden. — **21.** $y = -2x + 50$ (mm). — **22.** Kreis $x^2 + y^2 = 250^2$. — **23.** $x = \alpha \cdot 30$ mm, $y = \beta \cdot 25$ mm; Kreis mit Radius 150 mm. Oder: $x = \alpha^2 \cdot 5$ mm, $y = \beta^2 \cdot 4$ mm; Gerade $y = -\dfrac{144}{125} x + 144$. — **24.** $x = \dfrac{100}{\alpha}$ mm, $y = \beta^2 \cdot 25$ mm; Gerade $y = x$. — **25.** $x = \text{reg } \alpha$; $y = \log \beta$. — **26.** $x = 100 \cdot \log \alpha$ mm, $y = 100 \log \beta$ mm; Gerade $y = 3,1 x - 12,5$ (mm). Überlagerung! — **27.** $x = \dfrac{300}{\alpha}$ mm, $y = \dfrac{1000}{\beta}$ mm. Unterdrückung des 0-Punktes. — **28.** $x = \sqrt{3\alpha} \cdot 30$ mm, $y = \beta \cdot 15$ mm. Kreis mit Radius $10 \cdot \sqrt{90} = 94,9$ mm. — **29.** $\omega = \dfrac{2\pi}{60} n = 0,1047 n$. — **30.** 1 PS $= 0,7355$ kW. — **32.** $x = (d + 0,2)^2$, $y = 5s$ oder $x = d + 0,2$, $y = \sqrt{5s}$. Verzifferung. — **33.** $y_1 = \log \beta \cdot 250$ mm, Bildkurve $y = x - 250 \cdot \log 2$ (mm), $y_2 = \log(1 - \gamma) \cdot 250$ mm, Bildkurve $y = x - 250 \cdot \log 2$ (mm). Die Teilung (γ) wird mit einer Grundleiter $\log z$ entworfen, die Bezifferung wird aber nach $\gamma = 1 - z$ vorgenommen; z. B. die Punkte $z = 0,95, \ldots, 0,25$ erhalten die Bezifferung $\gamma = 0,05, \ldots, 0,75$. — **34.** a) Rechteck. b) Der Bereich e ist durch i und w bestimmt: $e = 20 \ldots 1000$ Volt. c) Nur diejenigen Aufgaben $i = \dfrac{e}{w}$, deren Bildpunkte im Rechteck liegen, d. h. die auf das Ergebnis $i = 2 \ldots 10$ Amp. führen. — **35.** a) Trapez. — **36.** Aus $\beta = \dfrac{\gamma}{a}$ folgt, daß bei Konstanz von α die Werte β dem Parameter γ direkt proportional sind. Also erfolgt die Verdichtung zweckmäßig auf den Linien (α) durch regelmäßige Teilung. Im Gebiet $\beta > \alpha$ wird die Einschaltung regelmäßig auf den Linien (β) vorgenommen. — **37.** Auerbach: Physik S. 154, 4. — Genauere Werte: Phys. Z. Bd. 2, S. 88. 1901; Bd. 3, S. 165, 274. 1902; Ann. Physik Bd. 12, S. 31. 1903.

Zu § 17.

38. Die Θ-Folge ist fallend zu durchlaufen. $\alpha_1 = 3$, $\Theta_1 = 0,1$. $\alpha_2 = 4$, $\Theta_2 = 0,05$. $\alpha_3 = 6$, $\Theta_3 = 0,025$. $\alpha_4 = 7$, $\Theta_4 = 0,02$. — **39.** $\text{arc}\,\Theta_0 = 1 : 300$.

Hinweise für die Lösungen der Aufgaben.

($\Theta_0 = 10'$) $\Theta_1 = 20'$. $\alpha_2 = 50°$, $\Theta_2 = 30'$. $\alpha_3 = 70°$, $\Theta_3 = 1°$. $\alpha_4 = 80°$. —
40. a muß ein ganzes Vielfaches von Θ sein. — **41.** $\log\alpha_1 + \dfrac{1}{1-n}\log 2 = \log\alpha_2$. Äußere Teilungen: $100 \cdot \log\alpha_1$ mm und $\dfrac{30,1}{1-n}$ mm; mittlere Teilung: $50 \cdot \log\alpha_2$ mm. — **42.** $\log l_0 = -n \cdot \log\alpha + \log 10 \cdot \left|1 - \dfrac{1}{n}\right|$. Doppelt-logarithmisches Netz. Man berechne Folge: $10\left|1 - \dfrac{1}{n}\right|$. Die Geraden (n) werden mit Hilfe des numerisch abzulesenden Abschnittes $10\left|1 - \dfrac{1}{n}\right|$ auf der y-Achse und im Anstieg $-n$ eingezeichnet. Die Schar überdeckt das Blatt mehrfach. — **43.** Die y-Achse liegt sehr weit links, der Achsenabschnitt $\log\left(\dfrac{5}{p}\right)$ ist sehr groß. Wir stellen daher die Beziehung $\dfrac{z}{100}\mid n\mid = \dfrac{0{,}05}{p}$, $\log\dfrac{z}{100} + \log n = \log\dfrac{0{,}05}{p}$ dar. — **48.** Projektion der Leiter $e^{u\alpha}$. — **49.** Projektion der Leiter x^3. — **51.** $i = \dfrac{0{,}9}{W+5}$. Wertepaare $W = -5$, $i = \infty$; $W = \infty$, $i = 0$; $W = 5$, $i = 0{,}09$. — **52.** Vgl. Pirani und Miething: Z. f. Feinmechanik 1915, Nr. 7. Teilung (n) regulär. $E(0{,}01\,n) = 0{,}2$ mm, daher Teilungslänge 350 mm. Teilung reg (λ) auf Träger II in $E(1\,\mu\mu) = 1$ mm. Unterteilung zwischen 400 und 450 $\mu\mu$ auf 1 $\mu\mu$, dann auf 10 $\mu\mu$. — **53.** Bild- und Gegenstandsweite sind vertauschbar. $f = 105$ mm. — **54.** Wahl mehrerer Projektionszentren. — **55.** Vgl. Pirani: Internat. Z. f. Metallographie S. 297. 1913. — **56.** $p(\alpha) = \dfrac{-12\alpha + 8}{\alpha - 6}$. — **57.** $p(1 + \Theta) = 2(\log e) \cdot \dfrac{\Theta}{2+\Theta}$. — **58.** $p(\alpha) = \dfrac{3\alpha+4}{\alpha+4}$. — **59.** Teilungslänge $25\,l$. — **60.** $l = \dfrac{200\text{ mm}}{0{,}155 - (0{,}857 - 1)} \approx 670$ mm (Glätten!). $\Theta < 0{,}04\,\alpha$. Mindestens 20 Punkte. — **61.** Träger gleichseitige Hyperbel $x^2 - y^2 = 1$. — **62.** Ellipse $x^2 + 1{,}2xy + y^2 - y = 0$. Mittelpunkt $x_0 = -\tfrac{5}{16}$, $y_0 = \tfrac{25}{32}$. Hauptachse unter $135°$ gegen die positive x-Richtung geneigt. Halbachsen: $a = 2b$; $a = \tfrac{5}{16}\sqrt{10}$, $b = \tfrac{5}{32}\sqrt{10}$. Der Bereich $-\infty \cdots +\infty$ wird dargestellt. Erzeugende Schar $y = \dfrac{1}{a\alpha}x$. — **63.** Parabel $y^2 = 4x$. Erzeugende Schar $y = \dfrac{1}{2\alpha}x$. Zeicheneinheit $l > 100$ mm. — **64.** Kreisschar $x^2 + y^2 = \dfrac{1}{1+a^2\alpha^2}$. Schar der Koordinatenlinien $x = \dfrac{a\alpha}{1+a^2\alpha^2}$, nur im Bereiche $\alpha = 0 \cdots \tfrac{1}{3}$ und $\alpha = \tfrac{5}{2} \cdots \infty$. Schar der Linien $y = \dfrac{1}{1+a^2\alpha^2}$ im Bereiche $\alpha = \tfrac{1}{3} \cdots \tfrac{5}{2}$.

Zu § 23.

65. $\mathsf{M} = -8xy$. Gebiet E etwa erster Quadrant. Alle Kegelschnitte $Ax^2 + By^2 = 1$ werden gestreckt. Die Koordinatenlinien bleiben in ihrer Paralleleneigenschaft invariant. Die Geraden $y = c \cdot x$ gehen in die Bildgeraden $\eta = \dfrac{1-c^2}{1+c^2}\xi$ über. — **68.** $\xi = \dfrac{3x+2y-2}{2x+2y-1}$; $\eta = \dfrac{2x+3y-2}{2x+2y-1}$. $x \to \infty$ ergibt $\xi \to 1{,}5$, $\eta \to 1$. Bei $y \to \infty$ folgt $\xi \to 1$, $\eta \to 1{,}5$. — **69.** $\xi = \dfrac{3x-6y}{-x+y+1}$, $\eta = \dfrac{3x-3y}{-x+y+1}$. Charakteristische Gleichung

$\begin{vmatrix} 3-\nu & -6 & 0 \\ 3 & -3-\nu & 0 \\ 1 & 1 & 1-\nu \end{vmatrix} = 0$, d. h. $(\nu - 1) \cdot (\nu^2 + 9) = 0$. Nur $\nu_1 = 1$ reell.
Es bleibt nur der 0-Punkt invariant. Die Gerade $u = -\frac{1}{16}$, $v = \frac{2}{5}$, d. h. $y = \frac{1}{4}x - \frac{5}{2}$ bleibt als Träger fest. Das Bild der uneigentlichen Geraden verläuft parallel zur ξ-Achse im Abstande -3. — **70.** Wurzeln der charakteristischen Gleichung $\lambda_1 = 2$, $\lambda_2 = \lambda_3 = 3$. Aus λ_1 folgt, daß die Gerade $x + y = 1$ fest bleibt; $\lambda_{2,3}$ führt auf alle Strahlen durch den Punkt $(1, 1)$. Daher sind auch alle Punkte der Geraden $x + y = 1$ fest. Hierauf beruht die Konstruktion. — **71.** $|A| = \begin{vmatrix} 0 & 0 & -1 \\ 0 & -1 & 0 \\ -1 & 0 & 0 \end{vmatrix}$. Linien (x): Paralleleninvarianz. Linien (y): Träger $\xi = 0$, $\eta = 0$. Bild des 0-Punktes uneigentlich auf $\eta = 0$. Bild der Schar (z): $\eta = z$. — **72.** $\begin{pmatrix} a & 0 & a \\ a & a & a \\ a & 0 & a \end{pmatrix}$. **73.** $\begin{pmatrix} a & a & a \\ 0 & a & a \\ 0 & a & a \end{pmatrix}$.
74. $a_{31} = a_{32}$. **75.** Konchoide: für $c = a$. Kreis $\xi^2 + \eta^2 = a^2$. Versiera: für $c = a$ Kreis $\xi^2 + \eta^2 = a\eta$. — **76.** Ellipse $\xi^2 b^2 + \eta^2 a^2 = a^2 b^2$. — Die Abbildungsgleichungen enthalten die Konstanten der Kurve.

Zu § 33.

77. Vgl. S. 112. $\pm \varDelta\gamma \approx 0{,}03 \cdot s \cdot \sqrt{1 + p^2}$. — **78.** Konzentrische Kreisschar; $\pm \varDelta\gamma = \frac{s}{l}\sqrt{1 + p^2}$. — **79.** Kreise $x^2 + y^2 + y\frac{2\varrho^2}{a} + \left(\frac{1}{a^2}\varrho^4 - \varrho^2\right) = 0$.
Hüllkurve: $ay = \frac{a^2}{4} - x^2$. — **83.** Schar (α): $\xi = \frac{1}{2}$, $\eta = \frac{1}{2}$. — $\frac{1}{V} = \frac{1}{2}\alpha$.
Schar (β): $\xi = \frac{1}{2}$, $\eta = 0$. — $\frac{1}{V} = \frac{1}{2}\beta$. Schar (γ): — $\frac{1}{U} = \frac{z}{2(z-1)}$, — $\frac{1}{V} = \frac{z^2}{2z-1}$. — **84.** Vgl. S. 141. — **86.** $U(R) = \frac{-200}{R^2(10-R)}$, $V(R) = \frac{3R-10}{10-R}$. $U(\varrho) = 0$, $V(\varrho) = -\frac{9\pi\varrho - 40}{3\pi\varrho - 40}$. — **87.** Vgl. ETZ., Bd. 8, S. 66. 1887. Ferner Auerbach: Physik, S. 140,4. — **88.** $\frac{\partial F}{\partial \alpha} : \frac{\partial F}{\partial \gamma} = -\frac{1}{\alpha^2} \cdot \gamma^2 \cdot f(\beta)$; $\xi' = \frac{1}{\alpha^2}$.
$\xi = -\frac{1}{\alpha}$; $\eta' = \frac{1}{\gamma^2}$, $\eta = -\frac{1}{\gamma}$. — **90.** Netz: $x = 4 \cdot \sin^2 \beta$, $y = 1 \cdot \operatorname{tg}^2 \alpha$.
Schar (m): $y = -\frac{1+m^2}{4}x + m^2$; Träger $x = 4$, $y = -1$. Schar (φ): $y(x - 4\sin^2 \varphi) + x \cos^2 \varphi = 0$, Hyperbeln, Ort der Mittelpunkte Gerade $y_0 = \frac{1}{4}x_0 - 1$, Ort der Scheitelpunkte Ellipse $\frac{(x-2)^2}{5} + \frac{(y+\frac{1}{2})^2}{\frac{5}{4}} = 1$. —
91. Netz: $x = \frac{1}{R_1}$, $y = \frac{1}{R_2}$. Vgl. hierzu: Casorati: Acta math. Bd. 14, S. 95. 1890/91; Crelles J. Bd. 7. 1831. — d'Ocagne: Détérm. du rayon de courbure en coordonnées parallèles ponctuelles Brüssel. 1891. — **92.** $\gamma = \alpha \cdot \beta$. Die Schnittverhältnisse in einem Bildpunkt $(\alpha\beta)$ sind überall ein Optimum. — **94.** Benutzung der Gaußschen Additionslogarithmen. In üblicher Bezeichnungsweise: $\log t = A$, $\log(1+t) = B$; $\mathfrak{x} = A$, $\mathfrak{y} = B - A$. — **96.** Rechenlinie: $\xi = \frac{1}{2}\log\left(1 + \frac{1}{t}\right)$, $\eta = -\frac{1}{2}\log t$. — **97.** Rechenlinie: $\xi = \frac{1}{2}\log(1-t)$, $\eta = \frac{1}{2}\log t$.

Hinweise für die Lösungen der Aufgaben.

99. $x_1 = \log \alpha$, $y_1 = y_1(\beta)$; $\xi = \log f(t)$; $t = F\left(\dfrac{\gamma}{\alpha}\right)$.
$x_2 = \log \gamma$, $y_2 = y_2(\delta)$; $\eta = g(t)$; $t = G[y_2(\delta) - y_1(\beta)]$.
100. $(\gamma - \alpha)(\delta - \beta) = c$. — **101.** $x = \log p$, $y = \log V$. Schar der Rechenlinien $\eta = - n \cdot \xi$. — **102.** Vgl. C. Reuschle. Stuttgart 1885. Elementare Ableitung: $x^3 + ax^2 + bx + c = 0$; $x \cdot y = - c$, wenn $y = x^2 + ax + b$. — **104.** $\left(\dfrac{\gamma}{\alpha}\right)^n + \left(\dfrac{\alpha}{\beta}\right)^{-n} = 1$; $F\left(\dfrac{\gamma}{\alpha}\right) = t = \left(\dfrac{\gamma}{\alpha}\right)^n$,
$\dfrac{\gamma}{\alpha} = f(t) = t^{\frac{1}{n}}$; entsprechend $g(t) = (1-t)^{-\frac{1}{n}}$; daher

$$\xi = \log f(t) = \frac{1}{n} \log t, \quad \eta = \log g(t) = - \frac{1}{n} \log(1-t).$$

Zu § 42.
105. $x_1 = 0$, $y_1 = l \cdot \log \sigma$; $x_2 = 2m$, $y_2 = \frac{1}{3} l \cdot \log R$; $x_3 = 3m$, $y_3 = - l \cdot \log d + \text{const}$. Anordnung der Leitern nach Methode des Beispiels. — **107.** $x_3 = \dfrac{2n}{2n+1} d$. Projektive Konstruktion. Vgl. Ingenieur-Ztg. Bd. 14, H. 1. 1921. — **108.** Vgl. Pirani: S. 97. — **109.** Vgl. Pirani: Verhandl. d. D. Phys. Ges. XII, Nr. 24, S. 1054—1058. 1910. —
110. $x_1 = 0$, $y_1 = \dfrac{l \cdot \log 2}{1-l}$ (projektive Konstruktion); $x_2 = 2 \cdot m$, $y_2 = l \cdot \log \alpha_1$; $x_3 = 1 \cdot m$, $y_3 = \frac{1}{2} l \cdot \log \alpha_2$. Der Träger (n) ist zwischen $n = +10$ und $n = -10$ zu unterbrechen. Günstige Anordnung, wenn auf horizontaler Bezugslinie die Punkte $n \approx 2{,}5$, $\alpha_2 \approx 0{,}6$, $\alpha_1 = 1$ liegen. — **111.** $P = p(100-p)$. Ansatz: $x_1 = 0$, $y_1 = -l \cdot \log m$; $x_2 = -1$, $y_2 = + \log N$; $x_3 = +1$, $y_3 = -l \cdot \log P$. Vgl. hierzu die Darstellung, die Verf. in Just: Vererbungslehre. Freiburg 1923, gegeben hat. — **113.** $a_{22} = 0$, $a_{11} = a_{21} + a_{23}$. —
114. $\xi_1 = 0$, $\eta_1 = \dfrac{1}{1{,}2 - a \cdot \alpha}$; $\xi_2 = \dfrac{1}{1 - a^2 \beta}$, $\eta_2 = 0$. Träger (γ) und Teilung siehe Lösung **62** (Vertauschung der Achsen!). — **115.** $\begin{pmatrix} 1 & 0 & 0 \\ 0 & a & 0 \\ 1 & 2a & a^2 \end{pmatrix}$.
Man wählt zwei verschiedene Werte a, etwa $a = +1$ und $a = -1$, und ordnet auf allen Trägern dementsprechend zwei Teilungen an; dadurch wird der Anwendungsbereich der Darstellung wesentlich erweitert. — **116.** Darstellung mit parallelen Trägern nach Art der Abb. 94. Ansatz (203). — **119.** Z. B. $x_1 = 0$, $y_1 = 1 - 2\cos^2\varphi$; $x_2 = 1$, $y_2 = n^4$; $x_3 = \dfrac{1}{1 + 2m^2}$, $y_3 = \dfrac{1 + m^4}{1 + 2m^2}$. Hyperbel: $5x^2 - 4xy - 2x + 1 = 0$. Vertauschung von m und n ergibt ψ. Der Träger (φ) wird mit einer Teilung $\operatorname{tg}\varphi$ bzw. $\operatorname{ctg}\psi$ versehen. — Leitertafel für $m^2 + n^2 + 1 = \dfrac{2}{a}$:
$x_1 = 0$, $y_1 = m^2$; $x_2 = 2$, $y_2 = n^2$; $x_3 = 1$, $y_3 = \dfrac{1}{a^2} - \dfrac{1}{2}$; $a = 0{,}80 \ldots 0{,}98$. —

120. Z. B. $\begin{vmatrix} 0 & 4\cos^2\varphi & 1 \\ 1 & n^4 & 1 \\ \dfrac{1}{1-m^2} & 1-m^2 & 1 \end{vmatrix} \cdot \begin{vmatrix} a & 0 & 0 \\ ab & 0 & 1 \\ a + ab^2 & \dfrac{1}{a} & 2b \end{vmatrix}$. **123.** Umformung: $\mu = \dfrac{\sin \alpha}{\operatorname{ctg}\gamma_0 - \cos \alpha}$. — **124.** Doppelte Bezifferung der W-Leiter. —
126. Die Schlüsselgleichung geht in die Form über: $\dfrac{1}{y_1^2} - \dfrac{2}{y_1} = \dfrac{1 - y_2 - y_3}{y_2 \cdot y_3}$.

$= F_2(\beta) \cdot F_3(\gamma) - 1$. Soll der Typus $F_1(\alpha) = F_2(\beta) \cdot F_3(\gamma)$ hergestellt werden, so muß $\dfrac{1}{y_1^2} - \dfrac{2}{y_1} = F_1(\alpha) - 1$; $y_1 = \dfrac{1 \pm \sqrt{F_1(\alpha)}}{1 - F_1(\alpha)}$. — **128.** Multiplikationsform $\alpha \cdot \beta = t$ mit regulärer Leiter (t), § 34, (192). $t = \gamma + \delta$. — **131.** $\beta \cdot \log\alpha = \log t$; $\log t = c \log \gamma + d \cdot \log \delta$ (s. **128**). — **134.** Z. B. $\operatorname{tg} 2\alpha = \left(\dfrac{2M}{1 - M^2}\right) \cdot \sin\varphi$, $\mathfrak{Tg} 2\beta = \left(\dfrac{2M}{1 + M^2}\right) \cdot \cos\varphi$. Vgl. Mitt. d. Telegr.-techn. Reichsamtes Bd. 9, S. 333. — **135.** $\operatorname{Log}(\alpha + i\beta) = \ln\left|\sqrt{\alpha^2 + \beta^2}\right| + i \cdot \operatorname{arctg}\dfrac{\beta}{\alpha}$, also $A = \ln\sqrt{\alpha^2 + \beta^2}$, $\operatorname{tg} B = \dfrac{\beta}{\alpha}$; $\dfrac{\beta^2}{\alpha^2} = n$. Darstellung: $e^{2A} = \alpha^2(1 + n)$, $\beta^2 = \alpha^2 \cdot n$. Die Leiter $\log e^{2A}$ wird regulär. — **136.** Zur ersten von Mehmke angegebenen Lösung vgl. Pirani S. 105. —

$$H = \dfrac{10^6 \cdot z}{z^3 \cdot \left(\dfrac{x^2}{z^2} + 1\right)^{\frac{3}{2}}}; \quad \dfrac{z^2 \cdot H}{10^6} = \left(\dfrac{x^2}{z^2} + 1\right)^{-\frac{3}{2}}; \quad \dfrac{x^2}{z^2} = t; \quad \dfrac{10^4}{H^{\frac{2}{3}} \cdot z^{\frac{4}{3}}} = t + 1.$$

137. Hak: Z. ang. Math. Mechanik Bd. 1, S. 156, 1921; Reiche: Anlage und Betrieb von Dampfkesseln. S. 57. Leipzig 1888. — **138.** $A = \mathfrak{Cof}\,\alpha \cdot \cos\beta$; $B = \mathfrak{Sin}\,\alpha \cdot \sin\beta$. Vgl. den Ansatz: $B^2 = \dfrac{-A^2 + \mathfrak{Cof}^2\alpha}{\mathfrak{Ctg}^2\alpha} = \dfrac{+A^2 - \cos^2\beta}{\operatorname{ctg}^2\beta}$. — **145.** $\cos\alpha = \dfrac{\cos a - \cos b \cos c}{\sin b \cdot \sin c}$. Kegelschnitt: $x^2 \cdot \cos^2\delta\,(1 - l^2\sin^2\delta) - 2x\cos^2\delta + y^2\sin^2\delta + \cos^2\delta = 0$, $\delta = b$ bzw. $= c$, eine Schar. Ellipsen, wenn $\sin^2\delta < \dfrac{1}{l^2}$, Parabel, wenn $\sin^2\delta = \dfrac{1}{l^2}$ Hyperbeln, wenn $\sin^2\delta > \dfrac{1}{l^2}$. — $x_3 = \dfrac{1}{1 - l \cdot \sin b \cdot \sin c}$; wenn $l < 0$, liegen die bezifferten Netzpunkte im Parallelstreifen zwischen den Leitern (a) und (α); $l = -1$ bewirkt Darstellung, die nur Ellipsen enthält. — Entwurf von Collignon. Vgl. hierzu die Darstellungen von W. Eitel: Z. Krist. Bd. 56, S. 581, Nr. 6. 1922. — **146.** I. $x_3 = \dfrac{1}{1 + x}$, $y_3 \cdot x_3^2 = (1 - x_3^2) \cdot (1 - x + \alpha x)$. Entwurf von d'Ocagne. II. Entwurf von Mehmke. —

Zu § 48.

147. Träger der Strahlenschar ist der 0-Punkt, sein Bild wird die uneigentliche Gerade $u = 0$, $v = 0$; die Teilung (β) existiert nicht. — **149.** Schar (α): $y = \operatorname{tg}\dfrac{\gamma}{2}$. Schar β): $y = -\dfrac{1}{\sin\beta}x - \operatorname{ctg}\beta$. — **150.** Der Träger (ϱ) wird geradlinig, die Teilungen (R) und (r) liegen auf demselben (krummen) Träger; Typus der Abb. 30. — **151.** Reguläre, parallele Teilungen (λ) und $(\%)$.

Anhang VI.

Literatur.

Konorski, B. M.: Die Grundlagen der Nomographie. Berlin: Julius Springer 1923. (Behandelt im wesentlichen Fluchtlinientafeln, gibt eine ausführliche Entwicklung des typenbildenden Verfahrens. Beispiele aus Anwendungsgebieten werden vermieden.)

Krauss, F.: Die Nomographie oder Fluchtlinienkunst. Berlin: Julius Springer 1922. (Einführung.)

Lacmann, O.: Die Herstellung gezeichneter Rechentafeln. Berlin: Julius Springer 1923. (Ausführliche Gliederung nach Funktionstypen. Zahlreiche Beispiele, ausschließlich aus dem Gebiete der Hydraulik.)
Luckey, P.: Einführung in die Nomographie. (Math.-phys. Bibl.) Leipzig und Berlin: 1918, 1920.
Mandl, J.: Graphische Darstellung von mathematischen Formeln. Wien 1902. (Konsequente Benutzung kartesischer Koordinaten.)
Mehmke, R.: Numerisches Rechnen. Bericht in der Enzyklopädie der mathematischen Wissenschaften Bd. 1.
Derselbe: Leitfaden zum graphischen Rechnen. (Samml. math.-phys. Lehrbücher Bd. 19.) Leipzig und Berlin 1917. (Keine Darstellung der Nomographie im engeren Sinne, jedoch ausführliche Untersuchung des logarithmischen Funktionsnetzes.)
Pirani, M. v.: Graphische Darstellung in Wissenschaft und Technik. Berlin und Leipzig 1. Aufl. 1914. (Einführung. Zahlreiche Hinweise für die Praxis. Beispiele aus der Physik, Mechanik und Elektrotechnik.)
Runge, C.: Graphische Methoden. (2. Auflage.) Kapitel II. Leipzig und Berlin 1919.
Schilling, F.: Über die Nomographie von M. d'Ocagne. Leipzig 1900. 2. Auflage Leipzig und Berlin 1917.
Schreiber, P.: Grundzüge einer Flächennomographie. Braunschweig 1921. (Behandelt im wesentlichen Logarithmenpapiere und andere vorgedruckte Funktionsnetze. Beispiele aus der Meteorologie.)
Vogler, Ch. A.: Anleitung zum Entwerfen graphischer Tafeln. Berlin 1877. (Netztafeln. Beispiele aus der niederen Geodäsie.)
Werkmeister, P.: Das Entwerfen von graphischen Rechentafeln. (Nomographie.) Berlin: Julius Springer 1923. (Gliederung nach Tafelformen.)

d'Ocagne, M.: Traité de nomographie. Paris 1921; — Calcule graphique. Paris 1914; — Principes usuels de nomographie. Paris 1920.
Pesci, G.: Cenni di Nomografia. Livorno 1901.
Ricci: La Nomografia. Rom 1901.
Seco de la Garza, R.: Les nomogrammes de l'ingenieur. Paris 1912.
Soreau, R.: Nomographie. 2 Bde. Paris 1921.

Reichhaltiges Übungsmaterial enthalten:

Auerbach, F.: Physik in graphischen Darstellungen. Leipzig u. Berlin 1912.
Grosse, W.: Graphische Papiere. Düren 1917.

Hinsichtlich der mathematischen Grundlagen sei auf folgende Werke verwiesen:

Egerer, H.: Ingenieur-Mathematik. (Bd. I: Determinanten, analytische Geometrie; Bd. II: Differentialrechnung.) Berlin: Julius Springer 1921/22.
Ludwig, W.: Lehrbuch der darstellenden Geometrie, I. Teil. Berlin: Julius Springer 1919.
Scheffers, G.: Lehrbuch der darstellenden Geometrie. Bd. I, 1922. Berlin: Julius Springer 1922.

Bezeichnungen.

Soweit es sich nicht um Beispiele aus Anwendungsgebieten handelt, finden die folgenden Bezeichnungen Verwendung:

$a, b, c, \ldots$	konstante Größen,
$\alpha, \beta, \gamma, \ldots$	veränderliche Größen,
(a)	Matrix einer projektiven Verzerrung oder dualen Abbildung,
$a_{11}, \ldots a_{i,k}$	Elemente einer projektiven Verzerrung oder dualen Abbildung,
(A)	adjungierte Matrix,
$A_{11}, \ldots A_{i,k}$	Elemente der adjungierten Matrix,
$\lvert a \rvert, \lvert A \rvert$	Determinanten,
a_{ik}, A_{ik}	wesentlich von Null verschiedenes Element,
D	Determinante einer projektiven Funktion,
$E(\alpha)$	Zeicheneinheit der Veränderlichen α,
$E(\log \alpha)$	Zeicheneinheit der Funktion $\log \alpha$,
e	metrische Einheit (§ 2), Bildebene (§ 45),
E	Grundebene,
E	Bildebene,
l, m	Zeicheneinheiten, freie Parameter,
λ, μ	Maßstäbe,
M	Funktionaldeterminante,
n	Anzahlbezeichnung, Exponent,
$\mathrm{proj}(\alpha)$	projektive Funktion, Teilung,
$\mathrm{reg}(\alpha)$	regelmäßige Teilung,
s	Schwelle,
t	Teilungsintervall (§ 11), Hilfsveränderliche (§ 32, 38),
Θ, ϑ	Schritt,
$\left.\begin{array}{l} x, y \\ X, Y \\ \xi, \eta \\ \mathfrak{x}, \mathfrak{y} \end{array}\right\}$	Punktkoordinaten,
$\left.\begin{array}{l} u, v, \\ U, V, \end{array}\right\}$	Linienkoordinaten.

Bei Verzerrung beziehen sich

x, y, u, v	auf die Grundebene,
ξ, η, U, V	auf die Bildebene,

bei dualer Abbildung

X, Y, U, V	auf die Grundebene,
x, y, u, v	auf die Bildebene.
z	veränderliche Größe.

Kurvenschar (α) bedeutet: die Schar ist nach α beziffert; Entsprechendes gilt für Leiter (α), Teilung (α), Träger (α).

Zur Ersparnis von Symbolen wird das Funktionszeichen häufig wie folgt geschrieben: statt $x = f(\xi)$ kurz $x = x(\xi)$, entsprechend $\xi(\alpha), x(\alpha, \beta)$.

Sachverzeichnis.

Die Zahlen beziehen sich auf Seitenangaben.

abaque, Rechentafel, s. d.
— à alignment, Fluchtlinientafel, s. d.
— à double alignement parallèle Paralleltafel 244.
— à équerre (Goedseels), Quadrattafel 243.
— cartésien, Netztafel mit parallelen und senkrechten Geradenscharen (Millimeterpapier).
Abbildung (s. auch Verzerrung) 11, 75 ff.
—, affine 41, 93, 94, 160.
—, duale 219 ff. (s. auch Dualität).
—, von Gebieten 204.
—, konforme 77, 249.
—, perspektivische 60, 90.
—, projektive 91 ff., 181, 226.
—, stereographische 248.
Abbildung, Determinante der — 78.
Abbildungsmatrix 102.
Abbildungssätze für duale Abbildung 229.
abgeleitete Teilung 50.
Ablesevorrichtung bzw. Ablesekurve.
—, bewegliche 154, 241 ff.
—, Dreistrahl 242.
—, Faden 36.
—, Kreis 245.
—, Lineal 36.
—, rechter Winkel 243.
—, Schablone 154.
Ablesung 4, 14.
— auf Funktionsleitern 47.
— auf Potenzleitern 56.
— auf logarithmischen Leitern 69.
— auf krummlinigen Leitern 72.
Additionskurve 154.
Additionslogarithmen 154, 198.
adjungierte Determinante 88.
affin 41, 93, 94, 160.
Agnesische Kurve 103.
alignements multiples, Verwendung von Zapfenlinien s. d.
Anamorphose, Verzerrung 96.
Astrolabien 39.

Ausgleichung (s. auch Glättung und Streckung).
— in Funktionsnetzen 82 ff.
— in Leitertafeln 235.
Axonometrie 26, 157, 217.

Begleitwert 164, 194, 206.
Beispiel, Methode des —s 162, 165.
Belegungen einer Ebene 14, 116, 129, 253.
Bereich 4.
—, bevorzugter 54.
bewegliche Rechenlinien 152.
— Ablesevorrichtung 154, 241 ff.
Bezifferung 39.
— nach α 28.
—, Änderung der, s. Verzifferung.
Bezugslinie 162.
Brauersche Konstruktion 50.
Brechung einer Teilung 5.
Bildteil (duale) 226.
— (verzerrte) 75.
Bild einer Darstellung 11.
Bild einer Zahl
—, Linie 13, 29.
—, Punkt 2, 5, 158, 210.
—, Strecke 2.
Bildpunkt einer Figur 145.
— einer Gleichung 129.
— eines Wertepaares 210.
—, wahrscheinlichster 235.
Bildrichtung 81.

cartes réduites, verzerrte Landkarten 41.
Cauchys Determinantensatz 89.
charakteristische Gleichung 96.
charnière, Zapfenlinie 164.
Cheneviertafel 108, 112, 114, 151, 152, 223.
Collignons Tafel 41, 218 (Aufgabe 145).
coter, beziffern.
courbe en t, Parameterdarstellung einer Kurve nach t (s. da.)
Cramerscher Satz 88.

Crépintafel 109, 112, 114, 137, 151, 221.
curve fitting, s. Ausgleichung.

Determinante der Abbildung 78.
— der dualen Abbildung 226.
— der projektiven Verzerrung 91, 140, 175.
—, adjungierte 88.
— der projektiven Leiter 57.
Determinantensätze 87 ff., Anhang IV.
Dispersionsnetz 85, 153, 235.
Doppelleiter 14, 25.
Doppelskala, Doppelleiter 14, 25.
Doppelstrahlentafel 117 ff.
Doppel-Zeigerinstrument 123 ff.
Dreiecksnetz 144, 241.
Dualität, allgemeine 226 ff.
— von Pol und Polare 228.
—, spezielle 219, 222, 225.

échelle, Leiter, s. da.
— binaire, Paarleiter, s. da.
— dérivée $f(g)$, abgeleitete Teilung der f-Leiter.
— fonctionelle, Funktionsleiter.
— homographique, projektive Leiter von α.
— isograde, gleichmäßige Teilung. Die Teilungsintervalle sind längs der Leiter gleichbleibend, die Schritte des Argumentes ändern sich.
— métrique, regelmäßige Teilung reg α.
— projective, projektive Leiter von $f(\alpha)$.
— transformée, $g(f)$, vgl. échelle dérivée.
échelles accolées, Doppelleiter.
échelon, Schritt 3, 45.
Eichung einer Versuchsreihe 65, 74.
Eingangsfehler 104.
Einschätzung innerhalb des Intervalls, s. Interpolation.
Einschaltung von Teilungspunkten, s. Interpolation.
Ellipse 21.
— als Gleitkurve 184, 207.
— als Teilungsträger 182, 192.
empirische Funktionen
— in Netztafeln 81 ff., 154, 224.
— in Leitertafeln 233 ff.

étalon de graduation, Grundleiter 53, 67.

Farbendreieck 144.
Fehlertheorie 81 ff., 103 ff., 235.
Fluchtlinie 36.
Fluchtlinientafeln 36, 42, 159 ff.
Fürles Rechenblätter 249.
— Strahlentafel 110, 137.
Funktionaldeterminante 78.
Funktionen, empirische 81 ff., 154, 224, 233 ff.
Funktionsleiter 44—75.
—, abgeleitete 50.
—, Ablesefehler 47.
—, konstruktive Herstellung 15.
—, rechnerische Herstellung 16, 25.
—, variable 209.
Funktionsnetz 18.

Gebiete als graphische Darstellungen 129.
Gebietsverzerrungen, projektive 204.
Genauigkeit von Zahlenangaben 4, 14.
— in Netztafeln 103 ff.
— in Strahlentafeln 112.
geometrische Reihe 50.
— Verzerrung 76, 135.
geometrisch verzerrtes Netz, Ausgleichung 84.
—, duale Abbildung 229.
Gewicht 85, 87, 235.
Glättung (s. auch Streckung) von Kegelschnitten 99, 101.
Gleichung, charakteristische 96.
—, quadratische 128, 178, 231.
Gleitkurve 130, 138, 199, 210, 228.
Gleitkurventafel 206 ff.
goniometrischer Ansatz 141, 187.
Grenzfehler 105.
Grundebene 75, 226.
Grundleiter 53, 67.
Gültigkeitsbereich einer Funktion 61.
Gunterskalen 41.

Hartmannsches Netz 85, 153, 235.
Hexagonaltafeln 242.
van 'tHoffsches Dreieck 144.
Hohlspiegel 92, 114.
Hyperbel, Glättung 97, 99.
— als Gleitkurve 142.
— als Teilungsträger 179, 188, 232.
Hyperbeltafel 30, 44, 107, 237.

Index de la lecture, Ablesevorrichtung, s. da.
indicateur (Lallemand), Ablesekurve, s. da.
Interpolation 47ff., 63.
Intervall 3, 45.
invariante Gerade 95.
— Parallelschar 93.
— Punkte 96.
isometrisches Netz 136.
Isoplethen, bezifferte Elemente, Punkte oder Kurven.

Jacobischer Satz der adjungierten Determinanten 89, 227.
— der Funktionaldeterminanten 80, 87.

Kegelschnitt als Bezugselement einer dualen Abbildung 222ff., 228.
— als Gleitkurve 130, 141, 207.
—, Streckung 97—102.
— als Teilungsträger 71, 178—184, 192, 232.
Kollineationszentrum 59, 61.
komplementäre Unterdeterminante 88.
Konchoide 103.
konforme Abbildung 77, 249.
Konstruktion, Brauersche 50.
— einer Kurvenschar 31, 115.
—, Mehmkes 82.
—, Piranis 32.
— von Tangenten einer Gleitkurve 201.
Koordinatenbegriff 250.
Kreis als Bezugselement einer dualen Abbildung 224.
— als Gleitkurve 130.
Kreistafeln 245ff.
Kreisteilung, regelmäßige 71.
—, stereographische 71.
Kretschmersche Tafel mit reduzierten Zeicheneinheiten 164.
Kreuzkurven (Pirani) 32.
Krümmungsmaß 157.
Kurven (α) 13.
Kurvenskalen (Werkmeister), bezifferte Kurvenschar.

Lalanne-Tafel 38, 41, 105, 122, 137, 144, 151, 221, 224, 237, 253.
Leitertafeln 35ff., 158ff.
—, Ausgleichung in — 235.

Leitertafeln, mehrteilige 188ff.
—, vereinigte Netz- und — 208, 233.
Leiter (s. auch Teilung).
—, variable 209.
Lichtpausen 175.
Linienkoordinaten 93.
Logarithmenpapier 20, 49, 67, 81, 84, 106, 126, 154.
—, Ablesegenauigkeit 106.
—, Ausgleichung 85.
—, Determinante 80.
—, projektive Verzerrung 94.
—, Winkelverzerrung 81.
logarithmische Leiter 16, 46, 66ff.
— Spirale 124.

Mäandertafel (Lacmann), mehrteilige Netztafel 148.
Manteb (Schreiber), Mantissenbereich der logarithmischen Leiter, Zeicheneinheit $E(\log \alpha)$.
Maßstab (s. auch Zeicheneinheit) 6.
—, günstigster 8.
— der logarithmischen Leiter 68, 255.
—, mittlerer 11.
— einer Verzerrung 79.
Matrix 89.
—, Aufbau adjungierter Matrizen 90.
—, der projektiven Verzerrung 92.
—, symmetrische 228.
Maxwellsches Dreieck 144.
Mehmkes Additionskurve 154.
— Konstruktion 82.
mehrteilige Fluchtlinientafeln 188ff.
— Netztafeln 148ff.
Menelaustafeln 37, 171, 174.
Methode des Beispieles 162—165.
metrische Angaben 17.
Mittelwert des Maßstabes 11.
Modul, Zeicheneinheit, s. da.
Multiplikationstafeln (s. auch Produkttafeln).
—, Zusammenfassung 137.

Näherungsfunktionen 62.
Netztafeln 26, 103ff.
—, Genauigkeit in — 103.
—, mehrteilige 148ff.
—, Überlagerung 147, 150, 152, 179.
—, Umwandlung in Leitertafeln 221.
—, vereinigte — und Leitertafeln 208, 233.

Newtonsches Dreieck 144.

Niveaulinien 28, 30.
nomogramme à entrecroisement, Netztafel, s. da.
— à points alignés, Fluchtlinientafel, Leitertafel, s. da.
— à points équidistants, Kreistafeln, s. da.
Nullgerade 228, 229.
Nullpunkt, Unterdrückung 7, 51, 99.
numerische Angaben 17.

O-Gerade, s. Nullgerade.
Optimum auf projektiven Leitern 193.
O-Punkt, s. Nullpunkt.

Paarleiter 149, 200, 208.
Parabel 99ff., 115.
— als Bezugselement einer dualen Abbildung 224.
— als Gleitkurve 129.
— als Teilungsträger 180, 232.
Paralleleninvarianz 93.
Paralleltafel 244.
Parameter 29, 228, 250.
—, freie 109, 131, 193, 203, 244, 249.
—, wesentliche 57, 92.
Parameterdarstellung
— einer Kurve 25, 134.
— einer Kurvenschar 115.
— einer Leiter 69, 176.
perspektivische Abbildung einer geraden Leiter 60, 234.
— Konstruktion der stereographischen Teilung 71.
pivot, Zapfenpunkt, s. da.
Piranis Verdichtungskonstruktion 32.
points condensés, s. Paarleiter.
Pol als Kollineationszentrum 59.
Pol und Polare als duale Elemente 222, 228.
Polarkoordinaten 12.
—netz 12ff.
—papiere, meteorologische 12.
Potenzleitern 49—56, 167.
Pouchet, Hyperbeltafel 30, 44, 107, 237.
Produkttafel 130, 133, 169, 183.
Projektion in sich 121, 167, 174, 193.
projektive Abhängigkeit von Richtung und Bildrichtung 81.
— Konstruktion 119, 120, 234.
— Leiter 57ff., 91.

projektive Verzerrung 90ff.
—, Determinante 91, 140, 175.
— von Gebieten 204.
— von Kegelschnitten 101, 130ff., 181.
— von Leitertafeln 171ff.
— von Netztafeln 112, 118, 131, 140.
Proportionalzirkel 40.

Quadranten 40, 65.
Quadrattafel 243.
quadratische Gleichung 128, 178, 231.

rapporteur, Ablesekurve, s. da.
Rechenfläche 26, 147.
Rechenlinien 148, 221.
—, bewegliche 152, 156.
Rechenstab 41, 46, 49.
Reduktion der Zeicheneinheit 17, 163, 215.
Reduktionszirkel 17, 40.
reduzible Funktionen 138.
reduzierte Zeicheneinheiten in Leitertafeln 163.
reg α 17.
regula artificiosa, erster belegter Fachausdruck 40.
— falsi 17, 40.
Reihe, geometrische 50.
—, Taylorsche 48, 63, 73, 78, 84, 87.
réseau de points à deux cotes, Kurvennetz. besonders in Fluchtlinientafeln.
reziproke Teilung 52, 59.
Reziprozitätssatz 79.
Richtung 81.

Schablone 154.
Schichtenlinien 28, 30.
—punkte 29.
Schlüssel, Ablesevorschrift 28, 37, 138, 159, 221.
Schritt 3, 45.
Schrittfolge 45, 55, 62.
— in überlagerten Netztafeln 150.
Schwelle 4.
Schwergerade 235.
Schwerpunkt 82, 235.
Skala, Leiter, Teilung.
Sonnenuhren 39.
Spirale, logarithmische 124.
Spiralzeiger 124.
Sprung um Eins 196, 198, 199.

Stereobilder 27, 147.
stereographische Kreisteilung 71, 73, 75, 132, 183.
— Projektion 247.
Strahlentafel 107, 112, 230.
Streckung einer Kurve 18, 24, 31, 84, 237, 240.
— von Kegelschnitten 97—100.
de St.-Robertsche Differentialgleichung 136.
Summentafel 130, 133, 183.
support, Träger, s. da.

table, stets Zahlentafel, z. B.
— à double (simple) entrée, Tabelle mit doppeltem (einfachem) Eingang.
Tafel, mehrteilige 148ff., 188ff.
Taylorsche Reihe 48, 63, 73, 78, 84, 87.
Teilbereich, bevorzugter 54.
Teilung, zunächst bezifferte Punktreihe, dann auch Bezifferung innerhalb einer Kurvenschar.
—, abgeleitete 50.
—, Brechung der 5.
Teilungsintervall 3, 45.
Teilungslänge 4.
Teilungsstrecke 3.
Träger, Gerade oder Kurve, auf der sich eine Teilung befindet, Scheitelpunkt eines Strahlenbüschels, Hüllkurve einer Geradenschar.
Trajektorien 32, 104.
transparente Tafel 41, 154.
trigonometrischer Ansatz 141, 187.
Typenbildung
— in besonderen Tafeln 243—248.
— in Leitertafeln 158—188.
— in Netztafeln 135, 140, 153, 155.
Typus einer Funktion (Darstellung) 114.

Übergangsskala (Werkmeister), Paarleiter, s. da.
Überlagerung 7, 14.
— von Grundebene und Bildebene 98.
— von Leitertafeln 179, 188ff.
— von Netztafeln 147, 150, 152.
— von Netz- und Leitertafeln 208 bis 216.
Unterdeterminante 88.
Unterdrückung des O-Punktes 7, 51, 99.

Unterteilung von Leitern (s. auch Interpolation) 63.
unzugängliche Teile des Zeichenblattes 100, 204.
Urkurven (Pirani) 32.

variable Leiter 209.
Verbindungsskala (Werkmeister), Paarleiter, s. da.
Verbundnomogramm (Kretschmer), vereinigte Netz- und Leitertafel, s. da.
Veränderliche, Wahl der —n 21 ff., 32.
Verdichtung einer Kurvenschar 31.
— einer Teilung 17.
vereinigte Netz- und Leitertafeln 208, 233.
— Summen- und Produkttafeln 133, 183, 196.
Versiera 103.
Verzerrung (s. a. Abbildung) 11, 41.
— einer Ebene 76.
— von Gebieten 204.
— von Kreistafeln 248.
— von Leitern 16.
— von Leitertafeln 37.
— von Netztafeln 31.
— eines Polarnetzes 12.
Verzerrungen, affine 41, 93, 94, 160.
—, allgemeine 76, 146.
—, geometrische 76.
—, projektive 90, 140, 175, 204.
Verzerrungsgleichungen 21, 76, 91.
Verzerrungen von Lichtpausen 175.
Verzifferung 53, 58, 67, 165, 168, 188, 192.
Voglerscher Satz 105.

wahrscheinlichster Bildpunkt 235.
wahrscheinliche Gerade 83.
Wanderkurvenblatt (Kretschmer), Netztafel mit beweglicher Reihenlinie 155.
wesentliche Parameter 57, 92.

Zapfenlinie 164, 188ff.
Zapfenpunkt 164.
—, wahrscheinlichster 235.
Zeicheneinheit 2, 4, 38, 48, 55, 62, 68, 73, 161, 216, 233, 254, 255.
—, reduzierte 17, 163.
Zeiger (Mehmke), Ablesekurve, s. da.
—, krummlinige 125.
Zeigerinstrumente 122ff., 133.
Zustandsbilder 145.

Verlag von Julius Springer in Berlin W 9

Das Entwerfen von graphischen Rechentafeln (Nomographie).
Von Professor Dr.-Ing. P. **Werkmeister**, Privatdozent an der Technischen Hochschule in Stuttgart. Mit 164 Textabbildungen. (201 S.) 1923.
9 Goldmark; gebunden 10 Goldmark / 2.15 Dollar; gebunden 2.40 Dollar

Das Buch verfolgt praktische Gesichtspunkte und soll dazu beitragen, daß die graphische Rechentafel auch in Deutschland noch mehr Verwendung im praktischen Rechnen findet; es wird deshalb auf eine weitere Behandlung der vielfach auftretenden theoretischen Probleme absichtlich verzichtet. Das Buch wendet sich zunächst an den Ingenieur; es wird aber auch dem Mathematiker und insbesondere dem Lehrer der Mathematik manche Anregung bieten.

Die Grundlagen der analytischen Geometrie werden als bekannt vorausgesetzt; dem angegebenen Zweck entsprechend sind aber die Entwicklungen überall möglichst einfach gehalten, so wird insbesondere nur von rechtwinkligen Koordinaten Gebrauch gemacht und auf die Anwendung von Linienkoordinaten — im Gegensatz zu anderen Arbeiten über Nomographie — verzichtet. Bei der Bezeichnung und der Einteilung der möglichen Tafelformen geht das Buch eigene Wege; die Bezeichnungen sind derart gewählt, daß die Einteilung übersichtlich durchgeführt werden kann.

Die zahlreichen Beispiele sind in der Hauptsache einfacher Art; es sind absichtlich nur solche Beispiele gewählt, zu deren Verwendung keine besonderen fachtechnischen Kenntnisse erforderlich sind.

Die Herstellung gezeichneter Rechentafeln. Ein Lehrbuch der Nomographie. Von Dr.-Ing. Otto **Lacmann**. Mit 68 Abbildungen im Text und auf 3 Tafeln. (108 S.) 1923.
4 Goldmark / 0.95 Dollar

Das mit besonderer Berücksichtigung der Praxis geschriebene Werkchen verfolgt das doppelte Ziel, zugleich Lehr- und Nachschlagebuch zu sein. Dem Lehrbuch kommt die auch von der Kritik anerkannte Einfachheit der mathematischen Behandlung zugute, während eine mit besonderer Sorgfalt ausgearbeitete, systematische Inhaltsübersicht schnell zu entscheiden gestattet, welche nomographischen Darstellungsmöglichkeiten bei in der Praxis neu auftretenden Aufgaben in erster Linie zur Verfügung stehen. Aus dem Inhalte des Buches seien besonders hervorgehoben die erstmalige Beschreibung der vom Verfasser erfundenen Mäandertafeln, eine Vereinfachung im Gebrauch der Sechseckrechentafeln, die hydraulische Energieumwandlungskurve als besondere Anwendung von Dreieckrechentafeln sowie die theoretisch interessante stereoskopische Lösung des auf den Raum übertragenen Problems der Fluchtlinientafeln.

Die Grundlagen der Nomographie. Von Ingenieur B. M. **Konorski**. Mit 72 Abbildungen im Text. (86 S.) 1923.
3 Goldmark / 0.75 Dollar

In gedrängter Form führt der Verfasser den Leser in die modernen Methoden der Nomographie ein. Als besonderer Vorzug des Werkchens ist zu werten, daß durch einfache Formeln und übersichtliche Tabellen dem Leser die Möglichkeit geboten wird, auch für die kompliziertesten Beziehungen die entsprechenden Nomogramme leicht zu entwerfen.

Die Nomographie oder Fluchtlinienkunst. Ein technischer Leitfaden.
Von Fritz **Krauss**, Ingenieur in Wien. Mit 26 Textfiguren. (64 S.) 1922.
2 Goldmark / 0.50 Dollar

Hier wird eine Darstellung der nomographischen Verfahren auf Grund der Anschaulichkeit unter weitgehendem Verzicht auf mathematische Entwicklungen geboten. Das Wesen der Nomographie wird auf diese einfachste Art dem Verständnis unmittelbar erschlossen. Die praktischen Beispiele sind aus verschiedenen Gebieten der Mechanik, Wärmetechnik und Physik entnommen. Zur Herstellung von Fluchtlinientafeln mit geraden und krummen Skalenträgern bietet das Buch überaus leichtfaßliche Anweisungen. In der Hauptsache war der Verfasser bestrebt, zu zeigen, wie einfach die Grundlagen des Verfahrens sind und welch geringer mathematischer Apparat zum Gebrauch erforderlich ist.

Verlag von Julius Springer in Berlin W 9

Lehrbuch der darstellenden Geometrie. Von Dr. W. Ludwig, o. Professor an der Technischen Hochschule Dresden.
Erster Teil: Das rechtwinklige Zweitafelsystem. Vielflache, Kreis, Zylinder, Kugel. Mit 58 Textfiguren. (141 S.) Unveränderter Neudruck. In Vorbereitung
Zweiter Teil: Das rechtwinklige Zweitafelsystem. Kegelschnitte, Durchdringungskurven, Schraubenlinie. Mit 50 Textfiguren. (140 S.) 1922.
4.50 Goldmark / 1.10 Dollar
Dritter Teil: Das rechtwinklige Zweitafelsystem. Krumme Flächen, Axonometrie, Perspektive. Mit 47 Textfiguren. (174 S.) 1924.
5.70 Goldmark / 1.40 Dollar

Lehrbuch der darstellenden Geometrie. Von Dr. Georg Scheffers, o. Professor an der Technischen Hochschule Berlin. In zwei Bänden.
Erster Band: Zweite, durchgesehene Auflage. Unveränderter Neudruck. Mit 404 Textfiguren. (484 S.) 1922.
Gebunden 14 Goldmark / Gebunden 3.85 Dollar
Zweiter Band: Mit 396 Figuren im Text. (447 S.) 1920.
11 Goldmark; gebunden 14 Goldmark / 2.65 Dollar; gebunden 3.85 Dollar

Koordinaten-Geometrie. Von Dr. Hans Beck, Professor an der Universität Bonn.
Erster Band: Die Ebene. Mit 47 Textabbildungen. (442 S.) 1919.
17 Goldmark / 4.05 Dollar

Ingenieur-Mechanik. Lehrbuch der technischen Mechanik in vorwiegend graphischer Behandlung. Von Dr.-Ing. Dr. phil. Heinz Egerer, Diplom-Ingenieur, vormals Professor für Ingenieur-Mechanik und Materialprüfung an der Technischen Hochschule Drontheim.
Erster Band: Graphische Statik starrer Körper. Mit 624 Textabbildungen sowie 288 Beispielen und 145 vollständig gelösten Aufgaben. Unveränderter Neudruck. (888 S.) 1923. Gebunden 11 Goldmark / Gebunden 2.65 Dollar
Band 2—4 in Vorbereitung. Der zweite und dritte Band behandeln die gesamte Mechanik starrer und nichtstarrer Körper.
Der vierte Band bringt die Erweiterung der Festigkeitslehre und Dynamik für Tiefbau-, Maschinen- und Elektroingenieure.

Mathematik. Von Dr. phil. H. E. Timerding, o. Professor an der Technischen Hochschule zu Braunschweig. Mit 192 Textabbildungen. (250 S.) 1922. (Handbibliothek für Bauingenieure, herausgegeben von Geh. Med.-Rat Professor Robert Otzen in Hannover. I. Teil: Hilfswissenschaften, 1. Bd.)
Gebunden 6.40 Goldmark / Gebunden 1.60 Dollar

Gesammelte mathematische Abhandlungen. Von Felix Klein.
In drei Bänden.
I. Band: Liniengeometrie — Grundlegung der Geometrie — Zum Erlanger Programm. Herausgegeben von R. Fricke und A. Ostrowski. (Von F. Klein mit ergänzenden Zusätzen versehen.) Mit einem Bildnis. (624 S.) 1921.
25 Goldmark / 6 Dollar
II. Band: Anschauliche Geometrie — Substitutionsgruppen und Gleichungstheorie — Zur mathematischen Physik. Herausgegeben von R. Fricke und H. Vermeil. (Von F. Klein mit ergänzenden Zusätzen versehen.) Mit 185 Textfiguren. (720 S.) 1922.
25 Goldmark / 6 Dollar
III. Band: Elliptische Funktionen, insbesondere Modulfunktionen, hyperelliptische und Abelsche Funktionen, Riemannsche Funktionentheorie und automorphe Funktionen. Anhang: Verschiedene Verzeichnisse. Herausgegeben von R. Fricke, H. Vermeil und E. Bessel-Hagen. (Von F. Klein mit ergänzenden Zusätzen versehen.) Mit 138 Textfiguren. (783 S.) 1923.
30 Goldmark / 7.20 Dollar

Verlag von Julius Springer in Berlin W 9

Tafeln zur harmonischen Analyse periodischer Kurven. Von
Dr.-Ing. L. Zipperer. Mit 6 Zahlentafeln, 9 Abbildungen und 28 graphischen Berechnungstafeln. (16 S.) 1922. In Mappe 4.20 Goldmark / 1 Dollar
Einzelne Grundtafeln je 10 Stück 0.50 Goldmark / 0.15 Dollar

Santz-Multiplikator. D. R. G. M. Kleinste, das gesamte Zahlenreich umfassende
Rechentafel zum unmittelbaren Ablesen des Ergebnisses aller Flächen-, Inhalts-, Gewichts- und Preisberechnungen, wie überhaupt der Multiplikation und Division beliebig vieler Zahlen von Adolf Santz, Oberingenieur in Berlin. (212 S.) 1920. Gebunden 8 Goldmark / Gebunden 1.95 Dollar

„Serve" Schnellrechner. D. R. G. M. D. R. W. Z. Der neue ideale Schnell-
rechner für Lohnabrechnungen, Preisberechnungen, Kalkulationsrechnungen, Massenberechnungen und alle Multiplikationsarbeiten. Von Joseph Serve, Leiter eines Lohn- und Kalkulationsbüros der Firma Ludwig Loewe & Co., A.-G., Berlin. (85 S.) 1920. Gebunden 5 Goldmark / Gebunden 1.20 Dollar

Weickert-Stolle, Praktisches Maschinenrechnen. Die wichtigsten
Erfahrungswerte aus der Mathematik, Mechanik, Festigkeits- und Maschinenlehre in ihrer Anwendung auf den praktischen Maschinenbau.

I. T e i l : Elementar-Mathematik. Eine leichtfaßliche Darstellung der für Maschinenbauer und Elektrotechniker unentbehrlichen Gesetze von A. Weickert, Oberingenieur und Lehrer an Höheren Fachschulen für Maschinenbau und Elektrotechnik.

E r s t e r B a n d : Arithmetik und Algebra. N e u n t e , durchgesehene und vermehrte Auflage. (231 S.) 1921.
1.50 Goldmark; gebunden 2 Goldmark / 0.40 Dollar; gebunden 0.50 Dollar

Z w e i t e r B a n d : Planimetrie. Z w e i t e , verbesserte Auflage. Mit 848 Textabbildungen. (388 S.) 1922.
4 Goldmark; gebunden 4.70 Goldmark / 0.95 Dollar; gebunden 1.15 Dollar

D r i t t e r B a n d : Trigonometrie. Z w e i t e , verbesserte Auflage. Mit 106 Textabbildungen. (167 S.) 1923.
2.75 Goldmark; gebunden 3.75 Goldmark / 0.65 Dollar; gebunden 0.90 Dollar

V i e r t e r B a n d : Stereometrie. Z w e i t e , verbesserte Auflage. Mit 90 Textabbildungen. (118 S.) 1923.
2.50 Goldmark; gebunden 3.25 Goldmark / 0.60 Dollar; gebunden 0.80 Dollar

II. T e i l : Allgemeine Mechanik. Eine leicht faßliche Darstellung der für Maschinenbauer unentbehrlichen Gesetze der allgemeinen Mechanik als Einführung in die angewandte Mechanik. A c h t e Auflage neu bearbeitet von Dipl.-Ing. Hermann Meyer, Professor, Studienrat a. d. Staatlichen Vereinigten Maschinenbauschulen zu Magdeburg und Dipl.-Ing. Rudolf Barkow, Zivil-Ingenieur in Charlottenburg. Mit 152 in den Text gedruckten Abbildungen, 192 vollkommen durchgerechneten Beispielen und 152 Aufgaben. (281 S.) 1921.
1.50 Goldmark; gebunden 2 Goldmark / 0.40 Dollar; gebunden 0.50 Dollar

III. T e i l : Festigkeitslehre und angewandte Mechanik mit Beispielen des praktischen Maschinenrechnens in elementarer Darstellung. Bearbeitet von A. Weickert, Oberingenieur und Lehrer an höheren Fachschulen für Maschinenbau und Elektrotechnik.

E r s t e r B a n d : Festigkeitslehre. S i e b e n t e , umgearbeitete und vermehrte Auflage. Mit 94 in den Text gedruckten Abbildungen, vielen vollkommen durchgerechneten Beispielen, Aufgaben und 20 Tafeln. (242 S.) 1921.
Gebunden 2 Goldmark / Gebunden 0.50 Dollar

Z w e i t e r B a n d : Angewandte Mechanik. In Vorbereitung

IV. T e i l : Ausgewählte Kapitel aus der Maschinenmechanik und der technischen Wärmelehre. Z w e i t e Auflage. In Vorbereitung

Verlag von Julius Springer in Berlin W 9

Mathematische Schwingungslehre.
Theorie der gewöhnlichen Differentialgleichungen mit konstanten Koeffizienten sowie einiges über partielle Differentialgleichungen und Differenzengleichungen. Von Dr. **Erich Schneider**. Mit 49 Textabbildungen. (200 S.) 1924.
8.40 Goldmark; gebunden 9.15 Goldmark / 2 Dollar; gebunden 2.20 Dollar

Technische Schwingungslehre.
Ein Handbuch für Ingenieure, Physiker und Mathematiker bei der Untersuchung der in der Technik angewendeten periodischen Vorgänge. Von Dipl.-Ing. Dr. **Wilhelm Hort**, Oberingenieur bei der Turbinenfabrik der AEG., Privatdozent an der Technischen Hochschule in Berlin. Zweite, völlig umgearbeitete Auflage. Mit 423 Textfiguren. (286 S.) 1922.
Gebunden 24 Goldmark / Gebunden 5.75 Dollar

Grundzüge der technischen Schwingungslehre.
Von Professor Dr.-Ing. **Otto Föppl** in Braunschweig, Technische Hochschule. Mit 106 Abbildungen im Text. (157 S.) 1923.
4 Goldmark; gebunden 4.80 Goldmark / 0.95 Dollar; gebunden 1.15 Dollar

Lehrbuch der Hydraulik für Ingenieure und Physiker.
Zum Gebrauche bei Vorlesungen und zum Selbststudium. Von Professor Dr.-Ing. **Theodor Pöschl**, o. ö. Professor an der Deutschen Technischen Hochschule in Prag. Mit 148 Abbildungen. (196 S.) 1924.
8.40 Goldmark; gebunden 9.30 Goldmark / 2 Dollar; gebunden 2.25 Dollar

Beiträge zur technischen Mechanik und technischen Physik.
August Föppl zum siebzigsten Geburtstag am 25. Januar 1924 gewidmet von seinen Schülern. Mit dem Bildnis August Föppls und 111 Abbildungen im Text. (216 S.) 1924. 8 Goldmark; gebunden 9.60 Goldmark / 2 Dollar; gebunden 2.80 Dollar

Grundzüge der Technischen Mechanik des Maschineningenieurs.
Ein Leitfaden für den Unterricht an Maschinentechnischen Lehranstalten. Von Professor Dipl.-Ing. **P. Stephan**, Reg.-Baumeister. Mit 288 Textabbildungen. (166 S.) 1923.
2.50 Goldmark / 0.60 Dollar

Aufgaben aus der Technischen Mechanik.
Von Professor **Ferd. Wittenbauer** † in Graz.

Erster Band: Allgemeiner Teil. 839 Aufgaben nebst Lösungen. Fünfte, verbesserte Auflage, bearbeitet von Dr.-Ing. Theodor Pöschl, o. ö. Professor an der Deutschen Technischen Hochschule in Prag. Mit 640 Textabbildungen. (289 S.) 1924. Gebunden 8 Goldmark / Gebunden 1.95 Dollar

Zweiter Band: Festigkeitslehre. 611 Aufgaben nebst Lösungen und einer Formelsammlung. Dritte, verbesserte Auflage. Mit 505 Textfiguren. Unveränderter Neudruck. (408 S.) 1922. Gebunden 8 Goldmark / Gebunden 1.95 Dollar

Dritter Band: Flüssigkeiten und Gase. 634 Aufgaben nebst Lösungen und einer Formelsammlung. Dritte, vermehrte und verbesserte Auflage. Mit 433 Textfiguren. Unveränderter Neudruck. (398 S.) 1922.
Gebunden 8 Goldmark / Gebunden 1.95 Dollar

Graphische Dynamik.
Ein Lehrbuch für Studierende und Ingenieure. Mit zahlreichen Anwendungen und Aufgaben. Von Professor **Ferdinand Wittenbauer** † in Graz. Mit 574 Textfiguren. (818 S. 1923. Gebunden 30 Goldmark / Gebunden 7.15 Dollar

MIX
Papier aus verantwortungsvollen Quellen
Paper from responsible sources
FSC® C105338

If you have any concerns about our products,
you can contact us on
ProductSafety@springernature.com

In case Publisher is established outside the EU,
the EU authorized representative is:
**Springer Nature Customer Service Center GmbH
Europaplatz 3, 69115 Heidelberg, Germany**

Printed by Libri Plureos GmbH
in Hamburg, Germany